“十三五”国家重点出版物出版规划项目
卓越工程能力培养与工程教育专业认证系列规划教材
（电气工程及其自动化、自动化专业）

自动检测技术

第4版

主 编 赖申江
参 编 朱纯仁 魏成伟
主 审 马西秦

机 械 工 业 出 版 社

本书选材广泛，深度适宜，内容讲述由浅入深、条理清晰，注重应用实例的介绍，同时尽力反映检测技术领域内的新技术和新动向。为了提高学生的实践能力，新增加了全书的实践环节，并将其作为第十五章。这一章的内容也可以作为该课程的实验指导书。

本书适用于高等工科院校自动化、电气工程及其自动化等专业的自动检测技术或传感器类课程教学，也可作为高职高专或成人教育同类课程的专业教材，并可供检测技术领域的科技人员参考。

本书配有免费电子课件，欢迎选用本书的教师登录 www. cmpedu. com 注册下载或发邮件至邮箱 wangkang _ maizi9@ 126. com 索取。

图书在版编目（CIP）数据

自动检测技术/赖申江主编. —4 版. —北京：机械工业出版社，2017. 3（2021. 6 重印）

“十三五”国家重点出版物出版规划项目　卓越工程能力培养与工程教育专业认证系列规划教材. 电气工程及其自动化、自动化专业

ISBN 978-7-111-56124-8

Ⅰ. ①自…　Ⅱ. ①赖…　Ⅲ. ①自动检测－高等学校－教材　Ⅳ. ①TP274

中国版本图书馆 CIP 数据核字（2017）第 032676 号

机械工业出版社（北京市百万庄大街 22 号　邮政编码 100037）
策划编辑：于苏华　王　康　责任编辑：于苏华　王　康
责任校对：樊钟英　封面设计：张　静
责任印制：常天培
北京虎彩文化传播有限公司印刷
2021 年 6 月第 4 版第 5 次印刷
184mm×260mm · 18 印张 · 431 千字
标准书号：ISBN 978-7-111-56124-8
定价：39. 00 元

电话服务
客服电话：010-88361066
010-88379833
010-68326294

网络服务
机　工　官　网：www. cmpbook. com
机　工　官　博：weibo. com/cmp1952
金　书　网：www. golden-book. com
机工教育服务网：www. cmpedu. com

“十三五”国家重点出版物出版规划项目

卓越工程能力培养与工程教育专业认证系列规划教材
（电气工程及其自动化、自动化专业）
编审委员会

序

工程教育在我国高等教育中占有重要地位，高素质工程科技人才是支撑产业转型升级、实施国家重大发展战略的重要保障。当前，世界范围内新一轮科技革命和产业变革加速进行，以新技术、新业态、新产业、新模式为特点的新经济蓬勃发展，迫切需要培养、造就一大批多样化、创新型卓越工程科技人才。目前，我国高等工程教育规模世界第一。我国工科本科在校生约占我国本科在校生总数的1/3，近年来我国每年工科本科毕业生约占世界总数的1/3以上。如何保证和提高高等工程教育质量，如何适应国家战略需求和企业需要，一直受到教育界、工程界和社会各方面的关注。多年以来，我国一直致力于提高高等教育的质量，组织并实施了多项重大工程，包括卓越工程师教育培养计划（以下简称卓越计划）、工程教育专业认证和新工科建设等。

卓越计划的主要任务是探索建立高校与行业企业联合培养人才的新机制，创新工程教育人才培养模式，建设高水平工程教育教师队伍，扩大工程教育的对外开放。计划实施以来，各相关部门建立了协同育人机制。卓越计划要求试点专业要大力改革课程体系和教学形式，依据卓越计划培养标准，遵循工程的集成与创新特征，以强化工程实践能力、工程设计能力与工程创新能力为核心，重构课程体系和教学内容；加强跨专业、跨学科的复合型人才培养；着力推动基于问题的学习、基于项目的学习、基于案例的学习等多种研究性学习方法，加强学生创新能力训练，"真刀真枪"做毕业设计。卓越计划实施以来，培养了一批获得行业认可、具备很好的国际视野和创新能力、适应经济社会发展需要的各类型高质量人才，教育培养模式改革创新取得突破，教师队伍建设初见成效，为卓越计划的后续实施和最终目标的达成奠定了坚实基础。各高校以卓越计划为突破口，逐渐形成各具特色的人才培养模式。

2016年6月2日，我国正式成为工程教育"华盛顿协议"第18个成员国，标志着我国工程教育真正融入世界工程教育，人才培养质量开始与其他成员国达到了实质等效，同时，也为以后我国参加国际工程师认证奠定了基础，为我国工程师走向世界创造了条件。专业认证把以学生为中心，以产出为导向和持续改进作为三大基本理念，与传统的内容驱动、重视投入的教育形成了鲜明对比，是一种教育范式的革新。通过专业认证，把先进的教育理念引入了我国工程教育，有力地推动了我国工程教育专业教学改革，逐步引导我国高等工程教育实现从课程导向向产出导向转变、从以教师为中心向以学生为中心转变，从质量监控向持续改进转变。

在实施卓越计划和开展工程教育专业认证的过程中，许多高校的电气工程及其自动化、自动化专业结合自身的办学特色，引入先进的教育理念，在专业建设、人才培养模式、教学内容、教学方法、课程建设等方面积极开展教学改革，取得了较好的效果，建设了一大批优质课程。为了将这些优秀的教学改革经验和教学内容推广给广大高校，中国工程教育专业认证协会电子信息与电气工程类专业认证分委员会、教育部高等学校电气类专业教学指导委员会、教育部高等学校自动化类专业教学指导委员会、中国机械工业教育协会自动化学科教学委员会、中国机械工业教育协会电气工程及其自动化学科教学委员会联合组织规划了"卓越工程能力培养与工程教育专业认证系列规划教材（电气工程及其自动化、自动化专业）"。

本套教材通过国家新闻出版广电总局的评审，入选了“十三五”国家重点图书。本套教材密切联系行业和市场需求，以学生工程能力培养为主线，以教育培养优秀工程师为目标，突出学生工程理念、工程思维和工程能力的培养。本套教材在广泛吸纳相关学校在“卓越工程师教育培养计划”实施与工程教育专业认证过程中的经验和成果的基础上，针对目前同类教材存在的内容滞后、与工程脱节等问题，紧密结合工程应用和行业企业需求，突出实际工程案例，强化学生工程能力的教育培养，积极进行教材内容、结构、体系和展现形式的改革。

经过全体教材编审委员会委员和编者的努力，本套教材陆续跟读者见面了。由于时间紧迫，各校相关专业教学改革推进的程度不同，本套教材还存在许多问题。希望各位老师对本套教材多提宝贵意见，以使教材内容不断完善提高。也希望通过本套教材在高校的推广使用，促进我国高等工程教育教学质量的提高，为实现高等教育的内涵式发展贡献一份力量。

卓越工程能力培养与工程教育专业认证系列规划教材
（电气工程及其自动化、自动化专业）
编审委员会

第4版前言

本书自1994年出版至今已经过多次修订和重印，并在教学实践中得到检验。为了能更好地反映当前自动检测技术新的发展动向，满足工科教育在应用能力培养实施过程中对相关教材的同步需求，我们对《自动检测技术》进行了再次修订。

本书选材广泛，深度适宜，内容讲述由浅入深、循序渐进、条理清晰，基本理论和基本概念的讲述确切，注重应用实例的介绍，同时尽力反映检测技术领域内的新技术和新动向。教材修订中删除了一些现已淘汰或即将淘汰的内容，压缩了一些繁杂的理论推导过程的篇幅，增加了集成传感器、智能传感器、网络化传感器等新内容。对于当前较为流行的集成电路芯片也做了适当的介绍，并引入了较多应用实例。另外，考虑到国内许多院校在应用技术型人才培养过程中对相关教材的需求，为了提高学生的实践能力，新增加了全书的实践环节，并将其作为第十五章。在第十五章中，根据自动检测技术课程的主要教学内容，按照全书的章节编排顺序，共设计编写了12个实验项目，因此这一章的内容也可以作为该课程的实验指导书。

本书第一章讲述检测技术的基本知识，第二章~第十一章介绍常用传感器的工作原理、基本结构、主要性能、测量电路和应用方法。第十二章介绍检测装置的信号处理技术，主要包括微弱信号放大、变换和线性化处理。第十三章讲述检测装置的干扰抑制技术。第十四章对微型计算机在现代检测技术中的应用做了简明扼要的综述，介绍了微机自动检测系统的主要环节及设计方法，提供了微机自动检测系统的应用实例。这些实例均来自编者参与完成的科研项目。第十五章主要介绍传感器实验。

本书适用于高等工科院校自动化、电气工程及其自动化等专业的自动检测技术或传感器类课程教学，也可作为高职高专或成人教育同类课程的专业教材，并可供检测技术领域的科技人员参考。

本书由上海应用技术大学赖申江任主编。第一、三、六~十一、十三~十五章由赖申江编写，第四、五章由朱纯仁编写，第二、十二章由魏成伟编写。

本书由河南工业大学马西秦教授担任主审。马西秦也是本书第1~3版的主编。他认真负责地审阅了全书，并提出了宝贵的修改意见。本书在编写过程中参阅了多种同类教材和著作，在此向其编著者致谢。另外，在本书第十五章的编写过程中得到了杭州赛特传感技术有限公司孙钢的大力支持，特此表示感谢。

本书配有免费电子课件，欢迎选用本书的教师登录 www. cmpedu. com 注册下载或发邮件至邮箱 wangkang _ maizi9@ 126. com 索取。

编　者

第3版前言

本书是针对高等学校电气类、自动化类、电子信息类等专业教学需要编写的检测技术课程教材，初次编写时曾由十余所学校的教师对课程教学大纲和教材基本内容进行了认真的研讨。在1994年第1版的基础上，经修订于2000年出版第2版。本书是普通高等工科教育规划教材，并被列入普通高等教育“九五”部级重点教材。多年来承蒙很多学校将此书选作教材，使之多次重印，并在教学实践中得到检验。根据使用本教材教师的反馈意见和课程建设的需要，我们对《自动检测技术》进行了再次修订。

本书选材广泛，深度适宜，内容讲述由浅入深、循序渐进、条理清晰，基本理论和基本概念的讲述确切，注重应用实例的介绍，同时尽力反映检测技术领域内的新技术和新动向。第一章讲述检测技术的基本知识，第二~十一章介绍常用传感器的工作原理、基本结构、主要性能、测量电路和应用方法，此次修订增加了关于容栅传感器和旋转编码器的内容。第十二章介绍检测装置的信号处理技术，主要包括微弱信号放大、变换和线性化处理。第十三章讲述检测装置的干扰抑制技术。第3版中新编的第十四章对微型计算机在现代检测技术中的应用做了简明扼要的综述，介绍了微机自动检测系统的主要环节及设计方法，提供了微机自动检测系统的应用实例。这些实例均来自编者参与完成的科研项目。

本书可供高等工科教育、高等工程专科教育、高等职业教育和成人教育自动化、电气工程及其自动化、电气技术、应用电子技术、计算机应用等专业选为教材，也可供检测技术领域的科技人员参考。

本书由河南工业大学马西秦任主编，南京工程学院许振中和上海应用技术学院赖申江任副主编。第一、八章由马西秦编写，第二~五章由许振中编写，第六、七、九和十四章由赖申江编写，第十、十一章的第一~第三节由河南工业大学王艳芳编写，第十一章第四节、第十二、十三章由哈尔滨理工大学梁冰茹编写。

中原工学院凌德麟教授担任主审。他认真负责地审阅了全书，并提出了宝贵的修改意见。

在本书的编写和修订过程中参阅了多种同类教材和著作，在此向其编著者致谢。

本书配有免费电子课件，欢迎选用本教材的教师索取，电子邮箱：yu57sh@163.com。

编　者

目　录

第一章　检测技术的基本知识

第一节　概　　述

一、检测技术的含义、作用和地位

在人类的各项生产活动和科学实验中，为了了解和掌握整个过程的进展及其最后结果，经常需要对各种基本参数或物理量进行检查和测量，从而获得必要的信息，并以之作为分析判断和决策的依据。可以认为检测技术就是人们为了对被测对象所包含的信息进行定性的了解和定量的掌握所采取的一系列技术措施。随着人类社会进入信息时代，以信息的获取、转换、显示和处理为主要内容的检测技术已经发展成为一门完整的技术学科，在促进生产发展和科技进步的广阔领域内发挥着重要作用。其主要应用如下：

1）检测技术是产品检验和质量控制的重要手段。借助于检测工具对产品进行质量评价是人们十分熟悉的，这是检测技术重要的应用领域。但传统的检测方法只能将产品区分为合格品和废品，起到产品验收和废品剔除的作用。这种被动检测方法，对废品的出现并没有预先防止的能力。在传统检测技术基础上发展起来的主动检测技术（或称之为在线检测技术）使检测和生产加工同时进行，及时、主动地用检测结果对生产过程进行控制，使之适应生产条件的变化或自动地调整到最佳状态。这样检测的作用已经不只是单纯的检查产品的最终结果，而且要过问和干预造成这些结果的原因，从而进入质量控制的领域。

2）检测技术在大型设备安全经济运行监测中得到广泛应用。电力、石油、化工、机械等行业的一些大型设备通常在高温、高压、高速和大功率状态下运行，保证这些关键设备安全运行在国民经济中具有重大意义。为此，通常设置故障监测系统对温度、压力、流量、转速、振动和噪声等多项参数进行长期动态监测，以便及时发现异常情况，加强故障预防，达到早期诊断的目的。这样做可以避免严重的突发事故，保证设备和人员安全，提高经济效益。即使设备发生故障，也可以从监测系统提供的数据中找出故障原因，缩短检修周期，提高检修质量。另外，在日常运行中，这种连续监测可以及时发现设备故障前兆，进行预防性检修。随着计算机技术的发展，这类监测系统已经发展到故障自诊断系统，可以采用计算机来处理检测信息，进行分析、判断，及时诊断出设备故障并自动报警或采取相应的对策。

3）检测技术和检测装置是自动化系统中不可缺少的组成部分。任何生产过程都可以看作是由“物流”和“信息流”组合而成的，反映物流的数量、状态和趋向的信息流则是人们管理和控制物流的依据。人们为了有目的地进行控制，首先必须通过检测获取有关信息，然后才能进行分析判断以便实现自动控制。所谓自动化，就是用各种技术工具与方法代替人来完成检测、分析、判断和控制工作。一个自动化系统通常由多个环节组成，分别完成信息获取、信息转换、信息处理、信息传送及信息执行等功能。在实现自动化的过程中，信息的获取与转换是极其重要的组成环节，只有精确及时地将被控对象的各项参数检测出来并转换成易于传送和处理的信号，整个系统才能正常地工作。因此，自动检测与转换是自动化技术中不可缺少的组成部分。

4）检测技术的完善和发展推动着现代科学技术的进步。人们在自然科学各个领域内从事的研究工作，一般是利用已知的规律对观测、试验的结果进行概括、推理，从而对所研究的对象取得定量的概念并发现它的规律性，然后上升到理论。因此，现代化检测手段所达到的水平在很大程度上决定了科学研究的深度和广度。检测技术达到的水平越高，提供的信息越丰富、越可靠，科学研究取得突破性进展的可能性就越大。此外，理论研究的一些成果，也必须通过实验或观测来加以验证，这同样离不开必要的检测手段。

从另一方面看，现代化生产和科学技术的发展也不断地对检测技术提出新的要求和课题，成为促进检测技术向前发展的动力。科学技术的新发现和新成果不断应用于检测技术中，也有力地促进了检测技术自身的现代化。

检测技术与现代化生产和科学技术的密切关系，使它成为一门十分活跃的技术学科，几乎渗透到人类的一切活动领域，发挥着越来越大的作用。

二、检测系统的组成

一个完整的检测系统或检测装置通常是由传感器、测量电路和显示记录装置等部分组成，分别完成信息获取、转换、显示和处理等功能。当然其中还包括电源和传输通道等不可缺少的部分。图1-1给出了检测系统的组成框图。

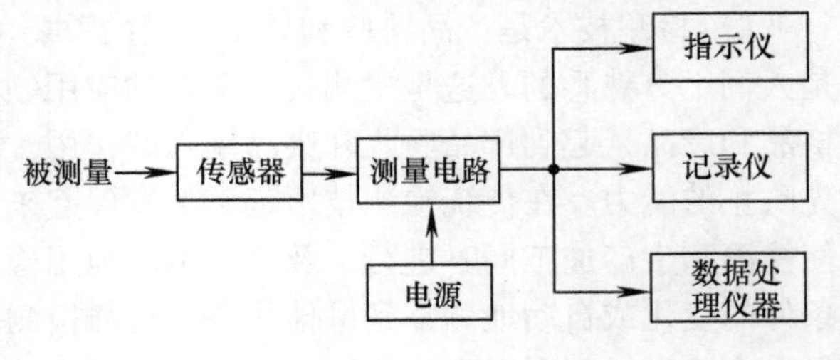

图1-1 检测系统的组成框图

1. 传感器

传感器是把被测量（如物理量、化学量、生物量等）变换为另一种与之有确定对应关系，并且便于测量的量（通常是电学量）的装置。显然，传感器是检测系统与被测对象直接发生联系的部分。它处于被测对象和检测系统的接口位置，构成了信息输入的主要窗口，为检测系统提供必需的原始信息。它是整个检测系统最重要的环节，检测系统获取信息的质量往往是由传感器的性能一次性确定的，因为检测系统的其他环节无法添加新的检测信息并且不易消除传感器所引入的误差。

检测技术中使用的传感器种类繁多，分类的方法也各不相同。从传感器应用的目的出发，可以按被测量的性质将传感器分为：机械量传感器，如位移传感器、力传感器、速度传感器、加速度传感器等；热工量传感器，如温度传感器、压力传感器、流量传感器等；化学量传感器；生物量传感器等。

从传感器研究的目的出发，着眼于变换过程的特征可以将传感器按输出量的性质分为：

（1）参量型传感器　它的输出是电阻、电感、电容等无源电参量，相应的有电阻式传感器、电感式传感器、电容式传感器等。

（2）发电型传感器　它的输出是电压或电流，相应的有热电偶传感器、光电传感器、磁电传感器、压电传感器等。

2. 测量电路

测量电路的作用是将传感器的输出信号转换成易于测量的电压或电流信号。通常传感器的输出信号是微弱的，这就需要经由测量电路加以放大，以满足显示记录装置的要求。测量电路还能根据需要进行阻抗匹配、微分、积分、线性化补偿等信号处理工作。

应当指出，测量电路的种类和构成是由传感器的类型决定的，不同的传感器所要求配用的测量电路经常具有自己的特色。

3. 显示记录装置

显示记录装置是检测人员和检测系统联系的主要环节，主要作用是使人们了解检测数值的大小或变化的过程。目前常用的有模拟式显示、数字式显示和图像式显示三种。

模拟式显示是利用指针与标尺的相对位置表示被测量数值的大小。如各种指针式电气测量仪表，其特点是读数方便、直观，结构简单，价格低廉，在检测系统中一直被大量应用。但这种显示方式的精度受标尺最小分度限制，而且读数时易引入主观误差。

数字式显示则直接以十进制数字形式来显示读数，实际上是专用的数字电压表，它可以附加打印机，打印记录测量数值，并且易于和计算机联机，使数据处理更加方便。这种方式有利于消除读数的主观误差。

如果被测量处于动态变化之中，用显示仪表读数就十分困难，这时可以将输出信号送至记录仪，从而描绘出被测量随时间变化的曲线，并以之作为检测结果，供分析使用，这就是图像显示。常用的自动记录仪器有笔式记录仪、光线示波器、磁带记录仪等。

三、非电学量电测法的特点

从检测系统的组成可以看出，对各种被测量的测量，通常的做法是通过传感器将其转换为电学量，从而使我们能够使用丰富、成熟的电子测量手段对传感器输出的电信号进行各种处理和显示记录。因此这种非电学量电测法构成了检测技术中最重要的内容，利用这种方法几乎可以测量各种非电学量参数。因此，电子技术的发展和在检测中的应用大大促进了检测技术的发展，为电子计算机技术进入检测领域创造了条件。

非电学量电测法的主要优点如下：

1）能够连续、自动地对被测量进行测量和记录。

2）电子装置精度高、频率响应好，不仅能适用于静态测量，选用适当的传感器和记录装置还可以进行动态测量甚至瞬态测量。

3）电信号可以远距离传输，便于实现远距离测量和集中控制。

4）电子测量装置能方便地改变量程，因此测量的范围广。

5）可以方便地与计算机相连，进行数据的自动运算、分析和处理。

四、检测技术的发展方向

科学技术的迅猛发展，为检测技术的现代化创造了条件，主要表现在以下两个方面：

第一，人们研究新原理、新材料和新工艺所取得的成果将产生更多品质优良的新型传感器。例如光纤传感器、液晶传感器、以高分子有机材料为敏感元件的压敏传感器、微生物传感器等。

另外，代替视觉、嗅觉、味觉和听觉的各种仿生传感器和检测超高温、超高压、超低温和超高真空等极端参数的新型传感器，也是今后传感器技术研究和发展的重要方向。

新型传感器技术除了采用新原理、新材料和新工艺之外，还向着高精度、小型化和集成化的方向发展。

传感器集成化的一个方向是具有同样功能的传感器集成化，从而使对一个点的测量变成对一个平面和空间的测量。例如，利用由电荷耦合器件形成的固体图像传感器来进行的文字和图形识别即是如此。

传感器集成化的另一个方向是不同功能的传感器集成化，从而使一个传感器可以同时测量不同种类的多个参数。例如，测量血液中各种成分的多功能传感器。

除了传感器自身的集成化之外，还可以把传感器和后续电路集成化。传感器和测量电路的集成化可以减少干扰，提高灵敏度，方便使用。如果将传感器和数据处理电路集成在一起，则可以方便地实现实时数据处理。

第二，检测系统或检测装置目前正迅速地由模拟式、数字式向智能化方向发展。带有微处理机的各种智能化仪表已经出现，这类仪表选用微处理机做控制单元，利用计算机可编程的特点，使仪表内的各个环节自动地协调工作，并且具有数据处理和故障诊断功能，成为一代崭新仪表，把检测技术自动化推进到一个新水平。

智能化仪表比一般检测装置功能强得多，它可以进行：

1）自动调零和自动校准。

2）自动量程转换。在程序控制下，可以使测量工作从高量程到低量程自动进行，并通过比较判断，使被测量处于最适当的量程之内。

3）自动选择功能。通过多路转换器和 A－D 转换器的配合，在程序控制下，既可以顺序地测量，也可以任意地选择对应不同参数的测量通道，从而自动改变仪表测量功能。

4）自动数据处理和误差修正。利用微机强大的运算能力，编制适当的数据处理程序，即可完成线性化、求取平均值、求标准偏差、做相关计算等数据处理工作，并且可以根据工作条件的变化，按照一定公式自动计算出修正值，同时修正测量结果，提高测量精度。

5）自动定时测量。利用计算机硬件定时或软件定时的功能可以完成各种时间间隔的定时自动测量。

6）自动故障诊断。在微机控制下，可对仪表电路进行故障检查和诊断，遇到故障点后能够自动显示故障部位，使得排查故障方便，缩短检修时间。

第二节 测量方法

一、测量的基本概念

测量或检测是指人们用实验的方法，借助于一定的仪器或设备，将被测量与同性质的单位标准量进行比较，并确定被测量对标准量的倍数，从而获得关于被测量的定量信息。测量过程中使用的标准量应该是国际或国内公认的性能稳定的量，称为测量单位。

测量的结果包括数值大小和测量单位两部分。数值的大小可以用数字表示，也可以是曲线或者图形。无论表现形式如何，在测量结果中必须注明单位。否则，测量结果是没有意义的。

检测技术比测量有更加广泛的含义，它是指下述的全面过程：按照被测量的特点，选用合适的检测装置与实验方法，通过测量和数据处理及误差分析，准确得到被测量的数值，并为进一步提高测量精度、改进实验方法及测量装置性能提供可靠的依据。

一切测量过程都包括比较、示差、平衡和读数四个步骤。例如，用钢卷尺测量棒料长度时，首先将卷尺拉出与棒料平行紧靠在一起，进行“比较”；然后找出卷尺与棒料的长度差别，即“示差”；进而调整卷尺长度使两者长度相等，达到“平衡”；最后从卷尺刻度上读出棒料的长度，即“读数”。

测量过程的核心是比较，但被测量能直接与标准量比较的场合并不多，在大多数情况下，是将被测量和标准量变换成双方易于比较的某个中间变量来进行的。例如，用弹簧秤称重。被测重量通过弹簧按比例伸长，转换为指针位移，而标准重量转换成标尺刻度。这样，被测量和标准量都转换成位移这一中间变量，可以进行直接比较。

此外，为了提高测量精度，并且能够对变化快、持续时间短的动态量进行测量，通常将被测量转换为电压或电流信号，利用电子装置完成比较、示差、平衡和读数的测量过程。因此，转换是实现测量的必要手段，也是非电量电测的核心。

二、测量方法

测量方法是实现测量过程所采用的具体方法，应当根据被测量的性质、特点和测量任务的要求来选择适当的测量方法。按照测量手续可以将测量方法分为直接测量和间接测量。按照获得测量值的方式可以分为偏差式测量、零位式测量和微差式测量。此外，根据传感器是否与被测对象直接接触，可区分为接触式测量和非接触式测量。而根据被测对象的变化特点又可分为静态测量和动态测量等。

（一）直接测量与间接测量

1. 直接测量

用事先分度或标定好的测量仪表，直接读取被测量测量结果的方法称为直接测量。例如，用温度计测量温度，用电压表测量电压等。

直接测量是工程技术中大量采用的方法，其优点是直观、简便、迅速，但不易达到很高的测量精度。

2. 间接测量

首先，对和被测量有确定函数关系的几个量进行测量，然后，再将测量值代入函数关系式，经过计算得到所需结果。这种测量方法属于间接测量。例如，测量直流电功率时，根据 $P=IU$ 的关系，分别对 I、U 进行直接测量，再计算出功率 P。在间接测量中，测量结果 y 和直接测量值 $x_i(i=1,2,3,\cdots)$ 之间的关系式可用下式表示

$$y=f(x_1, x_2, x_3, \cdots\cdots)$$

间接测量手续多，花费时间长，当被测量不便于直接测量或没有相应直接测量的仪表时才采用。

（二）偏差式测量、零位式测量和微差式测量

1. 偏差式测量

在测量过程中，利用测量仪表指针相对于刻度初始点的位移（即偏差）来决定被测量的测量方法，称为偏差式测量。在使用这种测量方法的仪表内并没有标准量具，只有经过标准量具校准过的标尺或刻度盘。测量时，利用仪表指针在标尺上的示值，读取被测量的数值。它以间接方式实现被测量和标准量的比较。

在进行测量时，偏差式测量仪表一般利用被测量产生的力或力矩，使仪表的弹性元件变形，从而产生一个相反的作用，并一直增大到与被测量所产生的力或力矩相平衡时，弹性元件的变形就停止了，此变形即可通过一定的机构转变成仪表指针相对标尺起点的位移，指针所指示的标尺刻度值就表示了被测量的数值。

偏差式测量简单、迅速，但精度不高，这种测量方法广泛应用于工程测量中。

2. *零位式测量*

用已知的标准量去平衡或抵消被测量的作用，并用指零式仪表来检测测量系统的平衡状态，从而判定被测量值等于已知标准量的方法称作零位式测量。

用天平测量物体的质量就是零位式测量的一个简单例子。用电位差计测量未知电压也属于零位式测量，图1-2所示的电路是电位差计的原理性示意图。

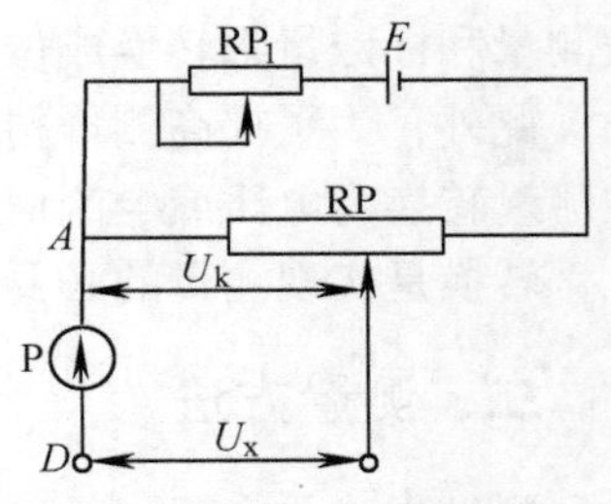

图1-2 电位差计原理图

图中E为工作电池的电动势，在测量前先调节RP_1，校准工作电流使其达到标准值，接入被测电压U_x后，调整电位器RP的活动触点，改变标准电压的数值，使检流计P回零，达到A、D两点等电位，此时标准电压U_k等于U_x，从电位差计读取的U_k的数值就表示了被测未知电压U_x。

在零位式测量中，标准量具处于测量系统中，它提供一个可调节的标准量，被测量能够直接与标准量相比较，测量误差主要取决于标准量具的误差。因此，可获得比较高的测量精度。另外，指零机构越灵敏，平衡的判断越准确，越有利于提高测量精度。但是这种方法需要平衡操作，测量过程较复杂，花费时间长，即使采用自动平衡操作，反应速度也受到限制，因此只能适用于变化缓慢的被测量，而不适于变化较快的被测量。

3. *微差式测量*

这是综合零位式测量和偏差式测量的优点而提出的一种测量方法。基本思路是将被测量x的大部分作用先与已知标准量N的作用相抵消，剩余部分即两者差值$\Delta = x - N$，这个差值再用偏差法测量。微差式测量中，总是设法使差值Δ很小，因此可选用高灵敏度的偏差式仪表测量之。即使差值的测量精度不高，但最终结果仍可达到较高的精度。

例如，测定稳压电源输出电压随负载电阻变化的情况时，输出电压U_o可表示为$U_o = U + \Delta U$，其中ΔU是负载电阻变化所引起的输出电压变化量，相对U来讲为一小量。如果采用偏差法测量，仪表必须有较大量程以满足U_o的要求，因此对ΔU这个小量造成的U_o的变化就很难测准。当然，可以改用零位式测量，但最好的方法是采用如图1-3所示的微差式测量。

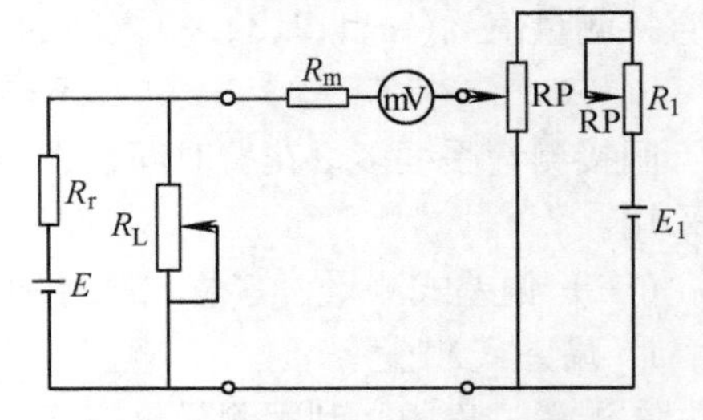

图1-3 微差式测量原理图

图1-3中使用了高灵敏度电压表——毫伏表和电位差计，R_r和E分别表示稳压电源的内阻和电动势，R_L表示稳压电源的负载，E_1、R_1和RP表示电位差计的参数。在测量前调整R_1，使电位差计工作电流I_1为标准值。然后，使稳压电源负载电阻R_L为额定值。调整RP的活动触点，使毫伏表指示为零，这相当于事先用零位式测量出额定输出电压U。正式测量开始后，只需增加或减小负载电阻R_L的值，负载变动所引起的稳压电源输出电压U_o的微小波动值ΔU即可由毫伏表指示

出来。根据 $U_o = U + \Delta U$，稳压电源输出电压在各种负载下的值都可以准确地测量出来。

微差式测量法的优点是反应速度快，测量精度高，特别适合于在线控制参数的测量。

第三节　检测系统的基本特性

检测系统的特性，一般分为静态特性和动态特性两种。

当被测量不随时间变化或变化很慢时，可以认为检测系统的输入量和输出量都和时间无关。表示它们之间关系的是一个不含时间变量的代数方程，在这种关系的基础上确定的检测装置性能参数通常称为静态特性。

当被测量随时间变化很快时，就必须考虑输入量和输出量之间的动态关系。这时，表示它们之间关系的是一个含有时间变量的微分方程。由此引出的检测系统针对快速变化的被测量的响应特性称为动态特性。

本节介绍的检测系统的静、动态特性参数同样适用于组成检测系统的各个环节，如传感器等。

一、静态特性

（一）灵敏度与分辨率

灵敏度是指传感器或检测系统在稳态下输出量变化和引起此变化的输入量变化的比值。可表示为

$$s = \frac{\Delta y}{\Delta x} \quad 或 \quad s = \frac{dy}{dx}$$

它是输入－输出特性曲线的斜率。

如果系统的输出和输入之间有线性关系，则灵敏度 s 是一个常数。否则，它将随输入量的大小而变化，如图 1-4 所示。

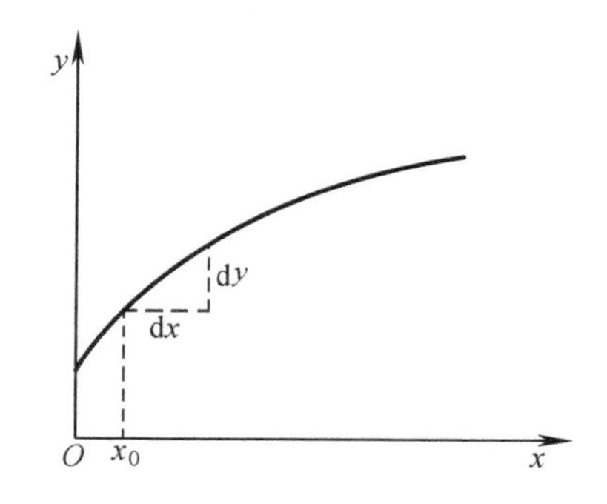

图 1-4　检测系统灵敏度

一般希望灵敏度 s 在整个测量范围内保持为常数。这样，可得均匀刻度的标尺，使读数方便，也便于分析和处理测量结果。

由于输入和输出的变化量一般都有不同的量纲，所以灵敏度 s 也是有量纲的。如输入量为温度（°C），输出量为标尺上的位移（格），则 s 的单位为格/°C。如果输入量和输出量是同类量，则此时 s 可理解为放大倍数。因此，灵敏度比放大倍数有更广泛的含义。

如果检测系统由多个环节组成，各环节的灵敏度分别为 s_1、s_2、s_3，而且各环节以图 1-5 所示的串联方式相连接，则整个系统的灵敏度可用下式表示

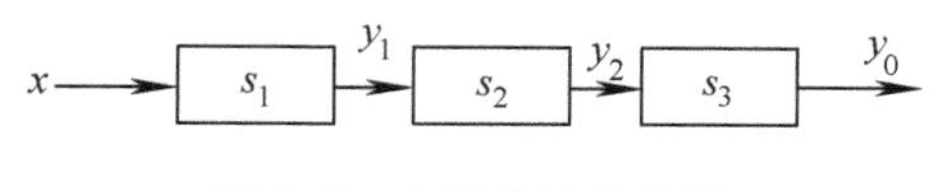

图 1-5　串联系统示意图

$$s = s_1 s_2 s_3$$

提高灵敏度，可得到较高测量精度，但应当注意，灵敏度越高，测量范围往往越窄，稳定性往往越差。

分辨率是指检测仪表能够精确检测出被测量的最小变化的能力。输入量从某个任意值（非零值）缓慢增加，直到可以测量到输出的变化为止，此时的输入量就是分辨率。它可以用绝对值或量程的百分数来表示。它说明了检测仪表响应与分辨输入量微小变化的能力。灵敏度越高，分辨率越好。一般模拟式仪表的分辨率规定为最小刻度分格值的一半。数字式仪表的分辨率是最后一位的一个字。

（二）线性度

线性度是用实测的检测系统输入－输出特性曲线与拟合直线之间的最大偏差与满量程输出的百分比来表示的，即有

$$E_{\mathrm{f}}=\frac{\Delta_{\mathrm{m}}}{Y_{\mathrm{FS}}}\times 100\%$$

由于线性度（非线性误差）是以所参考的拟合直线为基准线算得的，所以基准线不同，所得线性度就不同。拟合直线的选取方法很多，采用理论直线作为拟合直线而确定的检测系统线性度，称作理论线性度。理论直线通常取连接理论曲线坐标零点和满量程输出点的直线。如图 1-6 所示。

采取不同的方法选取拟合直线，可以得到不同的线性度。如使拟合直线通过实际特性曲线的起点和满量程点，可以得到端基线性度。使拟合直线与特性曲线上各点偏差的二次方和为最小，可得到最小二乘法线性度等。

（三）迟滞

迟滞特性表明检测系统在正向（输入量增大）和反向（输入量减小）行程期间，输入－输出特性曲线不一致的程度。也就是说，对同样大小的输入量，检测系统在正、反行程中，往往对应两个大小不同的输出量。通过实验，找出输出量的这种最大差值，并以满量程输出 Y_{FS} 的百分数表示，就得到了迟滞的大小（见图 1-7），即

$$E_{\mathrm{t}}=\frac{\Delta_{\mathrm{m}}}{Y_{\mathrm{FS}}}\times 100\%$$

式中，Δ_{m} 为输出值在正、反行程期间的最大差值。

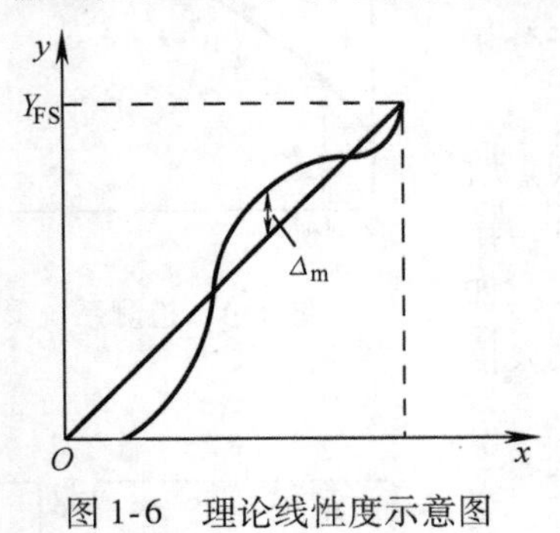

图 1-6 理论线性度示意图

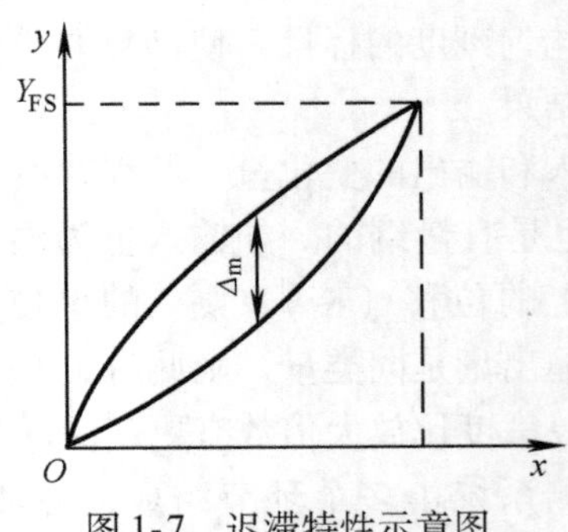

图 1-7 迟滞特性示意图

迟滞可能是由仪表元件存在能量吸收或传动机构的摩擦、间隙等原因造成的。

（四）测量范围与量程

测量范围是指正常工作条件下，检测系统或仪表能够测量的被测量值的总范围。通常以

测量范围的下限值和上限值来表示。如某温度计的测量范围是 −20 ~ +200°C。

量程是测量范围上限值与下限值的代数差。如上述温度计的量程是 220°C。

给出测量范围即给出了被测量的上、下限，也就给出了量程。但仅知量程，却无法判断检测系统的测量范围。

（五）精度等级

检测系统或仪表精度等级的表示和其引用误差有关，这将在下一节中详细叙述。

检测系统的静态特性还包括重复性、稳定性和死区等参数。

二、动态特性

随着自动化生产和科学技术的发展，对于随时间快速变化的动态量，进行检测的机会越来越多。这时检测系统除了需要满足静态特性要求之外，还应当对变化中的被测量保持足够响应，即具有良好的动态特性。只有这样，才能迅速准确地测出被测量的大小或再现被测量的波形。

在实际工作中，检测系统的动态特性通常是用实验方法求得的。我们可以根据系统对一些标准输入信号的响应来评定它的动态特性。因为，系统对标准输入信号的响应和它对任意输入信号的响应之间存在一定的关系。知道了前者，就可以推算后者。在时域内，研究动态特性时常用阶跃信号来分析系统的瞬态响应，包括超调量、上升时间、响应时间等。在频域内，研究动态特性时，则采用正弦输入信号来分析系统的频率响应，包括幅频特性和相频特性。

对检测系统动态特性的理论研究，通常是先建立系统的数学模型，通过拉普拉斯变换找出传递函数表达式，再根据输入条件得到相应的频率特性，并以此来描述系统的动态特性。大部分检测系统可以简化为单自由度一阶或二阶系统。因此，我们可以方便地应用自动控制原理中的分析方法和结论，这里不再赘述。

第四节　误差的概念

在检测过程中，被测对象、检测系统、检测方法和检测人员都会受到各种变动因素的影响。而且，对被测量的转换，有时也会改变被测对象原有的状态。这就造成了检测结果和被测量的客观真值之间存在一定的差别。这个差值称为测量误差。误差公理告诉我们：任何实验结果都是有误差的，误差自始至终存在于一切科学实验和测量之中，被测量的真值是永远难以得到的。尽管如此，我们仍然可以设法改进检测工具和实验手段，并通过对检测数据的误差分析和处理，使测量误差处在允许的范围之内，或者说，达到一定的测量精度。这样的测量结果就被认为是合理的，可信的。

测量误差的主要来源可以概括为工具误差、环境误差、方法误差和人员误差等。

在分析测量误差时，人们采用的被测量真值是指在确定的时间、地点和状态下，被测量所表现出来的实际大小。一般来说，真值是未知的，所以误差也是未知的。但有些值可以作为真值来使用。例如理论真值，它是理论设计和理论公式的表达值；还有计量学约定真值，它是由国际计量学大会确定的长度、质量、时间等基本单位。另外，考虑到多级计量网中计量标准的传递，高一级标准器的量值也可以作为相对真值。

为了便于对误差进行分析和处理，人们通常把测量误差从不同角度进行分类。按照误差的表示方法可以分为绝对误差和相对误差；按照误差出现的规律，可以分为系统误差、随机误差和粗大误差；按照被测量与时间的关系，可以分为静态误差和动态误差等。

一、绝对误差与相对误差

（一）绝对误差

绝对误差是仪表的指示值 x 与被测量的真值 x_0 之间的差值，记作 δ

$$\delta = x - x_0$$

绝对误差有符号和单位，它的单位与被测量相同。引入绝对误差后，被测量真值可以表示为

$$x_0 = x - \delta = x + c$$

式中，$c = -\delta$，称为修正值或校正量，它与绝对误差的数值相等，但符号相反。

含有误差的指示值加上修正值之后，可以消除误差的影响。在计量工作中，通常采用加修正值的方法来保证测量值的准确可靠。仪表送上级计量部门检定，其主要目的就是获得一个准确的修正值。例如，得到一个指示值修正表或修正曲线。

绝对误差越小，说明指示值越接近真值，测量精度越高。但这一结论只适用于被测量值相同的情况，而不能说明不同值的测量精度。例如，某测量长度的仪器，测量10mm的长度，绝对误差为0.001mm。另一仪器测量200mm长度，绝对误差为0.01mm。这就很难按绝对误差的大小来判断测量精度高低了。这是因为后者的绝对误差虽然比前者大，但它相对于被测量的值却显得较小。为此，人们引入了相对误差的概念。

（二）相对误差

相对误差是仪表指示值的绝对误差 δ 与被测量真值 x_0 的比值，常用百分数表示，即

$$r = \frac{\delta}{x_0} \times 100\% = \frac{x - x_0}{x_0} \times 100\%$$

相对误差比绝对误差能更好地说明测量的精确程度。在上面的例子中

$$r_1 = \frac{0.001}{10} \times 100\% = 0.01\%$$

$$r_2 = \frac{0.01}{200} \times 100\% = 0.005\%$$

显然，后一种长度测量仪表更精确。

在实际测量中，由于被测量真值是未知的，而指示值又很接近真值。因此，可以用指示值 x 代替真值 x_0 来计算相对误差。

使用相对误差来评定测量精度也有局限性，它只能说明不同测量结果的准确程度，但不适用于衡量测量仪表本身的质量。因为同一台仪表在整个测量范围内的相对误差不是定值，随着被测量的减小，相对误差变大。为了更合理地评价仪表质量，采用了引用误差的概念。

引用误差是绝对误差 δ 与仪表量程 L 的比值，通常以百分数表示。引用误差

$$r_0 = \frac{\delta}{L} \times 100\%$$

如果以测量仪表整个量程中，可能出现的绝对误差最大值 δ_m 代替 δ，则可得到最大引

用误差

$$r_{0m}=\frac{\delta_m}{L}\times 100\%$$

对一台确定的仪表或一个检测系统，最大引用误差就是一个定值。

测量仪表一般采用最大引用误差不能超过的允许值作为划分精度等级的尺度。工业仪表常见的精度等级有0.1级，0.2级，0.5级，1.0级，1.5级，2.0级，2.5级，5.0级。精度等级为1.0的仪表，在使用时它的最大引用误差为±1.0%，也就是说，在整个量程内它的绝对误差最大值不会超过其量程的±1.0%。

在具体测量某个量值时，相对误差可以根据精度等级所确定的最大绝对误差和仪表指示值进行计算。

显然，精度等级已知的测量仪表只有在被测量值接近满量程时，才能发挥它的测量精度。因此，使用测量仪表时，应当根据被测量的大小和测量精度要求，合理地选择仪表量程和精度等级，只有这样才能提高测量精度。

二、系统误差与随机误差

（一）系统误差

在相同的条件下，多次重复测量同一量时，误差的大小和符号保持不变，或按照一定的规律变化，这种误差称为系统误差。其误差的数值和符号不变的称为恒值系统误差；反之，称为变值系统误差。变值系统误差又可分为累进性的、周期性的和按复杂规律变化的几种类型。

检测装置本身性能不完善、测量方法不完善、测量者对仪器使用不当、环境条件的变化等原因都可能产生系统误差。例如，某仪表刻度盘分度不准确，就会造成读数偏大或偏小，从而产生恒值系统误差。温度、气压等环境条件的变化和仪表电池电压随使用时间的增长而逐渐下降，则可能产生变值系统误差。

系统误差的特点是可以通过实验或分析的方法，查明其变化规律和产生原因，通过对测量值的修正，或者采取一定的预防措施，就能够消除或减少它对测量结果的影响。

系统误差的大小表明测量结果的正确度。它说明测量结果相对真值有一恒定误差，或者存在着按确定规律变化的误差。系统误差越小，则测量结果的正确度越高。

（二）随机误差

在相同条件下，多次测量同一量时，其误差的大小和符号以不可预见的方式变化，这种误差称为随机误差。

随机误差是测量过程中许多独立的、微小的、偶然的因素引起的综合结果。

在任何一次测量中，只要灵敏度足够高，随机误差总是不可避免的。而且在同一条件下，重复进行的多次测量中，它或大或小，或正或负，既不能用实验方法消除，也不能修正。但是，利用概率论的一些理论和统计学的一些方法，可以掌握看似毫无规律的随机误差的分布特性，确定随机误差对测量结果的影响。

随机误差的大小表明测量结果重复一致的程度，即测量结果的分散性。通常，用精密度表示随机误差的大小。随机误差大，测量结果分散，精密度低；反之，测量结果的重复性好，精密度高。

精确度是测量的正确度和精密度的综合反映。精确度高意味着系统误差和随机误差都很小。精确度有时简称为精度。

图1-8形象地说明了系统误差、随机误差对测量结果的影响，也说明了正确度、精密度和精确度的含义。

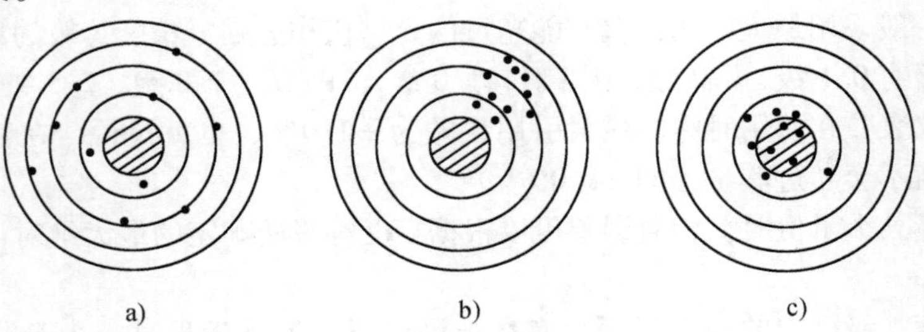

图1-8 正确度、精密度和精确度示意图

图1-8a的系统误差较小，正确度较高。但随机误差较大，精密度低。

图1-8b的系统误差大，正确度较差。但随机误差小，精密度较高。

图1-8c的系统误差和随机误差都较小，即正确度和精密度都较高，因此精确度高。显然，一切测量都应当力求精密而又正确。

三、系统误差与随机误差的关系

虽然系统误差和随机误差的性质不同，但两者并不是完全彼此孤立的，它们总是同时出现并对测量结果产生影响。实际上，很难把它们严格区分开来。人们一方面可以把难以完全掌握或过于复杂的系统误差当作随机误差来处理；另一方面，对某些随机误差的来源和变化规律有了更深入的了解后，就可以把它看成系统误差而加以修正或预防。

由于在任何一次测量中，系统误差和随机误差一般都同时存在，所以按其对测量结果的影响程度分三种情况处理：系统误差远大于随机误差时，基本上按纯系统误差处理；系统误差很小或已经修正时，可按纯随机误差处理；系统误差和随机误差影响差不多时，二者均不可忽略，应分别按不同方法处理。

四、粗大误差

明显歪曲测量结果的误差称作粗大误差，又称过失误差。粗大误差主要是人为因素造成的。例如，测量人员工作时疏忽大意，出现了读数错误、记录错误、计算错误或操作不当等。另外，测量方法不恰当，测量条件意外的突然变化，也可能造成粗大误差。

含有粗大误差的测量值称为坏值或异常值。坏值应从测量结果中剔除。

在实际测量工作中，由于粗大误差的误差数值特别大，容易从测量结果中发现，一经发现有粗大误差，可以认为该次测量无效，测量数据应剔除，从而消除它对测量结果的影响。

坏值剔除后，正确的测量结果中不包含粗大误差。因此，要分析处理的误差只有系统误差和随机误差两种。

第五节　随机误差的处理方法

一、概率、概率密度与正态分布

自然界中，某一事件或现象出现的客观可能性大小，通常用概率来表示。

客观的必然现象称为必然事件。例如，平面三角形内角和为180°，就是一个必然事件。必然事件的概率为1。

违反客观实际的不可能出现的现象称为不可能事件，不可能事件的概率为零。

客观上可能出现，也可能不出现，而且不能预测的现象称为随机事件或随机现象。它具有一定的概率，且概率在0和1之间。例如，抛掷硬币，出现正面朝上或反面朝上的现象，即为一随机事件。当抛掷次数无限加多时，大量的实验证明，它们的概率接近0.5。

在研究随机事件的统计规律时，概率是一个重要的概念，它是随机事件统计规律性的表现，是随机事件的固有特性。同时，也应当注意到概率是个统计概念，只有在大量重复实验中，对整体而言才有意义。

在相同的条件下，对某个量重复进行多次测量，在排除系统误差和粗大误差之后，测量结果的随机误差在某个范围内取值的可能性，就是一个随机事件的统计概率问题。

下面是一组无系统误差和粗大误差的独立的等精度长度测量结果。用长300mm的钢板尺，测量已知长度为836mm的导线，共测量了150次，即$n=150$。现将测量结果、对应的误差δ_i、各误差出现的次数n_i等列于表1-1中。

为了便于统计，在这里我们将测量结果分成了11个区间，区间长度$\Delta x_i=1\text{mm}$。因此，测量误差也相应地被分成11个区间，误差区间长度$\Delta\delta_i=1\text{mm}$。

表1-1中还列出根据统计结果计算得到的频率（n_i/n）的数值，它表示测量值或随机误差落在某个区间的相对次数。

表1-1　测量结果

区间号	测量区间中心值 x_i/mm	误差区间中心值 δ_i/mm	出现次数 n_i	频率 n_i/n(%)
1	831	-5	1	0.66
2	832	-4	3	2.00
3	833	-3	8	5.33
4	834	-2	18	12.00
5	835	-1	28	18.66
6	836	0	34	22.66
7	837	+1	29	19.33
8	838	+2	17	11.33
9	839	+3	9	6.00
10	840	+4	2	1.32
11	841	+5	1	0.66

在直角坐标图上，以频率（n_i/n）为纵坐标，以随机误差δ_i为横坐标，画出它们的关

系曲线，得到频率直方图，或称统计直方图，如图1-9所示。

如果改变区间长度 $\Delta\delta_i$ 的取值，相应的频率值（n_i/n）也会发生变化，对同一组测量数据，频率直方图将不相同。如果以 $n_i/(n\Delta\delta)$ 这个量作为纵坐标，就可以避免这个问题。

当测量次数 $n\to\infty$ 时，令 $\Delta\delta\to\mathrm{d}\delta$，$n_i\to\mathrm{d}n$，无限多个直方图中，顶点的连线就形成一条光滑的连续曲线，这条曲线称为随机误差正态分布曲线。此时，$n_i/(n\Delta\delta)$ 的极限 $f(\delta)$ 称为概率密度，即

$$f(\delta)=\lim_{n\to\infty}\frac{n_i}{n\Delta\delta}=\frac{1}{n}\frac{\mathrm{d}n}{\mathrm{d}\delta}$$

$f(\delta)-\delta$ 的图形如图1-10所示。显然，曲线下阴影部分的面积等于 $f(\delta)\mathrm{d}\delta=\frac{\mathrm{d}n}{n}$，它表示随机误差值落在图中所示 $\mathrm{d}\delta$ 的微小区间内的概率。

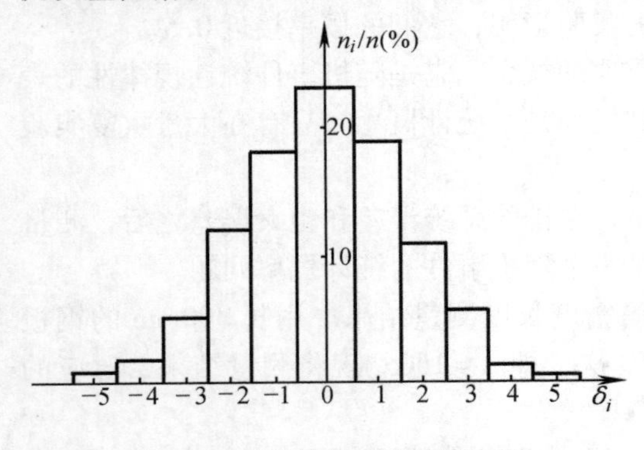

图1-9 随机误差的统计直方图

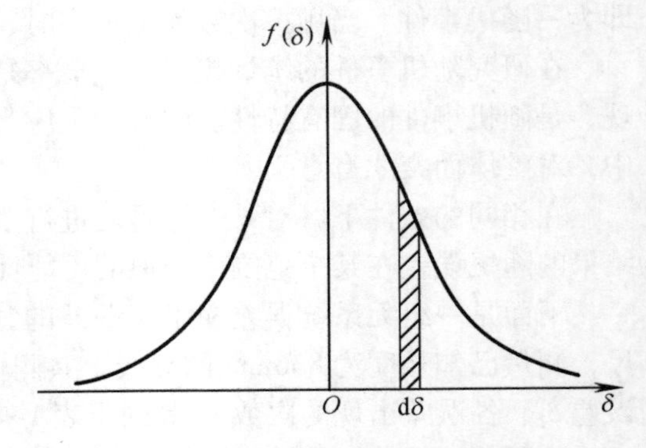

图1-10 随机误差的正态分布曲线

二、随机误差的特点

根据表1-1给出的测量结果和图1-10随机误差的正态分布曲线，可以得到随机误差正态分布的特性：

（1）对称性 随机误差可正可负，但绝对值相等的正、负误差出现的机会相等。也就是说，$f(\delta)-\delta$ 曲线对称于纵轴。

（2）有界性 在一定测量条件下，随机误差的绝对值不会超过一定的范围，即绝对值很大的随机误差几乎不出现。

（3）抵偿性 在相同条件下，当测量次数 $n\to\infty$ 时，全体随机误差的代数和等于零，即 $\lim\limits_{n\to\infty}\sum\limits_{i=1}^{n}\delta_i=0$。

（4）单峰性 绝对值小的随机误差比绝对值大的随机误差出现的机会多，即前者比后者的概率密度大，在 $\delta=0$ 处随机误差概率密度有最大值。

三、算术平均值和标准偏差

我们可以用解析的方法推导出随机误差正态分布曲线的数学表达式，即正态概率密度分布函数。

$$f(\delta) = \frac{1}{\sigma\sqrt{2\pi}}\exp\left(-\frac{\delta^2}{2\sigma^2}\right) \tag{1-1}$$

式(1-1)称为高斯误差方程。式中，σ 是方均根误差，或称标准误差。σ 可由下式求得

$$\sigma = \lim_{n\to\infty}\sqrt{\frac{1}{n}\sum_{i=1}^{n}(x_i - x_0)^2} = \lim_{n\to\infty}\sqrt{\frac{1}{n}\sum_{i=1}^{n}\delta_i^2} \tag{1-2}$$

计算 σ 时，必须已知真值 x_0，并且需要进行无限多次等精度重复测量。这显然是很难做到的。

根据长期的实践经验，人们公认，一组等精度的重复测量值的算术平均值最接近被测量的真值，而算术平均值很容易根据测量结果求得，即

$$\bar{x} = \frac{1}{n}\sum_{i=1}^{n}x_i = \frac{x_1 + x_2 + \cdots + x_n}{n} \tag{1-3}$$

因此，可以利用算术平均值 $\bar{x}$ 代替真值 x_0，来计算式（1-2）中的 δ_i。此时，式（1-2）中的 $\delta_i = x_i - x_0$，就可以改换成 $v_i = x_i - \bar{x}$，v_i 称为剩余误差。剩余误差的特点是，不论 n 为何值，总有

$$\sum_{i=1}^{n}v_i = \sum_{i=1}^{n}(x_i - \bar{x}) = \sum_{i=1}^{n}x_i - \sum_{i=1}^{n}\bar{x} = n\bar{x} - n\bar{x} = 0 \tag{1-4}$$

由此可以看到，采用由 n 个测量值计算出的算术平均值和这 n 个测量值，计算出（$n-1$）个剩余误差后，余下的第 n 个剩余误差就不再是独立的了，它可由式（1-4）确定。也就是说，虽然可以求得 n 个剩余误差，但实际上它们之中只有（$n-1$）个是独立的。考虑到这一点，测量次数 n 为有限值时，标准误差的估计值 $\hat{\sigma}$ 可由下式计算

$$\hat{\sigma} = \sqrt{\frac{1}{n-1}\sum_{i=1}^{n}(x_i - \bar{x})^2} = \sqrt{\frac{1}{n-1}\sum_{i=1}^{n}v_i^2} \tag{1-5}$$

式(1-5)称为贝塞尔公式。

在一般情况下，对 σ 和 $\hat{\sigma}$ 并不加以严格区分，统称为标准误差。

标准误差 σ 在评价正态分布的随机误差时具有特殊的意义。理论计算表明：

1）介于($-\sigma$，$+\sigma$)之间的随机误差出现的概率为

$$\int_{-\sigma}^{+\sigma}f(\delta)\,\mathrm{d}\delta = 0.6827$$

2）介于(-2σ，$+2\sigma$）之间的随机误差出现的概率为

$$\int_{-2\sigma}^{+2\sigma}f(\delta)\,\mathrm{d}\delta = 0.9545$$

随机误差出现在此区间之外的概率为 $1 - 0.9545 = 0.0455 = 4.55\%$。

3）介于(-3σ，$+3\sigma$）之间的随机误差出现的概率为

$$\int_{-3\sigma}^{+3\sigma}f(\delta)\,\mathrm{d}\delta = 0.9973$$

而出现在此区间之外的概率仅为 $1 - 0.9973 = 0.0027 < 0.3\%$。

因此，在1000次等精度测量中，只可能有3次随机误差超过（-3σ，$+3\sigma$）区间，实

际上可以认为这种情况很难发生。

上述结论说明，标准误差 σ 的大小可以表示测量结果的分散程度。图1-11给出不同 σ 值的三条正态分布曲线。由此可见，σ 值越小，则分布曲线越尖锐。也就是说，测量结果的分散性较小。因此，σ 小说明测量的精密度高。对 σ 值大的分布曲线可以得到相反的结论。

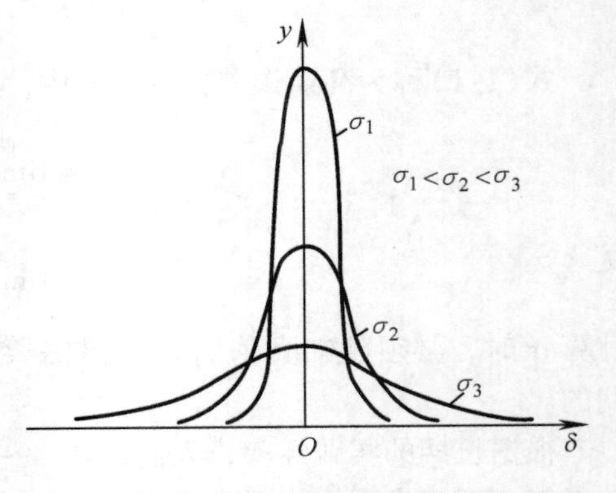

图1-11 不同 σ 值的正态分布曲线

但是，应该强调指出，标准误差 σ 并不是某次测量的具体误差。各次测量的具体误差可大可小，可正可负，完全是随机的，具体误差恰好等于 σ 的可能性极小。然而，我们可以通过在一定测量条件下，进行一系列等精度测量，确定出标准误差 σ 的值，以此说明随机误差概率密度的分布情况，并作为评价测量结果的精密度的指标。

同一条件下的多次测量是用算术平均值 $\bar{x}$ 作为测量结果的，即取 $\bar{x}$ 作为被测量的真值。可以在相同的条件下，对被测量进行 n' 组测量，每组测量 n 次，对各组测量值都可以求出相应的算术平均值。由于存在随机误差，这些算术平均值也不会完全相同，它们围绕被测量真值也有一定的分散性。为此，引入了算术平均值的标准误差 $\sigma_{\bar{x}}$ 作为评价 $\bar{x}$ 分散性的指标，理论计算证明

$$s = \sigma_{\bar{x}} = \sqrt{\frac{\sum_{i=1}^{n}\delta_i^2}{n(n-1)}} = \frac{\sigma}{\sqrt{n}} \tag{1-6}$$

此式说明，n 次等精度测量中，算术平均值的标准误差是测量值的标准误差的 $\frac{1}{\sqrt{n}}$ 倍，一般测量时取 $n=5\sim10$ 次即可。

四、测量结果的置信度和测量结果的正确表示

在消除系统误差的前提下，通过一系列等精度测量，用测得的数据求得标准误差的估计值 σ 后，即可根据式(1-1)给出的概率密度分布函数，通过积分运算，求出随机误差落在指定区间〔$-a$, $+a$〕内的概率值，从而预计测量值出现在〔x_0-a, x_0+a〕区间内的概率。当随机误差出现在某一指定区间内概率足够大时，该测量误差的估计值就具有较大的可信度。此时，测量值落在〔x_0-a, x_0+a〕区间内的可信度也较大。上述〔$-a$, a〕区间就叫置信区间，相应的概率值叫作置信概率。置信区间和置信概率结合起来表明测量的置信度。

为正确表示测量结果，通常使置信区间取标准误差的整数倍，此倍数称为置信系数。适当确定置信系数，测量结果就可以有较高的置信概率。

对 n 次等精度测量，在无系统误差和粗大误差的情况下，它的测量结果，即被测量的真值，可以用算术平均值 $\bar{x}$ 表示如下

$$x_0 = \bar{x} \pm Ks = \bar{x} \pm K\left(\frac{\sigma}{\sqrt{n}}\right) \tag{1-7}$$

如果取置信系数 $K=2$，则测量结果可表示为

$$x_0=\bar{x}\pm 2s=\bar{x}\pm 2\left(\frac{\sigma}{\sqrt{n}}\right)$$

上式表明，算术平均值与真值的误差落在置信区间 $\pm 2s$ 内的置信概率为95%。

当取 $K=3$ 时，置信区间为 $\pm 3s$，置信概率为99.7%。

在上述 n 次等精度测量中，测量结果的极限范围 x_{m} 可用下式表示

$$x_{\mathrm{m}}=\bar{x}\pm K\sigma \tag{1-8}$$

当 $K=2$ 时，测量结果出现在式(1-8)所确定的极限范围内的概率为95.4%。当 $K=3$ 时，其概率为99.7%。

如果以单次测量值来表示测量结果，则有

$$x_0=x_i\pm K\sigma \tag{1-9}$$

取置信系数 K 为 2 或 3 时，置信区间分别为 $\pm 2\sigma$ 和 $\pm 3\sigma$，置信概率则分别为95.4%和99.7%。

对一台已知精度等级的测量仪器，在没有系统误差和粗大误差的条件下，用此仪器进行单次测量时，式（1-9）就是测量结果的正确表示。此时由仪表精度等级和仪表量程可确定出绝对误差最大值，它相当于随机误差极限值 2σ 或 3σ。

五、粗大误差的判别与坏值的舍弃

在重复测量得到的一系列测量值中，如果混有包含粗大误差的坏值，必然会歪曲测量结果。因此，必须剔除坏值后，才可进行有关的数据处理，从而得到符合客观情况的测量结果。但是，也应当防止无根据地随意丢掉一些误差大的测量值。对怀疑为坏值的数据。应当加以分析，尽可能找出产生坏值的明确原因，然后再决定取舍。实在找不到产生坏值的原因，或不能确定哪个测量值是坏值时，可以按照统计学的异常数据处理法则，判别坏值并加以舍弃。其基本思路是给定一个置信概率，然后确定相应的置信区间，凡超出此区间的误差被认为是粗大误差。相应的测量值就是坏值，应予以剔除。

统计判别法的准则很多，在这里介绍拉依达准则（3σ 准则）。

设对被测量进行等精度测量，独立得到 x_1，$x_2\cdots$，x_n，算出其算术平均值 $\bar{x}$ 及剩余误差 $v_i=x_i-\bar{x}$（$i=1,2,\cdots,n$），并按贝塞尔公式算出标准误差 σ，若某个测量值 $\bar{x}_b$ 的剩余误差 v_b（$1\leqslant b\leqslant n$）满足下式

$$|v_b|=|x_b-\bar{x}|>3\sigma \tag{1-10}$$

则认为 x_b 是含有粗大误差的坏值，应予剔除。

使用此准则时应当注意，在计算 $\bar{x}$、v_i 和 σ 时，应当使用包含坏值在内的所有测量值。按照式（1-10）剔除坏值后，应重新计算 $\bar{x}$ 和 σ，再用拉依达准则检验现有的测量值，看有无新的坏值出现。重复进行，直到检查不出新的坏值时为止。此时，所有测量值的剩余误差均在 $\pm 3\sigma$ 范围之内。

拉依达准则简便，易于使用，因此得到广泛应用。但它是在重复测量次数 $n\rightarrow\infty$ 的前提下建立的，当 n 有限，特别是 n 较小时，此准则并不可靠。此时可采用其他统计判别准则。这里不再一一介绍，请读者查阅有关著作。

第六节 系统误差的消除方法

在测量结果中，一般都含有系统误差、随机误差和粗大误差。可以采用3σ准则，剔除含有粗大误差的坏值，从而消除粗大误差对测量结果的影响。虽然随机误差是不可能消除的，但可以通过多次重复测量，利用统计分析的方法估算出随机误差的取值范围。

对于系统误差，尽管其取值固定或按一定规律变化，但往往不易从测量结果中发现它的存在和认识它的规律，也不可能像对待随机误差那样，用统计分析的方法确定它的存在和影响，而只能针对具体情况采取不同的处理措施，对此没有普遍适用的处理方法。总之，系统误差虽然是有规律的，但实际处理起来往往比无规则的随机误差困难得多。对系统误差的处理是否得当，很大程度上取决于测量者的知识水平、工作经验和实验技巧。

为了尽力减小或消除系统误差对测量结果的影响，可以从两个方面入手。首先，在测量之前，必须尽可能预见一切可能产生系统误差的来源，并设法消除它们或尽量减弱其影响。例如，测量前对仪器本身性能进行检查，必要时送计量部门检定，取得修正曲线或表格；使仪器的环境条件和安装位置符合技术要求的规定；对仪器在使用前进行正确的调整；严格检查和分析测量方法是否正确等。其次，在实际测量中，采用一些有效的测量方法，来消除或减小系统误差。下面介绍几种常用的方法。

一、交换法

在测量中，将引起系统误差的某些条件（如被测量的位置等）相互交换，而保持其他条件不变，使产生系统误差的因素对测量结果起相反的作用，从而抵消系统误差。

例如，以等臂天平称量时，由于天平左右两臂长的微小差别，会引起称量的恒值系统误差。如果被称物与砝码在天平左右称盘上交换，称量两次，取两次测量平均值作为被称物的质量，这时测量结果中就不含有因天平不等臂引起的系统误差。

二、抵消法

改变测量中的某些条件（如测量方向），使前后两次测量结果的误差符号相反，取其平均值以消除系统误差。

例如，千分卡有空行程，即螺旋旋转时，刻度变化，量杆不动，在检定部位产生系统误差。为此，可从正反两个旋转方向对线，顺时针对准标志线读数为d，不含系统误差时值为a，空行程引起系统误差ε，则有$d=a+\varepsilon$；第二次逆时针旋转对准标志线，读数d'，则有$d'=a-\varepsilon$。于是正确值$a=(d+d')/2$，正确值a中不再含有系统误差。

三、代替法

代替法是在测量条件不变的情况下，用已知量替换被测量，达到消除系统误差的目的。

仍以天平为例，如图1-12所示。先使平衡物T与被测物X相平衡，则$X=\frac{L_2}{L_1}T$；然后取下被测物X，用砝码P与T达到平衡，得到$P=\frac{L_2}{L_1}T$，取砝码数值作为测量结果。由此得到的测量结果中，同样不存在因 L_1、L_2 不等而带来的系统误差。

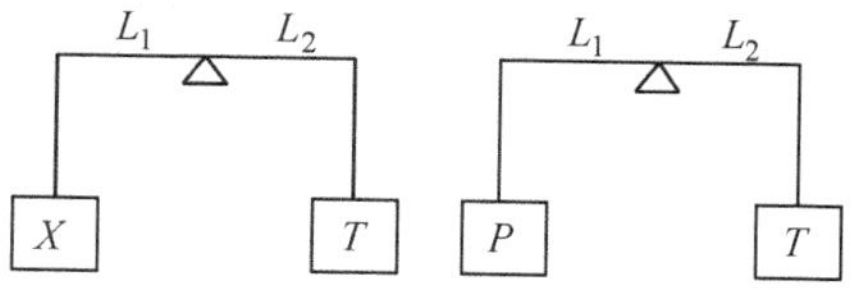

L₁ L₂ X T　L₁ L₂ P T

图 1-12　代替法消除系统误差示意图

四、对称测量法

对称测量法用于消除线性变化的系统误差。下面通过采用电位差计和标准电阻 R_N，精确测量未知电阻 R_x 的例子来说明对称测量法的原理和测量过程。

如图 1-13 所示，如果回路电流 I 恒定不变，只要测出 R_N 和 R_x 上的电压 U_N 和 U_x，即可得到 R_x 值

$$R_x = \frac{U_x}{U_N} R_N \tag{1-11}$$

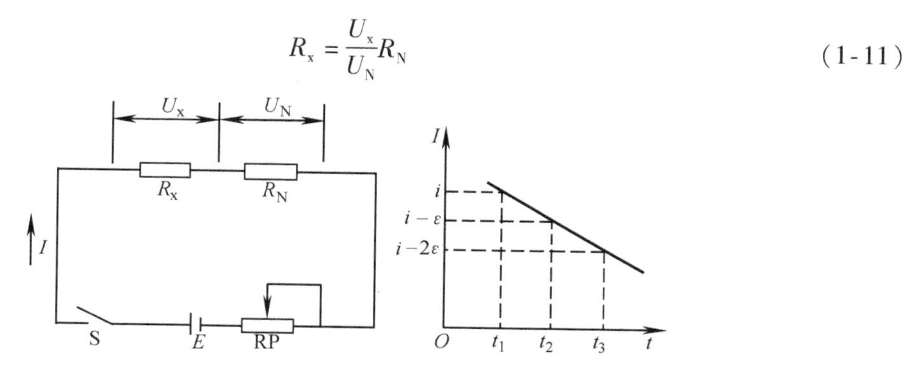

图 1-13　对称测量法应用

但 U_N 和 U_x 的值不是在同一时刻测得的，由于电流 I 在测量过程中的缓慢下降而引入了线性系统误差。在这里把电流的变化看作均匀地减小，与时间 t 成线性关系。

在 t_1、t_2 和 t_3 三个等间隔的时刻，按照 U_x、U_N、U_x 的顺序测量。时间间隔为 $t_2 - t_1 = t_3 - t_2 = \Delta t$，相应的电流变化量为 ε。

$$\left.\begin{array}{lll} \text{在 } t_1 \text{ 时刻} & R_x \text{ 上的电压} & U_1 = IR_x \\ \text{在 } t_2 \text{ 时刻} & R_N \text{ 上的电压} & U_2 = (I-\varepsilon)R_N \\ \text{在 } t_3 \text{ 时刻} & R_x \text{ 上的电压} & U_3 = (I-2\varepsilon)R_x \end{array}\right\} \tag{1-12}$$

解此方程组可得

$$R_x = \left(\frac{U_1 + U_3}{2U_2}\right) R_N \tag{1-13}$$

这样按照等距测量法得到的 R_x 值，已不受测量过程中电流变化的影响，消除了因此而产生的线性系统误差。

在上述过程中，由于三次测量时间间隔相等，t_2 时刻的电流值恰好等于 t_1、t_3 时刻电流值的算术平均值。虽然在 t_2 时刻只测了 R_N 上的电压 U_2，但 $(U_1 + U_2)/2$ 正好相当于 t_2 时刻 R_x 上的电压。这样就很自然地消除了电流 i 线性变化的影响。

五、补偿法

在测量过程中，由于某个条件的变化或仪器某个环节的非线性特性都可能引入变值系统误差。此时，可在测量系统中采取补偿措施，自动消除系统误差。

例如，热电偶测温时，冷端温度的变化会引起变值系统误差。在测量系统中采用补偿电桥，就可以起到自动补偿的作用。

思考题与习题

1. 检测系统由哪几部分组成？说明各部分的作用。

2. 非电量的电测法有哪些优点？

3. 测量稳压电源输出电压随负载变化的情况时，应当采用何种测量方法？如何进行？

4. 某线性位移测量仪，当被测位移由 4.5mm 变到 5.0mm 时，位移测量仪的输出电压由 3.5V 减至 2.5V，求该仪器的灵敏度。

5. 某测温系统由以下四个环节组成，各自的灵敏度如下：

铂电阻温度传感器：　0.35Ω/°C

电桥：　0.01V/Ω

放大器：　100（放大倍数）

笔式记录仪：　0.1cm/V

求：（1）测温系统的总灵敏度；

（2）记录仪笔尖位移4cm 时，所对应的温度变化值。

6. 有三台测温仪表，量程均为0～600°C，精度等级分别为2.5级、2.0级和1.5级，现要测量500°C的温度，要求相对误差不超过2.5%，选哪台仪表合理？

7. 一只压力传感器的校准数据如表1-2所示，试求：

表1-2　压力传感器的校准数据

输入压力 x_i（$\times 10^5$Pa）			0	0.5	1.0	1.5	2.0	2.5
输出电压 y_i/V	第1次	正行程	0.0020	0.2015	0.4005	0.6000	0.7995	1.0000
		反行程	0.0030	0.2020	0.4020	0.6010	0.8005	1.0000
	第2次	正行程	0.0025	0.2020	0.4010	0.6000	0.7995	0.9995
		反行程	0.0035	0.2030	0.4020	0.6015	0.8005	0.9995
	第3次	正行程	0.0035	0.2020	0.4010	0.6000	0.7995	0.9990
		反行程	0.0040	0.2030	0.4020	0.6010	0.8005	0.9990

（1）最小二乘法线性度；

（2）重复性；

（3）迟滞误差；

（4）总精度。

8. 一台精度等级为0.5级、量程范围为600～1200℃的温度测量仪表，它允许的最大绝对误差为多大？检验时发现某点最大绝对误差为4℃，问该仪表是否合格？

9. 已知某温度计测量范围为0～200℃，检验测试时发现某点最大绝对误差为4℃，求其满刻度相对误差，并根据精度等级标准判断其精度等级。

10. 检定一台精度等级为1.5级，刻度范围为0～100kPa 的压力传感器，发现50kPa 处的误差最大为1.4kPa，问这台压力传感器是否合格？

11. 已知某传感器的静态特性方程为 $y=e^x$，试分别用端基法和最小二乘法，在 $0 \leqslant x \leqslant 1$ 范围内求相应的线性度。

12. 什么是系统误差和随机误差？正确度和精密度的含义是什么？它们各反映何种误差？

13. 服从正态分布规律的随机误差有哪些特性？

14. 等精度测量某电阻 10 次，得到的测量值如下：

$R_1 = 167.95\Omega$　　$R_2 = 167.45\Omega$

$R_3 = 167.60\Omega$　　$R_4 = 167.60\Omega$

$R_5 = 167.87\Omega$　　$R_6 = 167.88\Omega$

$R_7 = 168.00\Omega$　　$R_8 = 167.85\Omega$

$R_9 = 167.82\Omega$　　$R_{10} = 167.60\Omega$

（1）求 10 次测量的算术平均值 $\bar{R}$、测量的标准误差 σ 和算术平均值的标准误差 s；

（2）若置信概率取 99.7%，写出被测电阻的真值和极限值。

15. 用你熟悉的计算机语言编写一个程序，用于完成类似第 14 题中所要求的计算任务。

第二章　电阻式传感器

第一节　电阻应变式传感器

一、电阻应变效应

导体或半导体材料在外力作用下产生机械形变时，其电阻值也相应发生变化的物理现象称为电阻应变效应。

设有一根长度为 l、截面积为 A、电阻率为 ρ 的金属丝，它的电阻 R 可用下式表示

$$R=\rho\frac{l}{A}$$

当金属丝受轴向应力 σ 作用被拉伸时，由于应变效应其电阻值将发生变化。当长度变化 Δl、面积变化 ΔA、电阻率变化为 $\Delta\rho$ 时，其电阻相对变化可表示为

$$\frac{\Delta R}{R}=\frac{\Delta\rho}{\rho}+\frac{\Delta l}{l}-\frac{\Delta A}{A} \tag{2-1}$$

对于直径为 d 的圆形截面的电阻丝，因为 $A=\pi d^2/4$，所以有

$$\frac{\Delta A}{A}=2\frac{\Delta d}{d}$$

由力学中可知横向收缩和纵向伸长的关系可用泊松比 μ 表示

$$\mu=-\frac{\Delta d}{d}\Big/\frac{\Delta l}{l}$$

所以

$$\frac{\Delta A}{A}=-2\mu\frac{\Delta l}{l}=-2\mu\varepsilon$$

式中，ε 为应变，$\varepsilon=\frac{\Delta l}{l}$。

这样，式(2-1)可写成

$$\frac{\Delta R}{R}=\frac{\Delta l}{l}(1+2\mu)+\frac{\Delta\rho}{\rho}=\left(1+2\mu+\frac{\Delta\rho/\rho}{\Delta l/l}\right)\frac{\Delta l}{l}=K_0\varepsilon \tag{2-2}$$

式中，K_0 为金属电阻丝的应变灵敏度系数，它表示单位应变所引起的电阻相对变化。

式(2-2)表明，K_0 的大小由两个因素影响：$(1+2\mu)$ 表示由几何尺寸的改变所引起；$\frac{\Delta\rho/\rho}{\Delta l/l}$ 表示材料的电阻率 ρ 随应变所引起的变化。对于金属材料而言，以前者为主；而对于半导体材料，K_0 值主要由后者即电阻率相对变化所决定。

二、电阻应变片的结构

常用的电阻应变片有两大类即金属电阻应变片和半导体应变片。

1. 金属电阻应变片

金属电阻应变片有丝式、箔式及薄膜式等结构形式。

丝式应变片如图2-1a所示，它是将金属丝按图示形状弯曲后用粘合剂贴在衬底上而成，基底可分为纸基、胶基和纸浸胶基等。电阻丝两端焊有引出线，使用时只要将应变片贴于弹性体上就可构成应变式传感器。

箔式应变片的敏感栅是通过光刻、腐蚀等工艺制成。箔栅厚度一般在0.003～0.01mm之间，它的结构如图2-1b所示。箔式应变片与丝式应变片相比其表面积大，散热性好，允许通过较大的电流。由于它的厚度薄，因此具有较好的可挠性，灵敏度系数较高。箔式应变片还可以根据需要制成任意形状，适合批量生产。

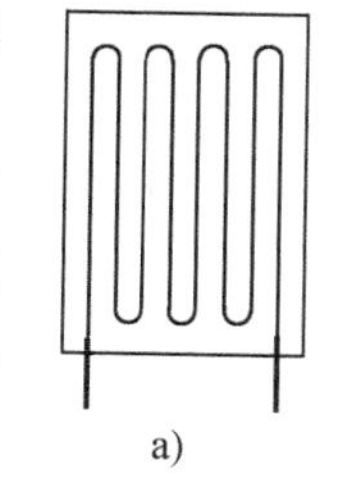

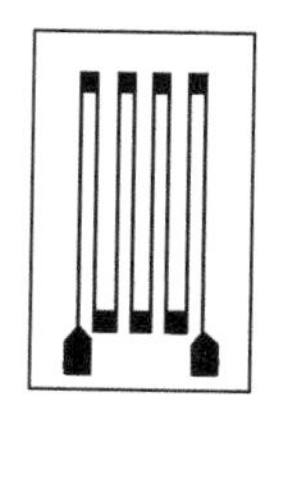

a)　　b)

图2-1　金属电阻应变片结构

a) 丝式　b) 箔式

金属薄膜应变片是采用真空蒸镀或溅射式阴极扩散等方法，在薄的基底材料上制成一层金属电阻材料薄膜以形成应变片。这种应变片有较高的灵敏度系数，允许电流密度大，工作温度范围较广。

2. 半导体应变片

半导体应变片是利用半导体材料的压阻效应而制成的一种纯电阻性元件。

对一块半导体材料的某一轴向施加一定的载荷而产生应力时，它的电阻率会发生变化，这种物理现象称之为压阻效应。

半导体应变片有以下几种类型：

（1）体型半导体应变片　这是一种将半导体材料硅或锗晶体按一定方向切割成的片状小条，经腐蚀压焊粘贴在基片上而成的应变片，其结构如图2-2所示。

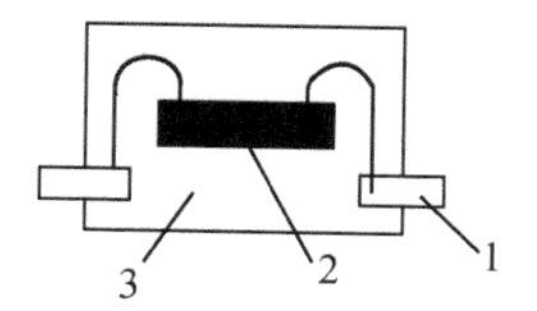

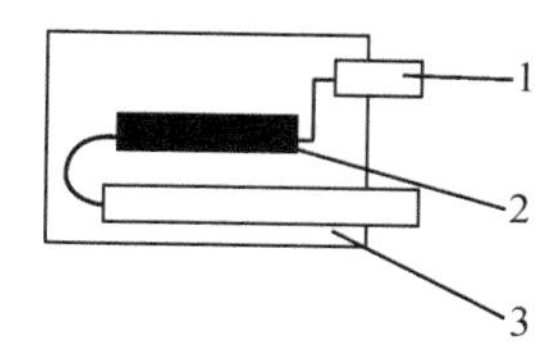

图2-2　体型半导体应变片

1—引线　2—硅片　3—基片

（2）薄膜型半导体应变片　这种应变片是利用真空沉积技术将半导体材料沉积在带有绝缘层的试件上而制成，其结构示意如图2-3所示。

（3）扩散型半导体应变片　将P型杂质扩散到N型硅单晶基底上，形成一层极薄的P型导电层，再通过超声波和热压焊法接上引出线就形成了扩散型半导体应变片。图2-4为扩散型半导体应变片示意图。这是一种应用很广的半导体应变片。

三、应变片的粘贴技术

应变片在使用时通常是用粘合剂粘贴在弹性体或试件上，显然粘贴技术对传感器的质量起着重要的作用。

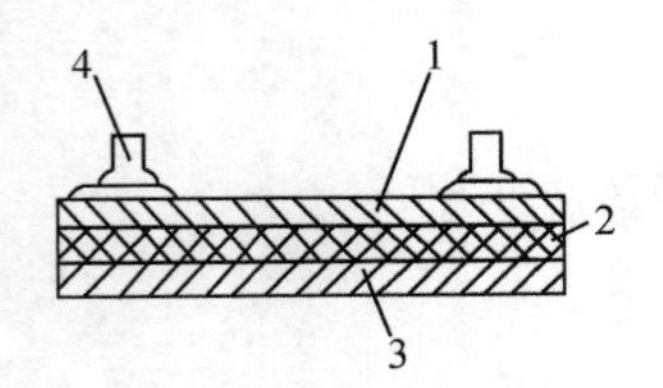

图 2-3 薄膜型半导体应变片

1—锗膜 2—绝缘层 3—金属箔基底 4—引线

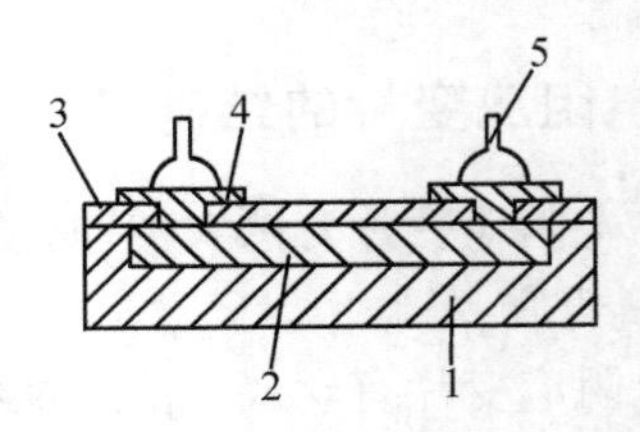

图 2-4 扩散型半导体应变片

1—N 型硅 2—P 型硅扩散层 3—二氧化硅绝缘层 4—铝电极 5—引线

应变片的粘合剂必须适合应变片基体材料和被测件材料，还要根据应变片的工作条件、工作温度和湿度、有无腐蚀、加温加压固化的可能性、粘贴时间长短要求等因素来考虑。常用的粘合剂有硝化纤维素粘合剂、酚醛树脂胶、环氧树脂胶、502 胶水等。

应变片在粘贴时，必须遵循正确的粘贴工艺，保证粘贴质量，这些都与最终的测量精度有很大的关系。

应变片的粘贴包括下列工艺步骤：

（1）应变片的检查与选择 首先要对采用的应变片进行外观检查，观察应变片的敏感栅是否整齐、均匀，是否有锈斑以及断路、短路和折弯等现象。其次要对选用的应变片的阻值进行测量，阻值选取合适将对传感器的平衡调整带来方便。

（2）试件的表面处理 为了获得良好的粘合强度，必须对试件表面进行处理，清除试件表面杂质、油污及疏松层等。一般的处理办法可采用砂纸打磨，较好的处理方法是采用无油喷砂法，这样不但能得到比抛光更大的表面积，而且可以获得质量均匀的结果。为了表面的清洁，可用化学清洗剂如四氯化碳、丙酮、甲苯等进行反复清洗，也可采用超声波清洗。

值得注意的是，为避免氧化，应变片的粘贴应尽快进行。如果不立刻贴片，可涂上一层凡士林暂作保护。

（3）底层处理 为了保证应变片能牢固地贴在试件上，并具有足够的绝缘电阻，改善胶接性能，可在粘贴位置涂上一层底胶。

（4）贴片 将应变片底面用清洁剂清洗干净，然后在试件表面和应变片底面各涂上一层薄而均匀的粘合剂。待稍干后，将应变片对准划线位置迅速贴上。然后盖一层玻璃纸，用手指或胶辊加压，挤出气泡及多余的胶水，保证胶层尽可能薄而均匀。

（5）固化 粘合剂的固化是否完全，直接影响到胶的物理机械性能。关键是要掌握好温度、时间和循环周期。无论是自然干燥还是加热固化都要严格按照工艺规范进行。

为了防止强度降低、绝缘破坏以及电化腐蚀，在固化后的应变片上应涂上防潮保护层，防潮层一般可采用稀释的粘合胶。

（6）粘贴质量检查 首先是从外观上检查粘贴位置是否正确，粘合层是否有气泡、漏粘、破损等。然后测量应变片敏感栅是否有断路或短路现象以及测量敏感栅的绝缘电阻。

（7）引线焊接与组桥连线 检查合格后即可焊接引出导线，引线应适当加以固定。应变片之间通过粗细合适的漆包线连接组成桥路。连接长度应尽量一致，且不宜过长。

四、测量电路

应变片测量应变是通过敏感栅的电阻相对变化而得到的。通常金属电阻应变片灵敏度系

数 K 值很小，机械应变一般在 $10\times10^{-6}\sim3000\times10^{-6}$之间，可见电阻相对变化是很小的。例如某传感器弹性元件在额定载荷下产生应变 $\varepsilon=1000\times10^{-6}$，应变片的电阻值为 120Ω，灵敏度系数 $K=2$，则电阻的相对变化量为$\dfrac{\Delta R}{R}=K\varepsilon=2\times1000\times10^{-6}=0.002$，电阻变化率只有 0.2%。这样小的电阻变化，用一般测量电阻的仪表很难直接测出来，必须用专门的电路来测量这种微弱的电阻变化。最常用的电路为电桥电路。

（一）直流电桥

如图 2-5 所示，电桥各桥臂的电阻分别为 R_1、R_2、R_3、R_4，U 为电桥的直流电源电压。当四臂电阻 $R_1=R_2=R_3=R_4=R$ 时，称为等臂电桥；当 $R_1=R_2=R$，$R_3=R_4=R'(R\neq R')$ 时，称为输出对称电桥；当 $R_1=R_4=R$，$R_2=R_3=R'(R\neq R')$时，称为电源对称电桥。

电阻应变片接入电桥电路通常有以下几种接法：如果电桥一个臂接入应变片，其他三个臂采用固定电阻，称为单臂工作电桥；如果电桥两个臂接入应变片称为双臂工作电桥，又称半桥形式；如果四个臂都接入应变片称为全桥形式。

1. 直流电桥的电流输出

当电桥的输出信号较大，输出端又接入电阻值较小的负载如检流计或光线示波器进行测量时，电桥将以电流形式输出，如图 2-6a 所示，负载电阻为 R_g。由图中可以看出

$$U_{AC}=\frac{R_2}{R_1+R_2}U$$

$$U_{BC}=\frac{R_3}{R_3+R_4}U$$

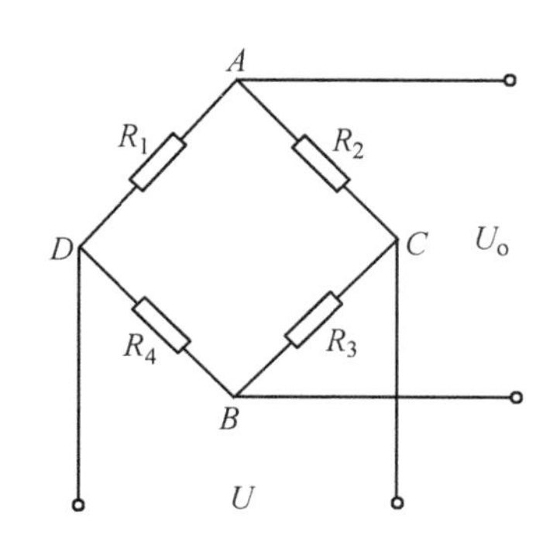

图 2-5　电桥电路

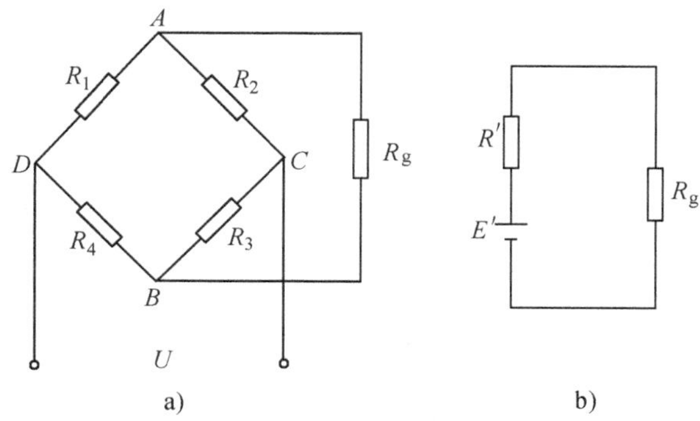

图 2-6　电桥的电流输出形式

所以电桥输出端的开路电压 U_{AB}为

$$U_{AB}=U_{BC}-U_{AC}=\frac{R_1R_3-R_2R_4}{(R_1+R_2)(R_3+R_4)}U \tag{2-3}$$

应用有源一端口网络定理，电流输出电桥可以简化成图 2-6b 所示的电路。图中 E'相当于电桥输出端开路电压 U_{AB}，R'为网络的输入端电阻

$$R'=\frac{R_1R_2}{R_1+R_2}+\frac{R_3R_4}{R_3+R_4} \tag{2-4}$$

由图 2-6b 可以知道，流过负载 R_g 的电流为

$$I_g = \frac{U_{AB}}{R' + R_g} = U \frac{R_1R_3 - R_2R_4}{R_g(R_1+R_2)(R_3+R_4) + R_1R_2(R_3+R_4) + R_3R_4(R_1+R_2)} \tag{2-5}$$

当 $I_g = 0$ 时，电桥平衡。故电桥平衡条件为

$$R_1R_3 = R_2R_4 \quad 或 \quad \frac{R_1}{R_2} = \frac{R_4}{R_3}$$

当电桥负载电阻 R_g 等于电桥输出电阻时，即阻抗匹配时，有

$$R_g = R' = \frac{R_1R_2}{R_1+R_2} + \frac{R_3R_4}{R_3+R_4}$$

这时电桥输出功率最大，电桥输出电流为

$$I_g = \frac{U}{2}\frac{R_1R_3 - R_2R_4}{R_1R_2(R_3+R_4) + R_3R_4(R_1+R_2)} \tag{2-6}$$

输出电压为

$$U_g = I_gR_g = \frac{U}{2}\frac{R_1R_3 - R_2R_4}{(R_1+R_2)(R_3+R_4)} \tag{2-7}$$

当桥臂 R_1 为电阻应变片且有电阻增量 ΔR 时，略去分母中的 ΔR 项，则对于输出对称电桥，$R_1 = R_2 = R$，$R_3 = R_4 = R'(R \neq R')$，则有

$$\Delta I_g = \frac{U}{4}\frac{1}{R+R'}\left(\frac{\Delta R}{R}\right) = \frac{U}{4}\frac{K\varepsilon}{R+R'}$$

对于电源对称电桥，$R_1 = R_4 = R$，$R_2 = R_3 = R'(R \neq R')$，则有

$$\Delta I_g = \frac{U}{4}\frac{1}{R+R'}\left(\frac{\Delta R}{R}\right) = \frac{U}{4}\frac{K\varepsilon}{R+R'}$$

对于等臂电桥，$R_1 = R_2 = R_3 = R_4 = R$，则有

$$\Delta I_g = \frac{U}{8R}\left(\frac{\Delta R}{R}\right) = \frac{U}{8R}K\varepsilon$$

由以上结果可以看出，三种形式的电桥，当 $\Delta R \ll R$ 时，其输出电流都与应变片的电阻变化率即应变成正比，它们之间呈线性关系。

2. 直流电桥的电压输出

当电桥输出端接有放大器时，由于放大器的输入阻抗很高，所以可以认为电桥的负载电阻为无穷大，这时电桥以电压的形式输出。输出电压即为电桥输出端的开路电压，其表达式为

$$U_o = \frac{R_1R_3 - R_2R_4}{(R_1+R_2)(R_3+R_4)}U \tag{2-8}$$

设电桥为单臂工作状态，即 R_1 为应变片，其余桥臂均为固定电阻。当 R_1 感受应变产生电阻增量 ΔR_1 时，由初始平衡条件 $R_1R_3 = R_2R_4$ 得 $\frac{R_1}{R_2} = \frac{R_4}{R_3}$，代入式（2-8），则电桥由于 ΔR_1 产生不平衡引起的输出电压为

$$U_o = \frac{R_2}{(R_1+R_2)^2}\Delta R_1 U = \frac{R_1R_2}{(R_1+R_2)^2}\left(\frac{\Delta R_1}{R_1}\right)U \tag{2-9}$$

对于输出对称电桥，此时 $R_1=R_2=R$，$R_3=R_4=R'$，当 R_1 臂的电阻产生变化，$\Delta R_1=\Delta R$，根据式（2-9）可得到输出电压为

$$U_o=U\frac{RR}{(R+R)^2}\left(\frac{\Delta R}{R}\right)=\frac{U}{4}\left(\frac{\Delta R}{R}\right)=\frac{U}{4}K\varepsilon \tag{2-10}$$

对于电源对称电桥，$R_1=R_4=R$，$R_2=R_3=R'$，当 R_1 臂产生电阻增量 $\Delta R_1=\Delta R$ 时，由式（2-9）得

$$U_o=U\frac{RR'}{(R+R')^2}\left(\frac{\Delta R}{R}\right)=U\frac{RR'}{(R+R')^2}K\varepsilon \tag{2-11}$$

对于等臂电桥 $R_1=R_2=R_3=R_4=R$，当 R_1 的电阻增量 $\Delta R_1=\Delta R$ 时，由式（2-9）可得输出电压为

$$U_o=U\frac{RR}{(R+R)^2}\left(\frac{\Delta R}{R}\right)=\frac{U}{4}\left(\frac{\Delta R}{R}\right)=\frac{U}{4}K\varepsilon \tag{2-12}$$

由上面三种结果可以看出，当桥臂应变片的电阻发生变化时，电桥的输出电压也随着变化。当 $\Delta R \ll R$ 时，电桥的输出电压与应变呈线性关系。还可以看出在桥臂电阻产生相同变化的情况下，等臂电桥以及输出对称电桥的输出电压要比电源对称电桥的输出电压大，即它们的灵敏度要高。因此在使用中多采用等臂电桥或输出对称电桥。

在实际使用中为了进一步提高灵敏度，常采用等臂电桥，四个应变片接成两个差动对的全桥工作形式，如图 2-7 所示。

由图 2-7 可见，$R_1=R+\Delta R$，$R_2=R-\Delta R$，$R_3=R+\Delta R$，$R_4=R-\Delta R$，将上述条件代入式(2-8)得

$$U_o=4\left[\frac{U}{4}\left(\frac{\Delta R}{R}\right)\right]=4\left(\frac{U}{4}K\varepsilon\right)=UK\varepsilon \tag{2-13}$$

由式（2-13）看出，由于充分利用了双差动作用，它的输出电压为单臂工作时的 4 倍，所以大大提高了测量的灵敏度。

（二）交流电桥

交流电桥通常是采用正弦交流电压供电，在频率较高的情况下需要考虑分布电感和分布电容的影响。

1. 交流电桥的平衡条件

设交流电桥的电源电压为

$$u=U_m\sin\omega t \tag{2-14}$$

式中，U_m 为电源电压的幅值；ω 为电源电压的角频率，$\omega=2\pi f$，f 为电源电压的频率，一般取被测应变最高频率的 5～10 倍。

在测量中，电桥的桥臂由应变片或固定无感精密电阻组成。由于分布电容的影响（分布电感的影响很小，可不予考虑），当四个桥臂均为应变片时电桥如图 2-8 所示。此时交流电桥的输出电压为

$$\dot{U}_o=\frac{Z_1Z_3-Z_2Z_4}{(Z_1+Z_2)(Z_3+Z_4)}\dot{U}=\frac{Z_1Z_3-Z_2Z_4}{(Z_1+Z_2)(Z_3+Z_4)}U_m\sin\omega t \tag{2-15}$$

式中，$Z_1=\dfrac{1}{\dfrac{1}{R_1}+\mathrm{j}\omega C_1}$，$Z_2=\dfrac{1}{\dfrac{1}{R_2}+\mathrm{j}\omega C_2}$，$Z_3=\dfrac{1}{\dfrac{1}{R_3}+\mathrm{j}\omega C_3}$，$Z_4=\dfrac{1}{\dfrac{1}{R_4}+\mathrm{j}\omega C_4}$。

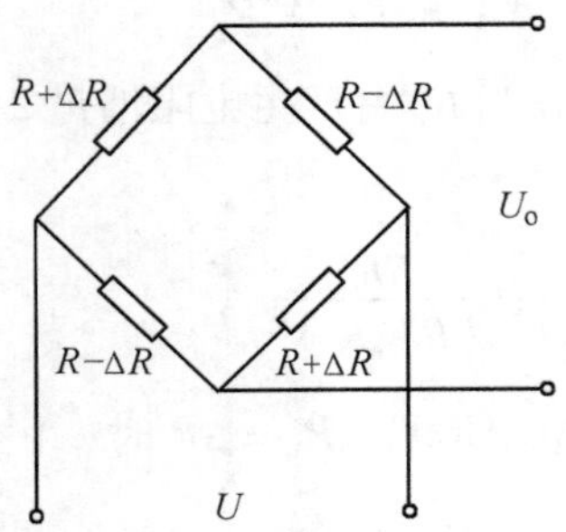

图 2-7 等臂电桥全桥工作形式

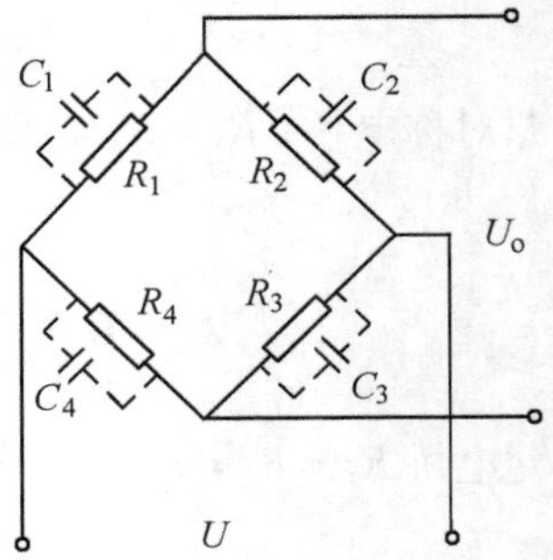

图 2-8 交流电桥

电桥平衡的条件则为

$$Z_1Z_3=Z_2Z_4 \tag{2-16}$$

2. 交流电桥的输出电压

由于电桥电源是交流电压，因此它的输出电压也是交流电压，电压的幅值和应变的大小成正比。可见可以通过电桥输出电压的幅值来测量应变的大小，但无法通过输出电压来判断应变的方向。

例如一个单臂接入应变片的等臂电桥，即 $Z_1=Z_2=Z_3=Z_4=Z$，$Z_1=Z+\Delta Z$，当 $\Delta Z \ll Z$ 时，忽略分母中 ΔZ 的影响，根据式（2-15）可以得到

$$\dot{U}_o=\frac{1}{4}\frac{\Delta Z}{Z}\dot{U}=\frac{1}{4}K\varepsilon U_m\sin\omega t \tag{2-17}$$

对于一个相邻两个桥臂接入差动变化的应变片的等臂电桥，即 $Z_1=Z_2=Z_3=Z_4=Z$，$Z_1=Z+\Delta Z$，$Z_2=Z-\Delta Z$ 时，根据式(2-15)得

$$\dot{U}=\frac{1}{2}\frac{\Delta Z}{Z}\dot{U}=\frac{1}{2}K\varepsilon U_m\sin\omega t \tag{2-18}$$

式（2-18）与式（2-17）比较，灵敏度提高了一倍，即双臂差动比单臂工作效率提高一倍。

（三）电桥的线路补偿

1. 零点补偿

电桥的电阻应变片虽经挑选，但要求四个应变片阻值绝对相等是不可能的。即使原来阻值相等，经过贴片后也将产生变化，这样就使电桥不能满足初始平衡条件，即电桥有一个零位输出（$U_o \neq 0$）。

为了解决这一问题，可以在一对桥臂电阻乘积较小的任一桥臂中串联一个小电阻进行补偿，如图 2-9 所示。

例如当 $R_1R_3<R_2R_4$ 时，初始不平衡输出电压 U_o 为负，这时可在 R_1 桥臂上接入 R_0，使电桥输出达到平衡。

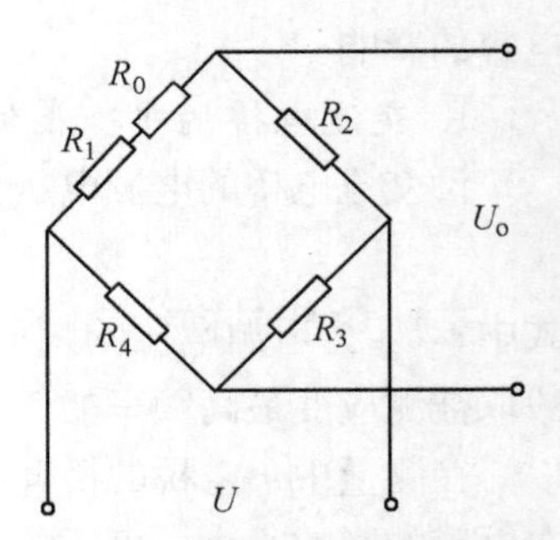

图 2-9 串联补偿电阻的接法

2. 温度补偿

环境温度的变化也会引起电桥的零点漂移。产生漂移的原因有：电阻应变片的电阻温度

系数不一致；应变片材料与被测试件材料间的膨胀率不一致；电阻应变片的粘贴情况不一致。

温度补偿的方法一般采用补偿片法和热敏元件法。

所谓补偿片法即用一个应变片作工作片，贴在试件上测应变。在另一块和被测试件结构材料相同而不受应力的补偿块上贴上和工作片规格完全相同的补偿片，使补偿块和被测试件处于相同的温度环境，工作片和补偿片分别接入电桥的相邻两臂，如图 2-10 所示。由于工作片和补偿片所受温度相同，则两者所产生的热应变相等，因为是处于电桥的相邻两臂，所以不影响电桥的输出。

对于温度所引起的零漂也可认为是由四个桥臂电阻的温度系数不一致所引起的，因此可以在某一桥臂中串接一个温度系数较大的金属电阻以提高桥臂的总温度系数。如图 2-11 所示，在桥臂 R_2 中串入一个铜电阻 R_T。

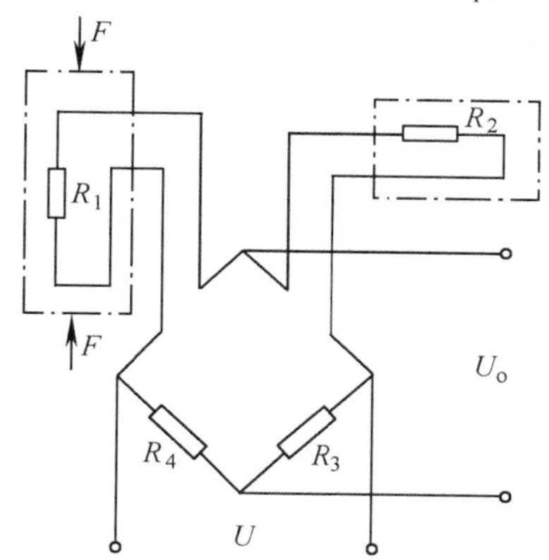

图 2-10　采用补偿应变片进行温度补偿

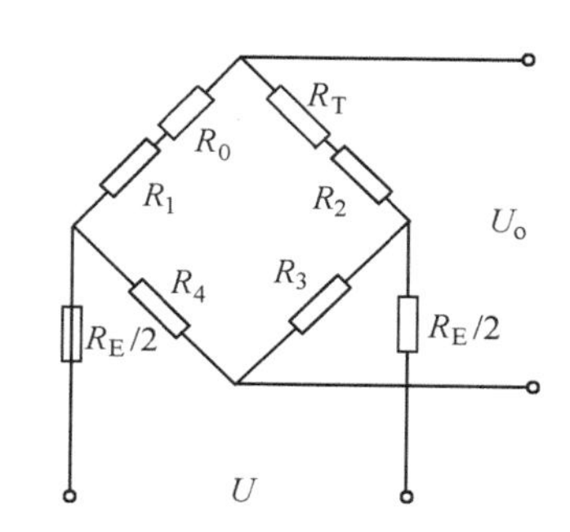

图 2-11　热敏元件补偿和弹性模量补偿

3. 弹性模量补偿

弹性模量又称杨氏模量，是指弹性变形限度内，材料产生小形变时所受应力（拉伸、压缩、弯曲、扭曲、剪切等）与材料产生的相应应变之比，它是与材料有关的常数。当温度变化时，弹性模量也会发生变化。

弹性元件承受一定载荷且温度升高时，弹性模量要减小，因此导致了传感器输出灵敏度变大，使电桥输出增加。补偿的方法可在电桥输入端接入铜丝或镍丝制成的补偿电阻 R_E，当温度升高时，R_E 变大，降低了桥压，致使电桥输出随温度升高而减小。通常将 $R_E/2$ 分别接入桥路两个输入端，以保证桥路对称，如图 2-11 所示。

五、电阻应变式传感器的应用

电阻应变片除可测量试件应力之外，还可制造成各种应变式传感器用于测量力、荷重、扭矩、加速度、位移、压力等多种物理量。

（一）应变式测力与荷重传感器

传感器由弹性元件、应变片和外壳所组成。弹性元件是传感器的基础，它把被测量转换成应变量的变化；弹性元件上的应变片是传感器的核心，它把应变量变换成电阻量的变化。

传感器弹性元件的结构形式多种多样，根据被测量大小不同，常见的有柱式、环式、悬臂梁式等。图2-12为以上三种传感器的结构示意图。

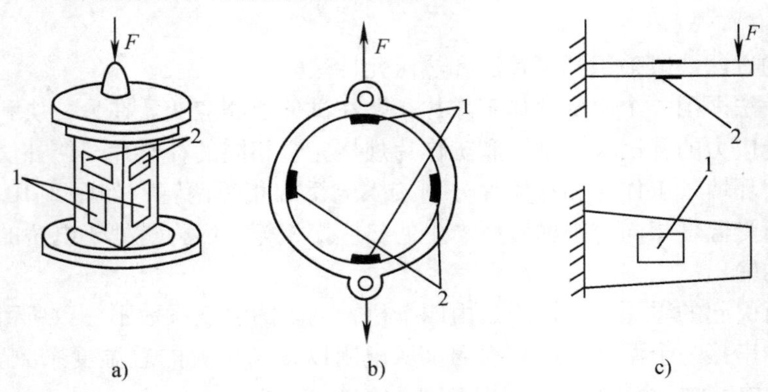

图2-12 应变式测力及荷重传感器

a）柱式 b）环式 c）悬臂梁式

1—工作片 2—补偿片

（二）应变式压力传感器

应变式压力传感器的测量范围在$10^4 \sim 10^7$Pa之间。常见的结构形式有筒式、膜片式和组合式等。

筒式压力传感器如图2-13所示，通常用于测量较大的压力。它的一端为盲孔，另一端为法兰与被测系统连接。应变片贴于筒的外表面，工作片贴于空心部分，补偿片贴在实心部分。

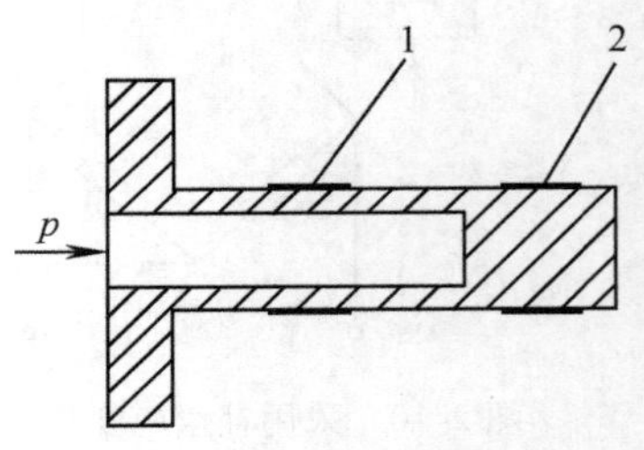

图2-13 筒式压力传感器

1—工作片 2—补偿片

膜片式压力传感器如图2-14所示，它的敏感元件为圆形箔式应变片。

组合式压力传感器的压力敏感元件为波纹膜片、膜盒、波纹管，而应变片粘贴在悬臂梁上，如图2-15所示。这种传感器多用于测量小压力。

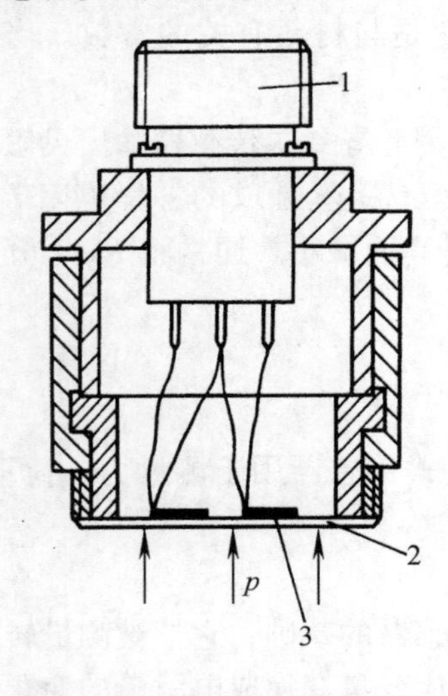

图2-14 膜片式压力传感器

1—插座 2—膜片 3—应变片

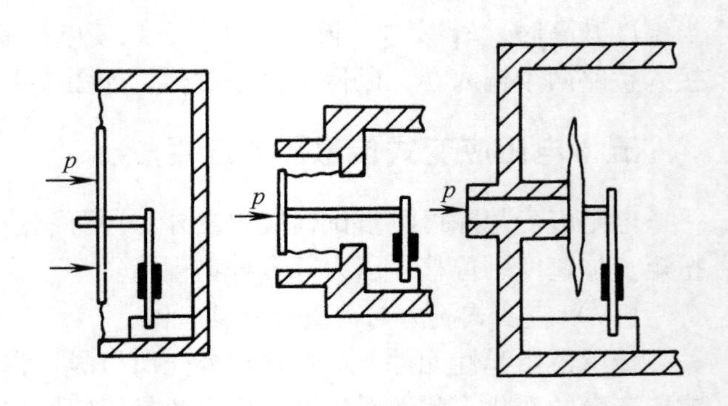

图2-15 组合式压力传感器

（三）应变式加速度传感器

应变式加速度传感器是将质量块相对于基座（被测物体）的移动转换为应变值的变化而得到加速度的，图 2-16 是一种应变式加速度传感器的结构图。

（四）应变式位移传感器

应变式位移传感器是测量静态直线位移及与位移有关物理量的传感器，这种传感器线性较好，分辨率高，结构简单，使用方便。图 2-17 是悬臂梁式位移传感器。

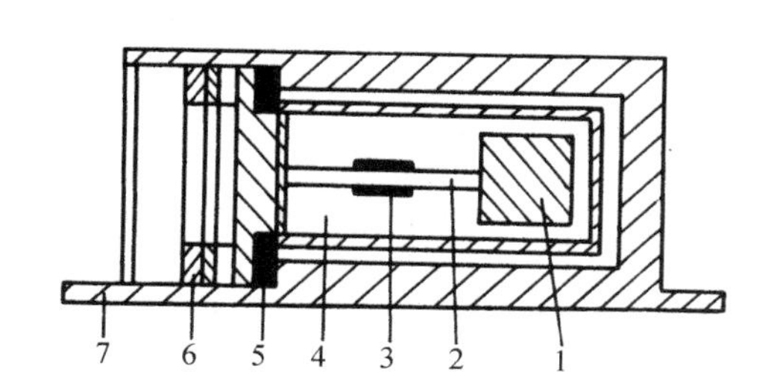

图 2-16　应变式加速度传感器

1—质量块　2—应变梁　3—应变片　4—阻尼液
5—密封垫　6—接线板　7—底座

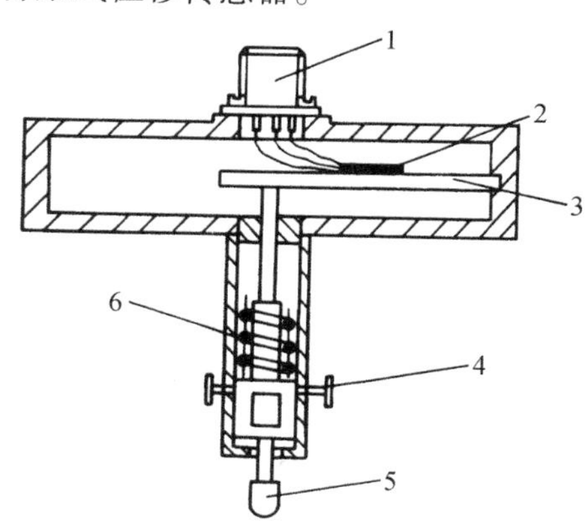

图 2-17　悬臂梁式位移传感器

1—插头座　2—应变片　3—等宽悬臂梁
4—调整螺钉　5—顶杆　6—弹簧

第二节　固态压阻式传感器

固态压阻式传感器是利用硅的压阻效应和集成电路技术制成的新型传感器。它具有灵敏度高、动态响应快、测量精度高、稳定性好、工作温度范围宽、体积小和便于批量生产等特点，因此得到了广泛的应用。由于它克服了半导体应变片存在的问题并能将电阻条、补偿线路、信号转换电路集成在一块硅片上，甚至将计算处理电路与传感器集成在一起，制成了智能型传感器，这是一种具有发展前途的传感器。

一、固态压阻式传感器的工作原理与结构

单晶硅材料在受到力的作用后，其电阻率将随作用力而变化，这种物理现象称为压阻效应。

半导体材料电阻的变化率 $\Delta R/R$ 主要由 $\Delta\rho/\rho$ 引起，即取决于半导体材料的压阻效应，所以可以用下式表示

$$\frac{\Delta R}{R}\approx\frac{\Delta\rho}{\rho}=\pi_{L}\sigma \tag{2-19}$$

式中，π_L 为压阻系数；σ 为应力；ρ 为半导体材料的电阻率。

在弹性变形限度内，硅的压阻效应是可逆的，即在应力作用下硅的电阻发生变化，而当应力除去时，硅的电阻又恢复到原来的数值。硅的压阻效应因晶体的取向不同而不同。

固态压阻式传感器的核心是硅膜片。通常多选用N型硅晶片作硅膜片，在其上扩散P型杂质，形成四个阻值相等的电阻条。图2-18是硅膜片芯体的结构图。将芯片封接在传感器的壳体内，再连接出电极引线就制成了典型的压阻式传感器。

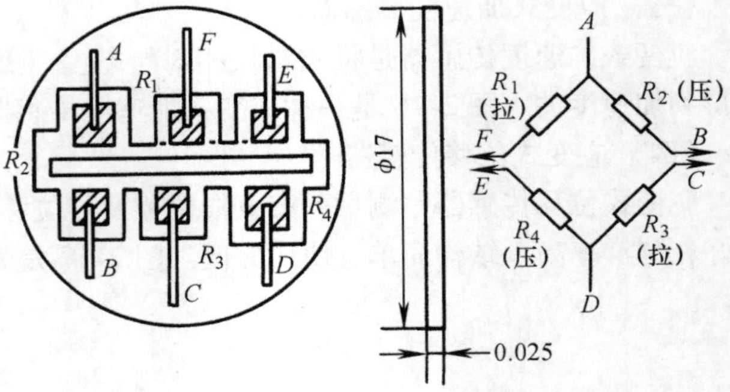

图2-18 固体压阻式传感器硅膜片芯体结构

二、压阻式压力传感器

固态压阻式压力传感器的结构如图2-19所示。传感器硅膜片两边有两个压力腔。一个是和被测压力相连接的高压腔，另一个是低压腔，通常和大气相通。

当膜片两边存在压力差时，膜片上各点存在应力。膜片上的四个电阻在应力作用下，阻值发生变化，电桥失去平衡，其输出的电压与膜片两边压力差成正比。

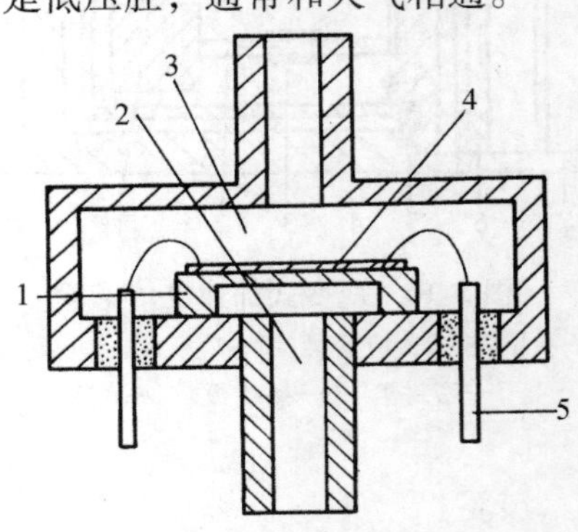

图2-19 固态压力传感器结构图

1—硅杯 2—高压腔 3—低压腔

4—硅膜片 5—引线

下面是Kulite HKM-375固态压阻式压力传感器的有关参数：

量程：0.2～2450kgf/cm^2（1.96～24010N/cm^2）；

供电电源电压：10V；

输出电压：110mV；

重复性误差：0.25%；

非线性误差：±1%；

温度范围：－20～120°C；

固有频率：50～395kHz

电桥阻抗：输入650Ω、输出750Ω。

三、压阻式加速度传感器

压阻式加速度传感器采用硅悬臂梁结构，在硅悬臂梁的自由端装有敏感质量块，在梁的根部，扩散四个性能一致的电阻，如图2-20所示。

当悬臂梁自由端的质量块受到外界加速度作用时，将感受到的加速度转变为惯性力，使悬臂梁受到弯矩作用，产生应力。这时硅梁上四个电阻条的阻值发生变化，使电桥产生不平衡，从而输出与外界的加速度成正比的电压值。

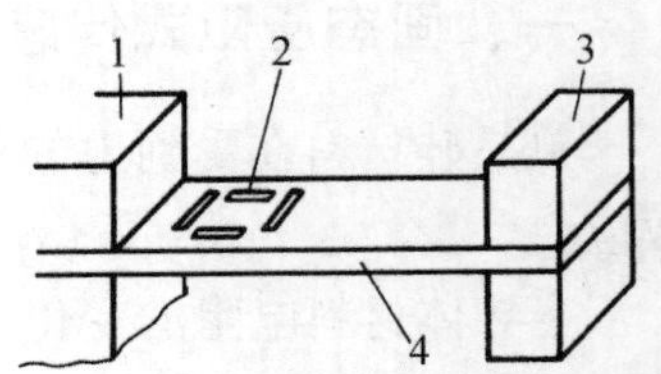

图2-20 压阻式加速度传感器

1—基座 2—扩散电阻

3—质量块 4—硅梁

以下所列为Kulite GAE813固态压阻式加速度计的有关参数：

量程：10～100g；

灵敏度：1～5V/g；

非线性误差：±1%；

温度范围：－40～＋200°C；

固有频率：1000～2000Hz。

表2-1、表2-2所列为国产CY型集成压力传感器及BTG型压阻式振动加速度传感器的有关参数。

四、固态压阻式传感器的应用

由于固态压阻式传感器具有频率响应快、体积小、精度高、灵敏度高等优点，所以它在航空、航海、石油、化工、动力机械、兵器工业以及医学等方面得到了广泛的应用。

表2-1　CY型集成压力传感器参数

项目		最小	典型	最大
满量程输出电压/mV	10kPa	20	35	50
	50kPa 100kPa 200kPa	45	60	90
零位输出电压/mV			±1	
线性度(%)	10kPa	±0.1	±0.3	±0.5
	50kPa 100kPa 200kPa	±0.05	±0.1	±0.2
迟　滞(%)		0.1	0.2	0.5
重复性		0.1	0.2	0.5
零位时漂/($10^{-2}\cdot h^{-1}$)			0.1	0.2

项目		最小	典型	最大
未经补偿零位温漂/($10^{-2}\cdot°C^{-1}$)	10kPa		0.1	0.15
	50kPa 100kPa 200kPa		0.05	0.1
灵敏度温度系数/($10^{-2}\cdot°C^{-1}$)	10kPa		0.05	0.01
	50kPa 100kPa 200kPa		0.03	0.06
输入电阻/Ω			400	550
响应时间/ms			1.0	
使用温度范围/°C			-40～+60	
电源电压/V			直流稳压6	

表2-2　BTG型压阻式振动加速度传感器参数

项目 \ 类型	BTG-10	BTG-25	BTG-50	BTG-100	BTG-1000
测量范围	±10*g*	±25*g*	±50*g*	±100*g*	±1000*g*
电源电压/V	6	6	6	6	9
传感器内阻/kΩ	3×(1±20%) 1.5×(1±20%)	3×(1±20%) 1.5×(1±20%)	3×(1±20%) 1.5×(1±20%)	3×(1±20%) 1.5×(1±20%)	1.5×(1±20%)
满量程输出/mV	≥50	≥50	≥50	≥50	≥75
非线性失真(%)	≤±1	≤±1	≤±1	≤±1	≤±1
工作频率/Hz	0～55	0～100	0～200	0～300	0～2000
固有频率/Hz	≥300	≥500	≥900	≥1400	≥10000
温度系数/$°C^{-1}$	≤0.05%	≤0.05%	≤0.05%	≤0.05%	≤0.05%
灵敏度温度系数/$°C^{-1}$	≤0.05%	≤0.05%	≤0.05%	≤0.05%	≤0.05%
使用工作温度范围/℃	-40～+50				
阻尼比	0.3～0.6				
过载能力	±400%	±400%	±400%	±400%	±200%
尺寸/mm	ϕ22×23	ϕ22×23	ϕ22×23	ϕ22×23	
质量/g	<30	<30	<30	<30	

在机械工业中，压阻式压力传感器可用于测量冷冻机、空调机、空气压缩机的压力和气流流速，以监测机器的工作状态。

在航空工业中，压阻式压力传感器用来测量飞机发动机的中心压力。在进行飞机风洞模型试验中，可以采用微型压阻式传感器安装在模型上，以取得准确的实验数据。

在兵器工业中，可用压阻式压力传感器测量枪炮膛内的压力，也可对爆炸压力及冲击波进行测量。

压阻式压力传感器还广泛用于医疗事业中，目前已有各种微型传感器用来测量心血管、颅内、尿道、眼球内的压力。

随着微电子技术以及电子计算机的发展，固态压阻式传感器的应用将会越来越广泛。

第三节 热电阻式传感器

一、热电阻

热电阻是利用导体的电阻率随温度而变化这一物理现象来测量温度的。几乎所有的物质都具有这一特性，但作为测温用的热电阻应该具有以下特性：

1）电阻值与温度变化具有良好的线性关系。

2）电阻温度系数大，便于精确测量。

3）电阻率高，热容量小，反应速度快。

4）在测温范围内具有稳定的物理性质和化学性质。

5）材料质量要纯，容易加工复制，价格便宜。

根据以上特性，最常用的材料是铂和铜，在低温测量中则使用铟、锰及碳等材料制成的热电阻。

（一）铂电阻

铂易于提纯，物理化学性质稳定，电阻率较大，能耐较高的温度，因此用铂电阻作为复现温标的基准器。

铂电阻的电阻值与温度之间的关系可用下式表示

$$\left.\begin{aligned} 0\sim650^\circ\mathrm{C}\quad & R_t=R_0(1+At+Bt^2)\\ -200\sim0^\circ\mathrm{C}\quad & R_t=R_0[1+At+Bt^2+C(t-100)t^2] \end{aligned}\right\}\tag{2-20}$$

式中，R_t 为温度为 t 时的电阻值；R_0 为温度为 0°C 时的电阻值；A、B、C 为常数。

（二）铜电阻

铂是贵重金属，因此在一些测量精度要求不高，测温范围较小（−50 ~ 150°C）的情况下，普遍采用铜电阻。铜电阻具有较大的电阻温度系数，材料容易提纯，铜电阻的阻值与温度之间接近线性关系，铜的价格比较便宜，所以铜电阻在工业上得到广泛应用。铜电阻的缺点是电阻率较小，稳定性也较差，容易氧化。

铜电阻的阻值与温度间的关系为

$$R_t=R_0(1+\alpha t)\tag{2-21}$$

式中，R_t 为温度为 t 时的电阻值；R_0 为温度为 0°C 时的电阻值；α 为温度为 0°C 时的电阻温度系数。

工业用热电阻温度计的结构如图 2-21 所示。铂电阻用 0.03～0.07mm 的铂丝绕在云母片制成的片形支架上，绕组的两面用云母片夹住绝缘，如图 2-21a 所示。

铜电阻由直径 0.1mm 的绝缘铜丝绕在圆形骨架上，如图 2-21b 所示。

为了使热电阻得到较长的使用寿命，热电阻加有保护套管，其整体结构如图 2-21c 所示。

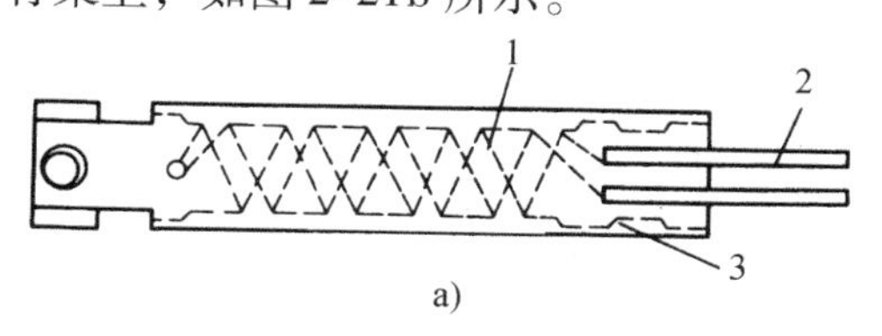

a)

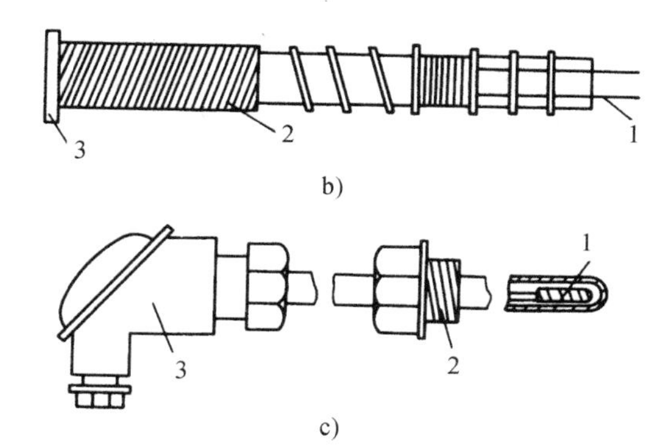

b)

c)

图 2-21　热电阻结构图

a）铂电阻　1—铂电阻丝　2—银引出线　3—骨架
b）铜电阻　1—铜引出线　2—铜电阻丝　3—骨架
c）热电阻整体结构　1—热电阻　2—固定螺钉　3—接线盒

（三）热电阻主要结构介绍

1. 感温元件（金属电阻丝）

铂的电阻率较大，相对而言机械强度也较大。通常铂丝的直径在（0.03±0.005）mm～（0.07±0.005）mm。铂电阻可单层绕制，若铂丝太细，电阻体可做得小，但强度低；若铂丝粗，虽强度大，但电阻体积大了，热惰性也大，成本高。由于铜的机械强度较低，因而电阻丝的直径较大，一般用（0.1±0.005）mm 的漆包铜线或丝包线分层绕在骨架上，并涂上绝缘漆而成。由于铜电阻的温度低，故可以重叠多层绕制。一般多用双绕法，即两根丝平行绕制，在末端把两个头焊接起来。这样工作电流从一根热电阻丝进入，从另外一根热电阻丝反向出来，形成两个电流方向相反的线圈。由于其磁场方向相反，产生的电感就互相抵消，故又称无感绕法。这种双绕法也有利于引线的引出。

2. 骨架

热电阻是绕制在骨架上的，骨架是用来支持和固定电阻丝的。骨架应使用电绝缘性能好、高温下机械强度高、体积膨胀系数小、物理化学性能稳定、对热电阻无污染的材料制造，通常用的是云母、石英、陶瓷、玻璃及塑料等材料。

3. 引线

引线的直径应当比热电阻丝大几倍，应尽量减小引线的电阻，增加引线的机械强度和连接的可靠性。对于工业用的铂热电阻，一般采用 1mm 的银丝作为引线；对于标准的铂热电阻可采用 0.3mm 的铂丝作为引线；对于铜热电阻则常用 0.5mm 的铜线。

在骨架上绕制好热电阻丝，焊好引线，然后在外面加上云母片进行保护。最后装入外保护套管，并和接线盒或外部导线相连接，即得到热电阻传感器。

（四）常用热电阻分度表

热电阻分度表见表 2-3、表 2-4。

表2-3 Pt100热电阻分度表

温度/℃	0	1	2	3	4	5	6	7	8	9
	电阻值/Ω									
-200	18.52									
-190	22.83	22.40	21.97	21.54	21.11	20.68	20.25	19.82	19.38	18.95
-180	27.10	26.67	26.24	25.82	25.39	24.97	24.54	24.11	23.68	23.25
-170	31.34	30.91	30.49	30.07	29.64	29.22	28.80	28.37	27.95	27.52
-160	35.54	35.12	34.70	34.28	33.86	33.44	33.02	32.60	32.18	31.76
-150	39.72	39.31	38.89	38.47	38.05	37.64	37.22	36.80	36.38	35.96
-140	43.88	43.46	43.05	42.63	42.22	41.80	41.39	40.97	40.56	40.14
-130	48.00	47.59	47.18	46.77	46.36	45.94	45.53	45.12	44.70	44.29
-120	52.11	51.70	51.29	50.88	50.47	50.06	49.65	49.24	48.83	48.42
-110	56.19	55.79	55.38	54.97	54.56	54.15	53.75	53.34	52.93	52.52
-100	60.26	59.85	59.44	59.04	58.63	58.23	57.82	57.41	57.01	56.60
-90	64.30	63.90	63.49	63.09	62.68	62.28	61.88	61.47	61.07	60.66
-80	68.33	67.92	67.52	67.12	66.72	66.31	65.91	65.51	65.11	64.70
-70	72.33	71.93	71.53	71.13	70.73	70.33	69.93	69.53	69.13	68.73
-60	76.33	75.93	75.53	75.13	74.73	74.33	73.93	73.53	73.13	72.73
-50	80.31	79.91	79.51	79.11	78.72	78.32	77.92	77.52	77.12	76.73
-40	84.27	83.87	83.48	83.08	82.69	82.29	81.89	81.50	81.10	80.70
-30	88.22	87.83	87.43	87.04	86.64	86.25	85.85	85.46	85.06	84.67
-20	92.16	91.77	91.37	90.98	90.59	90.19	89.80	89.40	89.01	88.62
-10	96.09	95.69	95.30	94.91	94.52	94.12	93.73	93.34	92.95	92.55
0	100.00	99.61	99.22	98.83	98.44	98.04	97.65	97.26	96.87	96.48
0	100.00	100.39	100.78	101.17	101.56	101.95	102.34	102.73	103.12	103.51
10	103.90	104.29	104.68	105.07	105.46	105.85	106.24	106.63	107.02	107.40
20	107.79	108.18	108.57	108.96	109.35	109.73	110.12	110.51	110.90	111.29
30	111.67	112.06	112.45	112.83	113.22	113.61	114.00	114.38	114.77	115.15
40	115.54	115.93	116.31	116.70	117.08	117.47	117.86	118.24	118.63	119.01
50	119.40	119.78	120.17	120.55	120.94	121.32	121.71	122.09	122.47	122.86
60	123.24	123.63	124.01	124.39	124.78	125.16	125.54	125.93	126.31	126.69
70	127.08	127.46	127.84	128.22	128.61	128.99	129.37	129.75	130.13	130.52
80	130.90	131.28	131.66	132.04	132.42	132.80	133.18	133.57	133.95	134.33
90	134.71	135.09	135.47	135.85	136.23	136.61	136.99	137.37	137.75	138.13
100	138.51	138.88	139.26	139.64	140.02	140.40	140.78	141.16	141.54	141.91
110	142.29	142.67	143.05	143.43	143.80	144.18	144.56	144.94	145.31	145.69
120	146.07	146.44	146.82	147.20	147.57	147.95	148.33	148.70	149.08	149.46
130	149.83	150.21	150.58	150.96	151.33	151.71	152.08	152.46	152.83	153.21
140	153.58	153.96	154.33	154.71	155.08	155.46	155.83	156.20	156.58	156.95
150	157.33	157.70	158.07	158.45	158.82	159.19	159.56	159.94	160.31	160.68
160	161.05	161.43	161.80	162.17	162.54	162.91	163.29	163.66	164.03	164.40

（续）

温度/℃	0	1	2	3	4	5	6	7	8	9
	电阻值/Ω									
170	164.77	165.14	165.51	165.89	166.26	166.63	167.00	167.37	167.74	168.11
180	168.48	168.85	169.22	169.59	169.96	170.33	170.70	171.07	171.43	171.80
190	172.17	172.54	172.91	173.28	173.65	174.02	174.38	174.75	175.12	175.49
200	175.86	176.22	176.59	176.96	177.33	177.69	178.06	178.43	178.79	179.16
210	179.53	179.89	180.26	180.63	180.99	181.36	181.72	182.09	182.46	182.82
220	183.19	183.55	183.92	184.28	184.65	185.01	185.38	185.74	186.11	186.47
230	186.84	187.20	187.56	187.93	188.29	188.66	189.02	189.38	189.75	190.11
240	190.47	190.84	191.20	191.56	191.92	192.29	192.65	193.01	193.37	193.74
250	194.10	194.46	194.82	195.18	195.55	195.91	196.27	196.63	196.99	197.35
260	197.71	198.07	198.43	198.79	199.15	199.51	199.87	200.23	200.59	200.95
270	201.31	201.67	202.03	202.39	202.75	203.11	203.47	203.83	204.19	204.55
280	204.90	205.26	205.62	205.98	206.34	206.70	207.05	207.41	207.77	208.13
290	208.48	208.84	209.20	209.56	209.91	210.27	210.63	210.98	211.34	211.70
300	212.05	212.41	212.76	213.12	213.48	213.83	214.19	214.54	214.90	215.25
310	215.61	215.96	216.32	216.67	217.03	217.38	217.74	218.09	218.44	218.80
320	219.15	219.51	219.86	220.21	220.57	220.92	221.27	221.63	221.98	222.33
330	222.68	223.04	223.39	223.74	224.09	224.45	224.80	225.15	225.50	225.85
340	226.21	226.56	226.91	227.26	227.61	227.96	228.31	228.66	229.02	229.37
350	229.72	230.07	230.42	230.77	231.12	231.47	231.82	232.17	232.52	232.87
360	233.21	233.56	233.91	234.26	234.61	234.96	235.31	235.66	236.00	236.35
370	236.70	237.05	237.40	237.74	238.09	238.44	238.79	239.13	239.48	239.83
380	240.18	240.52	240.87	241.22	241.56	241.91	242.26	242.60	242.95	243.29
390	243.64	243.99	244.33	244.68	245.02	245.37	245.71	246.06	246.40	246.75
400	247.09	247.44	247.78	248.13	248.47	248.81	249.16	249.50	245.85	250.19
410	250.53	250.88	251.22	251.56	251.91	252.25	252.59	252.93	253.28	253.62
420	253.96	254.30	254.65	254.99	255.33	255.67	256.01	256.35	256.70	257.04
430	257.38	257.72	258.06	258.40	258.74	259.08	259.42	259.76	260.10	260.44
440	260.78	261.12	261.46	261.80	262.14	262.48	262.82	263.16	263.50	263.84
450	264.18	264.52	264.86	265.20	265.53	265.87	266.21	266.55	266.89	267.22
460	267.56	267.90	268.24	268.57	268.91	269.25	269.59	269.92	270.26	270.60
470	270.93	271.27	271.61	271.94	272.28	272.61	272.95	273.29	273.62	273.96
480	274.29	274.63	274.96	275.30	275.63	275.97	276.30	276.64	276.97	277.31
490	277.64	277.98	278.31	278.64	278.98	279.31	279.64	279.98	280.31	280.64
500	280.98	281.31	281.64	281.98	282.31	282.64	282.97	283.31	283.64	283.97
510	284.30	284.63	284.97	285.30	285.63	285.96	286.29	286.62	286.85	287.29
520	287.62	287.95	288.28	288.61	288.94	289.27	289.60	289.93	290.26	290.59
530	290.92	291.25	291.58	291.91	292.24	292.56	292.89	293.22	293.55	293.88
540	294.21	294.54	294.86	295.19	295.52	295.85	296.18	296.50	296.83	297.16

（续）

温度/℃	0	1	2	3	4	5	6	7	8	9
	电阻值/Ω									
550	297.49	297.81	298.14	298.47	298.80	299.12	299.45	299.78	300.10	300.43
560	300.75	301.08	301.41	301.73	302.06	302.38	302.71	303.03	303.36	303.69
570	304.01	304.34	304.66	304.98	305.31	305.63	305.96	306.28	306.61	306.93
580	307.25	307.58	307.90	308.23	308.55	308.87	309.20	309.52	309.84	310.16
590	310.49	310.81	311.13	311.45	311.78	312.10	312.42	312.74	313.06	313.39
600	313.71	314.03	314.35	314.67	314.99	315.31	315.64	315.96	316.28	316.60
610	316.92	317.24	317.56	317.88	318.20	318.52	318.84	319.16	319.48	319.80
620	320.12	320.43	320.75	321.07	321.39	321.71	322.03	322.35	322.67	322.98
630	323.30	323.62	323.94	324.26	324.57	324.89	325.21	325.53	325.84	326.16
640	326.48	326.79	327.11	327.43	327.74	328.06	328.38	328.69	329.01	329.32
650	329.64	329.96	330.27	330.59	330.90	331.22	331.53	331.85	332.16	332.48
660	332.79									

表2-4 Cu50热电阻分度表

温度/℃	0	-1	-2	-3	-4	-5	-6	-7	-8	-9
	电阻值/Ω									
-50	39.242									
-40	41.400	41.184	40.969	40.753	40.537	40.322	40.106	39.890	39.674	39.458
-30	43.555	43.349	43.124	42.909	42.693	42.478	42.262	42.047	41.831	41.616
-20	45.706	45.491	45.276	45.061	44.846	44.631	44.416	44.200	43.985	43.770
-10	47.854	47.639	47.425	47.210	46.995	46.780	46.566	46.351	46.136	45.921
0	50.000	49.786	49.571	49.356	49.142	48.927	48.713	48.498	48.284	48.069
温度/℃	0	1	2	3	4	5	6	7	8	9
	电阻值/Ω									
0	50.000	50.214	50.429	50.643	50.858	51.072	51.286	51.501	51.715	51.929
10	52.144	52.358	52.572	52.786	53.000	53.215	53.429	53.643	53.857	54.071
20	54.285	54.500	54.714	54.928	55.142	55.356	55.570	55.784	55.998	56.212
30	56.426	56.640	56.854	57.068	57.282	57.496	57.710	57.924	58.137	58.351
40	58.565	58.779	58.993	59.207	59.421	59.635	59.848	60.062	60.276	60.490
50	60.704	60.918	61.132	61.345	61.559	61.773	61.987	62.201	62.415	62.628
60	62.842	63.056	63.270	63.484	63.698	63.911	64.125	64.339	64.553	64.767
70	64.981	65.194	65.408	65.622	65.836	66.050	66.264	66.478	66.692	66.906
80	67.120	67.333	67.547	67.761	67.975	68.189	68.403	68.617	68.831	69.045
90	69.259	69.473	69.687	69.901	70.115	70.329	70.544	70.762	70.972	71.186
100	71.400	71.614	71.828	72.042	72.257	72.471	72.685	72.899	73.114	73.328
110	73.542	73.751	73.971	74.185	74.400	74.614	74.828	75.043	75.258	75.477
120	75.686	75.901	76.115	76.330	76.545	76.759	76.974	77.189	77.404	77.618
130	77.833	78.048	78.263	78.477	78.692	78.907	79.122	79.337	79.552	79.767
140	79.982	80.197	80.412	80.627	80.843	81.058	81.272	81.488	81.704	81.919
150	82.134									

（五）热电阻的应用

由于热电阻本身的阻值较小，随温度变化而引起的电阻变化值更小。例如，Pt100 铂电阻在 0℃时的阻值 $R_0=100\Omega$，Cu50 铜电阻在 0℃时的阻值 $R_0=50\Omega$。因此，如果传感器与测量仪器之间的引线过长，会引起较大的测量误差。在实际应用时，通常采用所谓的二线、三线或四线制的方式，如图 2-22 所示。

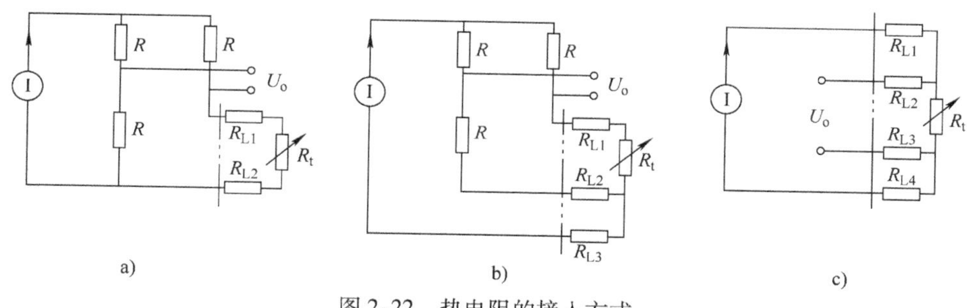

图 2-22　热电阻的接入方式

a）二线制　b）三线制　c）四线制

二线制是热电阻最简单的接入电路，如图 2-22a 所示。测量电路采用等臂电桥，I 为恒流源，R 为桥臂电阻，R_{L1}、R_{L2} 为导线电阻，R_t 为热电阻，U_o 为电桥输出电压。图中 R_t 与 R_{L1}、R_{L2} 串联后作为一个桥臂电阻。由于导线电阻随其所处的环境温度而变化，从而引入较大的误差。

为避免或减小导线电阻对测温的影响，工业热电阻常采用三线制接法，如图 2-22b 所示。图中，热电阻 R_t 的一端与一根导线 R_{L1} 相连接，另一端同时连接两根导线 R_{L2} 和 R_{L3}。$R_{L1}\sim R_{L3}$ 三根导线的直径和长度都相同。由于 R_{L3} 与电桥电源串联，不影响电桥平衡。$R_{L1}\sim R_{L2}$ 分别串联在电桥的相邻两臂里，这两根导线引起的误差互相抵消，从而避免了导线电阻随环境温度变化而引入的测量误差。

热电阻四线制接法如图 2-22c 所示。图中，$R_{L1}\sim R_{L4}$ 都是导线电阻。R_{L1} 和 R_{L4} 两根导线接恒流源回路，另外两根导线 R_{L2} 和 R_{L3} 通常接电位差计。因为电位差计测量时不取电流，所以四根导线的电阻对测量均无影响。

注意事项：

1）布线：安全火花回路的接线（输入信号线），必须是带有绝缘套或屏蔽的导线，并且和非安全火花回路的接线彼此隔离，以免互相接触。

2）不同型号温度变送器按说明书接线，对于具有安全火花回路的防爆仪表接线时一定不能接错，并要仔细检查是否有短接或接错。

3）使用温度变送器时，要特别注意普通型与本安型之分，普通型不能安装在危险区，本安型可以安装在危险区。

4）热电阻变送器输入为三线制各连接导线的线路电阻应相等并处于同一环境温度内。

（六）一体化温度变送器

一体化温度变送器由温度变送器、温度传感器以及保护套管组成。一体化温度变送器是测温热电阻信号转换放大后，再由线性电路对温度与电阻的非线性关系进行补偿，经 U/I 转换电路后输出一个与被测温度成线性关系的 4～20mA 的恒流信号。

注意事项：

1）对于防爆仪表原则上不允许拆卸安全火花回路的元件和调换仪表接线，如需要更换，则应按防爆要求进行。

2）定期检查时，为了精确地读出数据，要在输出端子之间，连接数字电压表进行测量，而不要拿掉安全火花回路线。

3）仪表出现故障后，应停电进行检查，未查出故障不得送电。

4）温度变送器在运行中应保持清洁。

（七）安装规范

1）对于测量管道中心流体温度的热电阻，一般都应将其测量端插入到管道中心处（垂直安装或倾斜安装）。例如被测流体的管道直径是200mm，那么热电阻插入深度应选择100mm。

2）对于高温高压和高速流体的温度测量（如主蒸汽温度），为了减小保护套对流体的阻力和防止保护套在流体作用下发生断裂，可采取保护管浅插方式或采用热套式热电阻。浅插式的热电阻保护套管，其插入主蒸汽管道的深度应不小于75mm；热套式热电阻的标准插入深度为100mm。

3）假如需要测量的是烟道内烟气的温度，如果烟道直径为4m，热电阻插入深度1m即可。

4）当测量原件插入深度超过1m时，应尽可能垂直安装，或加装支撑架和保护套管。

二、热敏电阻

热敏电阻是一种利用半导体制成的敏感元件，其特点是电阻率随温度而显著变化。热敏电阻因其电阻温度系数大、灵敏度高，热惯性小、反应速度快，体积小、结构简单，使用方便，寿命长，易于实现远距离测量等特点得到广泛地应用。

热敏电阻的阻值与温度之间的关系可以用下式表示

$$R_T = R_0 e^{B\left(\frac{1}{T}-\frac{1}{T_0}\right)} \tag{2-22}$$

式中，R_T为温度为T时的电阻值；R_0为温度为T_0时的电阻值；B为常数，由材料、工艺及结构决定。

热敏电阻的热电特性曲线如图2-23所示。

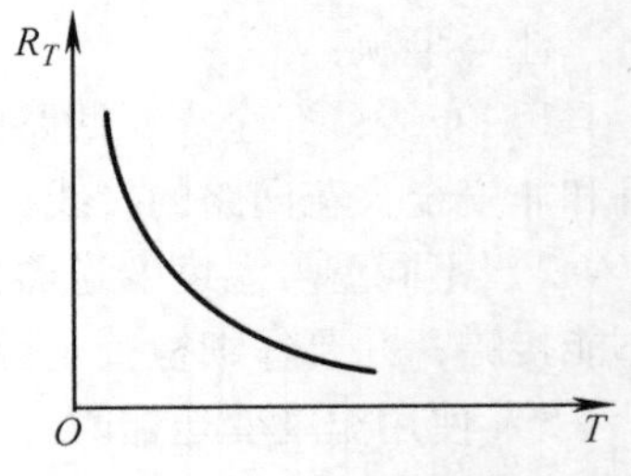

图2-23　热敏电阻的热电特性曲线

根据电阻值的温度特性，热敏电阻有正温度系数、负温度系数和临界热敏电阻几种类型。热敏电阻的结构可以分为柱状、片状、珠状和薄膜状等形式。热敏电阻的缺点是互换性较差，同一型号的产品特性参数有较大差别；再就是其热电特性是非线性的，这给使用带来一定不便。尽管如此，热敏电阻灵敏度高、便于远距离控制、成本低、适合批量生产等突出的优点使得它的应用范围越来越广泛。随着科学技术的发展和生产工艺的成熟，热敏电阻的缺点都将逐渐得到改进，在温度传感器中热敏电阻已取得了显著的优势。

三、电阻传感器的应用

使用热电阻或热敏电阻进行测量时，一种形式是将热敏元件与被测物体相接触，它们之间经过热交换后达到热平衡时热敏元件的电阻值即反应了被测物体的温度值。另一种形式是将流过恒定电流的热敏元件置于被测气体或液体等介质中，介质中的某些参数将影响热敏元件与介质之间的热交换和热平衡，利用这一原理达到测量介质的某些参数的目的。

（一）热电阻温度计

通常工业测温是采用铂电阻和铜电阻作为敏感元件，测量电路用得较多的是电桥电路。为了克服环境温度的影响，常采用图2-24所示的三导线四分之一电桥电路。由于采用这种电路，热电阻的两根引线的电阻值被分配在两个相邻的桥臂中，如果$R_1'=R_2'$，则由环境温度变化引起的引线电阻值变化所造成的误差被相互抵消。

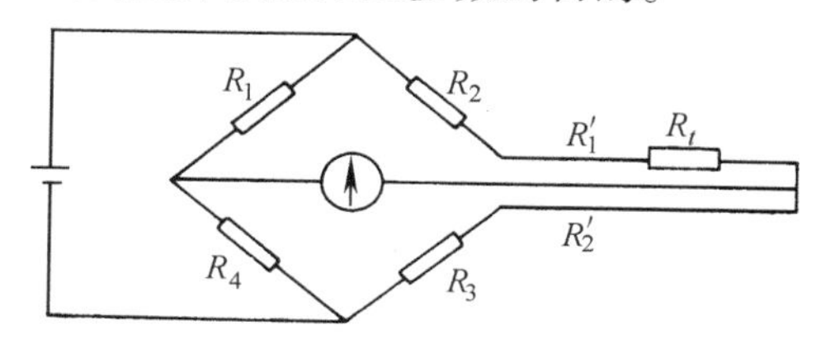

图2-24　热电阻的测量电路

（二）热电阻式流量计

图2-25是一个热电阻流量计的电原理图。两个铂电阻探头，R_{t1}放在管道中央，它的散热情况受介质流速的影响。R_{t2}放在温度与流体相同，但不受介质流速影响的小室中。当介质处于静止状态时，电桥处于平衡状态，流量计没有指示。当介质流动时，会带走热量，R_{t1}温度的变化引起阻值变化，电桥失去平衡而有输出，电流计的指示直接反映了流量的大小。

（三）热敏电阻的应用

热敏电阻几乎在每一个部门都有使用，如家用电器、制造工业、医疗设备、运输、通信、保护报警装置和科研等。下面仅举几个例子，介绍热敏电阻的应用情况。

1. 半导体点温计

热敏电阻很适合作点温计，因为它的体积小，响应速度快。图2-26就是半导体点温计采用的不平衡电桥电路。

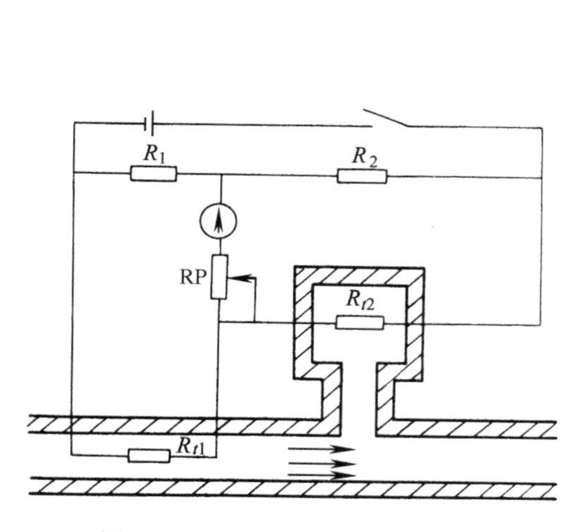

图2-25　热电阻流量计电原理图

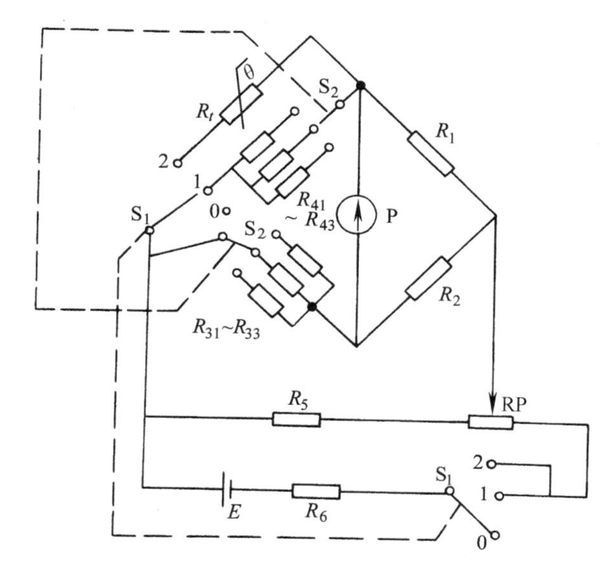

图2-26　半导体点温计原理图

图中S_1为工作选择开关，“0”为电源断开；“1”为校正位置，根据量程开关S_2的位置，调节电位器RP使电流计P指示满刻度；“2”为测量位置，这时热敏电阻R_t接入电桥，R_t的阻值随被测温度而变化，由电流计的指示直接可以读出被测温度值。

2. 热敏电阻用于热保护

利用热敏电阻可以对特定的温度进行监视，例如可以监测电机绕组的过热状态。只需将珠状阻体装在电机绕组间，通过长导线引出，当电枢绕组温度过高时，就会发出警报或自动切断电源，如图2-27所示。

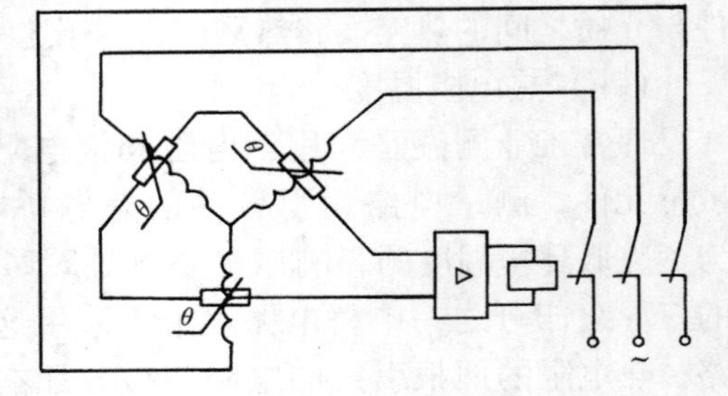

图2-27 电机的过热保护

3. 液面位置传感器

作为液面位置传感器用的热敏电阻通以电流将引起自身发热。当处于两种不同介质中，电阻的散热条件不同，流过的电流也不同。通过电流表的指示可以反映液面的水平位置，如图2-28所示。

4. 热敏电阻湿度传感器

图2-29是采用热敏电阻所制成的湿度计。

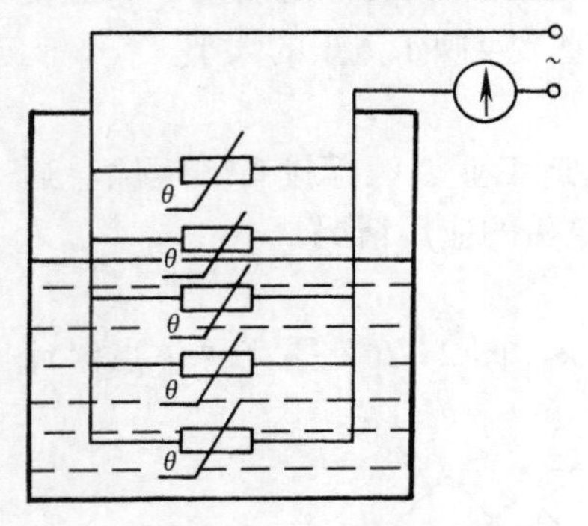

图2-28 液面水平指示传感器

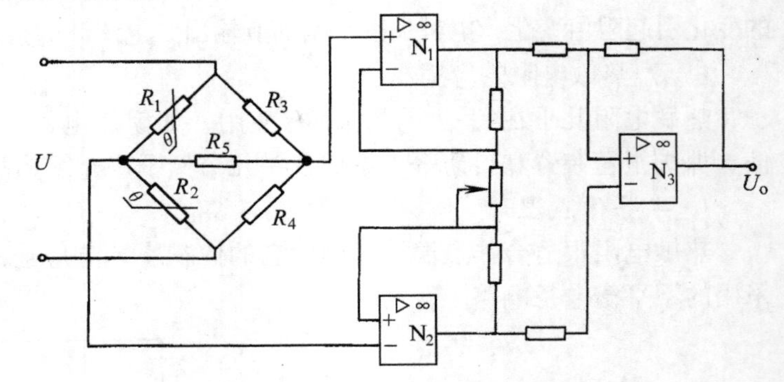

图2-29 热敏电阻湿度传感器

图中R_1为感湿用热敏电阻，R_2为作为补偿用的密封型热敏电阻。R_3和R_4为温度系数很小的普通电阻。由于开放型的感湿热敏电阻R_1与密封的热敏电阻R_2处于两种环境之中，因此不平衡电桥输出的信号就和环境湿度有一定的关系。

第四节 气敏电阻

在现代社会的生产和生活中，人们往往会接触到各种各样的气体，需要对它们进行检测和控制。比如化工生产中气体成分的检测与控制，煤矿瓦斯浓度的检测与报警，环境污染情况的监测，煤气泄漏，火灾报警，燃烧情况的检测与控制等。气敏电阻传感器就是一种将检测到的气体的成分和浓度转换为电信号的传感器。

一、气敏电阻的工作原理及特性

气敏电阻是一种半导体敏感器件，它是利用气体的吸附而使半导体本身的电导率发生变化这一机理来进行检测的。人们发现某些氧化物半导体材料如 SnO_2、ZnO、Fe_2O_3、MgO、NiO、$BaTiO_3$ 等都具有气敏效应。

以 SnO_2 气敏元件为例，它是由 0.1 ~ 10μm 的晶体集合而成，这种晶体是作为 N 型半导体而工作的。在正常情况下，是处于氧离子缺位的状态。当遇到电离能较小且易于失去电子的可燃性气体分子时，电子从气体分子向半导体迁移，半导体的载流子浓度增加，因此电导率增加。而对于 P 型半导体来说，它的晶格是阳离子缺位状态，当遇到可燃性气体时其电导率减小。

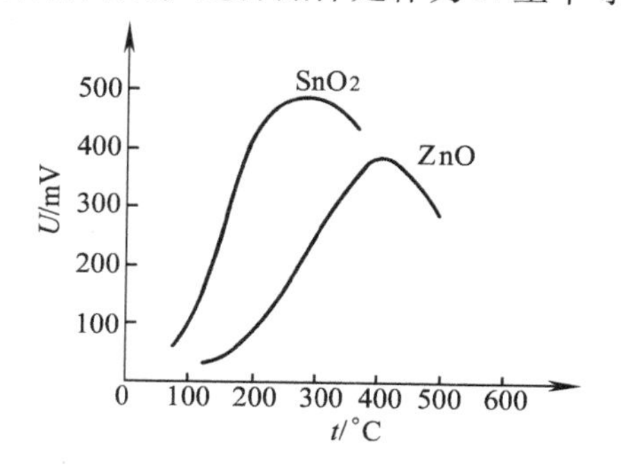

图 2-30　气敏电阻灵敏度与温度的关系

气敏电阻的温度特性如图 2-30 所示，图中纵坐标为灵敏度，即由于电导率的变化所引起的在负载上所得到的信号电压。由曲线可以看出，SnO_2 在室温下虽能吸附气体，但其电导率变化不大。但当温度增加后，电导率就发生较大的变化，因此气敏元件在使用时需要加温。

此外，在气敏元件的材料中加入微量的铅、铂、金、银等元素以及一些金属盐类催化剂可以获得低温时的灵敏度，也可增强对气体种类的选择性。

二、常用的气敏电阻

（一）氧化锡系气敏电阻

图 2-31 是氧化锡系气敏电阻的几种结构形式，图 a 和 b 为烧结型，图 c 为薄膜型。

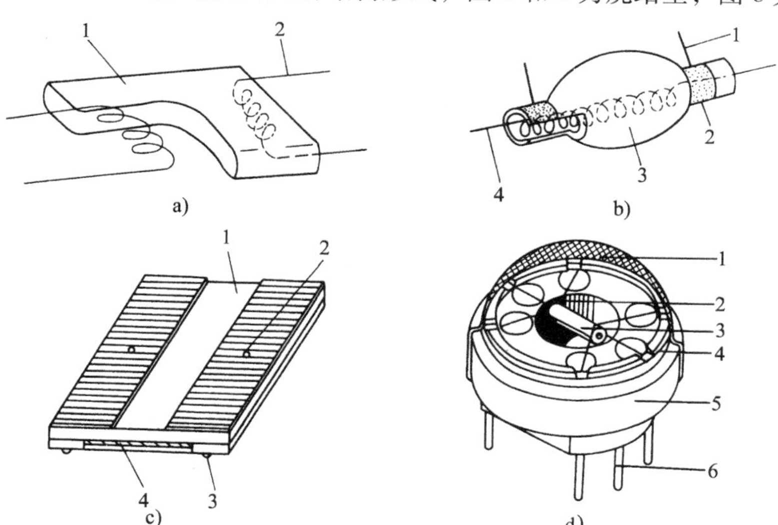

图 2-31　氧化锡系气敏电阻的结构

a）烧结型　1—SnO_2 烧结体　2—加热丝兼电极

b）烧结型　1—引线　2—电极　3—SnO_2 烧结体　4—加热丝

c）薄膜型　1—SnO_2 薄膜　2—电极　3—加热电极　4—加热器

d）整体结构　1—不锈钢网罩　2—电极引线　3—SnO_2 烧结体　4—加热器电极　5—陶瓷座　6—引脚

气敏电阻根据加热的方式可分为直热式和旁热式两种。图2-31a为直热式，图2-31b、c为旁热式。直热式消耗功率大，稳定性较差，故应用逐渐减少；旁热式性能稳定，消耗功率小，其结构上往往加有封压双层的不锈钢丝网防爆，因此安全可靠，其应用面较广。图2-31d为旁热式气敏电阻的整体结构。

（二）氧化锌系气敏电阻

ZnO是属于N型金属氧化物半导体，也是一种应用较广泛的气敏器件。通过掺杂而获得不同气体的选择性，如掺铂可对异丁烷、丙烷、乙烷等气体有较高的灵敏度，而掺钯则对氢、一氧化碳、甲烷、烟雾等有较高的灵敏度。

ZnO气敏电阻的结构如图2-32所示。这种气敏元件的结构特点是：在圆筒形基板上涂敷ZnO主体成分，当中加以隔膜层与催化剂分成两层而制成。

（三）氧化铁系气敏电阻

图2-33是γ-Fe_2O_3材料制成的气敏电阻整体结构。

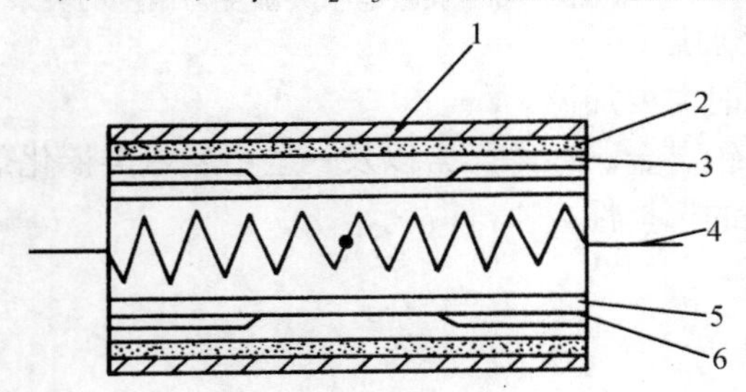

图2-32 ZnO气敏电阻结构

1—催化剂 2—隔膜 3—ZnO涂层 4—加热丝 5—绝缘基板 6—电极

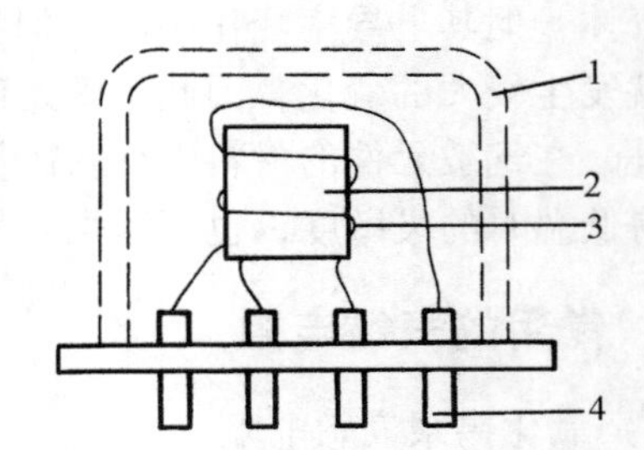

图2-33 γ-Fe_2O_3气敏电阻结构

1—双层网罩 2—烧结体 3—加热线圈 4—引脚

当还原性气体与多孔的γ-Fe_2O_3接触时，气敏电阻的晶粒表面受到还原作用转变为Fe_3O_4，其电阻率迅速降低。这种敏感元件用于检测烷类气体时特别灵敏。表2-5～表2-8所列为国产气敏元件的有关参数。

表2-5 QN型气敏元件参数

技术特性 \ 参数 \ 型号规格	QN 01		QN 03		QNWS
	A	C	A	B	A
加热电流 I_t/A	0.3±0.01		0.32±0.01		0.14±0.01
加热电压 U_t/V	2		1.7±0.2		2.4
测量回路电压 U_c/V	6				
测量回路电流 I_o/μA	200～500	10～200	10～200	200～600	50～500
灵敏度 $S(I_a/I_o)$	≥5				
响应时间 t_1/s，恢复时间 t_2/s	≤30				
气样	w_{H_2}=0.3%或w_{CH_4}=1%				w_{CH_4}=1%
预热时间/min	15		15		15

表 2-6 QM-N5 型气敏元件参数

型号	标定气体中电压 $U_{0.1}$	响应时间 t_1	恢复时间 t_2	最佳工作条件			允许工作条件		
				测量回路电压 U_c	加热电压 U_t	负载电阻 R_L	测量回路电压 U_c	加热电压 U_t	负载电阻 R_L
QM-N5	≥2V	≤10s	≤30s	10V	5V	2kΩ	5 ~ 15V	4.5 ~ 5.5V	0.5 ~ 2.2kΩ
测试条件	体积分数为 0.1% 丁烷		清洁空气						
	$U_c=10V$ $U_t=5V$ $R_L=2k\Omega$								

表 2-7 MQ11 型气敏元件参数

元件参数名称	参数符号	参数指标	测试条件
测量回路电压	U_c	9V	
加热电压	U_t		
加热电流	I_t	350mA	
功率消耗	P_t	0.4W	
测量极限值		$30k\Omega < R < 5M\Omega$	常温，气敏元件不接电路
灵敏度 $S(I_a/I_o)$	S	>3	I_o 为在清洁空气中的检测电流 I_a 为在体积分数为 0.1% 的氢气中的检测电流
响应时间	t_1	≤5s	$w_{H_2}=0.1\%$
恢复时间	t_2	≤30s	清洁空气
负载电阻	R_L	2kΩ	

表 2-8 MQ31 型气敏元件参数

参数名称		参数符号	参数值	单位
工作条件	测量回路电压	U_c	10	V
	加热电压	U_t	2.5	V
	加热电流	I_t		
	负载电阻	R_L	2	kΩ
功率		P_t	≤0.5	W
灵敏度 S (I_a/I_o)		S	≥2	
响应时间		t_1	≤5	s
恢复时间		t_2	≤60	s
稳定值		W	≤20%	

注：气样为体积分数为 0.1% 的 CO 气体和清洁空气。

三、气敏电阻的应用

气敏电阻较广泛地用于防灾报警，如可制成液化石油气、天燃气、城市煤气、煤矿瓦斯以及有毒气体等方面的报警器，也可用于大气污染的监测以及在医疗上用于对 O_2、CO_2 等气体的测量。生活中则可用于空调机、烹调装置、酒精浓度探测等方面。

下面是气敏电阻的几个应用实例。

（一）气敏电阻检漏报警器

图2-34为气敏电阻检漏报警器原理图。通常气敏电阻在预热阶段，即使其使用环境空气新鲜，它的测量极也会输出较高幅度的电压值。所以，在预热开关闭合之前，应将开关 S_2 断开。一般情况下，气敏电阻加热丝 f-f 通电预热15min后，才合上 S_2，此时如果气敏电阻接触到可燃性气体，f-f 与 A 端之间的阻值就会下降，A 端对地电位就会升高，晶体管 V_1 导通，晶闸管 V_2 导通，报警指示灯发亮。在 V_2 导通的瞬间，由晶体管 V_3、T 及 C_2、C_3、RP_2 等元件组成的音频振荡器开始工作，喇叭便发出警报声。

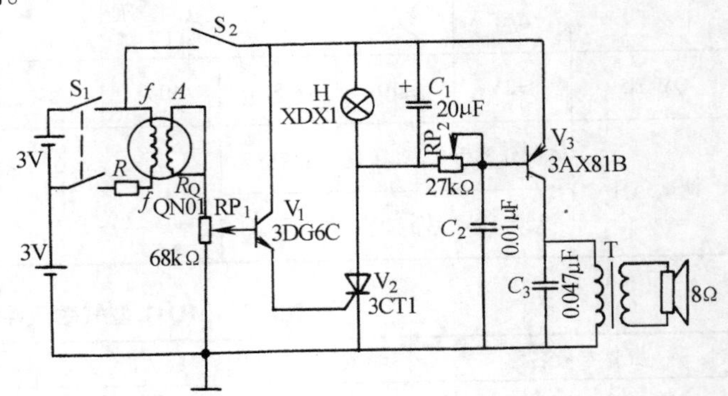

图2-34 气敏电阻检漏报警器原理图

（二）矿灯瓦斯报警器

图2-35为矿灯瓦斯报警器原理图。瓦斯探头由QM-N5型气敏元件、R_1 及4V矿灯蓄电池等组成。RP为瓦斯报警设定电位器。当瓦斯超过某一设定点时，RP输出信号通过二极管 V_1 加到晶体管 V_2 基极上，V_2 导通，晶体管 V_3、V_4 便开始工作。V_3、V_4 为互补式自励多谐振荡器，它们的工作使继电器吸合与释放，信号灯闪光报警。

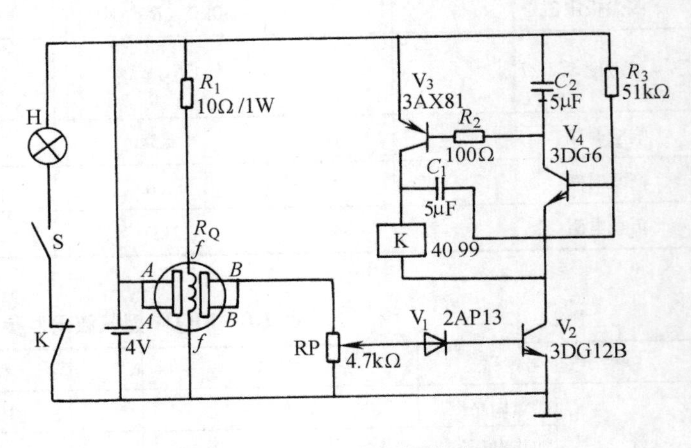

图2-35 矿灯瓦斯报警器原理图

（三）一氧化碳报警器

图2-36为一氧化碳报警器原理图，图中 R_Q 为MQ-31型气敏元件。在洁净空气中，B-B 点无信号输出，V_5 的基极通过 RP_2 接地，振荡器不工作，喇叭无声。一旦气敏元件接触到一氧化碳时，B-B 端就有信号输出，当一氧化碳浓度较大，通过气敏元件转换成的电信号电位大于 V_5 ~ V_7 三个晶体管的发射结导通电压降之和时，振荡器便开始工作，扬声器发出报警声，直至一氧化碳浓度降至安全值时才停止报警。

该报警器电路采用交、直流两种电源。电源的自动切换，采用了一只整流二极管。交流供电时，经整流滤波后，加在电路的电压在11V左右，高于电池组电压10.5V，V_8 的负极电压高于正极电压，处于截止状态。当市电断电时，V_8 立即导通，由于 V_1 ~ V_4 反偏呈截止状态，所以电流不会流入变压器二次绕组，这样便达到交直流电自动切换的目的。

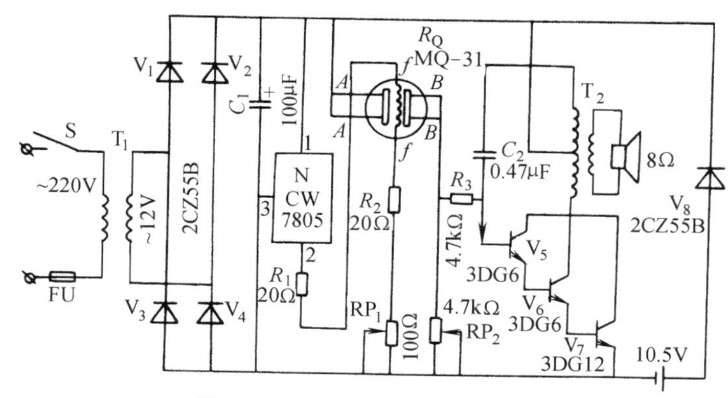

图 2-36　一氧化碳报警器原理图

第五节　湿敏电阻

随着现代工业技术的发展，纤维、造纸、电子、建筑、食品、医疗等部门提出了高精度高可靠性测量和控制湿度的要求，因此各种湿敏元件不断出现。利用湿敏电阻进行湿度测量和控制具有灵敏度高、体积小、寿命长、不需维护、可以进行遥测和集中控制等优点。

湿敏电阻是利用湿敏材料吸收空气中的水分而导致本身电阻值发生变化这一原理而制成的。下面仅介绍几种具有代表性的湿敏电阻。

一、半导体陶瓷湿敏元件

铬酸镁－二氧化钛陶瓷湿敏元件是较常用的一种湿度传感器，是由 $MgCr_2O_4$-TiO_2 固熔体组成的多孔性半导体陶瓷。这种材料的表面电阻值能在很宽的范围内随湿度的增加而变小，即使在高湿条件下，对其进行多次反复的热清洗，性能仍不改变。

图 2-37 为这种湿敏元件的结构图。元件采用了 $MgCr_2O_4$-TiO_2 多孔陶瓷，电极材料二氧化钌通过丝网印制到陶瓷片的两面，在高温烧结下形成多孔性电极。在陶瓷片周围装置有电阻丝绕制的加热器，以 450°C 对陶瓷表面进行 1min 热清洗。湿敏电阻的电阻－相对湿度特性曲线如图 2-38 所示。

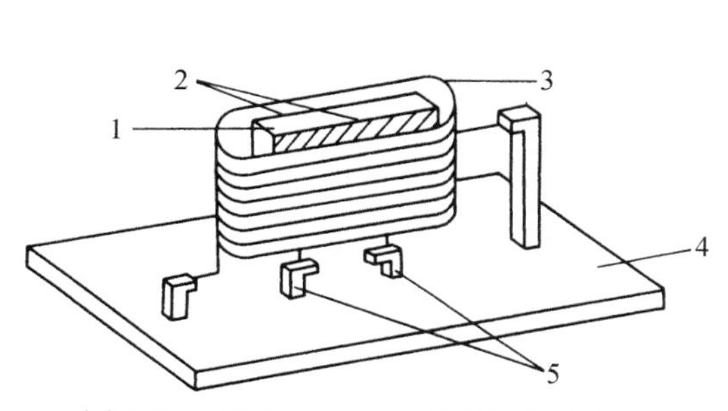

图 2-37　$MgCr_2O_4$-TiO_2 湿敏元件的结构
1—感湿陶瓷　2—二氧化钌电极　3—加热器
4—基板　5—引线

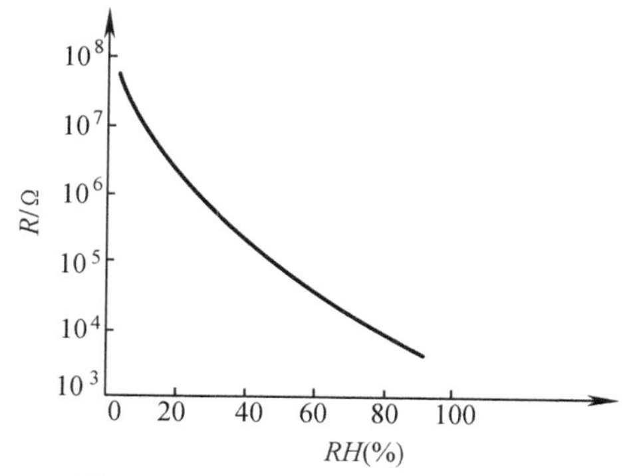

图 2-38　电阻－相对湿度特性曲线

图2-39是这种湿敏元件应用的一种测量电路。图中R为湿敏电阻，R_t为温度补偿用热敏电阻。为了使检测湿度的灵敏度最大，可使$R=R_t$。这时传感器的输出电压通过跟随器并经整流和滤波后，一方面送入比较器1与参考电压U_1比较，其输出信号控制某一湿度；另一方面送到比较器2与参考电压U_2比较，其输出信号控制加热电路，以便按一定时间加热清洗。

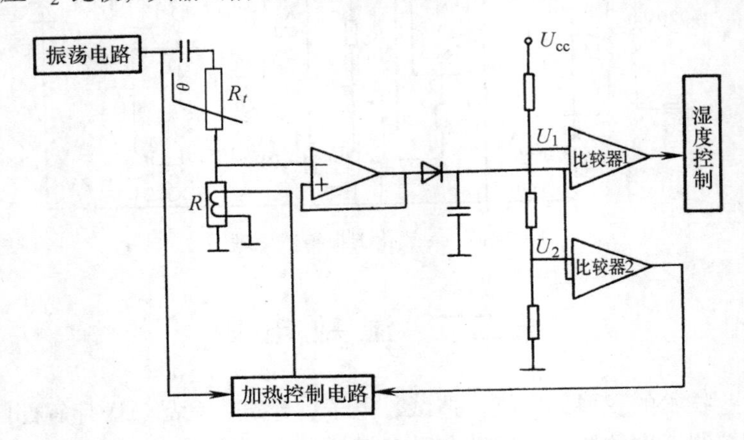

图2-39 湿敏电阻测量电路框图

二、氯化锂湿敏电阻

图2-40是氯化锂湿敏电阻的结构图。它是在聚碳酸酯基片上制成一对梳状全电极，然后浸涂溶于聚乙烯醇的氯化锂胶状溶液，其表面再涂上一层多孔性保护膜而成。氯化锂是潮解性盐，这种电解质溶液形成的薄膜能随着空气中水蒸气的变化而吸湿或脱湿。感湿膜的电阻随空气相对湿度变化而变化，当空气中湿度增加时，感湿膜中盐的浓度降低。

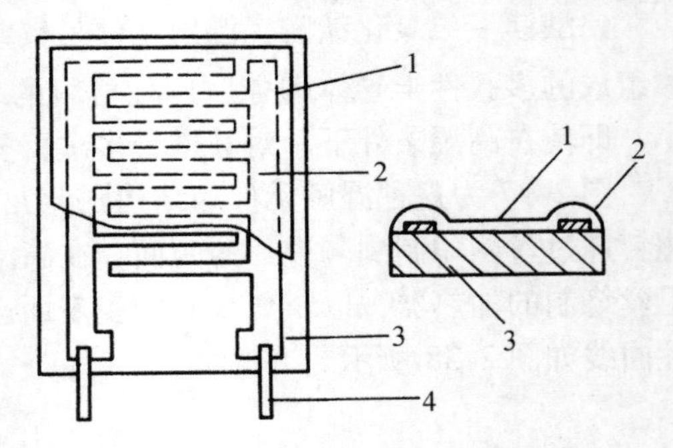

图2-40 氯化锂湿敏电阻结构

1—感湿膜 2—电极 3—绝缘基板 4—引线

图2-41是一种相对湿度计的电原理框图。测量探头由氯化锂湿敏电阻R_1和热敏电阻R_2组成，并通过三线电缆接至电桥上。热敏电阻作为温度补偿用。测量时先对指示装置的温度补偿进行适当修正，将电桥校正至零点，就可以从刻度盘上直接读出相对湿度值。电桥由分压电阻R_5组成两个臂，R_1和R_3或R_2和R_4组成另外两个

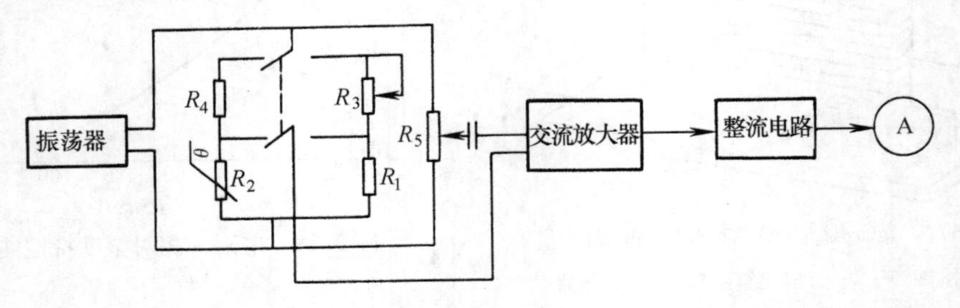

图2-41 相对湿度计电原理框图

臂。电桥由振荡器供给交流电压。电桥的输出经放大器放大后，通过整流电路送给电流表指示。

三、有机高分子膜湿敏电阻

有机高分子膜湿敏电阻是在氧化铝等陶瓷基板上设置梳状形电极，然后在其表面涂以既具有感湿性能，又有导电性能的高分子材料的薄膜，再涂覆一层多孔质的高分子膜保护层。这种湿敏元件是利用水蒸气附着于感湿薄膜上，电阻值与相对湿度相对应这一性质。由于使用了高分子材料，所以适用于高温气体中湿度的测量。图 2-42 是三氧化二铁－聚乙二醇高分子膜湿敏电阻的结构与特性。

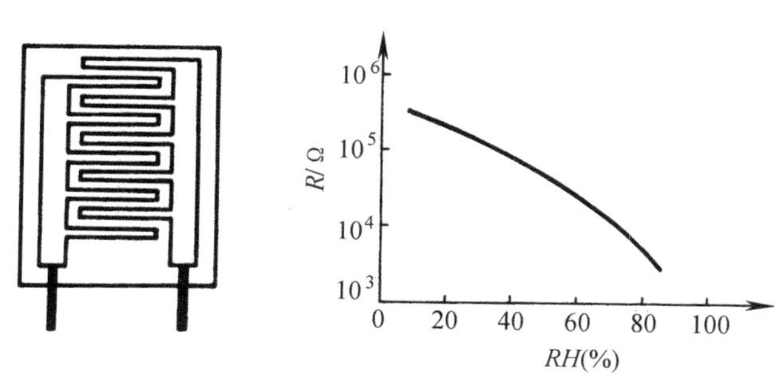

图 2-42　三氧化二铁－聚乙二醇高分子膜湿敏电阻的结构与特性

表 2-9 和表 2-10 为几种国产湿敏元件的有关参数。

表 2-9　SM-C-1 型湿度传感器参数

项　　目	参　　数
工作温度	1～40°C
测温范围	1%～100%*RH*
误差	±4%*RH*
输出电压(交流)	典型值:8mV～7V 对应湿度 10%～100%*RH*
输出阻抗	≤250Ω
响应时间	90%*RH*→50%*RH*　<10s 15%*RH*→55%*RH*　<10s
最　佳　工　作　状　态	
清洗电压	9V±0.2V
清洗功率	≤14W
清洗定时	10s
清洗后延时	240s
直流电源	+15V　±0.5V −15V　±0.5V
消耗功率	正电源　<150mW 负电源　<150mW
最远传输距离	200m

表 2-10 MSC3 型湿敏元件参数

型号			MSC3A	MSC3B			MSC3C			
系列分档				B_1	B_2	B_3	红	黄	蓝	白
特性参数	25°C 时标准阻值	50% *RH*	170kΩ	230kΩ	450kΩ	900kΩ	7Ω	13Ω	25Ω	50Ω
		70% *RH*	80kΩ	32kΩ	65kΩ	180kΩ	3Ω	6Ω	12Ω	24Ω
		90% *RH*	37kΩ	5kΩ	10kΩ	20kΩ	1.2Ω	2.5Ω	5Ω	10Ω
工作条件	最高工作温度/°C		50	50			50			
	最高工作湿度/(% *RH*)		98	98			98			
	测湿范围/(% *RH*)		40 ~ 95	40 ~ 95			40 ~ 95			
	测湿精度/(% *RH*)		±3	±4			±3			
	环境温度/°C		−10 ~ 40	−10 ~ 40			−10 ~ 40			
	环境湿度/(% *RH*)		50 ~ 95	50 ~ 90			50 ~ 95			
	气压/kPa		80 ~ 100	80 ~ 100			80 ~ 100			
	风速/($m \cdot s^{-1}$)		≤10	≤10			≤10			
	工作电压/V		4 ~ 12	4 ~ 12			4 ~ 12			

思考题与习题

1. 金属电阻应变片与半导体应变片的电阻应变效应有什么不同?

2. 直流测量电桥和交流测量电桥有什么区别?

3. 热电阻测温时采用何种测量电路? 为什么要采用这种测量电路? 说明这种电路的工作原理。

4. 采用阻值为 120Ω、灵敏度系数 $K = 2.0$ 的金属电阻应变片和阻值为 120Ω 的固定电阻组成电桥，供电电压为 4V，并假定负载电阻无穷大。当应变片上的应变分别为 $1\mu\varepsilon$ 和 $1000\mu\varepsilon$ 时，试求单臂工作电桥、双臂工作电桥以及全桥工作时的输出电压，并比较三种情况下的灵敏度。

5. 采用阻值 $R = 120\Omega$，灵敏度系数 $K = 2.0$ 的金属电阻应变片与阻值 $R = 120\Omega$ 的固定电阻组成电桥，供电电压为 10V。当应变片应变为 $1000\mu\varepsilon$ 时，若要使输出电压大于 10mV，则可采用何种接桥方式（设输出阻抗为无穷大）?

6. 图 2-43 所示为一直流电桥，供电电源电动势 $E = 3V$，$R_3 = R_4 = 100\Omega$，R_1 和 R_2 为相同型号的电阻应变片，其电阻均为 50Ω，灵敏度系数 $K = 2.0$。两只应变片分别粘贴于等强度梁同一截面的正反两面。设等强度梁在受力后产生的应变为 $5000\mu\varepsilon$，试求此时电桥输出端电压 U_o。

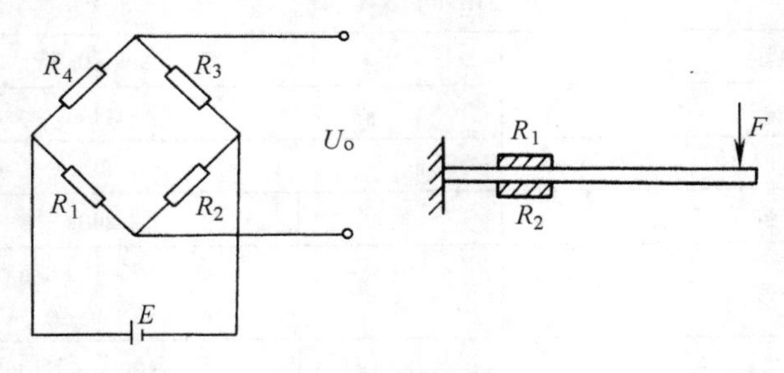

图 2-43 题 6 图

第三章　电容式传感器

电容式传感器是把被测量转换为电容量变化的一种传感器。它具有结构简单、灵敏度高、动态响应特性好、适应性强、抗过载能力大及价格便宜等特点，因此，可以用来测量压力、力、位移、振动、液位等参数。但电容式传感器的泄漏电阻和非线性等缺点也给它的应用带来一定的局限。随着电子技术的发展，特别是集成电路的应用，这些缺点逐渐得到了克服，促进了电容式传感器的广泛应用。

第一节　电容式传感器的工作原理

电容式传感器的基本工作原理可以用图 3-1 所示的平板电容器来说明。设两极板相互覆盖的有效面积为 A，两极板间的距离为 d，极板间介质的介电常数为 ε，在忽略极板边缘影响的条件下，平板电容器的电容 C 为

$$C=\frac{\varepsilon A}{d} \tag{3-1}$$

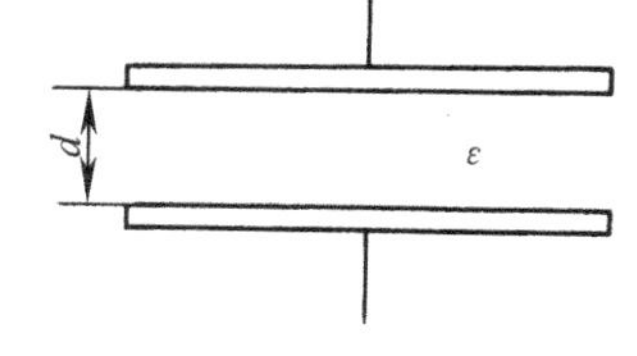

图 3-1　平板电容器

由式（3-1）可以看出，ε、A、d 三个参数都直接影响着电容 C 的大小。如果保持其中两个参数不变，而使另外一个参数改变，则电容就将产生变化。如果变化的参数与被测量之间存在一定函数关系，那被测量的变化就可以直接由电容的变化反映出来。所以电容式传感器可以分成三种类型：改变极板面积的变面积式；改变极板距离的变间隙式；改变介电常数的变介电常数式。

第二节　电容式传感器的类型及特性

一、变面积式电容传感器

图 3-2 是一直线位移型电容传感器的示意图。

当动极板移动 Δx 后，覆盖面积就发生了变化，电容也随之改变，其值为

$$C=\frac{\varepsilon b(a-\Delta x)}{d}=C_0-\frac{\varepsilon b}{d}\Delta x \tag{3-2}$$

电容因位移而产生的变化量为

$$\Delta C=C-C_0=-\frac{\varepsilon b}{d}\Delta x=-C_0\frac{\Delta x}{a}$$

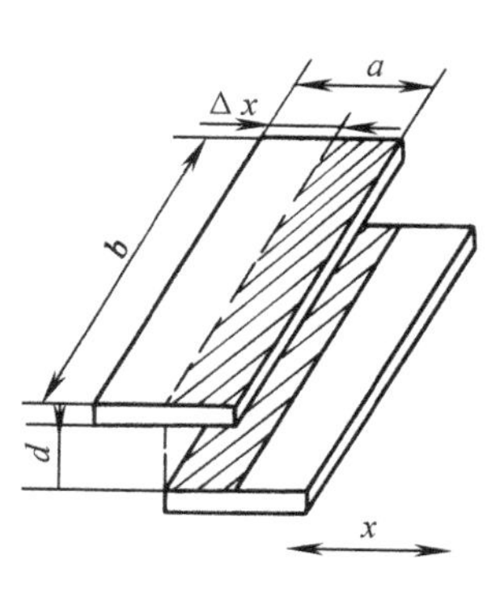

图 3-2　直线位移型电容传感器

其灵敏度为

$$K=\frac{\Delta C}{\Delta x}=-\frac{\varepsilon b}{d}$$

可见增加 b 或减小 d 均可提高传感器的灵敏度。

图 3-3 是此类传感器的几种派生形式。

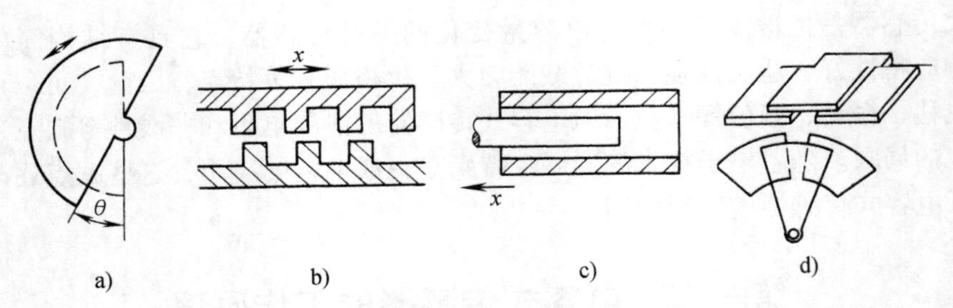

图 3-3 变面积式电容传感器的派生形式

a) 角位移型 b) 齿形极板型 c) 圆筒型 d) 差动式

图 3-3a 是角位移型电容式传感器。当动片有一角位移 θ 时，两极板间覆盖面积就发生变化，从而导致电容的变化，此时电容为

$$C_\theta=\frac{\varepsilon A\left(1-\frac{\theta}{\pi}\right)}{d}=C_0-C_0\frac{\theta}{\pi} \tag{3-3}$$

图 3-3b 中极板采用了齿形板，其目的是为了增加遮盖面积，提高灵敏度。当齿形极板的齿数为 n，移动 Δx 后，其电容为

$$C=\frac{n\varepsilon b(a-\Delta x)}{d}=n\left(C_0-\frac{\varepsilon b}{d}\Delta x\right) \tag{3-4}$$

$$\Delta C=C-nC_0=-n\frac{\varepsilon b}{d}\Delta x$$

其灵敏度为

$$K=\frac{\Delta C}{\Delta x}=-n\frac{\varepsilon b}{d}$$

由前面的分析可得出结论，变面积式电容传感器的灵敏度为常数，即输出与输入呈线性关系。

二、变间隙式电容传感器

图 3-4 为变间隙式电容传感器的原理图。图中 1 为固定极板，2 为与被测对象相连的活动极板。当活动极板因被测参数的改变而引起移动时，两极板间的距离 d 发生变化，从而改变了两极板之间的电容 C。

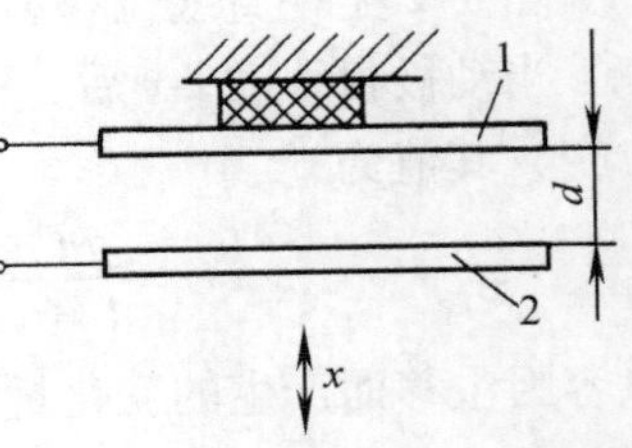

图 3-4 变间隙式电容传感器

1—固定极板 2—活动极板

设极板面积为 A，其静态电容为 $C_0=\frac{\varepsilon A}{d}$，当活动极板移动 x 后，其电容为

$$C=\frac{\varepsilon A}{d-x}=C_0\frac{1+\frac{x}{d}}{1-\frac{x^2}{d^2}} \tag{3-5}$$

当 $x \ll d$ 时

$$1-\frac{x^2}{d^2}\approx 1$$

则

$$C=C_0\left(1+\frac{x}{d}\right) \tag{3-6}$$

由式（3-5）可以看出，电容 C 与 x 不是线性关系，只有当 $x \ll d$ 时，才可认为是近似线性关系。同时还可看出，要提高灵敏度，应减小起始间隙 d。但当 d 过小时，又容易引起击穿，同时加工精度要求也高了。为此，一般是在极板间放置云母、塑料膜等介电常数高的物质来改善这种情况。在实际应用中，为了提高灵敏度，减小非线性，可采用差动式结构。

三、变介电常数式电容传感器

当电容传感器中的电介质改变时，其介电常数变化，从而引起了电容量发生变化。此类传感器的结构形式有很多种，图 3-5 为介质面积变化的电容传感器。这种传感器可用来测量物位或液位，也可测量位移。

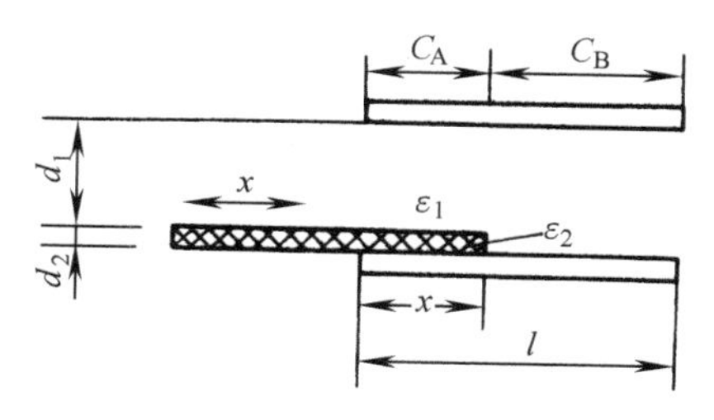

图 3-5　介质面积变化的电容传感器

由图中可以看出，此时传感器的电容为

$$C=C_A+C_B$$

其中

$$C_A=\frac{bx}{\frac{d_1}{\varepsilon_1}+\frac{d_2}{\varepsilon_2}}\qquad C_B=\frac{b(l-x)}{\frac{d_1+d_2}{\varepsilon_1}}$$

设极板间无介电常数为 ε_2 的介质时，电容为

$$C_0=\frac{\varepsilon_1 bl}{d_1+d_2}$$

当介电常数为 ε_2 的介质插入两极板间时，则有

$$C=C_A+C_B=\frac{bx}{\frac{d_1}{\varepsilon_1}+\frac{d_2}{\varepsilon_2}}+\frac{b(l-x)}{\frac{d_1+d_2}{\varepsilon_1}}=C_0+C_0\frac{x}{l}\frac{1-\frac{\varepsilon_1}{\varepsilon_2}}{\frac{d_1}{d_2}+\frac{\varepsilon_1}{\varepsilon_2}} \tag{3-7}$$

式（3-7）表明，电容 C 与位移 x 呈线性关系。

第三节　电容式传感器的测量电路

用于电容式传感器的测量电路很多，常见的电路有：普通交流电桥、紧耦合电感臂电桥、变压器电桥、双 T 电桥电路、运算放大器式测量电路、脉冲调制电路、调频电路。

一、普通交流电桥

图3-6所示为由电容 C、C_0 和阻抗 Z、Z' 组成的交流电桥测量电路，其中 C 为电容传感器的电容，Z' 为等效配接阻抗，C_0 和 Z 分别为固定电容和阻抗。

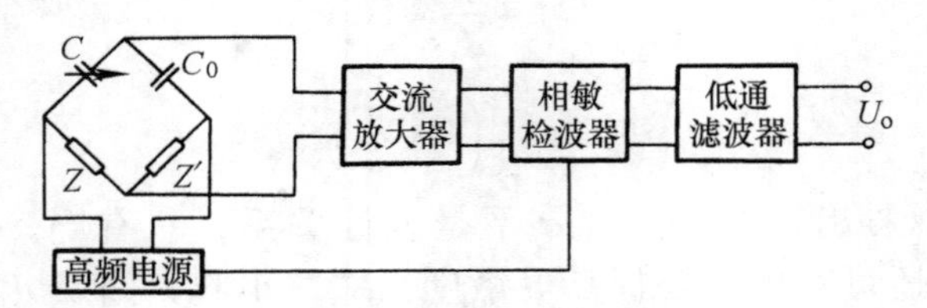

图3-6 普通交流电桥测量电路

电桥初始状态调至平衡，当传感器电容 C 变化时，电桥失去平衡而输出电压，此交流电压的幅值随 C 而变化。电桥的输出电压为

$$\dot{U}_{\mathrm{o}}=\frac{\Delta Z}{Z}\dot{U}\frac{1/2}{1+\frac{1}{2}\left(\frac{Z'}{Z}+\frac{Z}{Z'}\right)+\frac{Z+Z'}{Z_{\mathrm{i}}}} \tag{3-8}$$

式中，Z 为电容臂阻抗；ΔZ 为传感器电容变化时对应的阻抗增量；Z_{i} 为电桥输出端放大器的输入阻抗。

这种交流电桥测量电路要求提供幅度和频率很稳定的交流电源，并要求电桥放大器的输入阻抗 Z_{i} 很高。为了改善电路的动态响应特性，一般要求交流电源的频率为被测信号最高频率的5～10倍。

二、紧耦合电感臂电桥

图3-7为用于电容传感器测量的紧耦合电感臂电桥。该电路的特点是两个电感臂相互为紧耦合，它的优点是抗干扰能力强，稳定性好。

电桥的输出电压表达式为

$$\dot{U}_{\mathrm{o}}=\frac{\Delta Z}{Z}\frac{\left[1+\frac{Z_{12}(1-K)}{Z}\right]\Big/\left[1+\frac{Z_{12}(1+K)}{Z}\right]}{1+\frac{1}{2}\left[\frac{Z_{12}(1-K)}{Z}+\frac{Z}{Z_{12}(1-K)}\right]+\frac{Z+Z_{12}(1-K)}{Z_{\mathrm{L}}}}\dot{U} \tag{3-9}$$

式中，$Z=\frac{1}{\mathrm{j}\omega C}$；$\Delta Z=\frac{\Delta C}{\mathrm{j}\omega C^2}$；$Z_{12}=\mathrm{j}\omega L$；$K=1-\frac{\mathrm{j}\omega\ (L+M)}{\mathrm{j}\omega L}$；$Z_{\mathrm{L}}$ 为电桥负载阻抗。

三、变压器电桥

电容传感器所用的变压器电桥如图3-8所示。当负载阻抗为无穷大时，电桥的输出电压为

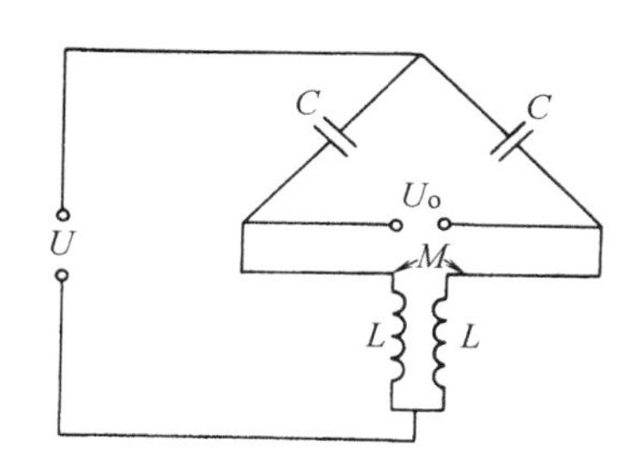

图 3-7　紧耦合电感臂电桥

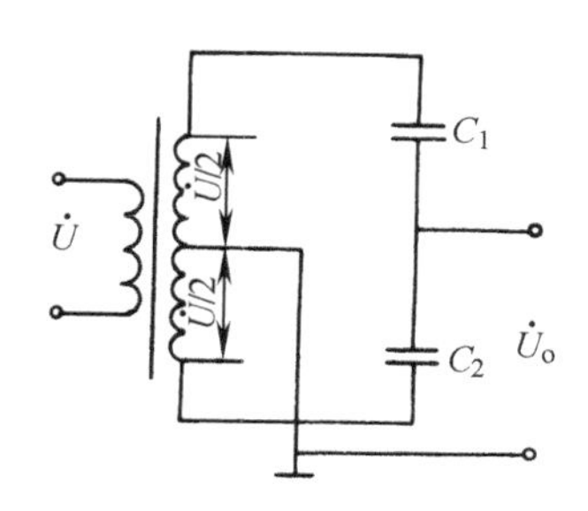

图 3-8　变压器电桥原理图

$$\dot{U}_o = \frac{\dot{U}}{2}\frac{Z_2 - Z_1}{Z_1 + Z_2}$$

以 $Z_1 = \frac{1}{\mathrm{j}\omega C_1}$，$Z_2 = \frac{1}{\mathrm{j}\omega C_2}$代入上式可得

$$\dot{U}_o = \frac{\dot{U}}{2}\frac{C_1 - C_2}{C_1 + C_2} \tag{3-10}$$

式中，C_1、C_2 为差动电容传感器的电容。

设 C_1 和 C_2 为变间隙式电容传感器，则有 $C_1 = \frac{\varepsilon A}{d - \Delta d}$，$C_2 = \frac{\varepsilon A}{d + \Delta d}$，根据式(3-10)可得

$$\dot{U}_o = \frac{\dot{U}}{2}\frac{\Delta d}{d}$$

可以看出，在放大器输入阻抗极大的情况下，输出电压与位移呈线性关系。

四、双 T 电桥电路

这种测量电路如图 3-9 所示。图中 C_1、C_2 为差动电容传感器的电容，对于单电容工作的情况，可以使其中一个为固定电容，另一个为传感器电容。R_L 为负载电阻，V_1、V_2 为理想二极管，R_1、R_2 为固定电阻。

电路的工作原理如下：当电源电压 $\dot{U}$ 为正半周时，V_1 导通，V_2 截止，于是 C_1 充电；当电源负半周时，V_1 截止，V_2 导通，这时电容 C_2 充电，而电容 C_1 则放电。电容 C_1 的放电回路由图中可以看出，一路通过 R_1、R_L，另一路通过 R_1、R_2、V_2，这时流过 R_L 的电流为 i_1。

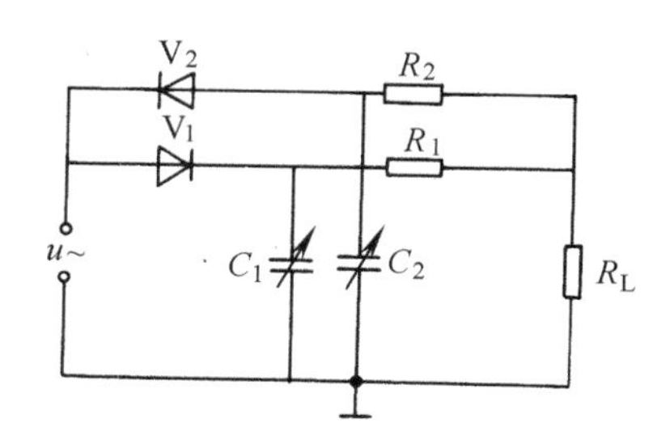

图 3-9　双 T 电桥电路

到了下一个正半周，V_1 导通，V_2 截止，C_1 又被充电，而 C_2 则要放电。放电回路一路通过 R_L、R_2，另一路通过 V_1、R_1、R_2，这时流过 R_L 的电流为 i_2。

如果选择特性相同的二极管，且 $R_1 = R_2$，$C_1 = C_2$，则流过 R_L 的电流 i_1 和 i_2 的平均值大小相等，方向相反，在一个周期内流过负载电阻 R_L 的平均电流为零，R_L 上无电压输出。若 C_1 或 C_2 变化时，在负载电阻 R_L 上产生的平均电流将不为零，因而有信号输出。此时输出电压值为

$$\overline{U}_o \approx \frac{R(R + 2R_L)}{(R + R_L)^2} R_L U f(C_1 - C_2) \tag{3-11}$$

当 $R_1 = R_2 = R$, R_L 为已知时，则

$$\frac{R(R+2R_L)}{(R+R_L)^2}R_L = K$$

为一常数，故式(3-11)又可写成

$$\overline{U}_o = KUf(C_1 - C_2) \tag{3-12}$$

双T电桥电路具有以下特点：

1）信号源、负载、传感器电容和平衡电容有一个公共的接地点。

2）二极管 V_1 和 V_2 工作在伏安特性的线性段。

3）输出电压较高。

4）电路的灵敏度与电源频率有关，因此电源频率需要稳定。

5）可以用作动态测量。

五、运算放大器式测量电路

电路的原理图如图3-10所示。电容传感器跨接在高增益运算放大器的输入端与输出端之间。运算放大器的输入阻抗很高，因此可认为它是一个理想运算放大器，其输出电压为

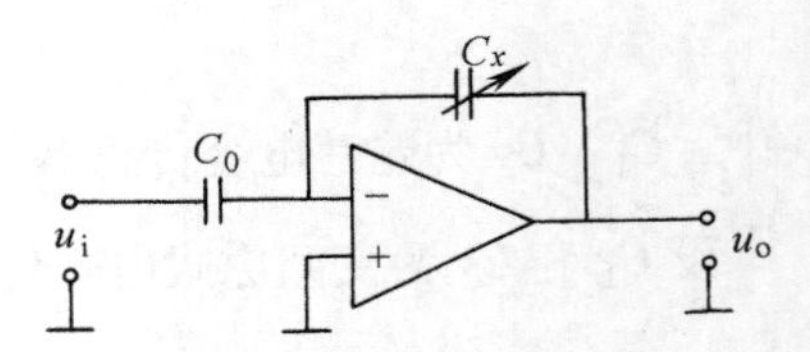

图3-10 运算放大器式测量电路

$$u_o = -u_i\frac{C_0}{C_x}$$

以 $C_x = \frac{\varepsilon A}{d}$ 代入上式，则有

$$u_o = -u_i\frac{C_0}{\varepsilon A}d \tag{3-13}$$

式中，u_o 为运算放大器输出电压；u_i 为信号源电压；C_x 为传感器电容；C_0 为固定电容器电容。

由式（3-13）可以看出，输出电压 u_o 与动极片机械位移 d 呈线性关系。

六、脉冲调制电路

图3-11所示为差动脉冲宽度调制电路。这种电路根据差动电容传感器电容 C_1 和 C_2 的大小控制直流电压的通断，所得方波与 C_1 和 C_2 有确定的函数关系。线路的输出端就是双稳态触发器的两个输出端。

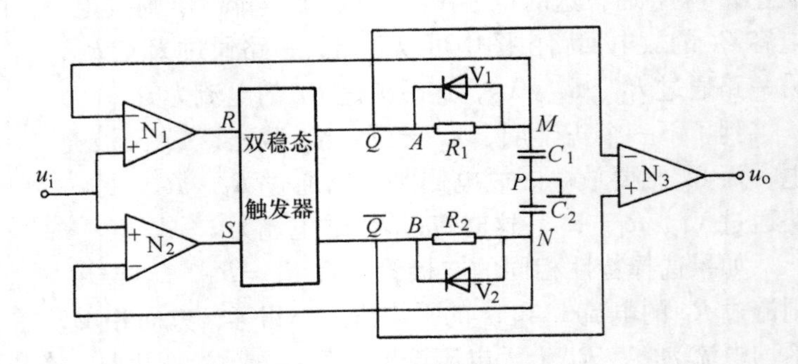

图3-11 差动脉冲宽度调制电路

当双稳态触发器的 Q 端输出高电平时，则通过 R_1 对 C_1 充电。直到 M 点的电位等于参考电压 U_i 时，比较器 N_1 产生一个脉冲，使双稳态触发器翻转，Q 端(A)为低电平，$\overline{Q}$ 端(B)为高电

平。这时二极管 V_1 导通，C_1 放电至零，而同时 $\bar{Q}$ 端通过 R_2 向 C_2 充电。当 N 点电位等于参考电压 U_i 时，比较器 N_2 产生一个脉冲，使双稳态触发器又翻转一次。这时 Q 端为高电平，C_1 处于充电状态，同时二极管 V_2 导通，电容 C_2 放电至零。以上过程周而复始，在双稳态触发器的两个输出端产生一宽度受 C_1、C_2 调制的脉冲方波。图 3-12 为电路上各点的波形。

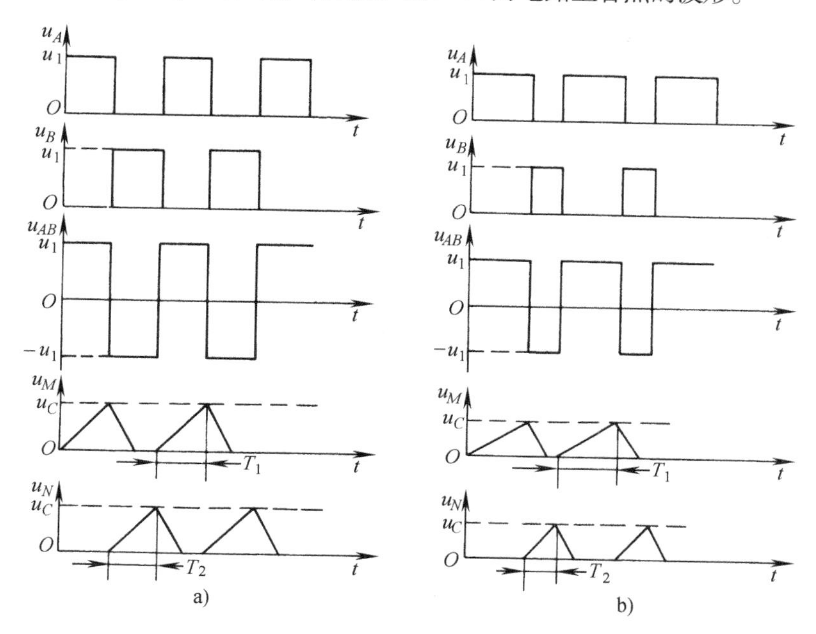

图 3-12　电压波形图

a）$C_1=C_2$　b）$C_1\neq C_2$

由图 3-12 看出，当 $C_1=C_2$ 时，两个电容充电时间常数相等，两个输出脉冲宽度相等，输出电压的平均值为零。当差动电容传感器处于工作状态，即 $C_1\neq C_2$ 时，两个电容的充电时间常数发生变化，T_1 正比于 C_1，而 T_2 正比于 C_2，这时输出电压的平均值不等于零。输出电压为

$$U_o=\frac{T_1}{T_1+T_2}U_1-\frac{T_2}{T_1+T_2}U_1=\frac{T_1-T_2}{T_1+T_2}U_1 \tag{3-14}$$

当电阻 $R_1=R_2=R$ 时，则有

$$U_o=\frac{C_1-C_2}{C_1+C_2}U_1 \tag{3-15}$$

可见，输出电压与电容变化呈线性关系。

七、调频电路

这种测量电路是把电容式传感器与一个电感元件配合构成一个振荡器谐振电路。当电容传感器工作时，电容量发生变化，导致振荡频率产生相应的变化，再通过鉴频电路将频率的变化转换为振幅的变化，经放大器放大后即可显示，这种方法称为调频法。图 3-13 为调频－鉴频电路原理图。

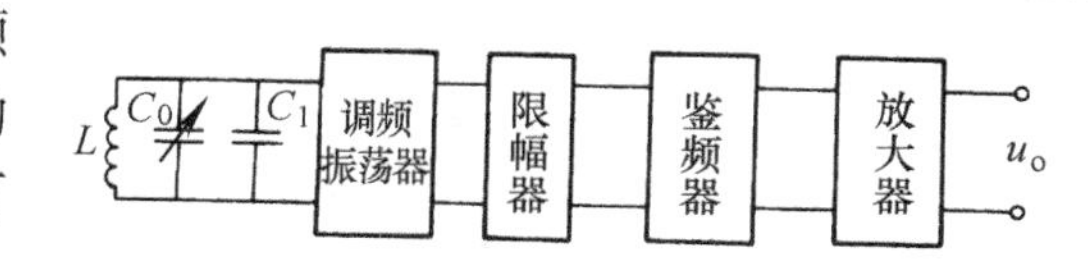

图 3-13　调频－鉴频电路原理图

调频振荡器的振荡频率由下式决定

$$f=\frac{1}{2\pi\sqrt{LC}}$$

式中，L 为振荡回路电感；C 为振荡回路总电容。

振荡回路的总电容一般包括传感器电容 $C_0 \pm \Delta C$，谐振回路中的固定电容 C_1 和传感器电缆分布电容 C_C。以变间隙式电容传感器为例，如果没有被测信号，则 $\Delta d=0$，$\Delta C=0$。这时 $C=C_1+C_0+C_C$，所以振荡器的频率为

$$f_0=\frac{1}{2\pi\sqrt{L(C_1+C_0+C_C)}} \tag{3-16}$$

f_0 一般应选在1MHz以上。

当传感器工作时，$\Delta d \neq 0$，则 $\Delta C \neq 0$，振荡频率也相应改变 Δf，则有

$$f_0 \mp \Delta f=\frac{1}{2\pi\sqrt{L(C_1+C_C+C_0 \pm \Delta C)}} \tag{3-17}$$

振荡器输出的高频电压将是一个受被测信号调制的调制波，其频率由式（3-16）决定。

第四节　电容式传感器的应用

一、电容式位移传感器

图3-14是变面积式位移传感器的结构图。这种传感器采用了差动式结构。当测杆随被测位移运动而带动活动电极移动时，导致活动电极与两个固定电极间的覆盖面积发生变化，其电容也相应产生变化。这种传感器有良好的线性。

二、电容式压力传感器

图3-15是一种典型的差动式电容压力传感器。

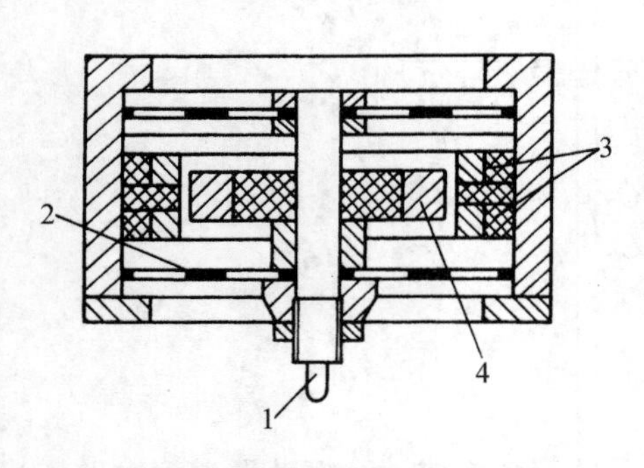

图3-14　电容式位移传感器

1—测杆　2—开槽片簧　3—固定电极　4—活动电极

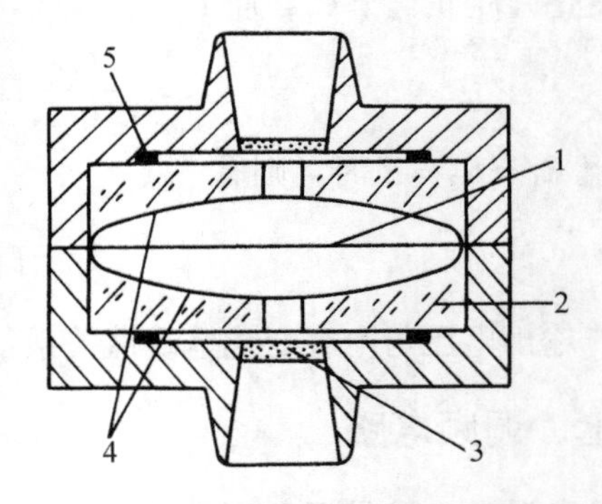

图3-15　差动式电容压力传感器

1—金属膜片（动片）　2—玻璃　3—多孔金属滤波器　4—金属镀层（定片）　5—垫圈

该传感器由金属活动膜片与电镀有金属膜的玻璃圆片固定电极组成。在被测压力的作用下，膜片弯向低压的一边，从而使一个电容增加，另一个电容减少，电容变化的大小反映了压力变化的大小。

三、电容式加速度传感器

图 3-16 是一种空气阻尼的电容式加速度传感器。该传感器有两个固定电极，两极板间有一用弹簧支承的质量块，质量块的两个端平面作为动极板。当测量垂直方向的振动时，由于质量块的惯性作用，使得上下两对极板形成的电容发生变化。

四、电容式液位传感器

电容式液位传感器是利用被测介质液面变化转换为电容变化的一种介质变化型电容式传感器。

图 3-17a 是用于被测介质是非导电物质时的电容式传感器。当被测液面变化时，两电极间的介电常数将发生变化，从而导致电容的变化。

图 3-17b 适用于测量导电液体的液位。液面变化时相当于外电极的面积在改变，这是一种变面积型电容传感器。

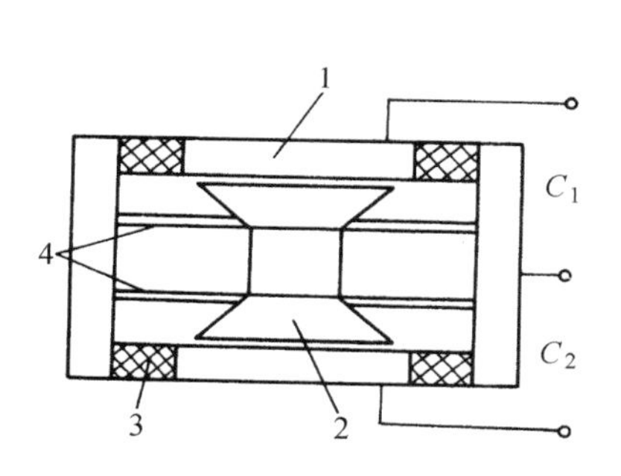

图 3-16 电容式加速度传感器
1—固定电极 2—质量块（动电极）
3—绝缘体 4—弹簧片

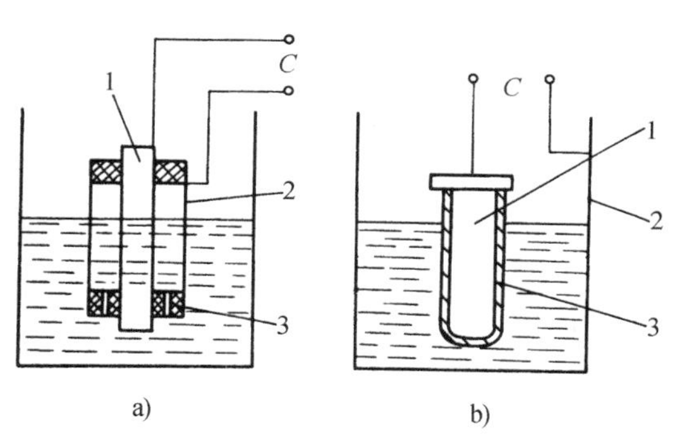

图 3-17 电容式液位传感器
1—内电极 2—外电极 3—绝缘层

五、电容式荷重传感器

电容式荷重传感器是利用弹性敏感元件的变形，造成电容随外加重量的变化而变化。图 3-18 为一种电容式荷重传感器结构示意图。在一块弹性极限高的镍铬钼钢料的同一高度上打上一排圆孔。在孔的内壁用特殊的粘接剂固定两个截面为 T 形的绝缘体，并保持其平行又留有一定间隙，在 T 形绝缘体顶平面粘贴铜箔，从而形成一排平行的平板电容。当钢块上端面承受重量时，将使圆孔变形，每个孔中的电容极板的间隙随之变小，其电容相应地增大。由于在电路上各电容是并联的，因而输出所反映的结果是平均作用力的变化。

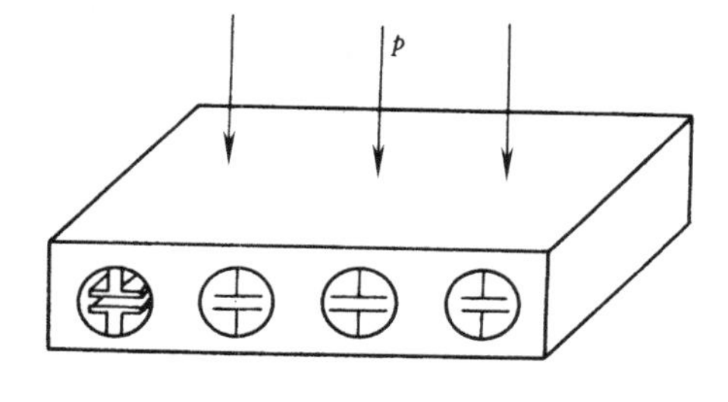

图 3-18 电容式荷重传感器结构示意图

六、电容式测厚仪

电容式测厚仪是用于测量金属带材在轧制过程中的厚度的在线检测仪器。

在被测带材的上下两侧各设置一块面积相等、与带材距离相等的极板，两块极板用导线连接作为传感器的一个电极板。带材本身则是电容传感器的另一个极板。当带材在轧制过程中的厚度发生变化时，将引起电容的变化。通过测量电路和指示仪表可显示带材的厚度。图3-19为电容式测厚仪的工作原理框图。

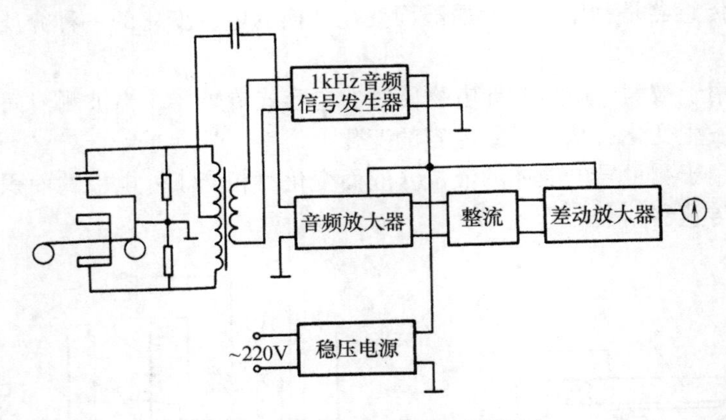

图3-19 电容式测厚仪原理框图

思考题与习题

1. 试分析变面积式电容传感器和变间隙式电容传感器的灵敏度。为了提高传感器的灵敏度可采取什么措施并应注意什么问题？

2. 为什么说变间隙型电容传感器特性是非线性的？采取什么措施可改善其非线性特性？

3. 有一平面直线位移型差动电容传感器其测量电路采用变压器交流电桥，结构组成如图3-20所示。电容传感器起始时 $b_1=b_2=b=20\text{mm}$，$a_1=a_2=a=10\text{mm}$，极距 $d=2\text{mm}$，极间介质为空气，测量电路中 $u_i=3\sin\omega t\text{V}$，且 $u=u_i$。试求动极板上输入一位移量 $\Delta x=5\text{mm}$ 时的电桥输出电压 u_o。

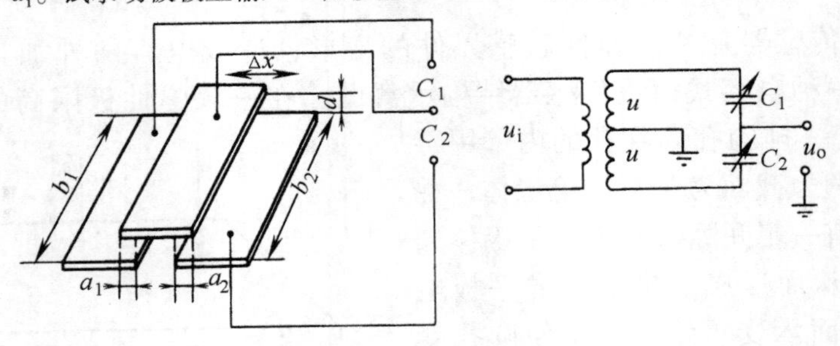

图3-20 题3图

4. 变间隙电容传感器的测量电路为运算放大器电路，如图3-21所示。传感器的起始电容量 $C_{x0}=20\text{pF}$，定动极板距离 $d_0=1.5\text{mm}$，$C_0=10\text{pF}$，运算放大器为理想放大器（即 $K\to\infty$，$Z_i\to\infty$），R_f 极大，输入电压 $u_i=5\sin\omega t\text{V}$。求当电容传感器动极板上输入一位移量 $\Delta x=0.15\text{mm}$ 使 d_0 减小时，电路输出电压 u_o 为多少？

5. 如图3-22所示正方形平板电容器，极板长度 $a=4\text{cm}$，极板间距离 $\delta=0.2\text{mm}$。若用此变面积型传感器测量位移 x，试计算该传感器的灵敏度并画出传感器的特性曲线。极板间介质为空气，$\varepsilon_0=8.85\times10^{-12}\text{F/m}$。

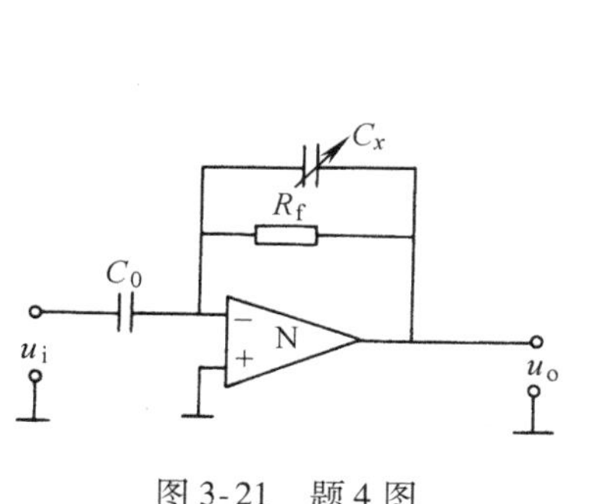

图3-21　题4图

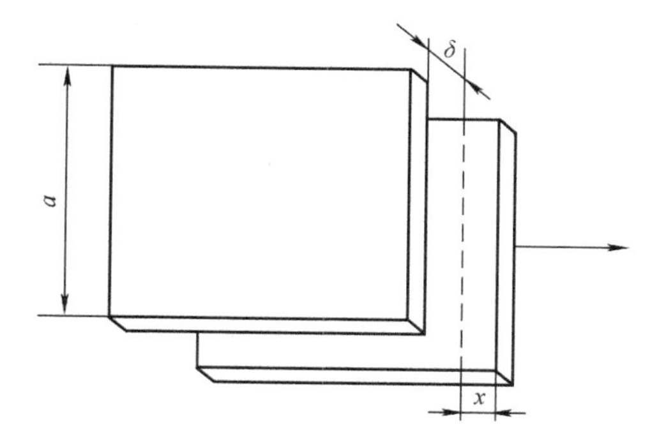

图3-22　题5图

6. 平板式电容器的极板尺寸 $a=b=4\text{mm}$，间隙 $d_0=0.5\text{mm}$，极板间的介质为空气。求该传感器的静态灵敏度。若极板平移2mm，求此时的电容量。

7. 如图3-23所示的差动式同心圆筒电容传感器，其可动极筒外径为9.8mm，定极筒内径为10mm，上下遮盖长度各为1mm时，试求电容值 C_1 和 C_2。当供电电源频率为60kHz时，求它们的容抗值。

8. 如图3-24所示，在压力比指示系统中采用了一个差动式变极距型电容传感器，已知原极距 $\delta_1=\delta_2=0.25\text{mm}$，极板直径 $D=38.2\text{mm}$，采用电桥电路作为其转换电路，电容传感器的两个电容分别接 $R=5.1\text{k}\Omega$ 的电阻作为电桥的两个桥臂，并接有效值 $U=60\text{V}$ 的电源电压，其频率 $f=400\text{Hz}$，电桥的另两个桥臂为相同的固定电容 $C=0.001\mu\text{F}$。试求该电容传感器的电压灵敏度。若 $\Delta\delta=10\mu\text{m}$，求输出电压的有效值。

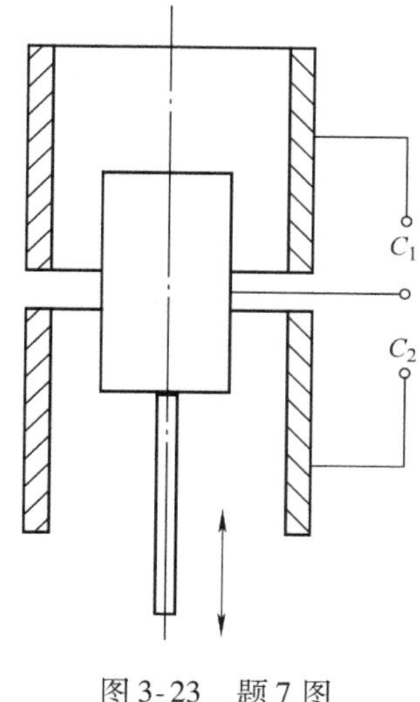

图3-23　题7图

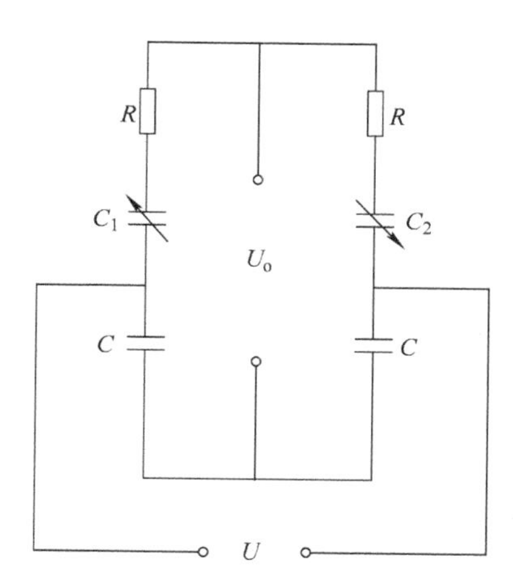

图3-24　题8图

9. 已知圆盘形电容极板直径 $D=50\text{mm}$，极板间距 $d_0=0.2\text{mm}$，在电极间放置一块云母片，云母片的厚度 $d_g=0.1\text{mm}$，其相对介电常数 $\varepsilon_{r1}=7$，空气的相对介电常数 $\varepsilon_{r2}=1$。

（1）求无、有云母片两种情况下电容值 C_1、C_2 各为多大？

（2）当间距变化 $\Delta d=0.025\text{mm}$ 时，电容相对变化量 $\Delta C_1/C_1$ 与 $\Delta C_2/C_2$ 各为多大？

第四章　电感式传感器

电感式传感器是利用被测量的变化引起线圈自感或互感系数的变化，从而导致线圈电感的改变这一物理现象来实现测量的。因此根据转换原理，电感式传感器可以分为自感式和互感式两大类。

第一节　自感式电感传感器

自感式电感传感器可分为变间隙型、变面积型和螺管型三种类型。

一、自感式电感传感器的工作原理

（一）变间隙型电感传感器

变间隙型电感传感器的结构示意图如图 4-1 所示。

传感器由线圈、铁心和衔铁组成。工作时衔铁与被测物体连接，被测物体的位移将引起空气隙的长度发生变化。由于气隙磁阻的变化，导致了线圈电感的变化。

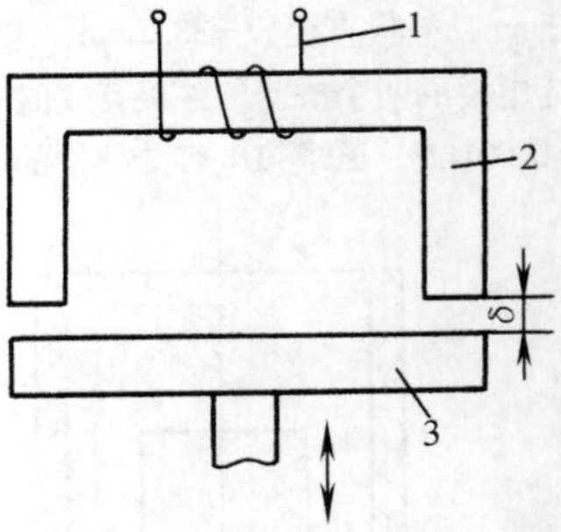

线圈的电感可用下式表示

$$L=\frac{N^2}{R_m} \tag{4-1}$$

式中，N 为线圈匝数；R_m 为磁路总磁阻。

对于变间隙式电感传感器，如果忽略磁路铁损，则磁路总磁阻为

$$R_m=\frac{l_1}{\mu_1 A}+\frac{l_2}{\mu_2 A}+\frac{2\delta}{\mu_0 A} \tag{4-2}$$

图 4-1　变间隙型电感传感器
1—线圈　2—铁心　3—衔铁

式中，l_1 为铁心磁路长；l_2 为衔铁磁路长；A 为截面积；μ_1 为铁心磁导率；μ_2 为衔铁磁导率；μ_0 为空气磁导率；δ 为空气隙厚度。因此有

$$L=\frac{N^2}{R_m}=\frac{N^2}{\dfrac{l_1}{\mu_1 A}+\dfrac{l_2}{\mu_2 A}+\dfrac{2\delta}{\mu_0 A}} \tag{4-3}$$

当铁心、衔铁的结构和材料确定后，式(4-3)分母中第一、二项为常数，在截面积一定的情况下，电感 L 是气隙长度 δ 的函数。

一般情况下，导磁体的磁阻与空气隙磁阻相比是很小的，因此线圈的电感可近似地表示为

$$L=\frac{N^2\mu_0 A}{2\delta} \tag{4-4}$$

由式(4-4)可以看出传感器的灵敏度随气隙的增大而减小。为了改善非线性，气隙的相对变化量要很小，但过小又将影响测量范围，所以要兼顾考虑两个方面。

（二）变面积型电感传感器

由变气隙型电感传感器可知，气隙长度不变，铁心与衔铁之间相对覆盖面积随被测量的变化而改变，从而导致线圈的电感发生变化，这种形式称之为变面积型电感传感器，其结构示意图如图 4-2 所示。

通过对式(4-4)的分析可知，线圈电感量 L 与气隙厚度是非线性的，但与磁通截面积 A 却成正比，是一种线性关系。特性曲线如图 4-3 所示。

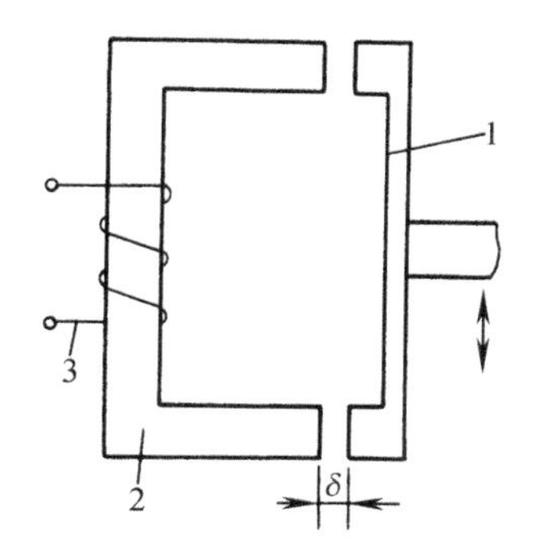

图 4-2　变面积型电感传感器

1—衔铁　2—铁心　3—线圈

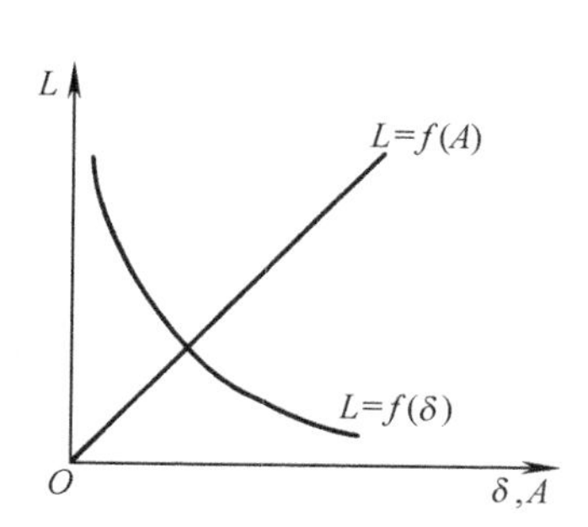

图 4-3　电感传感器特性

（三）螺管型电感传感器

图 4-4 为螺管型电感传感器的结构图。螺管型电感传感器的衔铁随被测对象移动，线圈磁力线路径上的磁阻发生变化，线圈电感量也因此而变化。线圈电感量的大小与衔铁插入线圈的深度有关。

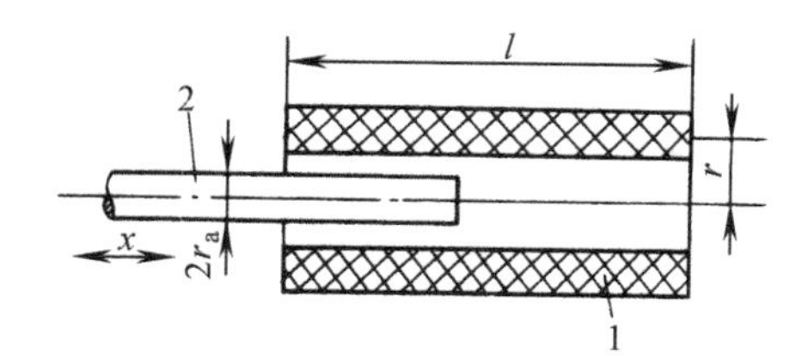

图 4-4　螺管型电感传感器

1—线圈　2—衔铁

设线圈长度为 l、线圈的平均半径为 r、线圈的匝数为 N、衔铁进入线圈的长度为 l_a、衔铁的半径为 r_a、铁心的有效磁导率为 μ_m，则线圈的电感 L 与衔铁进入线圈的长度 l_a 的关系可表示为

$$L=\frac{4\pi^2N^2}{l^2}[lr^2+(\mu_m-1)l_ar_a^2] \qquad (4\text{-}5)$$

通过对以上三种形式的电感式传感器的分析，可以得出以下几点结论：

1）变间隙型灵敏度较高，但非线性误差较大，且制作装配比较困难。

2）变面积型灵敏度较前者小，但线性较好，量程较大，使用比较广泛。

3）螺管型灵敏度较低，但量程大且结构简单易于制作和批量生产，是使用最广泛的一种电感式传感器。

（四）差动式电感传感器

在实际使用中，常采用两个相同的传感器线圈共用一个衔铁，构成差动式电感传感器，这样可以提高传感器的灵敏度，减小测量误差。

图4-5是变间隙型、变面积型及螺管型三种类型的差动式电感传感器。

差动式电感传感器的结构要求两个导磁体的几何尺寸及材料完全相同，两个线圈的电气参数和几何尺寸完全相同。

差动式结构除了可以改善线性、提高灵敏度外，对温度变化、电源频率变化等影响也可以进行补偿，从而减小了外界影响造成的误差。

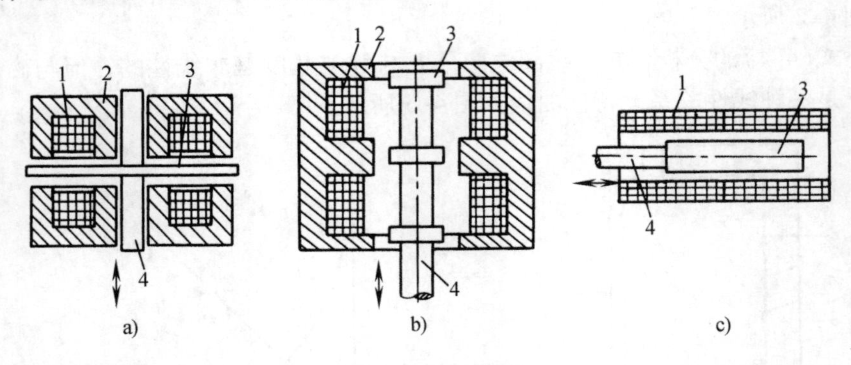

图4-5 差动式电感传感器

a）变间隙型 b）变面积型 c）螺管型

1—线圈 2—铁心 3—衔铁 4—导杆

二、自感式电感传感器的测量电路

交流电桥是电感式传感器的主要测量电路，它的作用是将线圈电感的变化转换成电桥电路的电压或电流输出。

前面已提到差动式结构可以提高灵敏度，改善线性，所以交流电桥也多采用双臂工作形式。通常将传感器作为电桥的两个工作臂，电桥的平衡臂可以是纯电阻，也可以是变压器的二次绕组或紧耦合电感线圈。图4-6是交流电桥的几种常用形式。

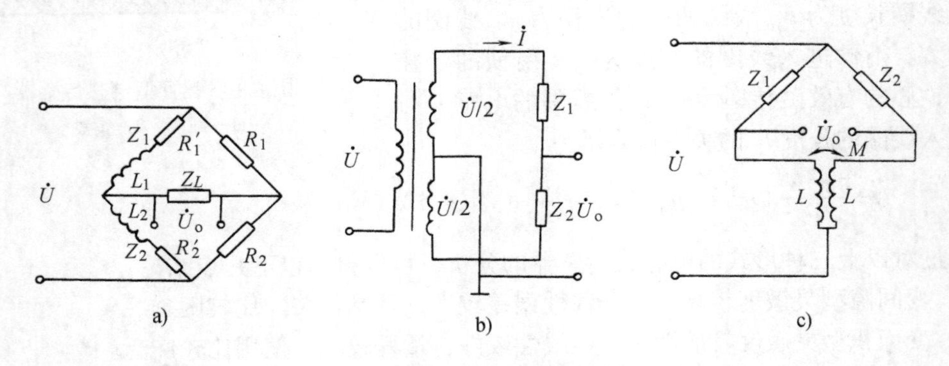

图4-6 交流电桥的几种常用形式

a）电阻平衡臂电桥 b）变压器式电桥 c）紧耦合电感臂电桥

（一）电阻平衡臂电桥

电阻平衡臂电桥如图4-6a所示。Z_1、Z_2为传感器阻抗。设$R_1' = R_2' = R'$，$L_1 = L_2 = L$，则有$Z_1 = Z_2 = Z = R' + j\omega L$，另有$R_1 = R_2 = R$。由于电桥工作臂是差动形式，所以在工作时，

$Z_1 = Z + \Delta Z$和$Z_2 = Z - \Delta Z$，当$Z_L \to \infty$时，电桥的输出电压为

$$\dot{U}_o = \frac{Z_1}{Z_1 + Z_2}\dot{U} - \frac{R_1}{R_1 + R_2}\dot{U} = \frac{Z_1 \times 2R - R(Z_1 + Z_2)}{(Z_1 + Z_2) \times 2R}\dot{U} = \frac{\dot{U}}{2}\frac{\Delta Z}{Z} \tag{4-6}$$

当$\omega L \gg R'$时，上式可近似为

$$\dot{U}_o \approx \frac{\dot{U}}{2}\frac{\Delta L}{L} \tag{4-7}$$

由上式可以看出：交流电桥的输出电压与传感器线圈电感的相对变化量是成正比的。

（二）变压器式电桥

变压器式电桥如图4-6b所示，它的平衡臂为变压器的两个二次绕组，当负载阻抗无穷大时输出电压为

$$\dot{U}_o = \dot{I}Z_2 - \frac{\dot{U}}{2} = \frac{\dot{U}}{Z_1 + Z_2}Z_2 - \frac{\dot{U}}{2} = \frac{\dot{U}}{2}\frac{Z_2 - Z_1}{Z_1 + Z_2} \tag{4-8}$$

由于是双臂工作形式，当衔铁下移时，$Z_1 = Z - \Delta Z$，$Z_2 = Z + \Delta Z$，则有

$$\dot{U}_o = \frac{\dot{U}}{2}\frac{\Delta Z}{Z} \tag{4-9}$$

同理，当衔铁上移时，则有

$$\dot{U}_o = -\frac{\dot{U}}{2}\frac{\Delta Z}{Z} \tag{4-10}$$

由式（4-9）和式（4-10）可见，输出电压反映了传感器线圈阻抗的变化，由于是交流信号，因此还要经过适当电路处理才能判别衔铁位移的大小及方向。

图4-7是一个采用了带相敏整流的交流电桥。差动式电感传感器的两个线圈作为交流电桥相邻的两个工作臂，指示仪表是中心为零刻度的直流电压表或数字电压表。

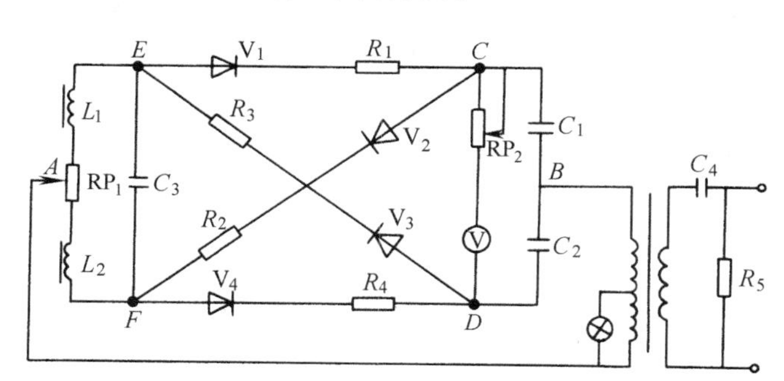

图4-7　带相敏整流的交流电桥

设差动式电感传感器的线圈阻抗分别为Z_1和Z_2。当衔铁处于中间位置时，$Z_1 = Z_2 = Z$，电桥处于平衡状态，C点电位等于D点电位，电表指示为零。

当衔铁上移，上部线圈阻抗增大，$Z_1 = Z + \Delta Z$，则下部线圈阻抗减小，$Z_2 = Z - \Delta Z$。如果输入交流电压为正半周，则A点电位为正，B点电位为负，二极管V_1、V_4导通，V_2、V_3截止。在A—E—C—B支路中，C点电位由于Z_1增大而比平衡时的C点电位降低；而在A—F—D—B支路中，D点电位由于Z_2的降低而比平衡时D点的电位增高，所以D点电位高于C点电位，直流电压表正向偏转。

如果输入交流电压为负半周，A点电位为负，B点电位为正，二极管V_2、V_3导通，V_1、V_4截止，则在A—F—C—B支路中，C点电位由于Z_2减小而比平衡时降低（平衡时，输入电压若为负半周，即B点电位为正，A点电位为负，C点相对于B点为负电位，Z_2减小时，

C 点电位更负）；而在 A—E—D—B 支路中，D 点电位由于 Z_1 的增加而比平衡时的电位增高，所以仍然是 D 点电位高于 C 点电位，电压表正向偏转。

同样可以得出结果：当衔铁下移时，电压表总是反向偏转，输出为负。

可见采用带相敏整流的交流电桥，输出信号既能反映位移大小又能反映位移的方向。

（三）紧耦合电感臂电桥

该电桥如图4-6c 所示。它以差动式电感传感器的两个线圈作电桥工作臂，而紧耦合的两个电感作为固定臂组成电桥电路。采用这种测量电路可以消除与电感臂并联的分布电容对输出信号的影响，使电桥平衡稳定，另外还可简化接地和屏蔽的问题。

第二节 差动变压器

一、差动变压器的工作原理

差动变压器的工作原理类似变压器的作用原理，这种类型的传感器主要包括有衔铁、一次绕组和二次绕组等。一、二次绕组间的耦合能随衔铁的移动而变化，即绕组间的互感随被测位移改变而变化。由于在使用时采用两个二次绕组反向串接，以差动方式输出，所以把这种传感器称为差动变压器式电感传感器，通常简称差动变压器。图4-8 为差动变压器的结构示意图。

差动变压器工作在理想情况下（忽略涡流损耗、磁滞损耗和分布电容等影响），它的等效电路如图4-9 所示。图中 $\dot{U}_1$ 为一次绕组激励电压；M_1、M_2 分别为一次绕组与两个二次绕组间的互感；L_1、R_1 分别为一次绕组的电感和有效电阻；L_{21}、L_{22} 分别为两个二次绕组的电感；R_{21}、R_{22} 分别为两个二次绕组的有效电阻。

对于差动变压器，当衔铁处于中间位置时，两个二次绕组互感相同，因而由一次侧激励引起的感应电动势相同。由于两个二次绕组反向串接，所以差动输出电动势为零。

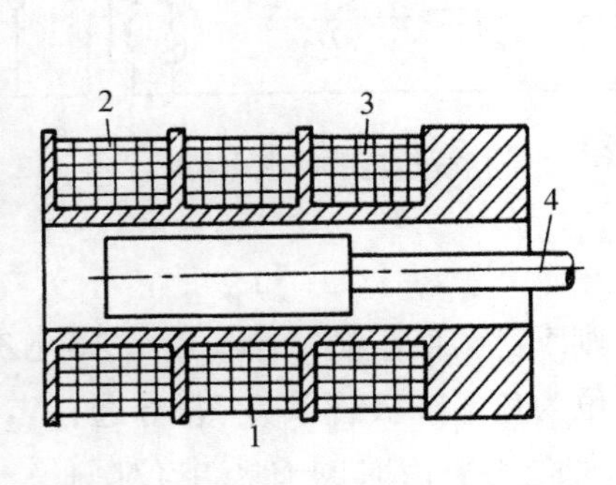

图4-8 差动变压器的结构示意图

1——次绕组 2、3—二次绕组 4—衔铁

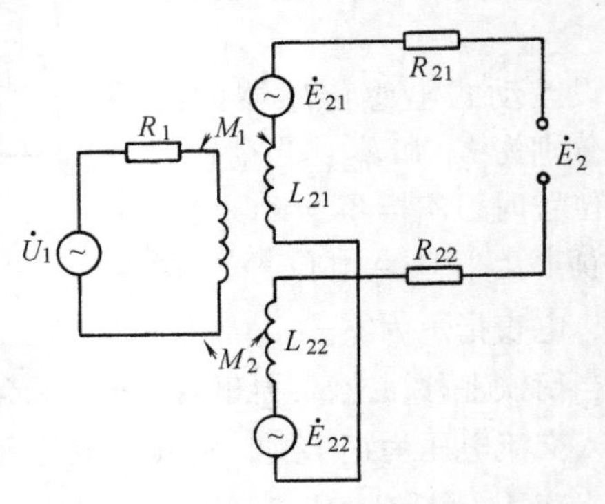

图4-9 差动变压器的等效电路

当衔铁移向二次绕组 L_{21} 一边，这时互感 M_1 大，M_2 小，因而二次绕组 L_{21} 内感应电动势大于二次绕组 L_{22} 内感应电动势，这时差动输出电动势不为零。在传感器的量程内，衔铁移动越大，差动输出电动势就越大。

同样道理，当衔铁向二次绕组 L_{22} 一边移动时，差动输出电动势仍不为零，但由于移动方向改变，所以输出电动势反相。

因此通过差动变压器输出电动势的大小和相位可以知道衔铁位移量的大小和方向。

由图 4-9 可以看出一次绕组的电流为

$$\dot{I}_1 = \frac{\dot{U}_1}{R_1 + \mathrm{j}\omega L_1}$$

二次绕组的感应电动势为

$$\dot{E}_{21} = -\mathrm{j}\omega M_1 \dot{I}_1$$

$$\dot{E}_{22} = -\mathrm{j}\omega M_2 \dot{I}_1$$

由于二次绕组反向串接，所以输出总电动势为

$$\dot{E}_2 = -\mathrm{j}\omega(M_1 - M_2)\frac{\dot{U}_1}{R_1 + \mathrm{j}\omega L_1} \tag{4-11}$$

其有效值为

$$E_2 = \frac{\omega(M_1 - M_2)U_1}{\sqrt{R_1^2 + (\omega L_1)^2}} \tag{4-12}$$

差动变压器的输出特性曲线如图 4-10 所示。图中 $\dot{E}_{21}$、$\dot{E}_{22}$ 分别为两个二次绕组的输出感应电动势，$\dot{E}_2$ 为差动输出电动势，x 表示衔铁偏离中心位置的距离。其中 $\dot{E}_2$ 的实线部分表示理想的输出特性，而虚线部分表示实际的输出特性。$\dot{E}_0$ 为零点残余电动势，这是由于差动变压器制作上的不对称以及铁心位置等因素所造成的。

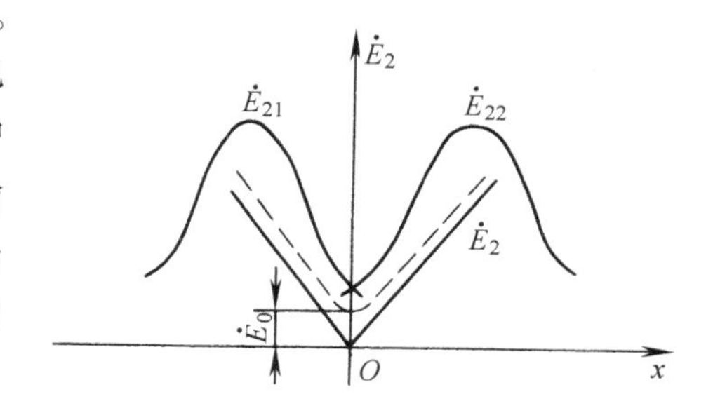

图 4-10　差动变压器输出特性

零点残余电动势的存在，使得传感器的输出特性在零点附近不灵敏，给测量带来误差，此值的大小是衡量差动变压器性能好坏的重要指标。

为了减小零点残余电动势可采取以下方法：

1）尽可能保证传感器几何尺寸、线圈电气参数和磁路的对称。磁性材料要经过处理，消除内部的残余应力，使其性能均匀稳定。

2）选用合适的测量电路，如采用相敏整流电路，既可判别衔铁移动方向又可改善输出特性，减小零点残余电动势。

3）采用补偿电路减小零点残余电动势。图 4-11 是几种减小零点残余电动势的补偿电路。在差动变压器二次侧串、并联适当数值的电阻电容元件，当调整这些元件时，可使零点残余电动势减小。

二、差动变压器的测量电路

（一）差动相敏检波电路

图 4-12 是差动相敏检波电路的一种形式。相敏检波电路要求比较电压与差动变压器二次侧输出电压的频率相同，相位相同或相反。另外还要求比较电压的幅值尽可能大，一般情

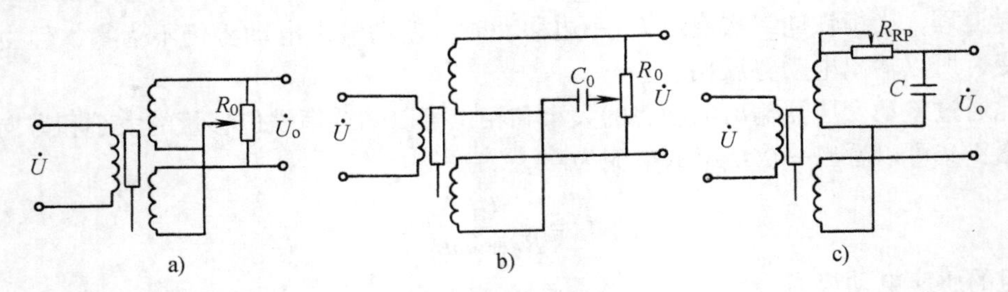

图4-11 减小零点残余电动势的补偿电路

况下，其幅值应为信号电压的3～5倍。

（二）差动整流电路

差动整流电路结构简单，一般不需要调整相位，不考虑零点残余电动势的影响，适于远距离传输。图4-13是差动整流的两种典型电路。图4-13a是简单方案的电压输出型。为了克服上述电路中二极管的非线性影响以及二极管正向饱和压降和反向漏电流的不利影响，可以采用图4-13b所示电路。

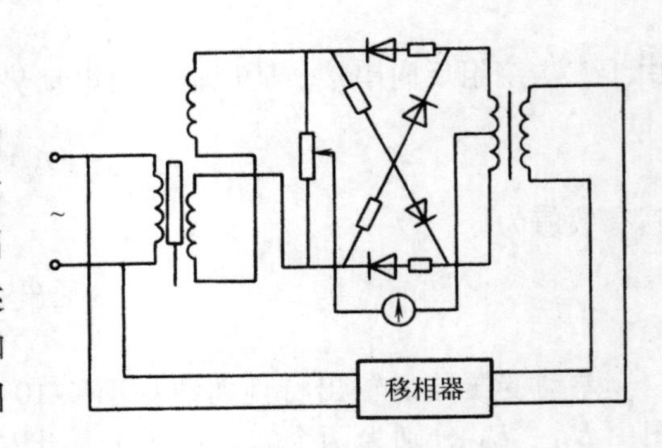

图4-12 差动相敏检波电路

三、电感式传感器的应用

电感式传感器主要用于测量微位移，凡是能转换成位移量变化的参数，如压力、力、压差、加速度、振动、应变、流量、厚度、液位等都可以用电感式传感器来进行测量。

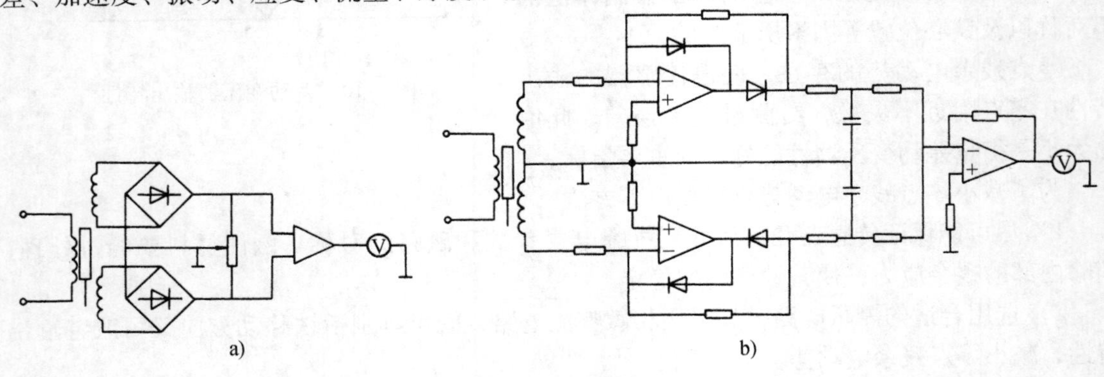

图4-13 差动整流电路

（一）位移测量

图4-14a是电感测微仪的原理框图，图4-14b是轴向式测试头的结构示意图。测量时测头的测端与被测件接触，被测件的微小位移使衔铁在差动线圈中移动，线圈的电感将产生变化，这一变化通过引线接到交流电桥，电桥的输出电压就反映被测件的位移变化量。

（二）力和压力的测量

图4-15是差动变压器式力传感器。当力作用于传感器时，弹性元件产生变形，从而导致衔铁相对线圈移动。线圈电感的变化通过测量电路转换为输出电压，其大小反映了受力的

大小。

差动变压器和膜片、膜盒和弹簧管等相结合，可以组成压力传感器。图 4-16 是微压力传感器的结构示意图。在无压力作用时，膜盒在初始状态，与膜盒连接的衔铁位于差动变压器线圈的中心。当压力输入膜盒后，膜盒的自由端产生位移并带动衔铁移动，差动变压器产生一正比于压力的输出电压。

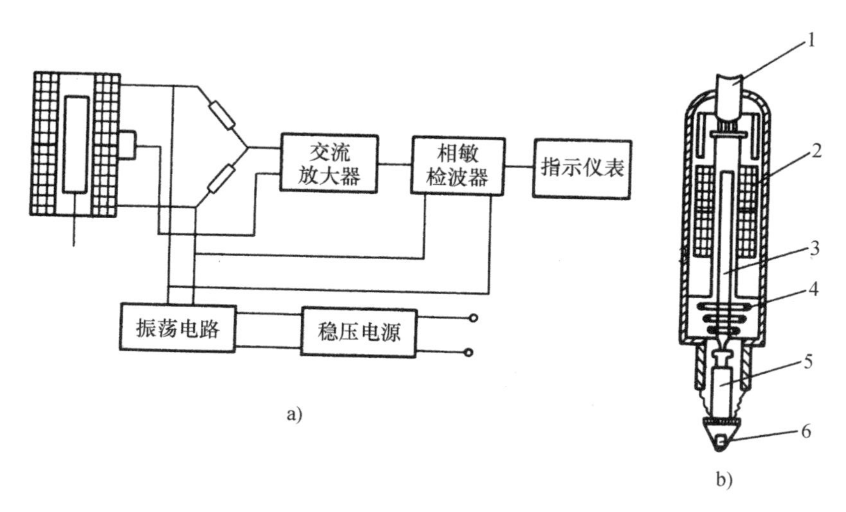

图 4-14　电感测微仪

a）原理框图　b）轴向式测头

1—引线　2—线圈　3—衔铁　4—测力弹簧　5—导杆　6—测端

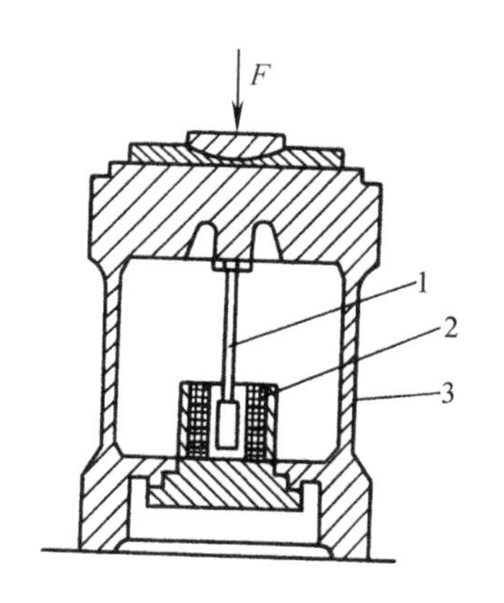

图 4-15　差动变压器式力传感器

1—衔铁　2—线圈　3—弹性体

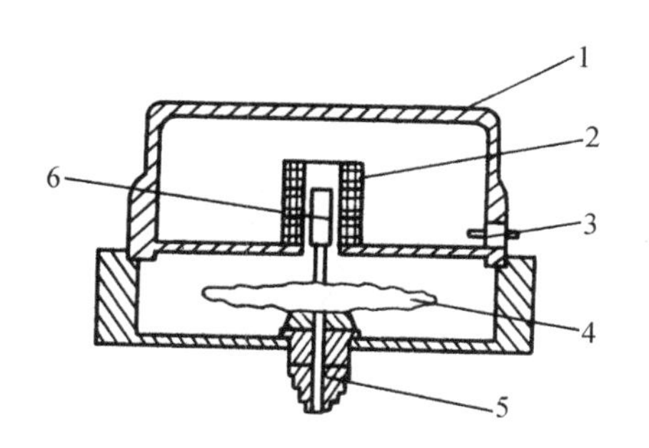

图 4-16　微压力传感器

1—罩壳　2—差动变压器　3—插座

4—膜盒　5—接头　6—衔铁

（三）振动和加速度的测量

图 4-17 为测量振动与加速度的电感传感器结构图。衔铁受振动和加速度的作用，使弹簧受力变形，与弹簧连接的衔铁的位移大小反映了振动的幅度和频率以及加速度的大小。

（四）液位测量

图 4-18 是采用了电感式传感器的沉筒式液位计。由于液位的变化，沉筒所受浮力也将

发生变化，这一变化转变成衔铁的位移，从而改变了差动变压器的输出电压，这个输出值反映了液位的变化值。

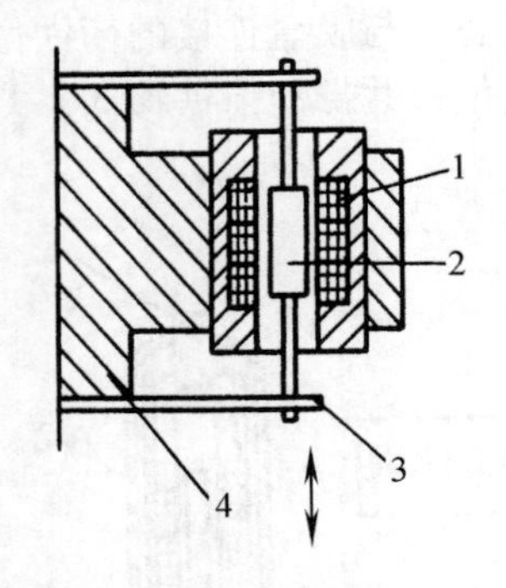

图 4-17 加速度传感器

1—差动变压器 2—衔铁 3—弹簧 4—壳体

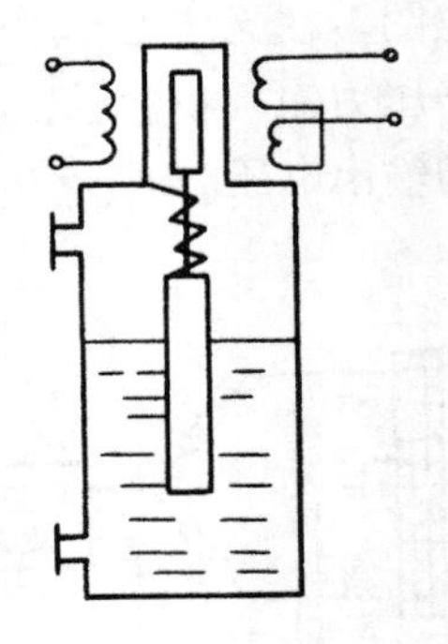

图 4-18 沉筒式液位计

第三节 电涡流式传感器

电涡流式传感器是一种建立在涡流效应原理上的传感器。它可以对表面为金属导体的物体实现多种物理量的非接触测量，如位移、振动、厚度、转速、应力、硬度等。这种传感器也可用于无损探伤。

电涡流式传感器结构简单、频率响应宽、灵敏度高、测量范围大、抗干扰能力强，特别是有非接触测量的优点，因此在工业生产和科学技术的各个领域中得到了广泛的应用。

一、电涡流式传感器的工作原理

当通过金属体的磁通发生变化时，就会在导体中产生感生电流，这种电流在导体中是自行闭合的，这就是所谓电涡流。电涡流的产生必然要消耗一部分能量，从而使产生磁场的线圈阻抗发生变化，这一物理现象称为涡流效应。电涡流式传感器是利用涡流效应，将非电量转换为阻抗的变化而进行测量的。

如图 4-19 所示，一个扁平线圈置于金属导体附近，当线圈中通有交变电流 $\dot{I}_1$ 时，线圈周围就产生一个交变磁场 H_1。置于这一磁场中的金属导体就产生电涡流 $\dot{I}_2$，电涡流也将产生一个新磁场 H_2，H_2 与 H_1 方向相反，因而抵消部分原磁场，使通电线圈的有效阻抗发生变化。

一般讲，线圈的阻抗变化与导体的电导率、磁导率、几何形状、线圈的几何参数、激励电流频率以及线圈到被测导体间的距离有关。如果改变上述参数中的一个参数，而其余参数恒定不变，则阻抗就成为这个变化参数的单值函数。如其他参数不变，阻抗的变化就可以反映线圈到被测金属导体间的距离的大小变化。

我们可以把被测导体上形成的电涡流等效成一个短路环，这样就可得到如图 4-20 的等效电路。图中 R_1、L_1 为传感器线圈的电阻和电感。短路环可以认为是一匝短路线圈，其电阻为 R_2、电感为 L_2。线圈与导体间存在一个互感 M，它随线圈与导体间距的减小而增大。

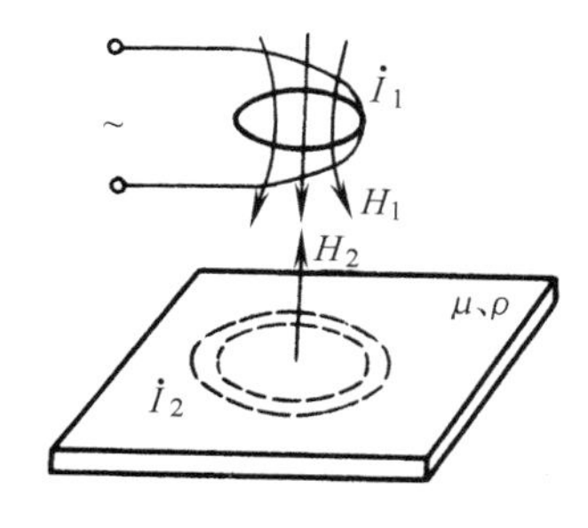

图 4-19　电涡流作用原理

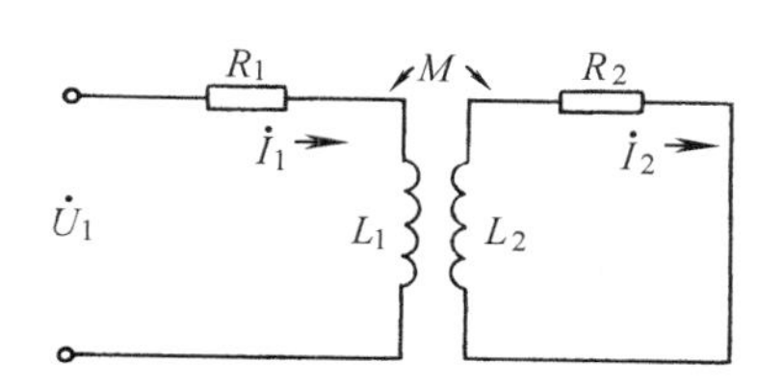

图 4-20　电涡流传感器等效电路

根据等效电路可列出电路方程组

$$R_1\dot{I}_1 + j\omega L_1\dot{I}_1 - j\omega M\dot{I}_2 = \dot{U}_1$$

$$R_2\dot{I}_2 + j\omega L_2\dot{I}_2 - j\omega M\dot{I}_1 = 0$$

通过解方程组，可得 $\dot{I}_1$、$\dot{I}_2$。因此传感器线圈的复阻抗为

$$Z = \frac{\dot{U}_1}{\dot{I}_1} = \left[R_1 + \frac{\omega^2 M^2}{R_2^2 + (\omega L_2)^2}R_2\right] + j\left[\omega L_1 - \frac{\omega^2 M^2}{R_2^2 + (\omega L_2)^2}\omega L_2\right] \tag{4-13}$$

线圈的等效电感为

$$L = L_1 - L_2\frac{\omega^2 M^2}{R_2^2 + (\omega L_2)^2} \tag{4-14}$$

由式（4-13）和式（4-14）可以看出，线圈与金属导体系统的阻抗、电感都是该系统互感二次方的函数，而互感是随线圈与金属导体间距离的变化而改变的。

二、高频反射式电涡流传感器

高频反射式电涡流传感器的结构很简单，主要由一个固定在框架上的扁平线圈组成。线圈可以粘贴在框架的端部，也可以绕在框架端部的槽内。图 4-21 为某种型号的高频反射式电涡流传感器。

电涡流传感器的线圈与被测金属导体间是磁性耦合，电涡流传感器是利用这种耦合程度的变化来进行测量的。因此，被测物体的物理性质，以及它的尺寸和形状都与总的测量装置特性有关。一般来说，被测物的电导率越高，传感器的灵敏度也越高。

为了充分有效地利用电涡流效应，对于平板型的被测体则要求被测体的半径应大于线圈半径的 1.8 倍，否则灵敏度要降低。当被测物体是圆柱体时，被测导体直径必须为线圈直径的 3.5 倍以上，灵敏度才不受影响。

三、低频透射式电涡流传感器

低频透射式电涡流传感器采用低频激励，因而有较大的贯穿深度，适合于测量金属材料的厚度。图 4-22 为这种传感器的原理图和输出特性。

传感器包括发射线圈和接收线圈，并分别位于被测材料的上、下方。由振荡器产生的低频电压 u_1 加到发射线圈 L_1 两端，于是在接收线圈 L_2 两端将产生感应电压 u_2，它的大小与 u_1 的幅值、频率以及两个线圈的匝数、结构和两者的相对位置有关。若两线圈间无金属导体，则 L_1 的磁力线能较多地穿过 L_2，在 L_2 上产生的感应电压 u_2 最大。

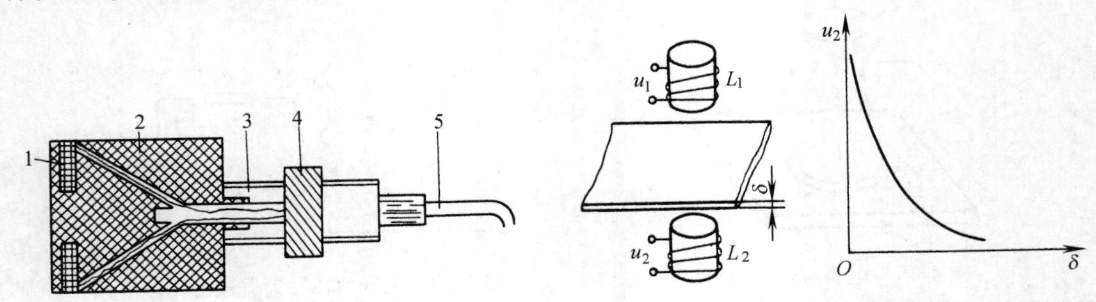

图 4-21　高频反射式电涡流传感器

1—线圈　2—框架　3—框架衬套

4—固定螺母　5—电缆

图 4-22　低频透射式电涡流传感器原理图及特性

如果在两个线圈之间设置一金属板，则在金属板内产生电涡流，该电涡流消耗了部分能量，使到达线圈 L_2 的磁力线减小，从而引起 u_2 的下降。

金属板厚度越大，电涡流损耗越大，u_2 就越小。可见，u_2 的大小间接反映了金属板的厚度。

线圈 L_2 的感应电压与被测厚度的增大按负幂指数的规律减小，即

$$u_2 \propto e^{-\frac{\delta}{t}} \tag{4-15}$$

式中，δ 为被测金属板厚度；t 为贯穿深度，它与 $\sqrt{\frac{\rho}{f}}$ 成正比，其中 ρ 为金属板的电阻率，f 为交变电磁场的频率。

为了较好地进行厚度测量，激励频率应选得较低。频率太高，贯穿深度小于被测厚度，不利进行厚度测量，频率通常选 1kHz 左右。

一般地说，测薄金属板时，频率应略高些，测厚金属板时，频率应低些。在测量 ρ 较小的材料时，应选较低的频率（如 500Hz），测量 ρ 较大的材料，则应选用较高的频率（如 2kHz），从而保证在测量不同材料时能得到较好的线性和灵敏度。

四、测量电路

（一）电桥电路

电桥法是将传感器线圈的阻抗变化转换为电压或电流的变化。图 4-23 是电桥法的电原理图，图中线圈 A 和 B 为传感器线圈。传感器线圈的阻抗作为电桥的桥臂，起始状态时电桥平衡。在进行测量时，由于传感器线圈的阻抗发生变化，使电桥失去平衡，将电桥不平衡造成的输出信号进行放大并检波，就可得到与被测量成正比的电压或电流输出。电桥法主要用于两个电涡流线圈组成的差动式传感器。

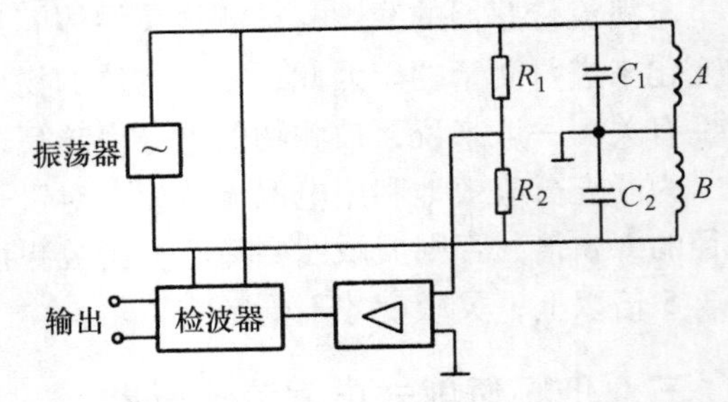

图 4-23　电桥法原理图

（二）谐振法

谐振法是将传感器线圈的等效电感的变化转换为电压或电流的变化。传感器线圈与电容

并联组成 LC 并联谐振回路。

并联谐振回路的谐振频率为

$$f_0 = \frac{1}{2\pi\sqrt{LC}}$$

且谐振时回路的等效阻抗最大，等于

$$Z_0 = \frac{L}{R'C}$$

式中，R'为回路的等效损耗电阻。

当电感 L 发生变化时，回路的等效阻抗和谐振频率都将随 L 的变化而变化，因此可以利用测量回路阻抗的方法或测量回路谐振频率的方法间接测出传感器的被测值。

谐振法主要有调幅式电路和调频式电路两种基本形式。调幅式由于采用了石英晶体振荡器，因此稳定性较高，而调频式结构简单，便于遥测和数字显示。图 4-24 为调幅式测量电路原理框图。

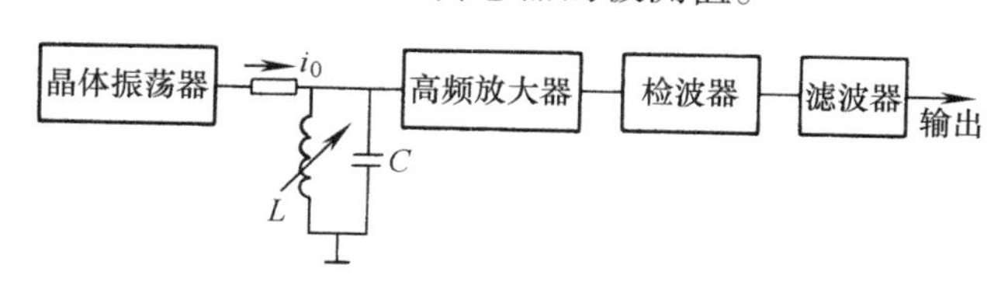

图 4-24　调幅式测量电路原理框图

由图中可以看出，LC 谐振回路由一个频率及幅值稳定的晶体振荡器提供一个高频信号激励谐振回路。LC 回路的输出电压为

$$u = i_0 F(Z) \tag{4-16}$$

式中，i_0 为高频激励电流；Z 为 LC 回路的阻抗。

可以看出，LC 回路的阻抗 Z 越大，回路的输出电压越大。

调频式测量电路的原理是被测量变化引起传感器线圈电感的变化，而电感的变化导致振荡频率发生变化。频率变化间接反映了被测量的变化。这里电涡流传感器的线圈是作为一个电感元件接入振荡器中的。图 4-25 是调频式测量电路的原理图，它包括电容三点式振荡器和射极输出器两部分。

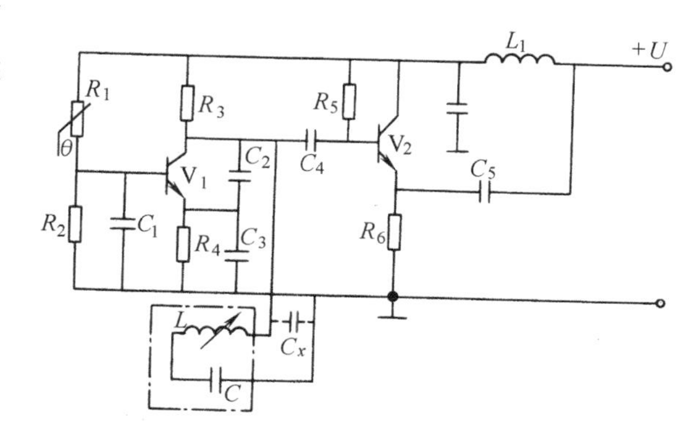

图 4-25　调频式测量电路

为了减小传感器输出电缆的分布电容 C_x 的影响，通常把传感器线圈 L 和调整电容 C 都封装在传感器中，这样电缆分布电容并联到大电容 C_2、C_3 上，因而对谐振频率的影响大大减小了。

五、电涡流传感器的应用

（一）测量位移

电涡流传感器可用于测量各种形状金属零件的动、静态位移。采用此种传感器可以做成测量范围为 0 ~ 15μm，分辨率为 0.05μm 的位移计，也可以做成测量范围为 0 ~ 500mm，分辨率为0.1%的位移计。凡是可以变换为位移量的参数，都可用电涡流传感器来测量。这种传感器可用于测量汽轮机主轴的轴向窜动、金属件的热膨胀系数、钢水液位、纱线张力、流体压力等，如图4-26所示。

（二）测量振动

电涡流传感器可无接触地测量各种振动的幅值，如用来监控汽轮机主轴径向振动。在研究轴的振动时可以用多个传感器测量出轴的振动形状，如图4-27所示。

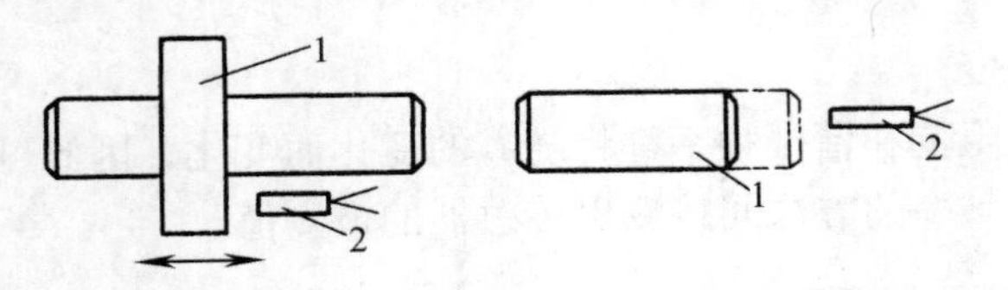

图4-26 位移计

1—被测零件 2—电涡流传感器

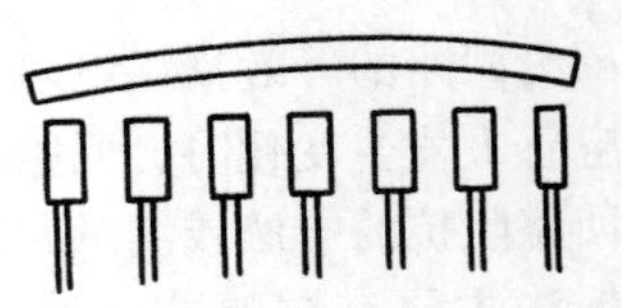

图4-27 旋转轴振动的测量

（三）测量转速

在旋转体上加装一个如图4-28所示的金属体，在其旁边安装一个电涡流传感器。当旋转体转动时，传感器的输出信号将周期地变化，通过记录下的频率可以测量旋转体的转速。转速 n（单位为r/min）可用下式计算

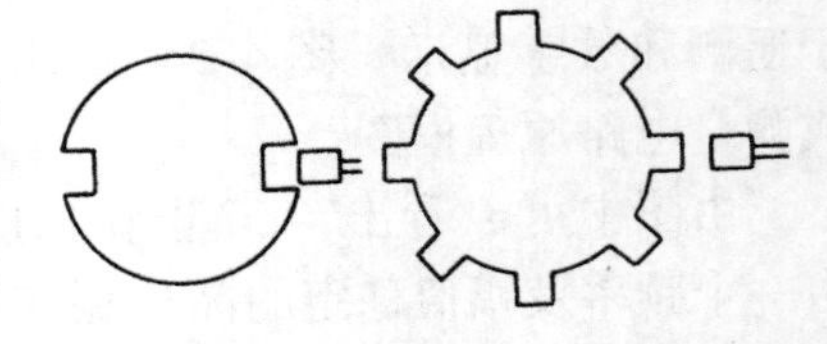

图4-28 转速测量示意图

$$n=\frac{f}{N}\times 60$$

式中，N 为槽数或齿数；f 为频率值（Hz）。

（四）测量厚度

除低频透射型电涡流传感器可用于测量厚度外，高频反射型电涡流传感器也可用来测量厚度。图4-29为高频涡流测厚仪的原理框图。

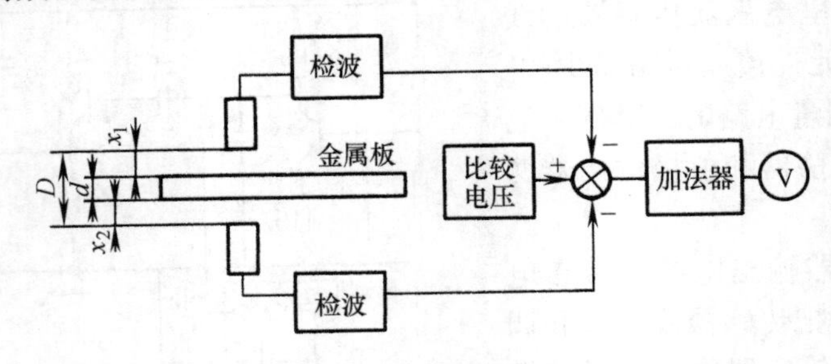

图4-29 高频涡流测厚仪原理框图

由图中可知，板厚 $d=D-(x_1+x_2)$，当两个传感器在工作时分别测得 x_1、x_2，并转换成电压值相加，相加后的电压值再和两传感器间距离相应的给定电压值相减，就可得到与板厚相对应的电压值。

（五）温度测量

金属材料的电阻率随温度的变化而变化，若能测出电阻率随温度的变化，就可求得相应的温度值。

利用电涡流传感器，保持线圈的几何参数、电源频率、磁导率以及线圈与被测体之间的距离等不变，则传感器的输出只与被测体的电阻率变化有关，即可间接测得温度的变化。图4-30为电涡流温度计结构示意图。

（六）金属探伤

利用电涡流效应原理制作的涡流探伤仪适用于金属导体材料构件的表面或近表面层缺陷检测，其探伤示意图如图4-31所示。当被检测的钢带经过电涡流探伤探头时会影响其电感线圈磁场，导致线圈阻抗产生一定变化，输出的交流电压发生一定变化。如果金属板材表面正常，所形成的磁场和电压基本不变。一旦金属表面有缺陷就会影响磁场，输出电压发生变化，这样根据电压的大小就能判断板材有无缺陷。还可以用来检测管材、棒材、汽轮机叶片、汽轮机转子中心孔和焊缝等构件的缺陷，但是不适合应用于复杂形状的构件缺陷检测。

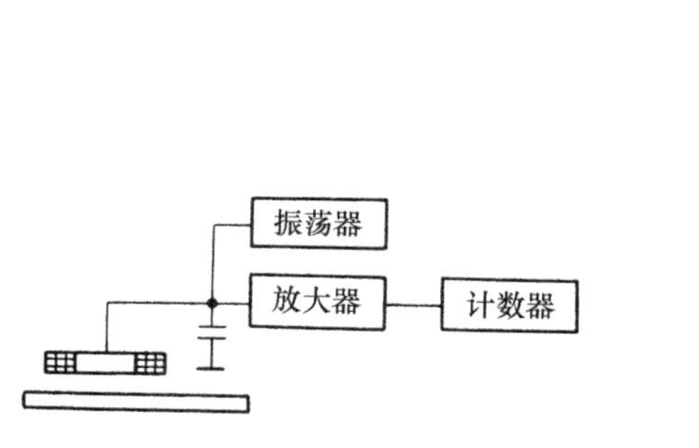

图4-30　电涡流温度计结构示意图

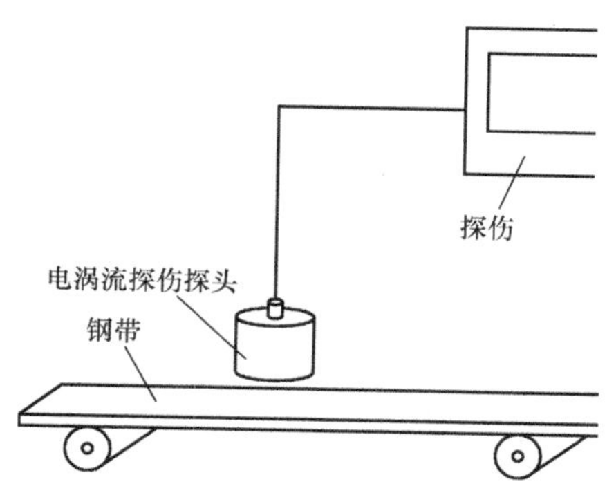

图4-31　电涡流探伤仪探伤示意图

思考题与习题

1. 影响差动变压器输出线性度和灵敏度的主要因素是什么？
2. 电涡流式传感器的灵敏度主要受哪些因素影响？它的主要优点是什么？
3. 试说明图4-12所示的差动相敏检波电路的工作原理。
4. 如图4-32所示的差动电感式传感器的桥式测量电路，L_1、L_2为传感器的两差动电感线圈的电感，其初始值均为L_0。R_1、R_2为标准电阻，u为电源电压。试写出输出电压u_o与传感器电感变化量ΔL间的关系。
5. 如图4-33所示为一差动整流电路，试分析电路的工作原理。
6. 试叙述利用电涡流探伤仪探测金属表面缺陷的工作过程。
7. 能否利用电涡流效应对生产线上的金属易拉罐进行计数，请绘图说明。

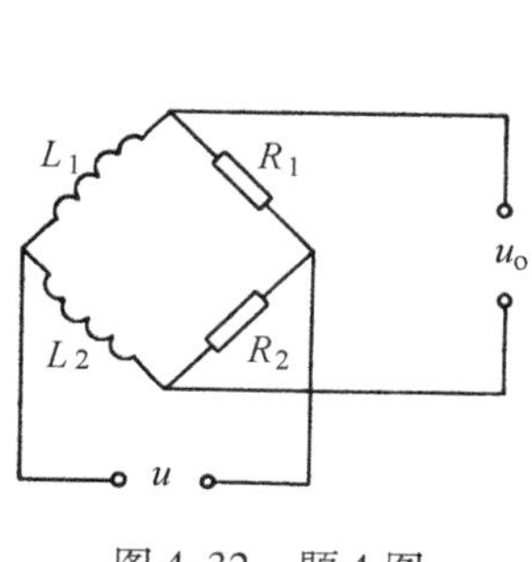

图4-32　题4图

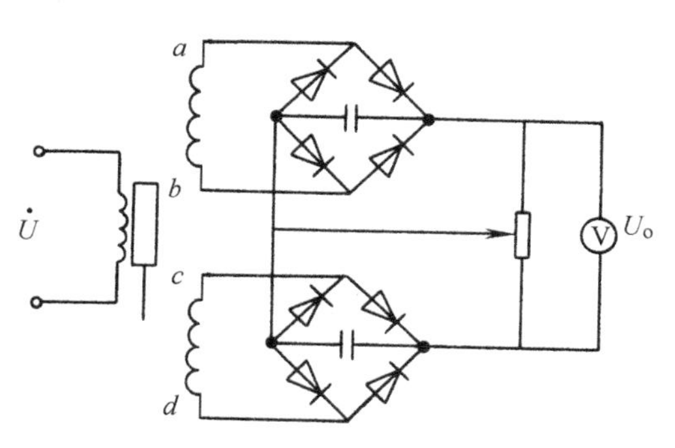

图4-33　题5图

第五章　压电式传感器

压电式传感器是以某些晶体受力后在其表面产生电荷的压电效应为转换原理的传感器。它可以测量最终能变换为力的各种物理量，例如力、压力、加速度等。

压电式传感器具有体积小、重量轻、频带宽、灵敏度高等优点。近年来压电测试技术发展迅速，特别是电子技术的迅速发展，使压电式传感器的应用越来越广泛。

第一节　压电式传感器的工作原理

一、压电效应

某些晶体，在一定方向受到外力作用时，内部将产生极化现象，相应地在晶体的两个表面产生符号相反的电荷；当外力作用除去时，又恢复到不带电状态。当作用力方向改变时，电荷的极性也随着改变，这种现象称为压电效应。

具有压电效应的物质很多，如石英晶体、压电陶瓷、压电半导体等。

二、石英晶体的压电效应

石英晶体是一种应用广泛的压电晶体。它是二氧化硅单晶，属于六角晶系。图 5-1 是天然石英晶体的外形图，它为规则的六角棱柱体。石英晶体有三个晶轴：Z 轴又称光轴，它与晶体的纵轴线方向一致；X 轴又称电轴，它通过六面体相对的两个棱线并垂直于光轴；Y 轴又称机械轴，它垂直于两个相对的晶柱棱面。

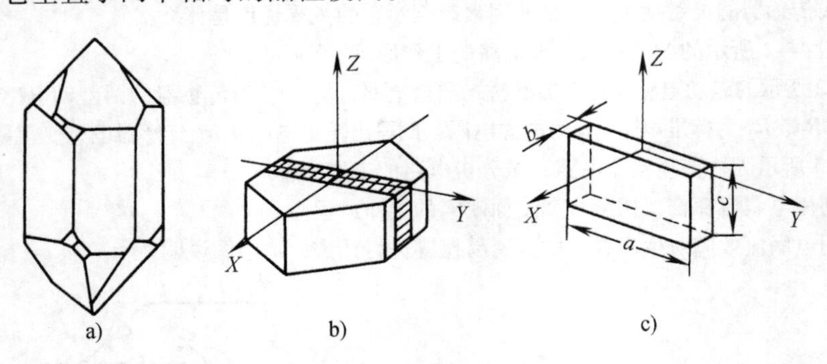

图 5-1　石英晶体的外形、坐标轴及切片

从晶体上沿 XYZ 轴线切下的一片平行六面体的薄片称为晶体切片。当沿着 X 轴对晶片施加力时，将在垂直于 X 轴的表面上产生电荷，这种现象称为纵向压电效应。沿着 Y 轴施加力的作用时，电荷仍出现在与 X 轴垂直的表面上，这称之为横向压电效应。当沿着 Z 轴方向受力时不产生压电效应。

纵向压电效应产生的电荷为

$$q_{XX}=d_{XX}F_X \tag{5-1}$$

式中，q_{XX}为垂直于X轴平面上的电荷；d_{XX}为压电系数，下标的意义为产生电荷的面的轴向及施加作用力的轴向；F_X为沿晶轴X方向施加的压力。

由上式看出，当晶片受到X方向的压力作用时，q_{XX}与作用力F_X成正比，而与晶片的几何尺寸无关。

如果作用力F_X改为拉力时，则在垂直于X轴的平面上仍出现等量电荷，但极性相反。

横向压电效应产生的电荷为

$$q_{XY}=d_{XY}\frac{a}{b}F_Y \tag{5-2}$$

式中，q_{XY}为Y轴向施加压力，在垂直于X轴平面上的电荷；d_{XY}为压电系数，是Y轴向施加压力，在垂直于X轴平面上产生电荷时的压电系数；F_Y为沿晶轴Y方向施加的压力。

根据石英晶体的对称条件$d_{XY}=-d_{XX}$，得

$$q_{XY}=-d_{XX}\frac{a}{b}F_Y \tag{5-3}$$

由上式可以看出，沿机械轴方向向晶片施加压力时，产生的电荷与几何尺寸有关，式中的负号表示沿Y轴的压力产生的电荷与沿X轴施加压力所产生的电荷极性是相反的。

石英晶片受压力或拉力时，电荷的极性如图5-2所示。

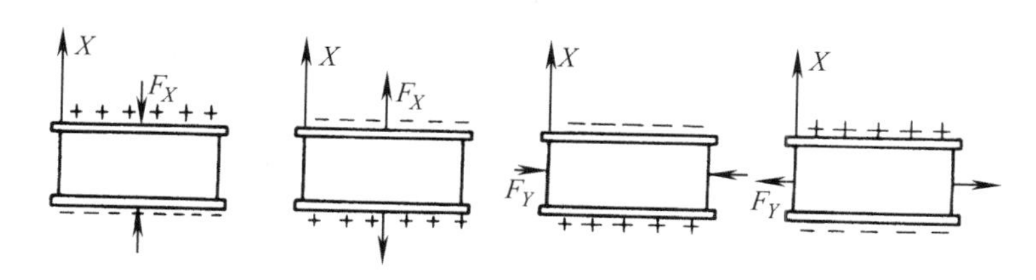

图5-2　晶片受力方向与电荷极性的关系

石英晶体在机械力的作用下为什么会在其表面产生电荷呢？可以解释如下：

石英晶体的每一个晶体单元中，有三个硅离子和六个氧离子，正负离子分布在正六边形的顶角上，如图5-3a所示。当作用力为零时，正负电荷相互平衡，所以外部没有带电现象。

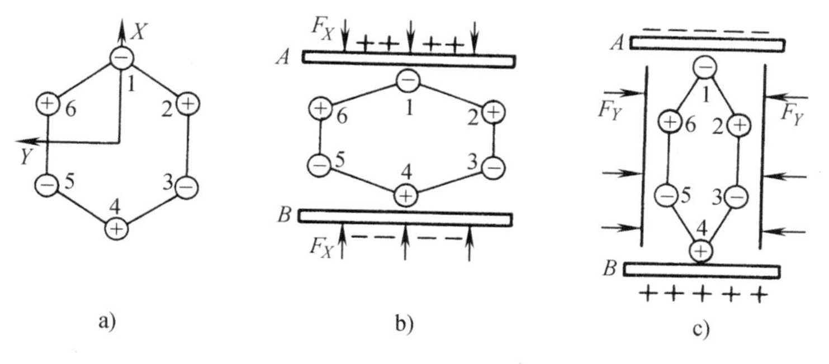

图5-3　石英晶体的压电效应

如果在X轴方向施加压力，如图5-3b所示，则氧离子1挤入硅离子2和6之间，而硅

离子4挤入氧离子3和5之间，结果在表面A上出现正电荷，而在表面B上出现负电荷。如果所受的力为拉力，在表面A和B上的电荷极性就与前面的情况正好相反。

如果沿Y轴方向施加压力，则在表面A和B上呈现的极性如图5-3c所示。施加拉力时，电荷的极性与它相反。

若沿Z轴方向施加力的作用，由于硅离子和氧离子是对称的平移，故在表面没有电荷出现，因而不产生压电效应。

三、压电陶瓷的压电效应

压电陶瓷是一种多晶铁电体，它是具有电畴结构的压电材料。电畴是分子自发形成的区域，它有一定的极化方向。在无外电场作用时，各个电畴在晶体中无规则排列，它们的极化效应互相抵消。因此，在原始状态，压电陶瓷呈现中性，不具有压电效应。

当在一定的温度条件下，对压电陶瓷进行极化处理，即以强电场使电畴规则排列，这时压电陶瓷就具有了压电性。在极化电场去除后，电畴基本上保持不变，留下了很强的剩余极化，如图5-4所示。

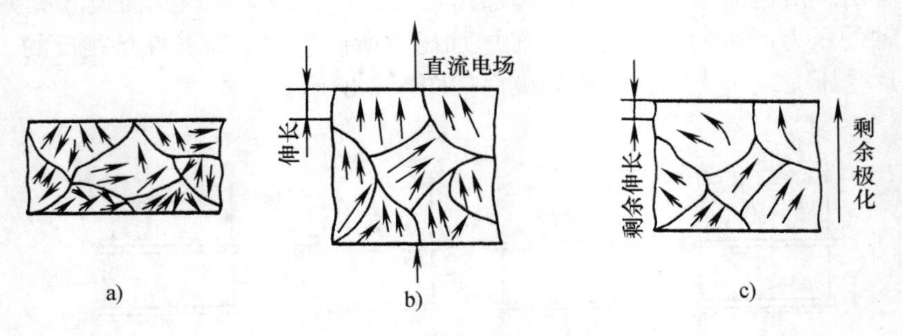

图5-4 压电陶瓷的极化过程

a）极化前 b）极化 c）极化后

对于压电陶瓷，通常取它的极化方向为Z轴。当压电陶瓷在沿极化方向受力时，则在垂直于Z轴的表面上将会出现电荷，如图5-5a所示，其电荷量q与作用力F成正比，即

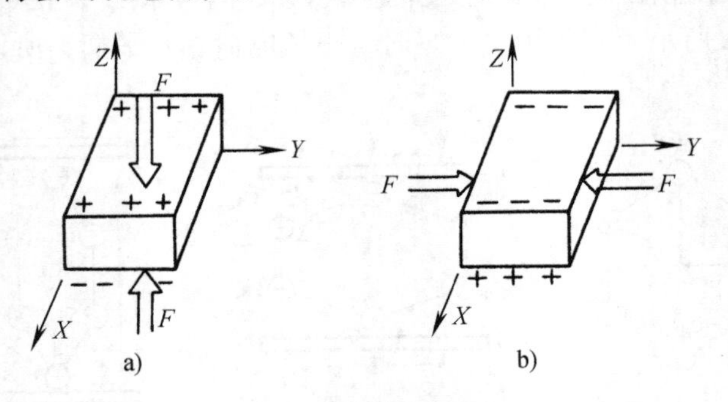

图5-5 压电陶瓷的压电原理

$$q = d_{ZZ}F \tag{5-4}$$

式中，d_{ZZ}为纵向压电系数。

压电陶瓷在受到如图5-5b所示的作用力F时，在垂直于Z轴的上下平面上分别出现

正、负电荷，即

$$q=-d_{ZY}F\frac{A_X}{A_Y}=-d_{ZX}F\frac{A_X}{A_Y} \tag{5-5}$$

式中，A_X 为极化面面积；A_Y 为受力面面积。

第二节　压电材料及压电元件的结构

一、压电材料

选取合适的压电材料是压电式传感器的关键，一般应考虑以下主要特性进行选择：

1）具有较大的压电常数。

2）压电元件的机械强度高、刚度大，并具有较高的固有振动频率。

3）具有高的电阻率和较大的介电常数，以期减少电荷的泄漏以及外部分布电容的影响，获得良好的低频特性。

4）具有较高的居里点。所谓居里点是指压电性能破坏时的温度转变点。居里点高可以得到较宽的工作温度范围。

5）压电材料的压电特性不随时间蜕变，有较好的时间稳定性。

（一）石英晶体

石英晶体有天然和人工培养两种类型。人工培养的石英晶体的物理、化学性质几乎与天然石英晶体无多大区别，因此目前广泛应用成本较低的人造石英晶体。它在几百摄氏度的温度范围内，压电系数不随温度而变化。石英晶体的居里点为573℃，即到573℃时，它将完全丧失压电性质。它有很大的机械强度和稳定的机械性能，没有热释电效应，但灵敏度很低，介电常数小，因此逐渐被其他压电材料所代替。

（二）水溶性压电晶体

水溶性压电晶体有酒石酸钾钠（$NaKC_4H_4O_6\cdot 4H_2O$）、硫酸锂（$Li_2SO_4\cdot H_2O$）、磷酸二氢钾（KH_2PO_4）等。水溶性压电晶体具有较高的压电灵敏度和介电常数，但容易受潮，机械强度也较低，只适用于室温和湿度低的环境下。

（三）铌酸锂晶体

铌酸锂是一种透明单晶，熔点为1250°C，居里点为1210°C。它具有良好的压电性能和时间稳定性，在耐高温传感器上有广泛的前途。

（四）压电陶瓷

压电陶瓷一种应用最普遍的压电材料，压电陶瓷具有烧制方便、耐湿、耐高温、易于成形等特点。

1. 钛酸钡压电陶瓷

钛酸钡（$BaTiO_3$）是由 $BaCO_3$ 和 TiO_2 二者在高温下合成的，具有较高的压电系数和介电常数。但它的居里点较低，为120°C，此外机械强度不如石英。

2. 锆钛酸铅系压电陶瓷（PZT）

锆钛酸铅是 $PbTiO_3$ 和 $PbZrO_3$ 组成的固溶体 $Pb(Zr\cdot Ti)O_3$。它具有较高的压电系数和居里点（300°C 以上）。

3. 铌酸盐系压电陶瓷

如铌酸铅具有很高的居里点和较低的介电常数。铌酸钾的居里点为435°C，常用于水声传感器中。

4. 铌镁酸铅压电陶瓷（PMN）

这是一种由 $Pb\left(Mg\frac{1}{3}Nb\frac{2}{3}\right)O_3$、$PbTiO_3$、$PbZrO_3$ 组成的三元系陶瓷。它具有较高的压电系数和居里点，能够在较高的压力下工作，适合作为高温下的力传感器。

（五）压电半导体

有些晶体既具有半导体特性又同时具有压电性能，如 ZnS、CaS、GaAs 等。因此既可利用它的压电特性研制传感器，又可利用半导体特性以微电子技术制成电子器件。两者结合起来，就出现了集转换元件和电子线路为一体的新型传感器，它的前途是非常远大的。

（六）高分子压电材料

某些合成高分子聚合物薄膜经延展拉伸和电场极化后，具有一定的压电性能，这类薄膜称为高分子压电薄膜。目前出现的压电薄膜有聚二氟乙烯 PVF_2、聚氟乙烯 PVF、聚氯乙烯 PVC、聚 γ 甲基-L 谷氨酸酯 PMG 等。这是一种柔软的压电材料，不易破碎，可以大量生产和制成较大的面积。

如果将压电陶瓷粉末加入高分子化合物中，可以制成高分子-压电陶瓷薄膜，它既保持了高分子压电薄膜的柔软性，又具有较高的压电系数，是一种很有希望的压电材料。

二、压电元件的常用结构形式

在压电式传感器中，常用两片或多片组合在一起使用。由于压电材料是有极性的，因此接法也有两种，如图5-6所示。图5-6a为并联接法，其输出电容 C' 为单片的 n 倍，即 $C'=nC$，输出电压 $U'=U$，极板上的电荷量 Q' 为单片电荷量的 n 倍，即 $Q'=nQ$。图5-6b为串联接法，这时有 $Q'=Q$，$U'=nU$，$C'=\frac{C}{n}$。

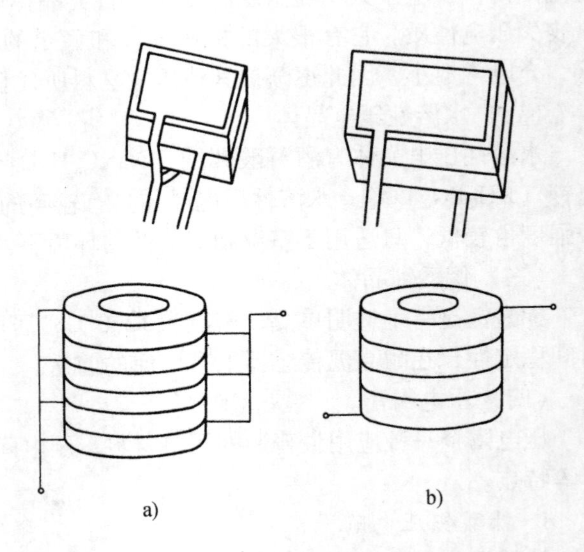

图5-6 压电元件的串并联

在以上两种连接方式中，并联接法输出电荷大，本身电容大，因此时间常数也大，适用于测量慢变信号，并以电荷量作为输出的场合。串联接法输出电压高，本身电容小，适用于以电压作为输出量以及测量电路输入阻抗很高的场合。

压电元件在压电式传感器中，必须有一定的预应力，这样可以保证在作用力变化时，压电片始终受到压力，同时也保证了压电片的输出与作用力的线性关系。

第三节 压电式传感器的测量电路

一、压电式传感器的等效电路

压电式传感器在受外力作用时，在两个电极表面将要聚集电荷，且电荷量相等，极性相反。这时它相当于一个以压电材料为电介质的电容器，其电容量为

$$C_a = \frac{\varepsilon_0 \varepsilon A}{h} \tag{5-6}$$

式中，ε_0 为真空介电常数；ε 为压电材料的相对介电常数；h 为压电元件的厚度；A 为压电元件极板面积。

因此可以把压电式传感器等效成一个与电容相并联的电荷源，如图 5-7a 所示，也可以等效为一个电压源，如图 5-7b 所示。

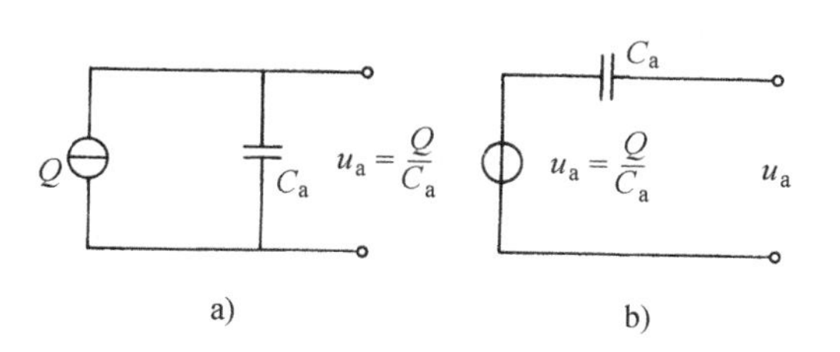

图 5-7 压电式传感器的等效电路

a）电荷源 b）电压源

压电式传感器与测量仪表连接时，还必须考虑电缆电容 C_C，放大器的输入电阻 R_i 和输入电容 C_i 以及传感器的泄漏电阻 R_a。图 5-8画出了压电式传感器完整的等效电路。

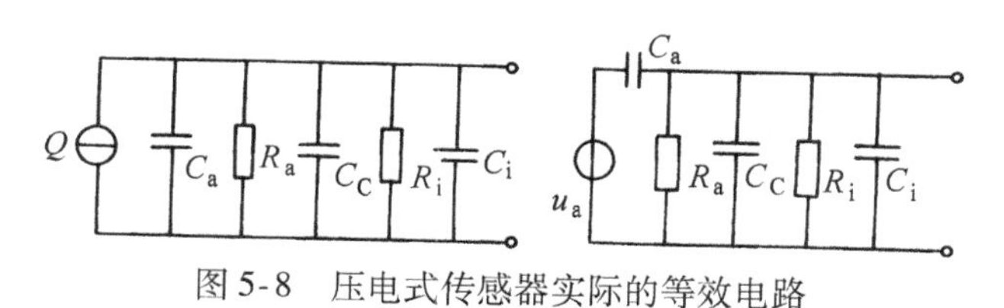

图 5-8 压电式传感器实际的等效电路

二、压电式传感器的测量电路

压电式传感器的内阻抗很高，而输出的信号微弱，因此一般不能直接显示和记录。

压电式传感器要求测量电路的前级输入端要有足够高的阻抗，这样才能防止电荷迅速泄漏而使测量误差减小。

压电式传感器的前置放大器有两个作用：一是把传感器的高阻抗输出变换为低阻抗输出；二是把传感器的微弱信号进行放大。

（一）电压放大器

压电式传感器接电压放大器的等效电路如图 5-9a 所示。图 5-9b 是简化后的等效电路，其中，u_i 为放大器输入电压；$C = C_C + C_i$；$R = \frac{R_a R_i}{R_a + R_i}$；$u_a = \frac{Q}{C_a}$。

如果压电式传感器受力为

$$F = F_m \sin\omega t \tag{5-7}$$

则在压电元件上产生的电压为

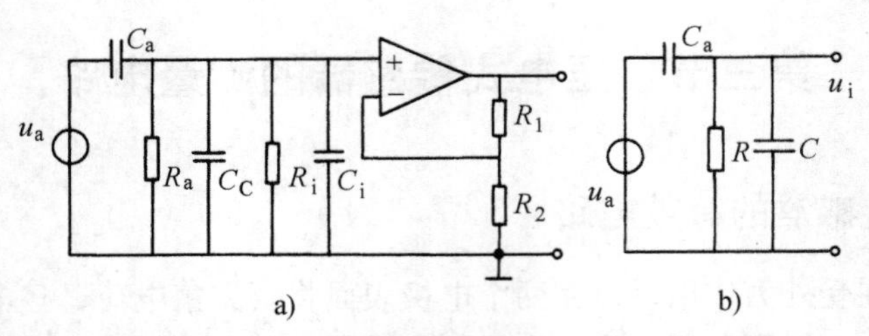

图 5-9 压电式传感器接电压放大器的等效电路

$$u_a = \frac{dF_m}{C_a}\sin\omega t \tag{5-8}$$

而在放大器输入端形成的电压为

$$u_i = \frac{\dfrac{R\dfrac{1}{j\omega C}}{R+\dfrac{1}{j\omega C}}}{\dfrac{1}{j\omega C_a}+\dfrac{R\dfrac{1}{j\omega C}}{R+\dfrac{1}{j\omega C}}}u_a = \frac{j\omega R}{1+j\omega R(C+C_a)}dF \tag{5-9}$$

当 $\omega R(C_i+C_C+C_a)\gg 1$ 时，放大器的输入电压为

$$u_i \approx \frac{d}{C_i+C_C+C_a}F \tag{5-10}$$

由上式可以看出放大器输入电压幅度与被测频率无关，当改变连接传感器与前置放大器的电缆长度时，C_C 将改变，从而引起放大器的输出电压也发生变化。在设计时，通常把电缆长度定为一常数，使用时如要改变电缆长度，则必须重新校正电压灵敏度值。

（二）电荷放大器

电荷放大器是一种输出电压与输入电荷量成正比的前置放大器。它实际上是一个具有反馈电容的高增益运算放大器。图 5-10 是压电式传感器与电荷放大器连接的等效电路。图中 C_f 为放大器的反馈电容，其余符号的意义与电压放大器相同。

如果忽略电阻 R_a、R_i 及 R_f 的影响，则输入到放大器的电荷量为

$$Q_i = Q - Q_f$$

$$Q_f = (U_i - U_o)C_f = \left(-\frac{U_o}{A} - U_o\right)C_f$$

$$= -(1+A)\frac{U_o}{A}C_f$$

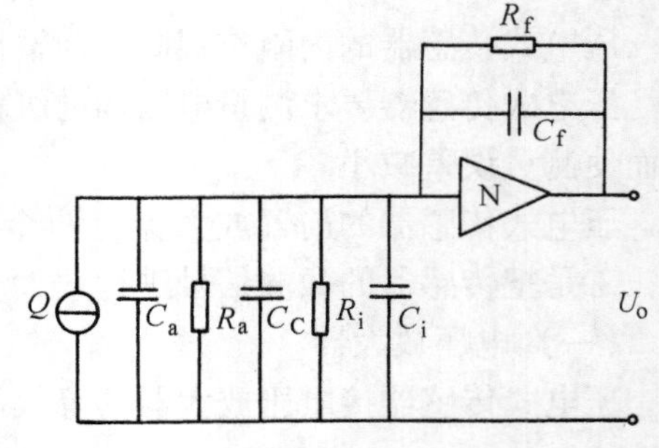

图 5-10 电荷放大器等效电路

$$Q_i = U_i(C_i+C_C+C_a) = -\frac{U_o}{A}(C_i+C_C+C_a)$$

式中，A 为开环放大系数。

所以有

$$-\frac{U_o}{A}(C_i+C_C+C_a)=Q-\left[-(1+A)\frac{U_o}{A}C_f\right]=Q+(1+A)\frac{U_o}{A}C_f$$

故放大器的输出电压为

$$U_o=\frac{-AQ}{C_i+C_C+C_a+(1+A)C_f} \tag{5-11}$$

当 $A\gg1$，而 $(1+A)C_f\gg C_i+C_a+C_C$ 时，放大器输出电压可以表示为

$$U_o=-\frac{Q}{C_f} \tag{5-12}$$

由式（5-12）可以看出，由于引入了电容负反馈，电荷放大器的输出电压仅与传感器产生的电荷量及放大器的反馈电容有关，电缆电容等其他因素对灵敏度的影响可以忽略不计。

电荷放大器的灵敏度为

$$K=\frac{U_o}{Q}=-\frac{1}{C_f} \tag{5-13}$$

放大器的输出灵敏度取决于 C_f。在实际电路中，是采用切换运算放大器负反馈电容 C_f 的办法来调节灵敏度的。C_f 越小则放大器的灵敏度越高。

为了使放大器工作稳定，减小零漂，在反馈电容 C_f 两端并联了一反馈电阻，形成直流负反馈，用以稳定放大器的直流工作点。

第四节　压电式传感器的应用

一、压电式力传感器

压电式力传感器常用的形式为荷重垫圈式，它由基座、盖板、石英晶片、电极以及引出插座等组成，如图 5-11 所示。

这种力传感器可用来测量机床动态切削力以及用于测量各种机械设备所受的冲击力。

二、压电式压力传感器

图 5-12 是两种膜片式压电传感器，它可以测量动态压力，如发动机内部的燃烧压力。

三、压电式加速度传感器

压电式加速度传感器是一种常用的加速度计。它的主要优点是：灵敏度高、体积小、重量轻、测量频率上限较高、动态范围大。但它易受外界干扰，在测试前需进行各种校验。图 5-13 是一种压缩型的压电式加速度计。

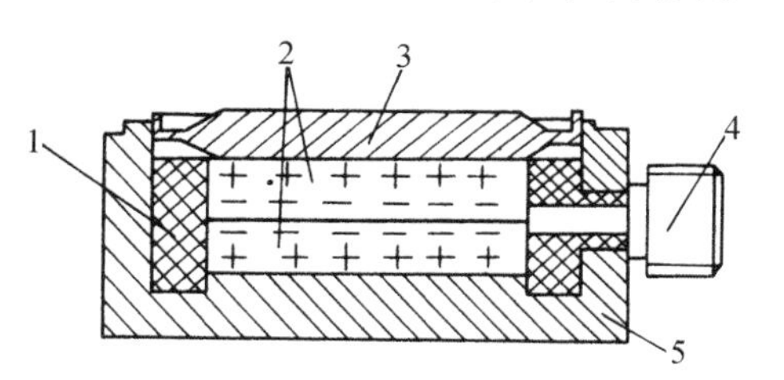

图 5-11　压电式单向测力传感器
1—绝缘套　2—晶片　3—盖板　4—插座　5—底座

四、玻璃破碎探测器

如图 5-14a 所示，利用压电陶瓷片的压电效应（压电陶瓷片在外力作用下产生扭曲、变形时将会在其表面产生电荷），可以制成玻璃破碎入侵探测器。对高频的玻璃破碎声音（10～15kHz）进行有效检测，而对 10kHz 以下的声音信号（如说话、走路声）有较强的抑

制作用。玻璃破碎声发射频率的高低、强度的大小同玻璃厚度、面积有关。

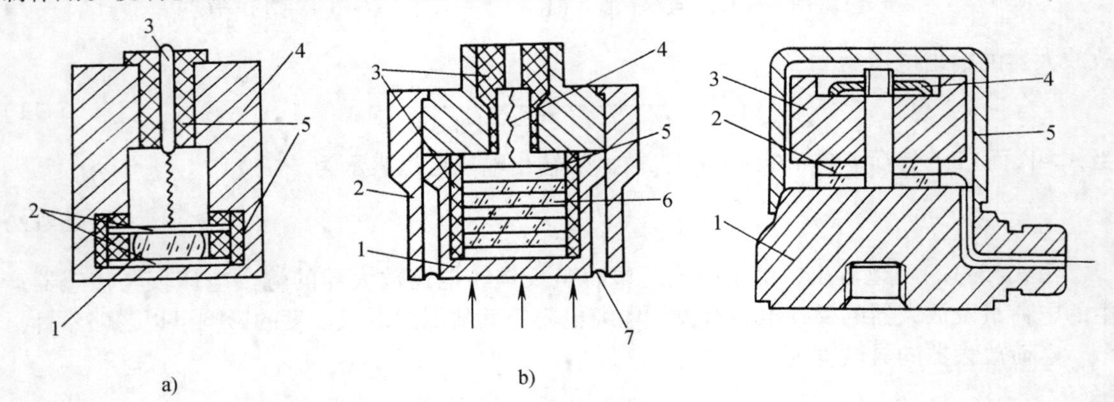

图5-12 压电式压力传感器

a）1—晶片 2—膜片 3—引线端子 4—壳体 5—绝缘子

b）1—预压圆筒 2—壳体 3—绝缘体 4—引线 5—电极 6—压电晶片堆 7—膜片弹簧

图5-13 压电式加速度计

1—基座 2—压电晶片 3—质量块 4—压簧 5—壳体

图5-14b是玻璃破碎探测器的内部电路原理图，压电陶瓷片把玻璃破碎产生的振动信号转换成电信号，该信号经过直耦式放大器放大，再进行倍压整流变成直流信号驱动喇叭报警。

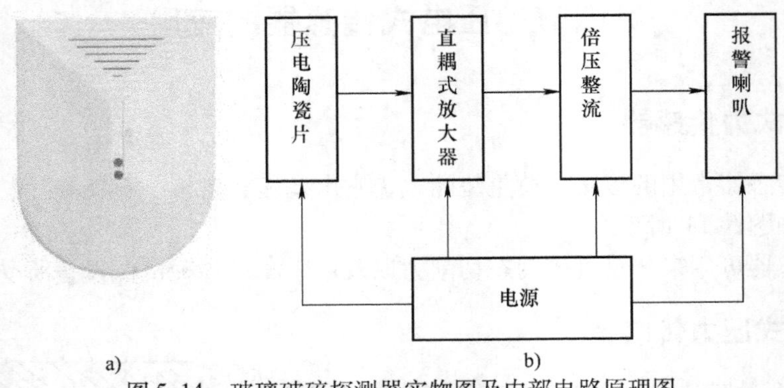

图5-14 玻璃破碎探测器实物图及内部电路原理图

a）实物图 b）内部电路原理图

思考题与习题

1. 为什么说压电式传感器只适用于动态测量而不能用于静态测量？

2. 压电式传感器测量电路的作用是什么？其核心是解决什么问题？

3. 一压电式传感器的灵敏度 $K_1=10\text{pC/MPa}$，连接灵敏度 $K_2=0.008\text{V/pC}$ 的电荷放大器，所用的笔式记录仪的灵敏度 $K_3=25\text{mm/V}$，当压力变化 $\Delta p=8\text{MPa}$ 时，记录笔在记录纸上的偏移为多少？

4. 某加速度计的校准振动台，它能做50Hz和1g的振动，今有压电式加速度计出厂时标出灵敏度 $K=100\text{mV/g}$，由于测试要求需加长导线，因此要重新标定加速度计灵敏度，假定所用的阻抗变换器放大倍数为1，电压放大器放大倍数为100，标定时晶体管毫伏表上指示为9.13V，试画出标定系统的框图，并计算加速度计的电压灵敏度。

5. 压电效应除了本书上的应用外，还能干什么？请自已思考并撰写相关技术材料和绘制电路图，如果可能，可以自已制作。

第六章　磁电式传感器

磁电式传感器由于具有结构简单、工作稳定、输出电压灵敏度高等优点，在转速测量、振动、速度测量中得到了广泛的应用。

第一节　磁电式传感器的工作原理

磁电式传感器的基本工作原理是电磁感应原理。根据法拉第电磁感应定律：无论任何原因使通过回路面积的磁通量发生变化时，回路中产生的感应电动势与磁通量对时间的变化率的负值成正比。具有 N 匝的线圈感应电动势 e 为

$$e = -N\frac{\mathrm{d}\Phi}{\mathrm{d}t} \tag{6-1}$$

式中，Φ 为线圈的磁通，常用单位为 Wb；N 为线圈匝数。

当线圈在恒定磁场中做直线运动并切割磁力线时，则线圈两端的感应电动势 e 为

$$e = NBl\frac{\mathrm{d}x}{\mathrm{d}t}\sin\theta = NBlv\sin\theta \tag{6-2}$$

式中，B 为磁场的磁感应强度，常用单位为 T；x 为线圈与磁场相对运动的位移；v 为线圈与磁场相对运动的速度；θ 为线圈运动方向与磁场方向的夹角；N 为线圈的有效匝数；l 为每匝线圈的平均长度。

当 $\theta=90°$时，式（6-2）可写成

$$e = NBlv \tag{6-3}$$

若线圈相对磁场做旋转运动切割磁力线时，则线圈两端的感应电动势为

$$e = NBA\frac{\mathrm{d}\theta}{\mathrm{d}t}\sin\theta = NBA\omega\sin\theta \tag{6-4}$$

式中，ω 为旋转运动角速度；A 为线圈的截面积；θ 为线圈平面的法线方向与磁场方向间的夹角。

当 $\theta=90°$时，式（6-4）可写成

$$e = NBA\omega \tag{6-5}$$

当 N、B、A、l 为定值时，感应电动势 e 与线圈和磁场的相对运动速度 v（或 ω）成正比。由于速度和位移、加速度之间是积分、微分的关系，因此只要适当加入积分、微分电路，便能通过测量感应电动势得到位移和加速度。

第二节　磁电式传感器的结构和应用

如前所述，可以用改变磁通的方法或用线圈切割磁力线的方法产生感应电动势，所以磁电式传感器可以分为变磁通式和恒磁通式两种类型。

一、变磁通式磁电传感器

在这类磁电式传感器中，产生磁场的永久磁铁和线圈都固定不动，而是通过磁通的变化产生感应电动势。下面以磁电式转速传感器为例进行介绍，其结构如图6-1所示。

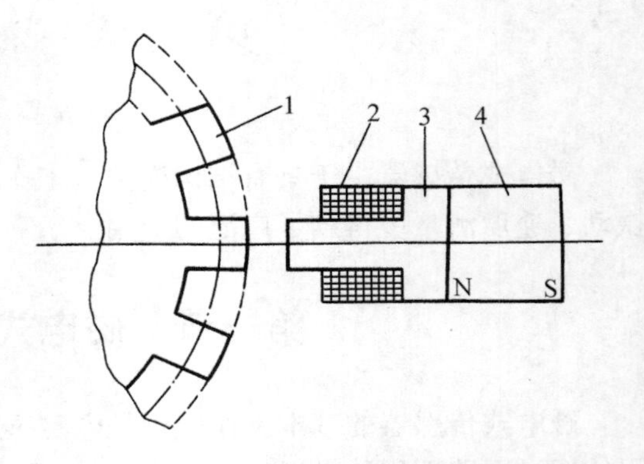

图6-1 永磁型磁电式转速传感器的基本结构

1—传感齿轮 2—感应线圈 3—软铁极靴 4—永久磁铁

磁电式转速传感器主要由两部分组成。第一部分是固定部分，包括磁铁、感应线圈、用软铁制成的极靴（又称极掌）。第二部分是可动部分，主要是传感齿轮，它由铁磁材料制成，安装在被测轴上，随轴转动。

当被测轴以一定的角速度旋转时，带动传感齿轮一起转动。齿轮的齿顶和齿谷交替经过极靴。由于极靴与齿轮之间的气隙交替变化，引起磁场中磁路磁阻的改变，使得通过线圈的磁通也交替变化，从而导致线圈两端产生感应电动势。传感齿轮每转过一个齿，感应电动势对应经历一个周期 T。若齿轮齿数为 z，转速为 n（单位为 r/min），则有

$$T=\frac{60}{zn} \tag{6-6}$$

或

$$f=\frac{zn}{60} \tag{6-7}$$

式中，T 为感应电动势周期，单位为 s；f 为感应电动势频率，单位为 Hz。

式（6-7）表明，传感器输出电动势的频率与被测转速成正比。因此，只要将该电动势放大整形成矩形波信号，送到计数器或频率计中，即可由频率测出转速。

上面介绍的是磁电式转速传感器的基本结构，在实际应用中，它的具体结构形式很多。根据形成磁场的方式，磁电式转速传感器可以分为永磁型和励磁型两种结构类型。在图6-1中，传感器的磁场是由永久磁铁产生的，属于永磁型。励磁型磁电式转速传感器的磁场是由电磁铁产生的，与永磁型相比多了一组励磁线圈，工作时需外加励磁电源。根据极靴的结构形式，又可分为单极型、双极型和齿型三种结构类型。图6-1中，传感器的极靴只有一个极，结构很简单，属于单极型。双极型的传感器有两个极靴，分别代表N极和S极，与传感齿轮上的两个对应齿形成气隙。齿型传感器的极靴被制成其齿数与传感齿轮齿数相等的齿座，齿座与齿轮以极小的工作间隙相对安装于同一轴线上。齿座的齿轮与传感齿轮分别代表磁场的两极。采用双极型或齿型的极靴能大大提高传感器的电动势灵敏度。另外，根据磁路形式，可分为开磁路式和闭磁路式。根据安装形式，又可分为分离式和整体式。下面介绍几种常用的磁电式转速传感器。

图6-2是国产SZMB-3型磁电式转速传感器的外形图。使用时，该传感器通过联轴节与被测轴连接，当转轴旋转时将角位移转换成电脉冲信号，供二次仪表使用。该传感器每转输出60个脉冲，输出信号幅值大于或等于300mV（50r/min时），测速范围为50～5000r/min。

图6-3是SZMB-5型磁电式转速传感器的外形图。该传感器输出信号的波形为近似正弦波，幅值与SZMB-3型相同。工作时，信号幅值大小与转速成正比，与铁心和齿顶间隙的大小成反比。被测齿轮的模数 $m=2$，齿数 $z=60$，传感器铁心和被测齿顶间隙 $\delta=0.5\text{mm}$，测量范围为50～5000r/min。

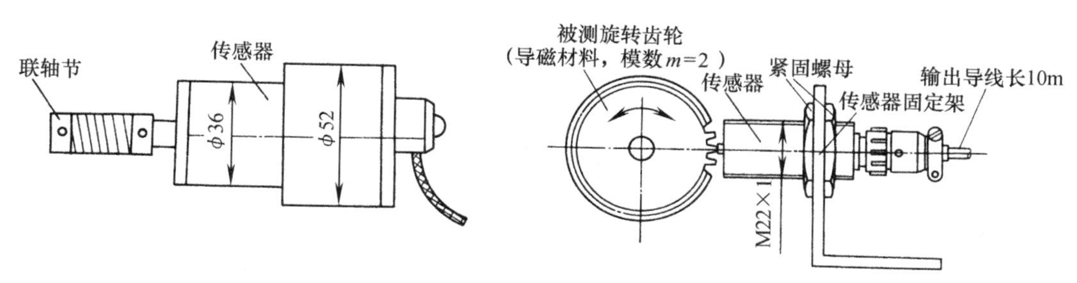

图6-2　SZMB-3型磁电式转速传感器外形图　　图6-3　SZMB-5型磁电式转速传感器外形图

上述磁电式转速传感器的主要优点是结构简单、体积小、工作稳定，不受工作环境中的油雾等介质影响，使用寿命长，故在数字式转速测量中得到了广泛的应用。

二、恒磁通式磁电传感器

在这类磁电式传感器中，工作气隙中的磁通保持不变，而线圈中的感应电动势是由于工作气隙中的线圈与磁钢之间做相对运动，线圈切割磁力线产生的。其值与相对运动速度成正比。这方面较为典型的是磁电式振动传感器，其结构如图6-4所示。

磁电式振动传感器由固定部分、可动部分及弹簧片组成。固定部分主要是磁钢和壳体，壳体由软磁材料制成，与磁钢固定在一起。可动部分包括线圈、芯轴及阻尼环。线圈和阻尼环分别固定在芯轴的两端，它们是传感器的惯性元件。芯轴上下都有拱形弹簧片支承，弹簧片与壳体相连。

工作时传感器被紧固在振动体上，其外壳及磁钢随振动体一起振动。这时，位于气隙间的线圈与磁钢做相对运动而切割磁力线，线圈两端就产生了正比于振动速度的电动势，该电动势经输出处理后即可显示振动速度。

阻尼环用纯铜制成，通过芯轴安装在线圈的对面，选择合适的几何尺寸可以使得无量纲衰减系数 $\xi=0.7$，用以改善传感器低频范围的幅频特性。实际上，阻尼环就是一个在磁场里运动的短路环，工作时此短路环感生电流并随同阻尼环在磁场中运动，从而产生与可动部分运动方向相反的阻力。

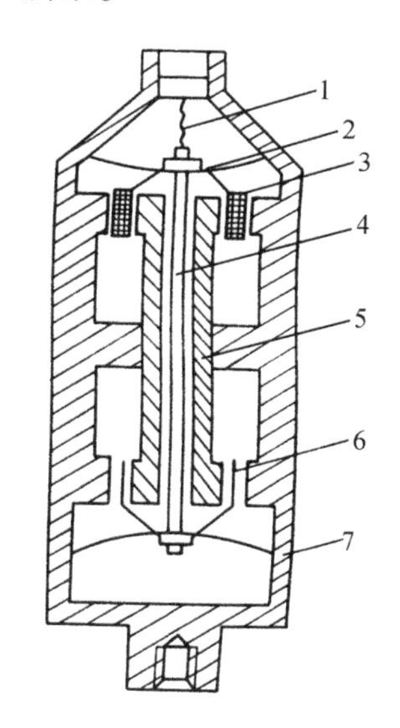

图6-4　磁电式振动传感器的基本结构
1—输出线　2—弹簧片　3—线圈　4—芯轴　5—磁钢　6—阻尼环　7—壳体

磁电式振动传感器的优点是工作时产生的感应电动势大，输出阻抗低，因此它能提供较大的测量功率，不需要前置放大器。缺点是在高频振动时输出信号小，所以一般只用于低于500Hz的振动测量和具有长时间间隔的冲击测量。该传感器的主要技术指标如下：

灵敏度：60.4V·$m^{-1}s$；

线圈电阻：1.9kΩ；

工作频率范围：10～500Hz；

最大可测加速度：5g；

最大可测位移：1mm（单峰值）。

思考题与习题

1. 说明磁电式传感器的基本工作原理。
2. 试通过转速测量系统的实例说明磁电式转速传感器的应用。
3. 磁电式振动传感器与磁电式转速传感器在工作原理上有什么区别?
4. 采用SZMB-3型磁电式传感器测量转速，当传感器输出频率为1kHz的正弦波信号时，被测轴的转速是多少?
5. 磁电式传感器能否检测表面粗糙度？试绘出其原理图。

第七章　热电偶传感器

在工业生产过程中，温度是需要测量和控制的重要参数之一。在温度测量中，热电偶的应用极为广泛，它具有结构简单、制造方便、测量范围广、精度高、惯性小和输出信号便于远传等许多优点。另外，由于热电偶是一种有源传感器，测量时不需外加电源，使用十分方便，所以常被用作测量炉子、管道内的气体或液体的温度及固体的表面温度。

第一节　热电偶的工作原理及基本定律

一、热电偶的工作原理

1. 热电效应

将两种不同成分的金属组成一个闭合回路，当闭合回路的两个接点分别置于不同的温度场中时，回路中就会产生电流。这种物理现象是由塞贝克（Seebeck）发现的，称为塞贝克效应，也称为热电效应。现将两种不同金属导体材料 A 和 B，两端连接在一起组成回路，一端的温度为 T，另一端的温度为 T_0（设 $T>T_0$），则微安表上会有一定的读数。若将 T_0 端断开，则端口将产生一个与温度 T、T_0 及导体材料 A、B 有关的电动势 $E_{AB}(T, T_0)$，这个电动势就是塞贝克电动势。两个端点中温度为 T 的一端称为工作端或热端，温度为 T_0 的一端称为自由端或冷端。这两种导体称为热电极，组成的回路称为热电偶，如图 7-1 所示。

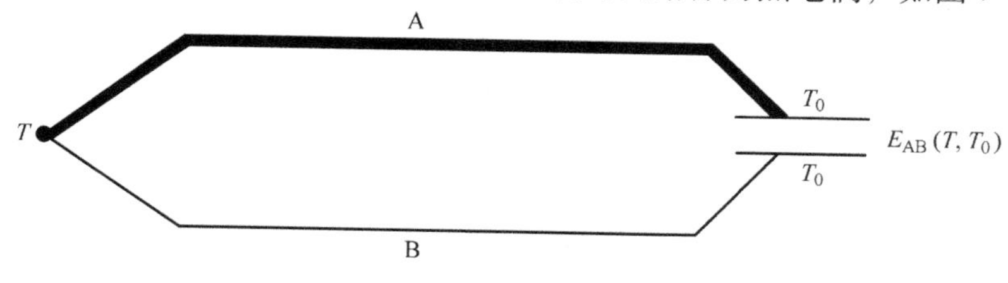

图 7-1　热电偶回路

热电势由两部分电动势组成，一部分是两种导体的接触电动势，另一部分是单一导体的温差电动势。下面将做进一步的讨论。

2. 接触电动势

当 A 和 B 两种不同材料的金属导体相互接触时，由于两者内部单位体积的自由电子数目不同（即电子密度不同），因此，电子在两个方向上扩散的速率就不一样。现假设金属 A 的自由电子密度大于金属 B 的自由电子密度，则在接触界面处，自由电子将从密度大的金属 A 扩散到金属 B，所以金属 A 失去电子带正电荷，金属 B 得到电子带负电荷。于是，在接触面处形成了自建电场，该电场使电子由 B 向 A 漂移。当扩散与漂移达到动态平衡时，在接触面附近处产生一个稳定的电动势，这个电动势称为珀尔帖电动势，又称为接触电动势。

接触电动势的大小可以表示为

$$E_{AB}(T)=\frac{k_0 T}{q}\ln\frac{n_A}{n_B} \tag{7-1}$$

式中，k_0 为玻尔兹曼常数；q 为电子电量；n_A、n_B 分别为金属 A 和金属 B 的自由电子密度。

3. 温差电动势

对于均质导体 A 或 B，将其两端分别置于不同的温度场中，则导体的高、低温端有温度梯度。高温端（T）的自由电子具有较大的动能，因此向低温端（T_0）扩散，结果导致 T 端失去电子带正电荷，T_0 端得到电子带负电荷，形成内建电场。该电场使电子由低温端向高温端漂移运动，当扩散与漂移达到动态平衡时，T 与 T_0 端产生一个稳定的电动势，这个电动势称为汤姆逊电动势，又称为温差电动势。

温差电动势的大小取决于导体的材料及两端的温度，可以表示为

$$E_A(T,T_0)=\int_{T_0}^{T}\sigma_A \mathrm{d}T \tag{7-2}$$

式中，σ_A 称为汤姆逊系数，它表示温差为1℃时所产生的电动势差。

4. 热电偶回路的总电动势

当热电极 A、B 组成的热电偶回路，若温度 $T>T_0$ 时，则回路的总热电动势为

$$\begin{aligned}
E_{AB}(T,T_0) &= \frac{k_0 T}{q}\ln\frac{n_A(T)}{n_B(T)}-\frac{k_0 T_0}{q}\ln\frac{n_A(T_0)}{n_B(T_0)}+\int_{T_0}^{T}(\sigma_A-\sigma_B)\mathrm{d}T \\
&= \frac{k_0 T}{q}\ln\frac{n_A(T)}{n_B(T)}-\frac{k_0 T_0}{q}\ln\frac{n_A(T_0)}{n_B(T_0)}+\int_{0}^{T}(\sigma_A-\sigma_B)\mathrm{d}T-\int_{0}^{T_0}(\sigma_A-\sigma_B)\mathrm{d}T \\
&= \left[\frac{k_0 T}{q}\ln\frac{n_A(T)}{n_B(T)}+\int_{0}^{T}(\sigma_A-\sigma_B)\mathrm{d}T\right]-\left[\frac{k_0 T_0}{q}\ln\frac{n_A(T_0)}{n_B(T_0)}+\int_{0}^{T_0}(\sigma_A-\sigma_B)\mathrm{d}T\right] \\
&= E_{AB}(T)-E_{AB}(T_0)
\end{aligned} \tag{7-3}$$

式中，$E_{AB}(T)$ 为热端的热电动势，$E_{AB}(T_0)$ 为冷端的热电动势。

从上式可以看出，当两个端点温度相同时，接触电动势大小相等方向相反，温差电动势为零，所以 $E_{AB}(T_0,T_0)=0$。当两种相同金属组成热电偶时，虽然两接点温度不同，但两接点处的接触电动势皆为零，两个温差电动势大小相等方向相反，故回路总电动势仍为零。因此只有两种不同的金属材料组成热电偶，热电动势 $E_{AB}(T,T_0)$ 才是两接点温度（T，T_0）的函数之差，即

$$E_{AB}(T,T_0)=f(T)-f(T_0) \tag{7-4}$$

如果使冷端温度 T_0 保持不变，则热电动势便成为热端温度 T 的单一函数，即

$$E_{AB}(T,T_0)=f(T)-C \tag{7-5}$$

综上所述，可以得出如下结论：

热电偶回路中热电动势的大小，只与组成热电偶的金属导体材料和两接点的温度有关，而与热电偶的形状尺寸无关。当热电偶两电极材料确定后，热电动势便是两接点温度函数之差。如果使冷端温度保持不变，则热电动势便成为热端温度的单一函数。

式（7-5）在实际测温中得到了广泛应用。因为冷端恒定，热电偶产生的热电动势只随热端（测量端）温度的变化而变化，即一定的热电动势对应着一定的温度。只要用测量热

电动势的方法就可达到测温的目的。

对于各种不同金属导体组成的热电偶，热电动势与温度之间有着不同的函数关系，一般是用实验方法求取这个函数关系。通常令 $T_0=0℃$，然后在不同的温差（$T-T_0$）情况下，精确地测定出回路总热电动势，并将所测得结果列成表格（称为热电偶分度表），供使用时查阅。

二、热电偶的基本定律

1. 均质导体定律

两种均质金属组成的热电偶的电动势大小与热电极的直径、长度以及沿热电极长度方向上的温度分布无关，只与热电极材料和温度有关。如果材质不匀，则当热电极上各处温度不同时，将产生附加热电动势，造成测量误差。根据这个定律，可以检验两个热电极材料成分是否相同（称为同名极检验法），也可以检查热电极材料的均匀性。

2. 中间导体定律

在热电偶的参考端接入第三种金属导体，只要第三种导体的两接点温度相同，则回路中总的热电动势不变。

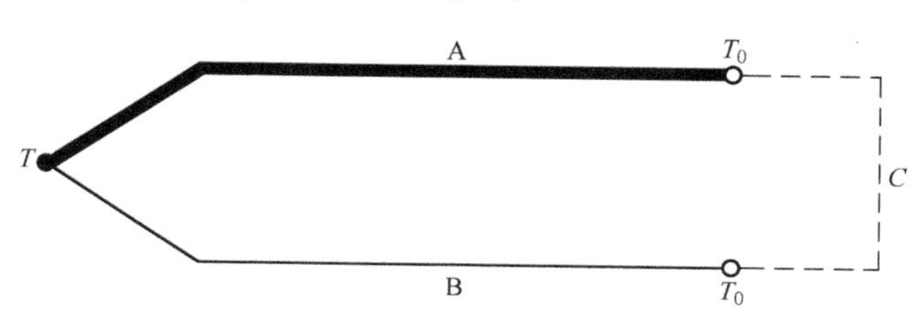

图 7-2　第三种导体接入热电偶回路

如图 7-2 所示，在热电偶回路中接入第三种导体 C。设导体 A 与 B 接点处的温度为 T，A 与 C、B 与 C 两接点处的温度为 T_0，则回路中的总电动势为

$$E_{ABC}(T,T_0)=E_{AB}(T)+E_{BC}(T_0)+E_{CA}(T_0) \tag{7-6}$$

如果回路中三接点的温度相同，即 $T=T_0$，则回路总电动势必为零，即

$$E_{AB}(T_0)+E_{BC}(T_0)+E_{CA}(T_0)=0$$

或者

$$E_{BC}(T_0)+E_{CA}(T_0)=-E_{AB}(T_0) \tag{7-7}$$

将式（7-7）代入式（7-6），可得

$$E_{ABC}(T,T_0)=E_{AB}(T)-E_{AB}(T_0) \tag{7-8}$$

可以用同样的方法证明，断开热电偶的任何一个极，用第三种导体引入测量仪表，其总电动势也是不变的。

热电偶的这种性质在实际应用中有着重要的意义，它使我们可以方便地在回路中直接接入各种类型的显示仪表或调节器，也可以将热电偶的两端不焊接而直接插入液态金属中或直接焊在金属表面进行温度测量。

如果接入的第三种导体两端温度不相等，热电偶回路的热电动势将要发生变化，变化的大小取决于导体的性质和接点的温度。因此，在测量过程中必须接入的第三种导体不宜采用与热电偶热电性质相差很大的材料，否则，一旦该材料两端温度有所变化，热电动势的变动将会很大。

3. 标准电极定律

如果两种金属导体分别与第三种金属导体组成的热电偶所产生的热电动势已知，则由这两种金属导体组成的热电偶所产生的热电动势也就已知。

如图 7-3 所示，导体 A、B 分别与标准电极 C 组成热电偶，若它们所产生的热电动势为已知，即

$$E_{AC}(T,T_0)=E_{AC}(T)-E_{AC}(T_0)$$
$$E_{BC}(T,T_0)=E_{BC}(T)-E_{BC}(T_0)$$

那么，导体A与B组成的热电偶，其热电动势可由下式求得

$$E_{AB}(T,T_0)=E_{AC}(T,T_0)-E_{BC}(T,T_0) \tag{7-9}$$

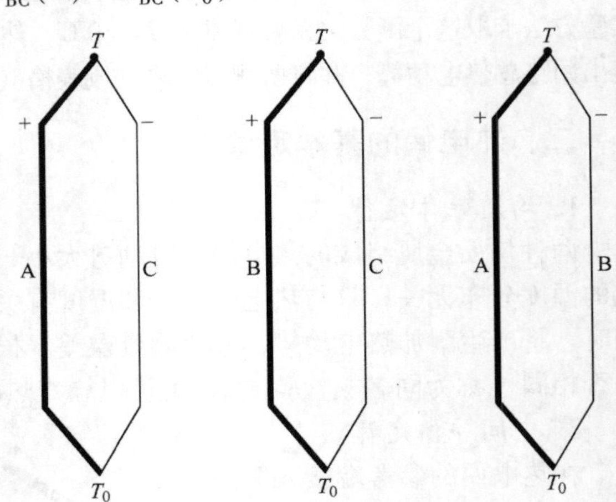

图7-3 三种导体分别组成的热电偶

标准电极定律是一个极为实用的定律。可以想象，纯金属的种类很多，而合金类型更多。因此，要得出这些金属之间组合而成热电偶的热电动势，其工作量是极大的。由于铂的物理、化学性质稳定，熔点高，易提纯，所以，通常选用高纯铂丝作为标准电极，只要测得各种金属与纯铂组成的热电偶的热电动势，则各种金属之间相互组合而成的热电偶的热电动势可根据式（7-9）直接计算出来。

例如，热端为100℃，冷端为0℃时，镍铬合金与纯铂组成的热电偶的热电动势为2.95mV，而考铜与纯铂组成的热电偶的热电动势为－4.0mV，则镍铬和考铜组合而成的热电偶所产生的热电动势应为

$$2.95\text{mV}-(-4.0\text{mV})=6.95\text{mV}$$

4. 中间温度定律

热电偶在两接点温度 T、T_0 时的热电动势等于该热电偶在接点温度为 T、T_n 和 T_n、T_0 时的相应热电动势的代数和。中间温度定律可以用下式表示

$$E_{AB}(T,T_0)=E_{AB}(T,T_n)+E_{AB}(T_n,T_0) \tag{7-10}$$

中间温度定律为补偿导线的使用提供了理论依据。它表明：若热电偶的两热电极被两根导体延长，只要接入的两根导体组成热电偶的热电特性与被延长的热电偶的热电特性相同，且它们之间连接的两点温度相同，则总回路的热电动势与连接点温度无关，只与延长以后的热电偶两端的温度有关。

第二节 热电偶的材料、结构及种类

一、热电偶材料

根据金属的热电效应原理，任意两种不同材料的导体都可以作为热电极组成热电偶，但在实际应用中，用作热电极的材料应具备如下几方面的条件：

（1）温度测量范围广　要求在规定的温度测量范围内有较高的测量精确度，有较大的热电动势。温度与热电动势的关系是单值函数，最好呈线性关系。

（2）性能稳定　要求在规定的温度测量范围内使用时热电性能稳定，均匀性和复现性好。

（3）物理化学性能好　要求在规定的温度测量范围内使用时不产生蒸发现象。有良好

的化学稳定性、抗氧化或抗还原性能。

满足上述条件的热电偶材料并不很多。目前我国大量生产和使用的性能符合专业标准或国家标准并具有统一分度表的热电偶材料称为定型热电偶材料，共有六个品种。它们分别是：铜－康铜、镍铬－考铜、镍铬－镍硅、镍铬－镍铝、铂铑$_{10}$－铂及铂铑$_{30}$－铂铑$_{6}$。其中镍铬－考铜热电偶材料将逐渐被淘汰。根据国际电工委员会（IEC）标准的规定，我国将发展镍铬－康铜、铁－康铜热电偶材料。此外，我国还生产一些未定型热电偶材料，如铂铑$_{13}$－铂、铱铑$_{40}$－铱、钨铼$_{5}$－钨铼$_{26}$等。

二、热电偶结构

1. 普通工业热电偶的结构

热电偶通常由热电极、绝缘管、保护套管和接线盒等几个主要部分组成，其结构如图7-4所示。现将各部分构造做些简单的介绍。

（1）热电极　又称偶丝，它是热电偶的基本组成部分。其材料前面已做了介绍，不再重复。普通金属做成的偶丝，其直径一般为0.5～3.2mm，贵重金属做成的偶丝，直径一般为0.3～0.6mm。偶丝的长度则由使用情况、安装条件，特别是工作端在被测介质中插入的深度来决定，通常为300～2000mm，常用的长度为350mm。

（2）绝缘管　又称绝缘子，是用于热电极之间及热电极与保护套管之间进行绝缘保护的零件。形状一般为圆形或椭圆形，中间开有二个、四个或六个孔。偶丝穿孔而过。材料为粘土质、高铝质、刚玉质等，材料选用视使用的热电偶而定。在室温下，绝缘管的绝缘电阻应在5MΩ以上。

（3）保护套管　是用来保护热电偶感温元件免受被测介质化学腐蚀和机械损伤的装置。保护套管应具有耐高温、耐腐蚀的性能，要求导热性能好，气密性好。其材料有金属、非金属以及金属陶瓷三大类。金属材料有铝、黄铜、碳钢、不锈钢等，其中1Cr18Ni9Ti不锈钢是目前热电偶保护套管使用的典型材料。非金属材料有高铝质（Al_2O_3的质量分数为85%～90%）、刚玉质（Al_2O_3的质量分数为99%），使用温度都在1300℃以上。金属陶瓷材料如氧化镁加金属钼，这种材料使用温度在1700℃，且在高温下有很好的抗氧化能力，适用于钢水温度的连续测量。形状一般为圆柱形。

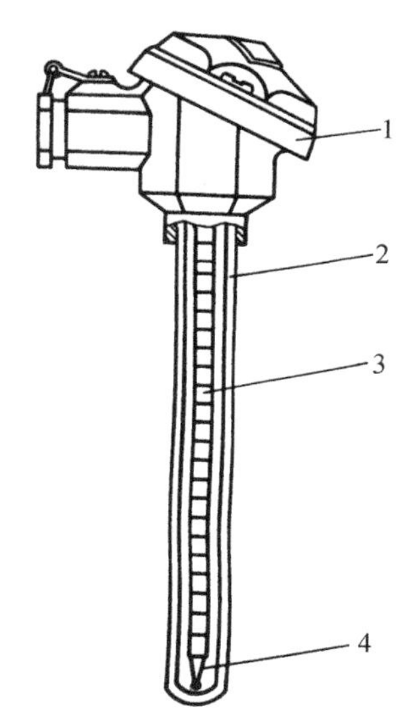

图7-4　普通工业热电偶结构
1—接线盒　2—保护套管
3—绝缘管　4—热电极

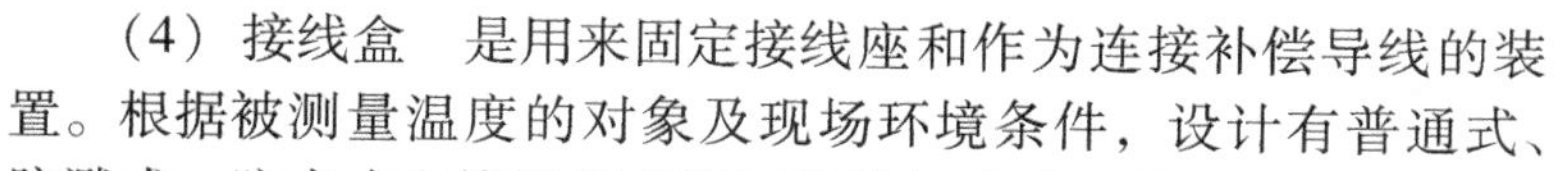

（4）接线盒　是用来固定接线座和作为连接补偿导线的装置。根据被测量温度的对象及现场环境条件，设计有普通式、防溅式、防水式和接插座式等四种结构形式。普通式接线盒无盖，仅由盒体构成，其接线座用螺钉固定在盒体上，适用于环境条件良好、无腐蚀性气体的现场。防溅式、防水式接线盒有盖，且盖与盒体由密封圈压紧密封，适用于雨水能溅到的现场或露天设备现场。插座式接线盒结构简单、安装所占空间小，接线方便，适用于需要快速拆卸的环境。

2. 铠装热电偶的结构

铠装热电偶是将热电极、绝缘材料和保护套管一起拉制后加工而成的坚实缆状组合体。绝缘材料为氧化镁，保护套管通常是不锈钢管。根据被测介质的温度高低、化学性质以及所需时间常数的大小，其测量端有五种结构形式，分别为：

（1）露端型 热电偶的测量端外露。适用于测量温度不高、无腐蚀性的介质。特点是时间常数小，反应速度快。

（2）接壳型 热电偶的测量端与金属套管接触并焊接在一起。适用于测量温度高、压力高、腐蚀性较强的介质。时间常数较露端型大，使用寿命较露端型长。

（3）绝缘型 热电偶的测量端焊接后填以绝缘材料再与金属套管焊接。适用范围同接壳型，特点是偶丝与保护金属套管不接触，具有电气绝缘性能。

（4）圆变截面型 金属套管端头部分的直径为原直径的一半，故时间常数更小。

（5）扁变截面型 分为接壳型和绝缘型两种，其时间常数最小，反应速度更快。

铠装热电偶冷端连接补偿导线的接线盒的结构，根据不同的使用条件有不同的形式。如简易式、带补偿导线式、插座式等，这里不做详细介绍，选用时可参考有关资料。

由于铠装热电偶具有寿命长、机械性能好、耐高压、可挠性好等许多优点，因而深受欢迎。

三、热电偶种类

1. 标准型热电偶

所谓标准型热电偶是指制造工艺比较成熟、应用广泛、能成批生产、性能优良而稳定并已列入工业标准化文件中的那些热电偶。由于标准化文件对同一型号的标准型热电偶规定了统一的热电极材料及其化学成分、热电性质和允许偏差，故同一型号的标准型热电偶互换性好，具有统一的分度表，并有与其配套的显示仪表可供选用。

国际电工委员会在1975年向世界各国推荐七种标准型热电偶。我国生产的符合IEC标准的热电偶有六种，分别是：

（1）铂铑$_{30}$-铂铑$_{6}$热电偶 这种热电偶分度号为“B”。它的正极是铂铑丝（铂的质量分数为70%，铑的质量分数为30%），负极也是铂铑丝（铂的质量分数94%，铑的质量分数为6%），故俗称双铂铑。测温范围为0~1700℃。其特点是测温上限高，性能稳定。在冶金反应、钢水测量等高温领域中得到了广泛的应用。

（2）铂铑$_{10}$-铂热电偶 这种热电偶分度号为“S”。它的正极是铂铑丝（铂的质量分数为90%，铑的质量分数为10%），负极是纯铂丝。测温范围为0~1600℃。其特点是热电性能稳定，抗氧化性强，宜在氧化性、惰性气体中工作。由于精度高，故国际温标中规定它为630.74~1064.43℃温度范围内复现温标的标准仪器。常用作标准热电偶或用于高温测量。

（3）镍铬-镍硅热电偶 这种热电偶分度号为“K”。它的正极是镍铬合金（镍的质量分数为90.5%，铬的质量分数为9.5%），负极为镍硅（镍的质量分数为97.5%，硅的质量分数为2.5%）。测温范围为-200~+1200℃。其特点是测温范围很宽、热电动势与温度关系近似线性、热电动势大且价格低。缺点是热电动势的稳定性较B型或S型热电偶差，且负极有明显的导磁性。

（4）镍铬-康铜热电偶 这种热电偶分度号为“E”。它的正极是镍铬合金，负极是铜镍合金（铜的质量分数为55%，镍的质量分数为45%）。测温范围为-200~+900℃。其特点是热电动势较其他常用热电偶大。适宜在氧化性或惰性气氛中工作。

（5）铁-康铜热电偶 这种热电偶分度号为“J”。它的正极是铁，负极是铜镍合金。测温范围为-200~+750℃。其特点是价格便宜，热电动势较大，仅次于E型热电偶。缺点是铁极易氧化。

（6）铜－康铜热电偶　这种热电偶分度号为“T”。它的正极是铜，负极是铜镍合金。测温范围为－200～＋350℃。特点是精度高，在－200～0℃范围内，可制成标准热电偶，准确度可达±0.1℃。缺点是铜极易氧化，故在氧化性气氛中使用时，一般不能超过300℃。

最后要说明的是，IEC公布的标准型热电偶中，还有铂铑$_{13}$－铂，分度号为“R”。因在国际上只有少数国家采用，且其温度范围与铂铑$_{10}$－铂重合，所以我国不准备发展这个品种。

常用标准型热电偶分度表见表7-1。

表7-1　标准型热电偶分度表

a　铂铑$_{10}$－铂热电偶分度表

分度号：LB-3，S　　（参比端温度为0℃）

工作端温度/℃	热电动势/mV		工作端温度/℃	热电动势/mV	
	LB-3	S		LB-3	S
0	0.000	0.000			
10	0.056	0.055	510	4.318	4.333
20	0.113	0.113	520	4.418	4.432
30	0.173	0.173	530	4.517	4.532
40	0.235	0.235	540	4.617	4.632
50	0.299	0.299	550	4.717	4.732
60	0.364	0.365	560	4.817	4.832
70	0.431	0.432	570	4.918	4.933
80	0.500	0.502	580	5.019	5.034
90	0.571	0.573	590	5.121	5.136
100	0.643	0.645	600	5.222	5.237
110	0.717	0.719	610	5.324	5.339
120	0.792	0.795	620	5.427	5.442
130	0.869	0.872	630	5.530	5.544
140	0.946	0.950	640	5.633	5.648
150	1.025	1.029	650	5.735	5.751
160	1.106	1.109	660	5.839	5.855
170	1.187	1.190	670	5.943	5.960
180	1.269	1.273	680	6.046	6.064
190	1.352	1.356	690	6.151	6.169
200	1.436	1.440	700	6.256	6.274
210	1.521	1.525	710	6.361	6.380
220	1.607	1.611	720	6.466	6.486
230	1.693	1.698	730	6.572	6.592
240	1.780	1.785	740	6.677	6.699
250	1.867	1.873	750	6.784	6.805
260	1.955	1.962	760	6.891	6.913
270	2.044	2.051	770	6.999	7.020
280	2.134	2.141	780	7.105	7.128
290	2.224	2.232	790	7.213	7.236
300	2.315	2.323	800	7.322	7.345
310	2.407	2.414	810	7.430	7.454
320	2.498	2.506	820	7.539	7.563
330	2.591	2.599	830	7.648	7.672
340	2.684	2.692	840	7.757	7.782
350	2.777	2.786	850	7.867	7.892
360	2.871	2.880	860	7.978	8.003
370	2.965	2.974	870	8.088	8.114
380	3.060	3.069	880	8.199	8.225
390	3.155	3.164	890	8.310	8.336
400	3.250	3.260	900	8.421	8.448
410	3.346	3.356	910	8.534	8.560
420	3.441	3.452	920	8.646	8.673
430	3.538	3.549	930	8.758	8.786
440	3.634	3.645	940	8.871	8.899
450	3.731	3.743	950	8.985	9.012
460	3.828	3.840	960	9.098	9.126
470	3.925	3.938	970	9.212	9.240
480	4.023	4.036	980	9.326	9.355
490	4.121	4.135	990	9.441	9.470
500	4.220	4.234	1000	9.556	9.585

（续）

工作端温度/℃	热电动势/mV		工作端温度/℃	热电动势/mV	
	LB-3	S		LB-3	S
1010	9.671	9.700	1310	13.236	13.276
1020	9.787	9.816	1320	13.356	13.397
1030	9.902	9.932	1330	13.475	13.519
1040	10.019	10.048	1340	13.595	13.640
1050	10.136	10.165	1350	13.715	13.761
1060	10.252	10.282	1360	13.835	13.883
1070	10.370	10.400	1370	13.955	14.004
1080	10.488	10.517	1380	14.074	14.125
1090	10.605	10.635	1390	14.193	14.247
1100	10.723	10.754	1400	14.313	14.368
1110	10.842	10.872	1410	14.433	14.489
1120	10.961	10.991	1420	14.552	14.610
1130	11.080	11.110	1430	14.671	14.731
1140	11.198	11.229	1440	14.790	14.852
1150	11.317	11.348	1450	14.910	14.973
1160	11.437	11.467	1460	15.029	15.094
1170	11.556	11.587	1470	15.148	15.215
1180	11.676	11.707	1480	15.266	15.336
1190	11.795	11.827	1490	15.385	15.456
1200	11.915	11.947	1500	15.504	15.576
1210	12.035	12.067	1510	15.623	15.697
1220	12.155	12.188	1520	15.742	15.817
1230	12.275	12.308	1530	15.860	15.937
1240	12.395	12.429	1540	15.979	16.057
1250	12.515	12.550	1550	16.097	16.176
1260	12.636	12.671	1560	16.216	16.296
1270	12.756	12.792	1570	16.334	16.415
1280	12.875	12.913	1580	16.451	16.534
1290	12.996	13.034	1590	16.569	16.653
1300	13.116	13.155	1600	16.688	16.771

b 铂铑$_{30}$－铂铑$_{6}$热电偶分度表

（参比端温度为0℃）

分度号：LL-2，B

工作端温度/℃	热电动势/mV		工作端温度/℃	热电动势/mV		工作端温度/℃	热电动势/mV	
	LL-2	B		LL-2	B		LL-2	B
0	0.000	0.000	100	0.034	0.033	200	0.178	0.178
10	-0.001	-0.002	110	0.043	0.043	210	0.199	0.199
20	-0.002	-0.003	120	0.054	0.053	220	0.220	0.220
30	-0.002	-0.002	130	0.065	0.065	230	0.243	0.243
40	0.000	0.000	140	0.078	0.078	240	0.267	0.266
50	0.003	0.002	150	0.092	0.092	250	0.291	0.291
60	0.007	0.006	160	0.107	0.107	260	0.317	0.317
70	0.012	0.011	170	0.123	0.123	270	0.344	0.344
80	0.018	0.017	180	0.141	0.140	280	0.372	0.372
90	0.025	0.025	190	0.159	0.159	290	0.401	0.401

（续）

工作端温度/℃	热电动势/mV	
	LL-2	B
300	0.431	0.431
310	0.462	0.462
320	0.494	0.494
330	0.527	0.527
340	0.561	0.561
350	0.596	0.596
360	0.632	0.632
370	0.670	0.669
380	0.708	0.707
390	0.747	0.746
400	0.787	0.786
410	0.828	0.827
420	0.870	0.870
430	0.913	0.913
440	0.957	0.957
450	1.002	1.002
460	1.048	1.048
470	1.096	1.095
480	1.143	1.143
490	1.192	1.192
500	1.242	1.241
510	1.293	1.292
520	1.345	1.344
530	1.397	1.397
540	1.451	1.450
550	1.505	1.505
560	1.560	1.560
570	1.617	1.617
580	1.674	1.674
590	1.732	1.732
600	1.791	1.791
610	1.851	1.851
620	1.912	1.912
630	1.973	1.974
640	2.036	2.036
650	2.099	2.100
660	2.164	2.164
670	2.229	2.230
680	2.295	2.296
690	2.362	2.363
700	2.429	2.430
710	2.498	2.499
720	2.567	2.569
730	2.638	2.639
740	2.709	2.710
750	2.781	2.782
760	2.853	2.855
770	2.927	2.928
780	3.001	3.003
790	3.076	3.078

工作端温度/℃	热电动势/mV	
	LL-2	B
800	3.152	3.154
810	3.229	3.231
820	3.307	3.308
830	3.385	3.387
840	3.464	3.466
850	3.544	3.546
860	3.624	3.626
870	3.706	3.708
880	3.788	3.790
890	3.871	3.873
900	3.955	3.957
910	4.039	4.041
920	4.124	4.126
930	4.211	4.212
940	4.297	4.298
950	4.385	4.386
960	4.473	4.474
970	4.562	4.562
980	4.651	4.652
990	4.741	4.742
1000	4.832	4.833
1010	4.924	4.924
1020	5.016	5.016
1030	5.109	5.109
1040	5.203	5.202
1050	5.297	5.297
1060	5.393	5.391
1070	5.488	5.487
1080	5.585	5.583
1090	5.683	5.680
1100	5.780	5.777
1110	5.879	5.875
1120	5.978	5.973
1130	6.078	6.073
1140	6.178	6.172
1150	6.279	6.273
1160	6.380	6.374
1170	6.482	6.475
1180	6.585	6.577
1190	6.688	6.680
1200	6.792	6.783
1210	6.896	6.887
1220	7.001	6.991
1230	7.106	7.096
1240	7.212	7.202
1250	7.319	7.308
1260	7.426	7.414
1270	7.533	7.521
1280	7.641	7.628
1290	7.749	7.736

工作端温度/℃	热电动势/mV	
	LL-2	B
1300	7.858	7.845
1310	7.967	7.953
1320	8.076	8.063
1330	8.186	8.172
1340	8.297	8.283
1350	8.408	8.393
1360	8.519	8.504
1370	8.630	8.616
1380	8.742	8.727
1390	8.854	8.839
1400	8.967	8.952
1410	9.089	9.065
1420	9.193	9.178
1430	9.307	9.291
1440	9.420	9.405
1450	9.534	9.519
1460	9.619	9.634
1470	9.753	9.748
1480	9.878	9.863
1490	9.993	9.979
1500	10.108	10.094
1510	10.224	10.210
1520	10.339	10.325
1530	10.455	10.441
1540	10.571	10.558
1550	10.687	10.674
1560	10.803	10.790
1570	10.919	10.907
1580	11.035	11.024
1590	11.451	11.441
1600	11.268	11.257
1610	11.384	11.374
1620	11.501	11.491
1630	11.617	11.608
1640	11.734	11.725
1650	11.850	11.842
1660	11.966	11.959
1670	12.083	12.076
1680	12.199	12.193
1690	12.315	12.310
1700	12.431	12.426
1710	12.547	12.543
1720	12.663	12.659
1730	12.778	12.776
1740	12.894	12.892
1750	13.009	13.008
1760	13.124	13.124
1770	13.239	13.239
1780	13.354	13.354
1790	13.468	13.470
1800	13.582	13.585
1810		13.699
1820		13.814

（续）

c 镍铬－镍硅（镍铝）热电偶分度表

（参比端温度为0℃）

分度号：EU-2，K

工作端温度/℃	热电动势/mV	
	EU-2	K
-50	-1. 86	-1. 889
-40	-1. 50	-1. 527
-30	-1. 14	-1. 156
-20	-0. 77	-0. 777
-10	-0. 39	-0. 392
-0	-0. 00	-0. 000
+0	0. 00	0. 000
10	0. 40	0. 397
20	0. 80	0. 798
30	1. 20	1. 203
40	1. 61	1. 611
50	2. 02	2. 022
60	2. 43	2. 436
70	2. 85	2. 850
80	3. 26	3. 266
90	3. 68	3. 681
100	4. 10	4. 095
110	4. 51	4. 508
120	4. 92	4. 919
130	5. 33	5. 327
140	5. 73	5. 733
150	6. 13	6. 137
160	6. 53	6. 539
170	6. 93	6. 939
180	7. 33	7. 338
190	7. 73	7. 737
200	8. 13	8. 137
210	8. 53	8. 537
220	8. 93	8. 938
230	9. 34	9. 341
240	9. 74	9. 745
250	10. 15	10. 151
260	10. 56	10. 560
270	10. 97	10. 969
280	11. 38	11. 381
290	11. 80	11. 793
300	12. 21	12. 207
310	12. 62	12. 623
320	13. 04	13. 039
330	13. 45	13. 456
340	13. 87	13. 874
350	14. 30	14. 292

工作端温度/℃	热电动势/mV	
	EU-2	K
360	14. 72	14. 712
370	15. 14	15. 132
380	15. 56	15. 552
390	15. 99	15. 974
400	16. 40	16. 395
410	16. 83	16. 818
420	17. 25	17. 241
430	17. 67	17. 664
440	18. 09	18. 088
450	18. 51	18. 513
460	18. 94	18. 938
470	19. 37	19. 363
480	19. 79	19. 788
490	20. 22	20. 214
500	20. 65	20. 640
510	21. 08	21. 066
520	21. 50	21. 493
530	21. 93	21. 919
540	22. 35	22. 346
550	22. 78	22. 772
560	23. 21	23. 198
570	23. 63	23. 624
580	24. 05	24. 050
590	24. 48	24. 476
600	24. 90	24. 902
610	25. 32	25. 327
620	25. 75	25. 751
630	26. 18	26. 176
640	26. 00	26. 599
650	27. 03	27. 022
660	27. 45	27. 445
670	27. 87	27. 867
680	28. 29	28. 288
690	28. 71	28. 709
700	29. 13	29. 128
710	29. 55	29. 547
720	29. 97	29. 965
730	30. 39	30. 388
740	30. 81	30. 799
750	31. 22	31. 214
760	31. 64	31. 629
770	32. 06	32. 042
780	32. 46	32. 455
790	32. 87	32. 866
800	33. 29	33. 277

（续）

工作端温度/℃	热电动势/mV		工作端温度/℃	热电动势/mV	
	EU-2	K		EU-2	K
810	33.69	33.686	1110	45.48	45.486
820	34.10	34.095	1120	45.85	45.863
830	34.51	34.502	1130	46.23	46.238
840	34.91	34.909	1140	46.60	46.612
850	35.32	35.314	1150	46.97	46.985
860	35.72	35.718	1160	47.34	47.356
870	36.13	36.121	1170	47.71	47.726
880	36.53	36.524	1180	48.08	48.095
890	36.93	36.925	1190	48.44	48.462
900	37.33	37.325	1200	48.81	48.828
910	37.73	37.724	1210	49.17	49.192
920	38.13	38.122	1220	49.53	49.555
930	38.53	38.519	1230	49.89	49.916
940	38.93	38.915	1240	50.25	50.276
950	39.32	39.310	1250	50.61	50.633
960	39.72	39.703	1260	50.96	50.990
970	40.10	40.096	1270	51.32	51.344
980	40.49	40.488	1280	51.67	51.697
990	40.88	40.897	1290	52.02	52.049
1000	41.27	41.264	1300	52.37	52.398
1010	41.66	41.657	1310		52.747
1020	42.04	42.045	1320		53.093
1030	42.43	42.432	1330		53.439
1040	42.83	42.817	1340		53.782
1050	43.21	43.202	1350		54.125
1060	43.59	43.585	1360		54.466
1070	43.97	43.968	1370		54.807
1080	44.34	44.349			
1090	44.72	44.729			
1100	45.10	45.108			

d　镍铬－考铜热电偶分度表

分度号：EA-2　　（参比端温度为0℃）

工作端温度/℃	热电动势/mV	工作端温度/℃	热电动势/mV	工作端温度/℃	热电动势/mV
-50	-3.11	110	7.69	310	23.74
-40	-2.50	120	8.43	320	24.59
-30	-1.89	130	9.18	330	25.44
-20	-1.27	140	9.93	340	26.30
-10	-0.64	150	10.69	350	27.15
-0	-0.00	160	11.46	360	28.01
		170	12.24	370	28.88
		180	13.03	380	29.75
+0	0.00	190	13.84	390	30.61
		200	14.66	400	31.48
10	0.65	210	15.48	410	32.34
20	1.31	220	16.30	420	33.21
30	1.98	230	17.12	430	34.07
40	2.66	240	17.95	440	34.94
50	3.35	250	18.76	450	35.81
60	4.05	260	19.59	460	36.67
70	4.76	270	20.42	470	37.54
80	5.48	280	21.24	480	38.41
90	6.21	290	22.07	490	39.28
100	6.95	300	22.90	500	40.15

（续）

工作端温度 /℃	热电动势 /mV	工作端温度 /℃	热电动势 /mV	工作端温度 /℃	热电动势 /mV
510	41.02	610	49.89	710	58.57
520	41.90	620	50.76	720	59.47
530	42.78	630	51.64	730	60.33
540	43.67	640	52.51	740	61.20
550	44.55	650	53.39	750	62.06
560	45.44	660	54.26	760	62.92
570	46.33	670	55.12	770	63.78
580	47.22	680	56.00	780	64.64
590	48.11	690	56.87	790	65.50
600	49.01	700	57.74	800	66.36

e 铜－康铜热电偶分度表

（参比端温度为0℃）

分度号：CK 或 T

工作端温度 /℃	热电动势 /mV	工作端温度 /℃	热电动势 /mV	工作端温度 /℃	热电动势 /mV
-270	-6.258	-40	-1.475	180	8.235
-260	-6.232	-30	-1.121	190	8.758
-250	-6.181	-20	-0.757	200	9.286
-240	-6.105	-10	-0.383	210	9.820
-230	-6.007	-0	-0.000	220	10.360
-220	-5.889	0	0.000	230	10.905
-210	-5.753	10	0.391	240	11.456
-200	-5.603	20	0.780	250	12.011
-190	-5.439	30	1.196	260	12.572
-180	-5.261	40	1.611	270	13.137
-170	-5.069	50	2.035	280	13.707
-160	-4.865	60	2.468	290	14.281
-150	-4.648	70	2.908	300	14.860
-140	-4.419	80	3.357	310	15.442
-130	-4.177	90	3.813	320	16.030
-120	-3.923	100	4.277	330	16.621
-110	-3.656	110	4.749	340	17.217
-100	-3.378	120	5.227	350	17.816
-90	-3.089	130	5.712	360	18.420
-80	-2.788	140	6.204	370	19.027
-70	-2.475	150	6.702	380	19.638
-60	-2.152	160	7.207	390	20.252
-50	-1.819	170	7.718	400	20.869

2. 非标准型热电偶

非标准型热电偶包括铂铑系、铱铑系及钨铼系热电偶等。

铂铑系热电偶有铂铑$_{20}$－铂铑$_{5}$、铂铑$_{40}$－铂铑$_{20}$等一些种类，其共同的特点是性能稳定，适用于各种高温测量。

铱铑系热电偶有铱铑$_{40}$－铱、铱铑$_{60}$－铱。这类热电偶长期使用的测温范围在2000℃以下，且热电动势与温度线性关系好。

钨铼系热电偶有钨铼$_{3}$－钨铼$_{25}$、钨铼$_{5}$－钨铼$_{20}$等种类。它的最高使用温度受绝缘材料的限制，目前可使用到2500℃左右。主要用于钢水连续测温、反应堆测温等场合。

第三节　热电偶的冷端补偿

由热电效应的原理可知，热电偶产生的热电动势与两端温度有关。只有当冷端的温度恒定时，热电动势才是热端温度的单值函数。由于热电偶分度表是以冷端温度为0℃时做出的，因此在使用时要正确反映热端温度（被测温度），最好设法使冷端温度恒为0℃。但在实际应用中，热电偶的冷端通常靠近被测对象，且受到周围环境温度的影响，其温度不是恒定不变的。为此，必须采取一些相应的措施进行补偿或修正，常用的方法有以下几种。

一、冷端恒温法

1. 0℃恒温器

将热电偶的冷端置于温度为0℃的恒温器内（如冰水混合物），使冷端温度处于0℃。这种装置通常用于实验室或精密的温度测量。

2. 其他恒温器

将热电偶的冷端置于各种恒温器内，使之保持温度恒定，避免由于环境温度的波动而引入误差。这类恒温器可以是盛有变压器油的容器，利用变压器油的热惰性恒温；也可以是电加热的恒温器。这类恒温器的温度不为0℃，故最后还需对热电偶进行冷端温度修正。

二、补偿导线法

热电偶由于受到材料价格的限制不可能做得很长，而要使其冷端不受测温对象的温度影响，必须使冷端远离温度对象，采用补偿导线就可以做到这一点。所谓补偿导线，实际上是一对化学成分不同的导线，在0～150℃温度范围内与配接的热电偶有一致的热电特性，但价格相对要便宜。我们利用补偿导线，将热电偶的冷端延伸到温度恒定的场所（如仪表室），其实质是相当于将热电极延长。根据中间温度定律，只要热电偶和补偿导线的二个接点温度一致，是不会影响热电动势输出的。下面举例说明补偿导线的作用。

采用镍铬－镍硅热电偶测量炉温。热端温度为800℃，冷端温度为50℃。为了进行炉温的调节及显示，必须将热电偶产生的热电动势信号送到仪表室，仪表室的环境温度恒为20℃。

首先由镍铬－镍硅热电偶分度表查出它在冷端温度为0℃，热端温度为800℃时的热电动势为$E(800,0)=33.277\text{mV}$；热端温度为50℃时的热电动势为$E(50,0)=2.022\text{mV}$；热端温度为20℃时的热电动势为$E(20,0)=0.798\text{mV}$。

如果热电偶与仪表之间直接用铜导线连接，根据中间导体定律，输入仪表的热电动势为

$$E(800,50)=E(800,0)-E(50,0)=(33.277-2.022)\text{mV}$$
$$=31.255\text{mV}(\text{相当于}751℃)$$

如果热电偶与仪表之间用补偿导线连接，相当于将热电偶延伸到仪表室，输入仪表的热电动势为

$$E(800,20)=E(800,0)-E(20,0)=(33.277-0.798)\text{mV}$$
$$=32.479\text{mV}(\text{相当于}781℃)$$

与炉内的真实温度相差分别为

$$751°C - 800°C = -49°C$$

$$781°C - 800°C = -19°C$$

可见，补偿导线的作用是很明显的。

补偿导线的类型见表7-2。表中，Ⅰ类型通常是和所配热电极相同的合金；Ⅱ类型通常是和所配热电极不相同的合金。

表7-2 热电偶补偿导线类型

热电偶类型	补偿导线类型	合金材料		温度范围/℃	磁性	
		正极	负极		正极	负极
贱金属	Ⅰ类型					
镍铬-考铜	镍铬-考铜补偿导线	镍铬	考铜	0~150	无	无
铁-康铜	铁-康铜	铁	康铜	0~150	有	无
镍铬-镍硅	镍铬-镍硅	镍铬	镍硅	0~150	无	有
铜-康铜	铜-康铜	铜	康铜	0~150	无	无
	Ⅱ类型					
镍铬-镍硅	铜-康铜补偿导线	铜	康铜	0~150	无	无
钨铼$_5$-钨铼$_{20}$	铜-铜镍硅	铜	铜镍合金（Ni的质量分数为18%）	0~150	无	无
贵金属						
铂铑$_{10}$-铂	铜-铜镍合金	铜	铜镍合金（Ni的质量分数为0.6%）	0~150	无	无

三、计算修正法

上述两种方法解决了一个问题，即设法使热电偶的冷端温度恒定。但是，冷端温度并非一定为0℃，所以测出的热电动势还是不能正确反映热端的实际温度。为此，必须对温度进行修正。修正公式如下

$$E_{AB}(t,t_0) = E_{AB}(t,t_1) + E_{AB}(t_1,t_0) \tag{7-11}$$

式中，$E_{AB}(t,t_0)$为热电偶热端温度为t、冷端温度为0℃时的热电动势；$E_{AB}(t,t_1)$为热电偶热端温度为t、冷端温度为t_1时的热电动势；$E_{AB}(t_1,t_0)$为热电偶热端温度为t_1、冷端温度为0℃时的热电动势。

例如，用镍铬-镍硅热电偶测炉温，当冷端温度为30℃（且为恒定时），测出热端温度为t时的热电动势为39.17mV，求炉子的真实温度。

由镍铬-镍硅热电偶分度表查出$E(30,0)=1.20\text{mV}$，根据式（7-11）计算出

$$E(t,t_0) = (39.17 + 1.20)\text{mV} = 40.37\text{mV}$$

再通过分度表查出其对应的实际温度为

$$t = 977℃$$

四、电桥补偿法

计算修正法虽然很精确，但不适合连续测温。为此，有些仪表的测温线路中带有补偿电桥，利用不平衡电桥产生的电动势补偿热电偶因冷端波动引起的热电动势的变化。下面以

DBW 型温度变送器的输入回路为例加以说明。

DBW 型温度变送器能与各种常用热电偶配合使用，将温度参数转换成 0～10mA 直流电流统一信号。其热电偶输入回路的简化图如图 7-5 所示。

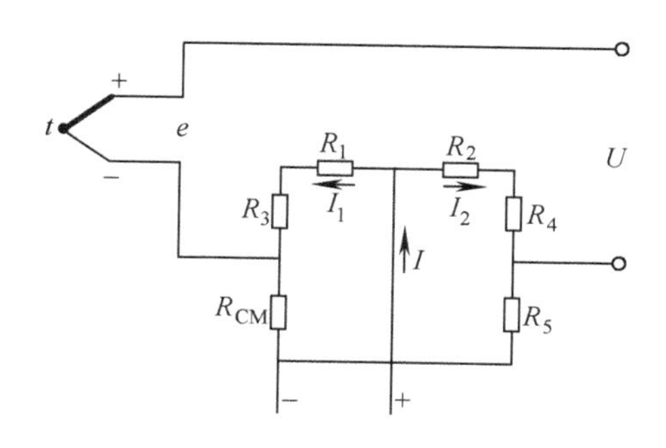

图 7-5　电桥补偿法

图中，e 为热电偶产生的热电动势，U 为回路的输出电压。回路中串接了一个补偿电桥。R_1～R_5 及 R_{CM} 均为桥臂电阻。R_{CM}是用漆包铜丝绕制成的，它和热电偶的冷端感受同一温度。R_1～R_5 均用锰铜丝绕成，阻值稳定。在桥路设计时，使 $R_1=R_2$，并且 R_1、R_2 的阻值要比桥路中其他电阻大得多。这样，即使电桥中其他电阻的阻值发生变化，左右两桥臂中的电流却差不多保持不变，从而认为其具有恒流特性。线路设计使得 $I_1=I_2=I/2=0.5\text{mA}$。

回路输出电压 U 为热电偶的热电动势 e、桥臂电阻 R_{CM}的压降 U_{RCM}及另一桥臂电阻 R_5 上的压降 U_{R5}三者的代数和，即

$$U=e+U_{RCM}-U_{R5}$$

当热电偶的热端温度一定，冷端温度升高时，热电动势将会减小。与此同时，铜电阻 R_{CM}的阻值将增大，从而使 U_{RCM}增大，由此达到了补偿的目的。

自动补偿的条件应为

$$\Delta e=I_1R_{CM}\alpha\Delta t \tag{7-12}$$

式中，Δe 为热电偶冷端温度变化引起的热电动势的变化，它随所用的热电偶材料不同而异；I_1 为流过 R_{CM}的电流，即 0.5mA；α 为铜电阻 R_{CM}的温度系数，一般取 0.00391/℃；Δt 为热电偶冷端温度的变化范围。

现假设热电偶的冷端温度变化范围为 0～50℃，材料采用铂铑$_{10}$－铂。查分度表得出 Δe 为 0.299mV，因此补偿电阻 R_{CM}的阻值可以根据式（7-12）求出

$$R_{CM}=\frac{1}{\alpha I_1}\left(\frac{\Delta e}{\Delta t}\right)=\frac{1}{0.0039\times0.5}\times\frac{0.299}{50}\Omega\approx3\Omega$$

用同样的方法可以求出采用镍铬－镍硅热电偶时 R_{CM}约为 20Ω。

需要说明的是，热电偶所产生的热电动势与温度之间的关系是非线性的，每变化 1℃ 所产生的毫伏数并非都相同，但补偿电阻 R_{CM}的阻值变化却与温度变化呈线性关系。因此，这种补偿方法是近似的。但在实际使用时，由于热电偶冷端温度变化范围不会太大，这种补偿方法常被采用。

五、采用 PN 结温度传感器作冷端补偿

补偿电路如图 7-6 所示。图中，热电偶产生的热电动势经 A_1 放大后通过 R_9 加到 A_3 的反相端，二极管 V 作为 PN 结温度传感器，与 R_4、R_5、RP 构成直流电桥，置于热电偶的冷端处，当冷端不为零时，桥路有一个不平衡电动势输出，经 A_2 放大后通过 R_{10}加到 A_3 的同相端，A_3 的增益为 1，其输出 U_o 为热电偶的热电动势与补偿电动势之和，从而达到了冷端温度自动补偿的目的。当冷端温度变化为 0～50℃时，补偿精度可达 0.5℃。

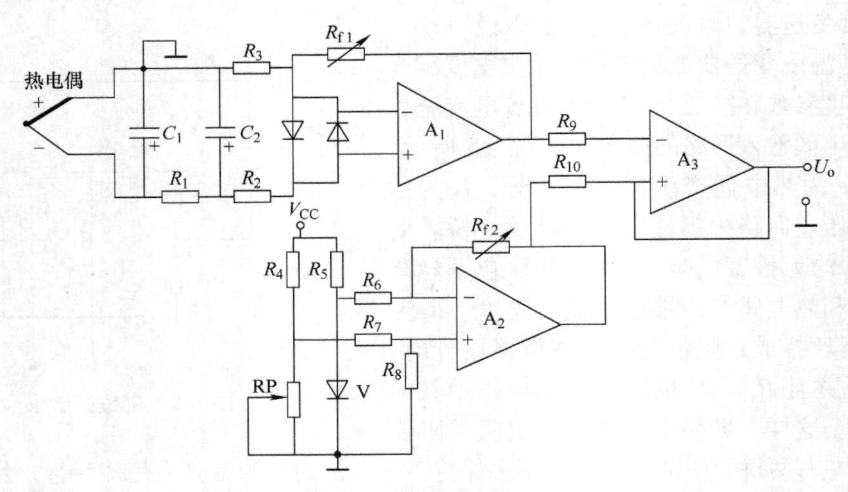

图7-6 采用PN结温度传感器作冷端补偿

六、采用集成温度传感器作冷端补偿

补偿电路如图7-7所示。图中，冷端补偿采用TMP35，这是一种高精度的电压型集成温度传感器，其主要特点是：工作电压低，仅为2.7～5.5V；静态电流小于50mA；外围元件少，使用相当方便。TMP35的测温范围为10～125℃，正处于热电偶的冷端变化范围内，它的灵敏度为10mV/℃，在0℃时输出电压为0V，当温度为25℃时，输出电压为250mV。

图中TMP35的输出经R_1与R_2分压，R_2上得到的压降U_2为冷端补偿电压，E为热电动势，U_o为经补偿后的输出。

若图7-7中采用K型热电偶，其灵敏度为40.95μV，可适当调整R_1与R_2的分压比，得到相同的补偿电动势。当然，不同型号的热电偶灵敏度也不同，所以分压比也要适当改变。

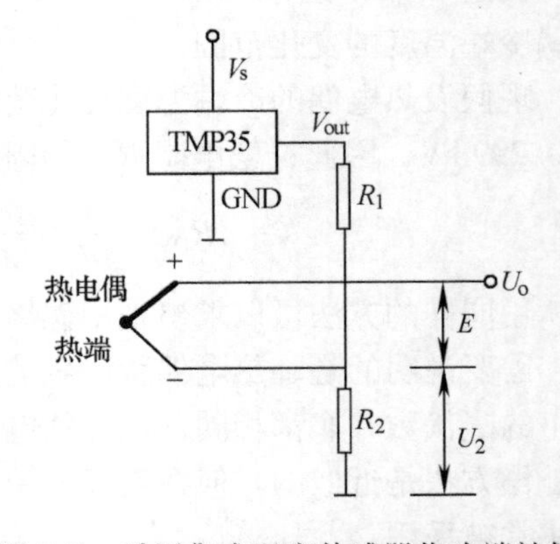

图7-7 采用集成温度传感器作冷端补偿

图7-8为采用该补偿器的热电偶测量电路，测温范围为0～250℃，用运放OP193作为放大器，相应的输出电压为0～2.5V（灵敏度为10mV/℃）。图中，经TMP35补偿后的输出加到OP193的同相端，调节电位器RP，改变放大器的增益，使温度在250℃时输出为2.5V即可。

冷端补偿也可以采用电流型集成温度传感器AD592。AD592是美国模拟器件公司的产品，其输出电流与绝对温度成正比。在0℃时，AD592输出电流为273.2μA，灵敏度为1μA/℃。系列产品中AD592CN的测量精度最高，在0～70℃之间的非线性误差仅±0.05℃，重复性误差和长期稳定性均小于±0.1℃。

图7-9是带冷端补偿及非线性校正的热电偶测温基本电路。

对于K型热电偶，在25℃中心范围，具有40.44μV/℃的温度系数，AD592输出电流在

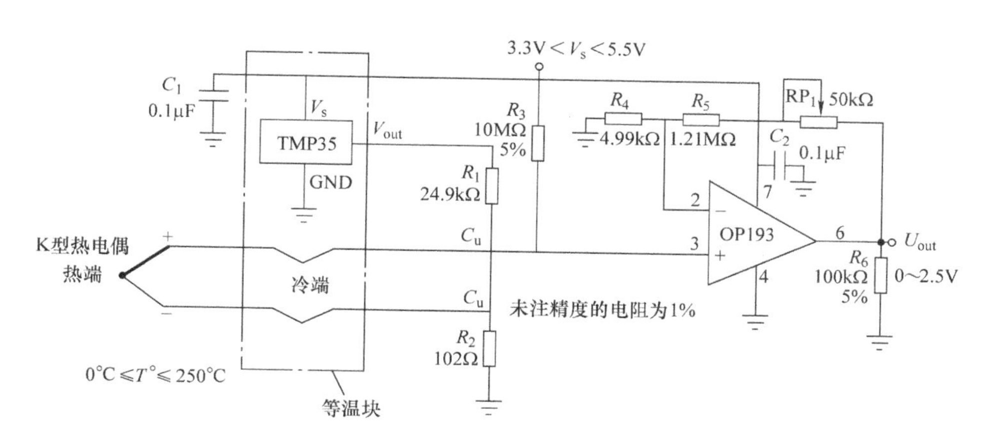

图 7-8　采用 TMP35 作冷端补偿的热电偶测量电路

电阻 R_a 上转换为补偿电压。当环境温度为 T 时，适当调整 RP_2，使得 R_a 上的压降为（273.2μA + T）×40.44Ω，这时可提供 40.44μV/℃的冷端补偿。但这样一来，当 T 为零时，热电偶正极对地存在 11.05mV 的误差电压（273.2μA ×40.44Ω）。解决的方法是在运算放大器 OP07 的反相输入部分加偏置电压补偿。在电路中，通过 AD538 的 4 脚引出 10V 电压，经 R_1 及 R_2 分压，由于 R_1 =1.1Ω，R_2 =10kΩ，故 R_1 上的压降为 11mV，从而消除了误差。图中，为了降低 AD592 上的功耗，减小因 AD592 温升引起的测量误差，使用了三端式集成稳压器 7805。

尽管 K 型热电偶线性度较好，但经放大后还是存在一定的非线性误差，若满量程为 600℃，则存在约 1% 的非线性误差。在对精度要求比较高的应用场合，必须使用线性化电路。线性化电路可以由多种方法实现，下面介绍的方法是利用高次多项式实现线性化。

热电偶的温差电动势可近似表示为

$$E_{AB}(T,0) = a_0 + a_1 T + a_2 T^2 + \cdots + a_N T^N \tag{7-13}$$

式中，T 为温度；$a_0 \cdots a_1$、a_N为系数。

从式（7-13）可以看出，高次幂运算电路能作为线性校正电路。电路运算次数越高，校正精度也越高。考虑到价格、时间响应等诸多因素，通常取到二次幂。温差电动势的近似表达式可由切比雪夫（Chebyshev）展开式求得。根据算法编写程序，运行时输入温度 Y_i 及热电动势 E_t。

对于 K 型热电偶，输入 Y_1 =0，Y_2 =100，…，再输入 E_1 =0mV，E_2 =4.095mV，…，得出结果为

$$U_{out} = -0.776\text{mV} + 24.9952E_{in} - 0.0347334E_{in}^2 \tag{7-14}$$

式中，U_{out}为输出电压，单位为 mV。

将 600℃时的温差电动势 E_{in} =24.902mV 代入上式，得到 U_{out} =600mV，要得到满量程时 6V 的输出，将上式扩大 10 倍后得到

$$U_{out} = -7.76\text{mV} + 249.952E_{in} - 0.347334E_{in}^2 \tag{7-15}$$

由上式不难验证，300℃时，E =12.207mV，U_{out}=2991.6mV（相当于 299.2℃）；600℃时，E =24.902mV，U_{out} =6001.2mV（相当于 600.1℃）。由此可见，输出已被校正。

以上只是理论上的分析，具体实现要用到二次方电路。在图 7-9 电路中，使用了非线性

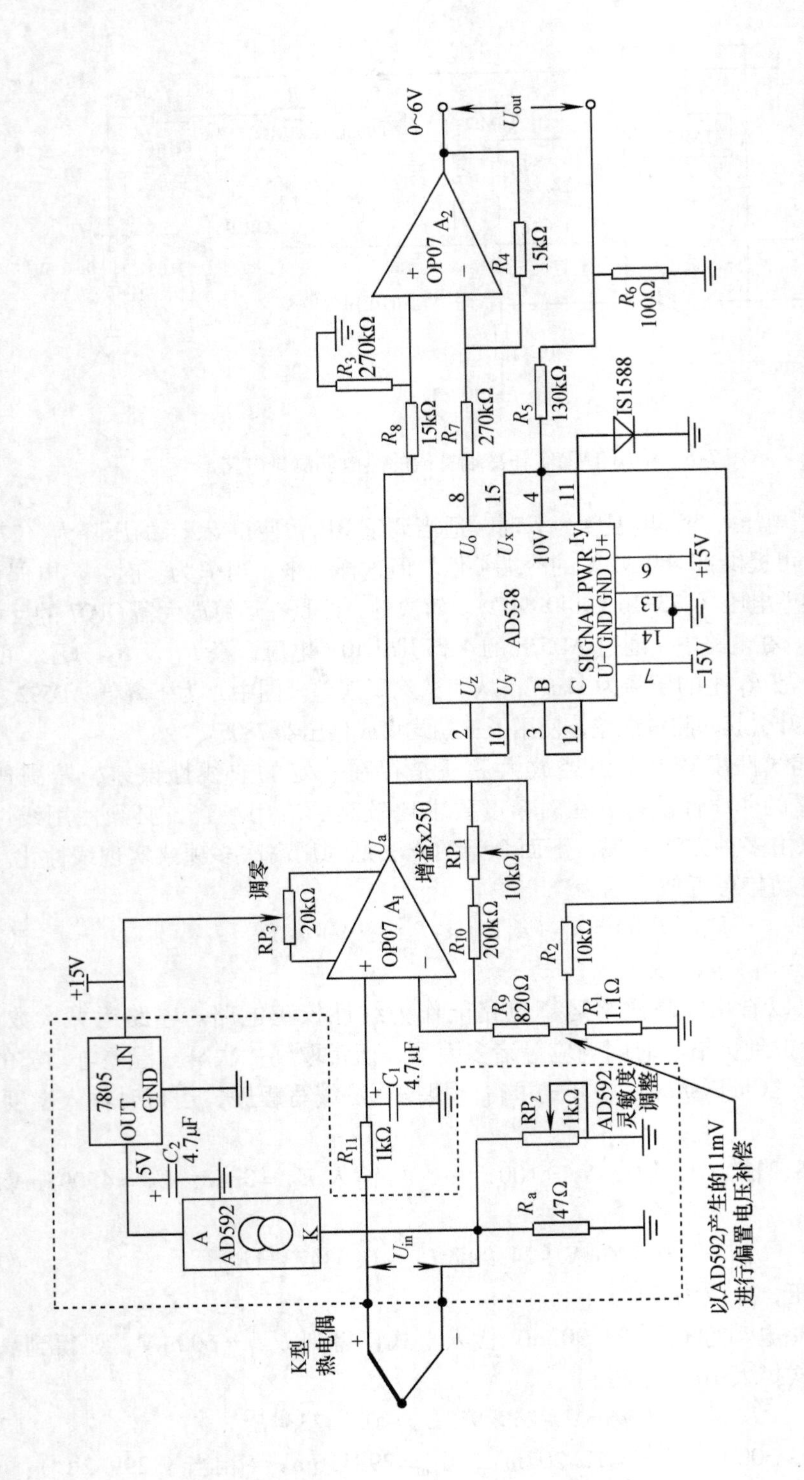

图7-9 采用AD590作冷端补偿的热电偶测温电路

集成电路芯片 AD538 实现乘法及指数运算。AD538 芯片有三个输入端 U_x、U_y、U_z，其输出电压 U_o 为

$$U_o = U_y\left(\frac{U_z}{U_x}\right)^m$$

对式（7-15）进行系数转换后得到

$$U_{out} = -7.76\text{mV} + 249.952E_{in} - 5.56 \times 10^{-6} \times (249.952E_{in})^2 \tag{7-16}$$

再结合图 7-9 分析，U_{in}、U_{out}分别为测量电路的输入与输出电压，U_a 为运放 A_1 的输出电压。若适当调整 RP_1，使运放 A_1 的增益为 250 倍，则 U_a 为

$$U_a = 249.952U_{in}$$

式（7-16）可写成

$$U_{out} = -7.76\text{mV} + U_a - 5.56 \times 10^{-6}U_a^2 \tag{7-17}$$

根据图 7-9 中的连接方式，AD538 的输入 $U_Y = U_Z = U_a$，$U_X = 10\text{V}$，$m = 1$，其输出 $U_o = U_a^2/10\text{V}$，将其代入式（7-17）得到

$$U_{out} = -7.76\text{mV} + U_a - 0.0556U_o \tag{7-18}$$

式（7-18）中常数项 7.76mV 是电路图中 AD538 第 15 脚输出 10V 电压通过 R_5 及 R_6 的分压后获得的；按照图 7-9 的电路连接，可推导出第二项系数表达式为：$[(1 + R_4/R_7)R_3]/(R_3 + R_8)$，当各电阻取图中所示阻值时，该系数恰好为 1。第三项系数通过 R_4/R_7 取得，当 $R_4 = 15\text{k}\Omega$，$R_7 = 270\text{k}\Omega$ 时，$R_4/R_7 = 0.0556$。

第四节 热电偶测温电路

一、测量某一点的温度

图 7-10 是一支热电偶和一个仪表配用的连接电路，用于测量某一点的温度。AB 为热电偶，A′B′为补偿导线。

这两种连接方式的区别在于：图 7-10a 中的热电偶冷端被延伸到仪表内，图 7-10b 中的热电偶冷端在仪表外面，R_D 为连接冷端与仪表的导线电阻。

二、测量两点之间的温度差

图 7-11 是用两支热电偶和一个仪表配合测量两点之间温差的电路。图中用了两支型号相同的热电偶并配用相同的补偿导线。工作时，两支热电偶产生的热电动势方向相反，故输入仪表的是其差值，这一差值正反映了两支热电偶热端的温差。为了减少测量误差，提高测量精度，要尽可能选用热电特性一致的热电偶，同时要保证两热电偶的冷端温度相同。

三、热电偶并联电路

有些大型设备需测量多点的平均温度，可以通过与热电偶并联的测量电路来实现。将 n 支同型号热电偶的正极和负极分别连接在一起的电路称为并联测量电路，如图 7-12 所示。如果 n 支热电偶的电阻均相等，则并联测量电路的总热电动势等于 n 支热电偶热电动势的平均值，即

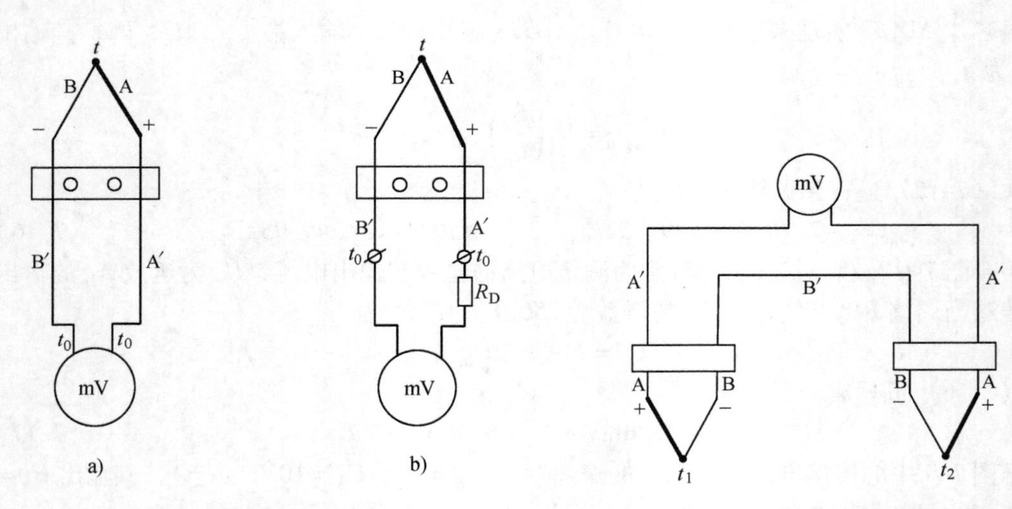

图 7-10 测量某一点温度

a) 冷端在仪表内 b) 冷端在仪表外

图 7-11 测量两点之间温差

$$E_{并} = \frac{E_1 + E_2 + \cdots + E_n}{n} \tag{7-19}$$

热电偶并联电路中，当其中一支热电偶断路时，不会中断整个测温系统的工作。

四、热电偶串联电路

将 n 支同型号热电偶依次按正负极相连接的电路称为串联测量电路，如图 7-13 所示。串联测量电路的总热电动势等于 n 支热电偶热电动势之和，即

$$E_{串} = E_1 + E_2 + \cdots + E_n = nE \tag{7-20}$$

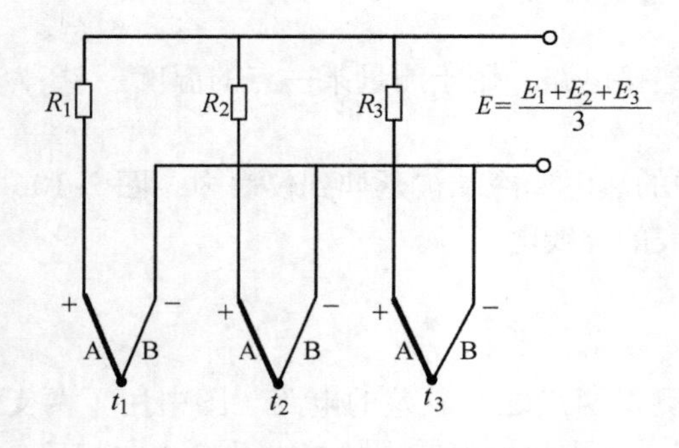

图 7-12 热电偶并联

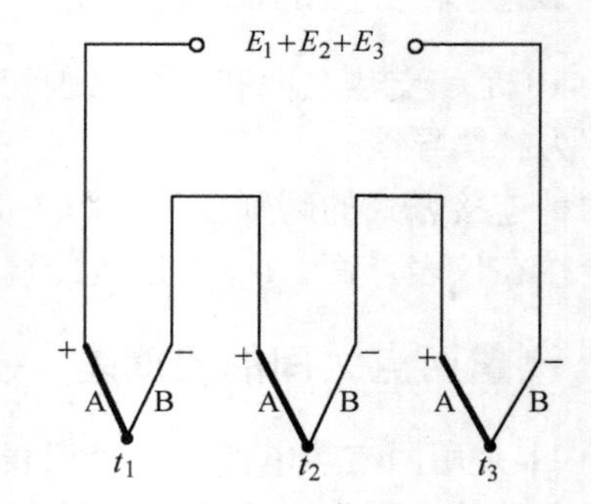

图 7-13 热电偶串联

串联电路的主要优点是热电动势大，仪表的灵敏度大为提高。缺点是只要有一支热电偶断路，整个测量系统便无法工作。

在热电偶测量电路中使用的导线线径应适当选大些，以减小线损的影响。

思考题与习题

1. 什么是金属导体的热电效应？热电动势由哪几部分组成？热电偶产生热电动势的必要条件是什么？
2. 常用热电偶有哪几种？所配用的补偿导线是什么？选择补偿导线有什么要求？

3. 简述热电偶的几个重要定律，并分别说明它们的实用价值。

4. 标准电极定律有何实际意义？若已知在某个特定条件下，材料 A 与铂配对的热电动势为 13.967mV，材料 B 与铂配对的热电动势为 8.345 mV，求出在此特定条件下，材料 A 与材料 B 配对后的热电动势。

5. 试述热电偶冷端温度补偿的几种主要方法和补偿原理。

6. 将一支灵敏度为 0.08mV /℃的热电偶与电压表相连，电压表接线端处温度为 50℃。电压表上读数为 60mV，求热电偶热端温度。

7. 某热电偶灵敏度为 0. 04mV/℃，把它放在温度为 1200℃处，若以指示仪表作为冷端，此处温度为 50℃，试求热电动势的大小。

8. 用镍铬－镍硅热电偶测量温度。已知冷端温度为 40℃，用高精度毫伏表测得这时的热电动势为 29.188mV，求被测点的温度。

9. 已知铂铑 10－铂热电偶的冷端温度 $t_0=25$℃，现测得热电动势 $E(t,t_0)=11.712$mV，求热端温度 t 是多少摄氏度？

10. 已知镍铬－镍硅热电偶的热端温度 $t=800$℃，冷端温度 $t_0=25$℃，求 $E(t,t_0)$是多少毫伏？

11. 现用一支镍铬－康铜热电偶测温，其冷端温度为 30℃，动圈显示仪表（机械零位在 0℃）指示值为 400℃，则认为热端实际温度为 430℃，对不对？为什么？正确值是多少？

12. 如图 7-14 所示的测温电路，热电偶的分度号为 K，仪表的示值应为多少摄氏度？

13. 用镍铬－镍硅热电偶测量某炉温的测量系统如图 7-15 所示。已知：冷端温度固定在 0℃，$t_0=30$℃，仪表指示温度为 210℃，后来发现由于工作上的疏忽把补偿导线 A′和 B′相互接错了，问：炉温的实际温度 t 为多少摄氏度？

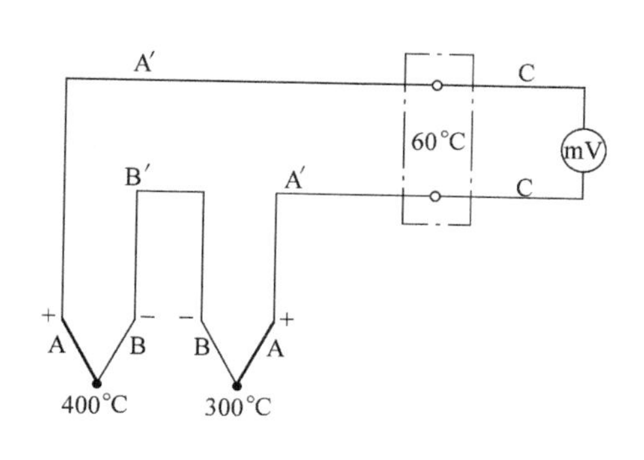

图 7-14　题 12 图

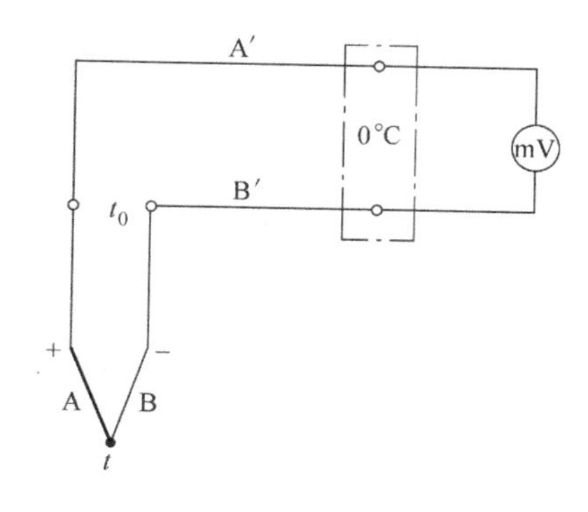

图 7-15　题 13 图

第八章　光电传感器

光电传感器是采用光电元件作为检测元件的传感器。它首先把被测量的变化转换成光信号的变化，然后借助光电元件进一步将光信号转换成电信号。光电传感器一般由光源、光学通路和光电元件三部分组成。光电检测方法具有精度高、反应快、非接触等优点，而且可测参数多，传感器的结构简单，形式灵活多样，因此在检测和控制领域中得到广泛应用。

第一节　光电效应与光电器件

光电元件是光电传感器中最重要的部件，常见的有真空光电元件和半导体光电元件两大类。它们的工作原理都基于不同形式的光电效应。根据光的波粒二象性，可以认为光是一种以光速运动的粒子流，这种粒子称为光子。每个光子具有的能量为

$$E = h\nu \tag{8-1}$$

式中，ν 为光波频率；h 为普朗克常量，$h = 6.63 \times 10^{-34}\,\mathrm{J \cdot s}$

由此可见，对不同频率的光，其光子能量是不相同的，光波频率越高，光子能量越大。用光照射某一物体，可以看作是一连串能量为 $h\nu$ 的光子轰击在这个物体上，此时光子能量就传递给电子，并且是一个光子的全部能量一次性地被一个电子所吸收。电子得到光子传递的能量后其状态就会发生变化，从而使受光照射的物体产生相应的电效应，我们把这种物理现象称为光电效应。通常把光电效应分为三类：

1）在光线作用下能使电子逸出物体表面的现象称为外光电效应，基于外光电效应的光电元件有光电管、光电倍增管等。

2）在光线作用下能使物体的电阻率改变的现象称为内光电效应。基于内光电效应的光电元件有光敏电阻、光敏晶体管等。

3）在光线作用下，物体产生一定方向电动势的现象称为光生伏特效应，基于光生伏特效应的光电元件有光电池等。

一、光电管、光电倍增管

光电管和光电倍增管是利用外光电效应制成的光电元件。下面简要介绍它们的结构和工作原理。

（一）光电管

光电管的外形和结构如图 8-1 所示，半圆筒形金属片制成的阴极 K 和位于阴极轴心的金属丝制成的阳极 A 封装在抽成真空的玻壳内。当入射光照射在阴极上时，单个光子就把它的全部能量传递给阴极材料中的一个自由电子，从而使自由电子的能量增加 $h\nu$。当电子获得的能量大于阴极材料的逸出功 A 时，它就可以克服金属表面束缚而逸出，形成电子发射。这种电子称为光电子，光电子逸出金

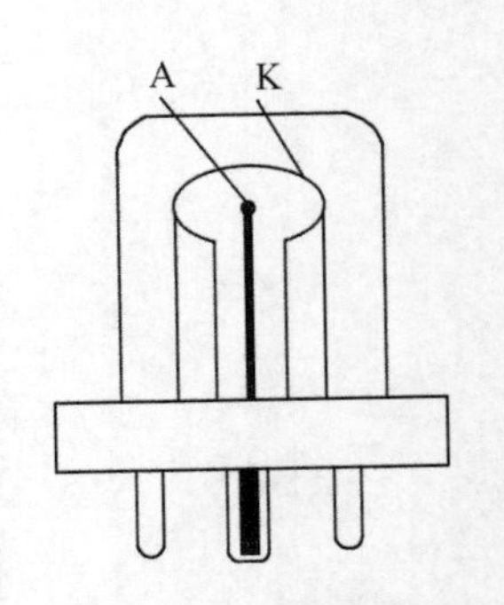

图 8-1　光电管的结构形式

属表面后的初始动能为$(1/2)mv^2$。

根据能量守恒定律有

$$\frac{1}{2}mv^2 = h\nu - A \tag{8-2}$$

式中，m 为电子质量；v 为电子逸出的初速度。

由式（8-2）可知，要使光电子逸出阴极表面的必要条件是 $h\nu > A$。由于不同材料具有不同的逸出功，因此对每一种阴极材料，入射光都有一个确定的频率限，当入射光的频率低于此频率限时，不论光强多大，都不会产生光电子发射，此频率限称为“红限”。相应的波长 λ_K 为

$$\lambda_K = \frac{hc}{A}$$

式中，c 为光速；A 为逸出功。

光电管正常工作时，阳极电位高于阴极，如图 8-2 所示。在入射光频率大于“红限”的前提下，从阴极表面逸出的光电子被具有正电位的阳极所吸引，在光电管内形成空间电子流，称为光电流。此时若光强增大，轰击阴极的光子数增多，单位时间内发射的光电子数也就增多，光电流变大。在图 8-2 所示的电路中，电流 I_Φ 和电阻 R_L 上的电压 U_o 和光强成函数关系，从而实现光电转换。

阴极材料不同的光电管，具有不同的红限，因此适用于不同的光谱范围。此外，即使入射光的频率大于红限，并保持其强度不变，但阴极发射的光电子数量还会随入射光频率的变化而改变，即同一种光电管对不同频率的入射光灵敏度并不相同。光电管的这种光谱特性，要求人们应当根据检测对象是紫外光、可见光还是红外光去选择阴极材料不同的光电管，以便获得满意的灵敏度。

（二）光电倍增管

由于真空光电管的灵敏度低，因此人们研制了具有放大光电流能力的光电倍增管。图 8-3 是光电倍增管结构示意图。从图中可以看到光电倍增管也有一个阴极 K 和一个阳极 A，与光电管不同的是在它的阴极和阳极间设置了若干个二次发射电极 D_1、D_2、D_3、……，它们称为第一倍增电极、第二倍增电极、……，倍增电极通常为 10～15 级。光电倍增管工作时，相邻电极之间保持一定电位差，其中阴极电位最低，各倍增电极电位逐级升高，阳极电位最高。当入射光照射阴极 K 时，从阴极逸出的光电子被第一倍增电极 D_1 加速，以高速轰击 D_1，引起二次电子发射，一个入射的光电子可以产生多个二次电子，D_1 发射出的二次电

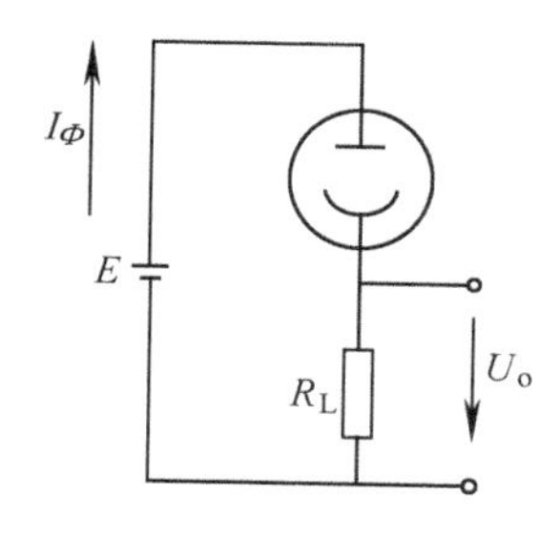

图 8-2　光电管测量电路

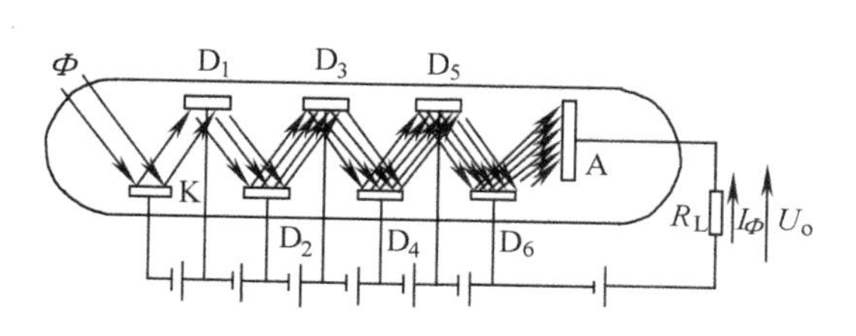

图 8-3　光电倍增管结构示意图

子又被 D_1、D_2 间的电场加速，射向 D_2，并再次产生二次电子发射……，这样逐级产生的二次电子发射，使电子数量迅速增加，这些电子最后到达阳极，形成较大的阳极电流。若倍增电极有 n 级，各级的倍增率为 σ，则光电倍增管的倍增率可以认为是 σ^n，因此，光电倍增管有极高的灵敏度。在输出电流小于 1mA 的情况下，它的光电特性在很宽的范围内具有良好的线性关系。光电倍增管的这个特点，使它多用于微光测量。

图 8-4 所示为光电倍增管的基本电路。各倍增极的电压是用分压电阻 R_1，R_2，…，R_n 获得的，阳极电流流经负载电阻 R_L 得到输出电压 U_o。当用于测量稳定的辐射通量时，图中虚线连接的电容 C_1、C_2、…、C_n 和输出隔离电容 C_0 都可以省去。这时电路往往将电源正端接地，并且输出可以直接与放大器输入端连接，从而使它能够响应变化缓慢的入射光通量。但当入射光通量为脉冲通量时，则应将电源的负端接地，因为光电倍增管的阴极接地比阳极接地有更低的噪声，此时输出端应接入隔离电容，同时各倍增极的并联电容亦应接入，以稳定脉冲工作时的各级工作电压，稳定增益并防止饱和。

二、光敏电阻

（一）工作原理

光敏电阻是采用半导体材料制做，利用内光电效应工作的光电元件。在光线的作用下其阻值往往变小，这种现象称为光导效应，因此，光敏电阻又称光导管。

用于制造光敏电阻的材料主要是金属的硫化物、硒化物和碲化物等半导体。通常采用涂敷、喷涂、烧结等方法在绝缘衬底上制做很薄的光敏电阻体及梳状欧姆电极，然后接出引线，封装在具有透光镜的密封壳体内，以免受潮影响其灵敏度。光敏电阻的原理结构如图 8-5 所示。在黑暗环境里，它的电阻值很高，当受到光照时，只要光子能量大于半导体材料的禁带宽度，则价带中的电子吸收一个光子的能量后就可跃迁到导带，并在价带中产生一个带正电荷的空穴，这种由光照产生的电子－空穴对增加了半导体材料中载流子的数目，使其电阻率变小，从而造成光敏电阻阻值下降。光照越强，阻值越低。入射光消失后，由光子激

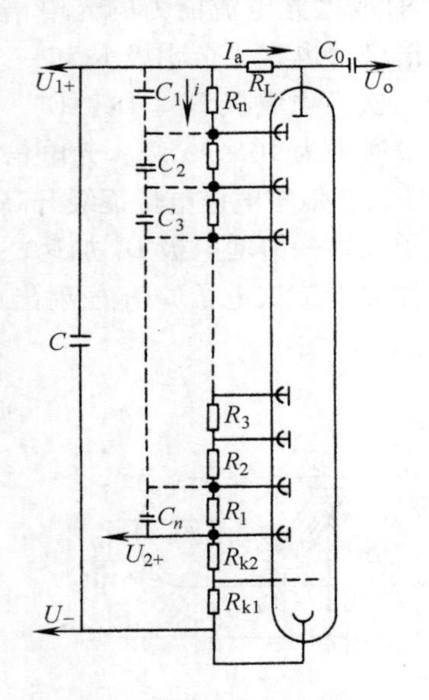

图 8-4 光电倍增管的基本电路

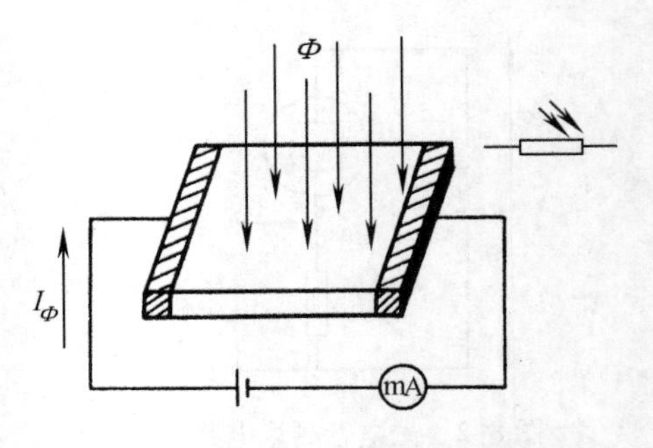

图 8-5 光敏电阻结构示意图及图形符号

发产生的电子–空穴对将逐渐复合，光敏电阻的阻值也就逐渐恢复原值。

在光敏电阻两端的金属电极之间加上电压，其中便有电流通过，光敏电阻受到适当波长的光线照射时，电流就会随光强的增加而变大，从而实现光电转换。光敏电阻没有极性，纯粹是一个电阻器件，使用时既可加直流电压，也可以加交流电压。

（二）基本特性和参数

1. 暗电阻、亮电阻

光敏电阻在室温和全暗条件下测得的稳定电阻值称为暗电阻或暗阻。此时流过的电流称为暗电流。例如 MG41-21 型光敏电阻暗阻大于等于 0.1MΩ。

光敏电阻在室温和一定光照条件下测得的稳定电阻值称为亮电阻或亮阻。此时流过的电流称为亮电流。MG41-21 型光敏电阻的亮阻小于等于 1kΩ。

亮电流与暗电流之差称为光电流。

显然，光敏电阻的暗阻越大越好，而亮阻越小越好，也就是说暗电流要小，亮电流要大。这样光敏电阻的灵敏度就高。

2. 伏安特性

在一定照度下，光敏电阻两端所加的电压与流过光敏电阻的电流之间的关系，称为伏安特性。

由图 8-6 可知，光敏电阻伏安特性近似直线，而且没有饱和现象。受耗散功率的限制，在使用时，光敏电阻两端的电压不能超过最高工作电压，图中虚线为允许功耗曲线，由此可确定光敏电阻的正常工作电压。

3. 光电特性

光敏电阻的光电流与光照度之间的关系称为光电特性。如图 8-7 所示，光敏电阻的光电特性呈非线性。因此不适宜作检测元件，这是光敏电阻的缺点之一，在自动控制中它常用作开关式光电传感器。

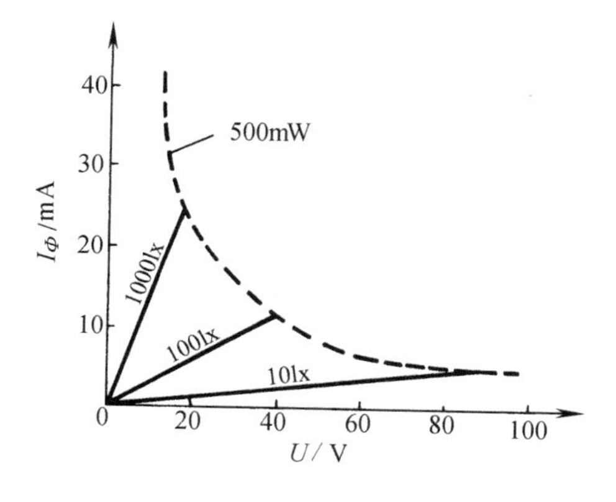

图 8-6　光敏电阻伏安特性

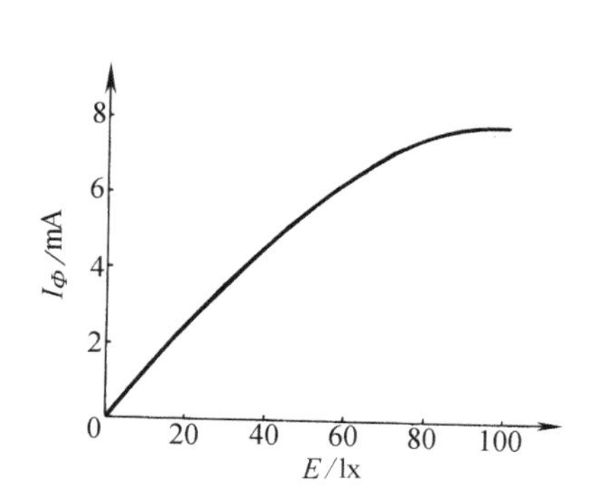

图 8-7　光敏电阻的光电特性

4. 光谱特性

对于不同波长的入射光，光敏电阻的相对灵敏度是不相同的。各种材料的光谱特性如图 8-8 所示。从图中看出，硫化镉的峰值在可见光区域，而硫化铅的峰值在红外区域，因此在选用光敏电阻时应当把元件和光源的种类结合起来考虑，才能获得满意的结果。

5. 频率特性

当光敏电阻受到脉冲光照时，光电流要经过一段时间才能达到稳态值，光照突然消失时，光电流也不立刻为零。这说明光敏电阻有时延特性。由于不同材料的光敏电阻时延特性不同，所以它们的频率特性也不相同。图 8-9 给出相对灵敏度 K_r 与光强变化频率 f 之间的关系曲线，可以看出硫化铅的使用频率比硫化铊高得多。但多数光敏电阻的时延都较大，因此不能用在要求快速响应的场合，这是光敏电阻的一个缺陷。

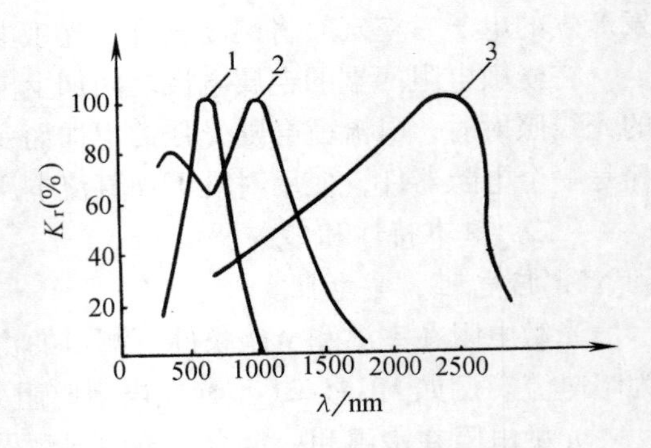

图 8-8 光敏电阻的光谱特性

1—硫化镉 2—硫化铊 3—硫化铅

6. 温度特性

光敏电阻和其他半导体器件一样，受温度影响较大，当温度升高时，它的暗电阻会下降。温度的变化对光谱特性也有很大影响，图 8-10 是硫化铅光敏电阻的光谱温度特性曲线。从图中可以看出，它的峰值随着温度上升向波长短的方向移动。因此，有时为了提高灵敏度或为了能接受远红外光而采取降温措施。

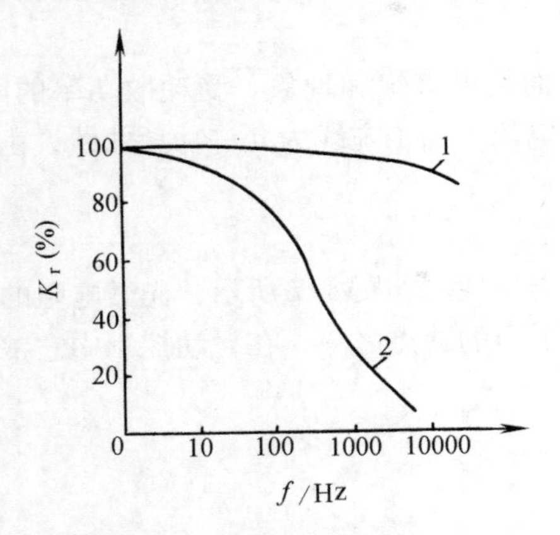

图 8-9 光敏电阻的频率特性

1—硫化铅光敏电阻 2—硫化铊光敏电阻

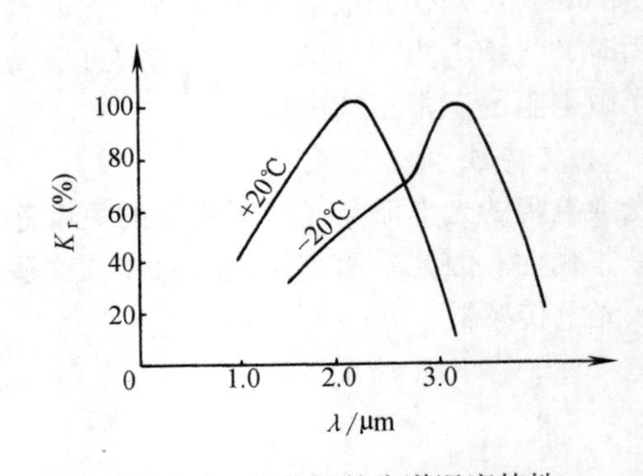

图 8-10 硫化铅的光谱温度特性

表 8-1 给出了几种型号国产光敏电阻的参数。

表 8-1 光敏电阻参数

型 号	亮电阻/Ω	暗电阻/Ω	光谱峰值波长/nm	时间常数/ms	耗散功率/mW	极限电压/V	温度系数/°C⁻¹	工作温度/℃	光敏面面积/mm²	使用材料
RG-CdS-A	$\leqslant 5\times10^4$	$\geqslant 1\times10^8$	520	<50	<100	100	<1%	-40~80	1~2	硫化镉
RG-CdS-B	$\leqslant 1\times10^5$	$\geqslant 1\times10^8$	520	<50	<100	150	<0.5%	-40~80	1~2	硫化镉
RG-CdS-C	$\leqslant 5\times10^5$	$\geqslant 1\times10^9$	520	<50	<100	150	<0.5%	-40~80	1~2	硫化镉
RG1A	$\leqslant 5\times10^3$	$\geqslant 5\times10^6$	450~850	≤20	20	10	≤±1%	-40~70		硫硒化镉
RG1B	$\leqslant 20\times10^3$	$\geqslant 20\times10^6$	450~850	≤20	20	10	≤±1%	-40~70		硫硒化镉
RG2A	$\leqslant 50\times10^3$	$\geqslant 50\times10^6$	450~850	≤20	100	100	≤±1%	-40~70		硫硒化镉
RG2B	$\leqslant 200\times10^3$	$\geqslant 200\times10^6$	450~850	≤20	100	100	≤±1%	-40~70		硫硒化镉

（续）

型号	亮电阻/Ω	暗电阻/Ω	光谱峰值波长/nm	时间常数/ms	耗散功率/mW	极限电压/V	温度系数/℃⁻¹	工作温度/℃	光敏面面积/mm²	使用材料
RL-18	$<5\times10^5$	$>1\times10^9$	520	<10	100	300	<1%	-40~80		硫化镉
RL-10	$5\sim9\times10^4$	$>5\times10^8$	520	<10	100	150	<1%	-40~80		硫化镉
RG-5	$<4\times10^4$	$>1\times10^9$	520	<5	100	30~50	<1%	-40~80		硫化镉

三、光敏晶体管

光敏晶体管通常指光敏二极管和光敏三极管，它们的工作原理也是基于内光电效应，和光敏电阻的差别仅在于光线照射在半导体 PN 结上，PN 结参与了光电转换过程。

（一）工作原理

光敏二极管的结构和普通二极管相似，只是它的 PN 结装在管壳顶部，光线通过透镜制成的窗口，可以集中照射在 PN 结上，图 8-11a 是其结构示意图。光敏二极管在电路中通常处于反向偏置状态，如图 8-11b 所示。

我们知道，PN 结加反向电压时，反向电流的大小取决于 P 区和 N 区中少数载流子的浓度，无光照时 P 区中少数载流子（电子）和 N 区中的少数载流子（空穴）都很少，因此反向电流很小。但是当光照 PN 结时，只要光子能量 $h\nu$ 大于材料的禁带宽度，就会在 PN 结及其附近产生光生电子－空穴对，从而使 P 区和 N 区少数载流子浓度大大增加，它们在外加反向电压和 PN 结内电场作用下定向运动，分别在两个方向上渡越 PN 结，使反向电流明显增大。如果入射光的照度变化，光生电子－空穴对的浓度将相应变动，通过外电路的光电流强度也会随之变动，光敏二极管就把光信号转换成了电信号。

光敏三极管有两个 PN 结，因而可以获得电流增益，它比光敏二极管具有更高的灵敏度。其结构如图 8-12a 所示。

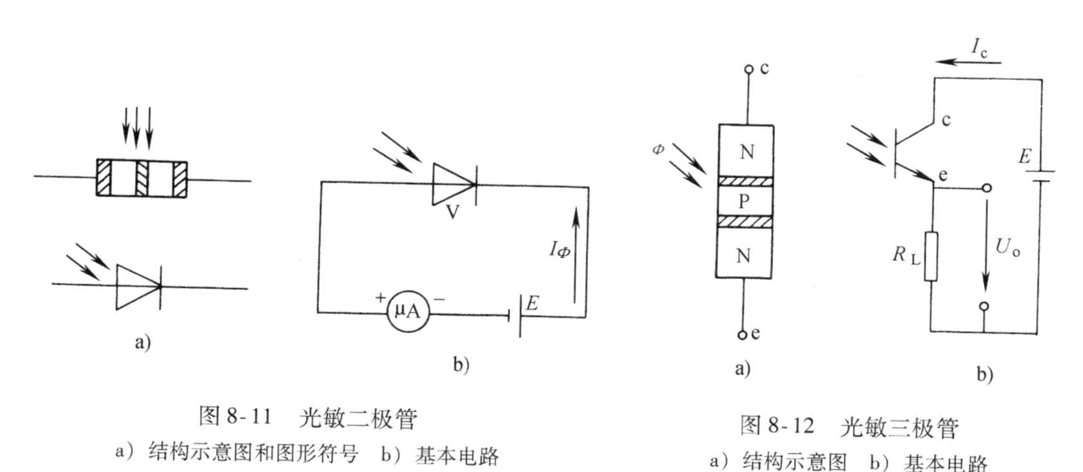

图 8-11 光敏二极管
a）结构示意图和图形符号 b）基本电路

图 8-12 光敏三极管
a）结构示意图 b）基本电路

当光敏三极管按图 8-12b 所示的电路连接时，它的集电结反向偏置，发射结正向偏置，无光照时仅有很小的穿透电流流过，当光线通过透明窗口照射集电结时，和光敏二极管的情况相似，将使流过集电结的反向电流增大，这就造成基区中正电荷的空穴的积累，发射区中的多数载流子（电子）将大量注入基区，由于基区很薄，只有一小部分从发射区注入的电子与基区的空穴复合，而大部分电子将穿过基区流向与电源正极相接的集电极，形成集电极电流 I_c。这个过程与普通三极管的电流放大作用相似，它使集电极电流 I_c 是原始光电流的 $(1+\beta)$ 倍。这样集电极电流 I_c 将随入射光照度的改变有更加明显地变化。

（二）基本特性

1. 光谱特性

在入射光照度一定时，光敏晶体管的相对灵敏度随光波波长的变化而变化，一种光敏晶体管只对一定波长范围的入射光敏感，这就是光敏晶体管的光谱特性，如图 8-13 所示。

由曲线可以看出，当入射光波长增加时，相对灵敏度要下降，这是因为光子能量太小，不足以激发电子-空穴对。当入射光波长太短时，光波穿透能力下降，光子只在半导体表面附近激发电子-空穴对，却不能达到 PN 结，因此相对灵敏度也下降。

从曲线还可以看出，不同材料的光敏晶体管，光谱峰值波长不同。硅管的峰值波长为 0.9μm 左右，锗管的峰值波长为 1.5μm 左右。由于锗管的暗电流比硅管大，所以锗管性能较差。因此在探测可见光或赤热物体时，多采用硅管。但对红外光进行探测时，采用锗管较为合适。

2. 伏安特性

光敏三极管在不同照度下的伏安特性，就像普通三极管在不同基极电流下的输出特性一样，如图 8-14 所示。在这里改变光照就相当于改变一般三极管的基极电流，从而得到这样一簇曲线。

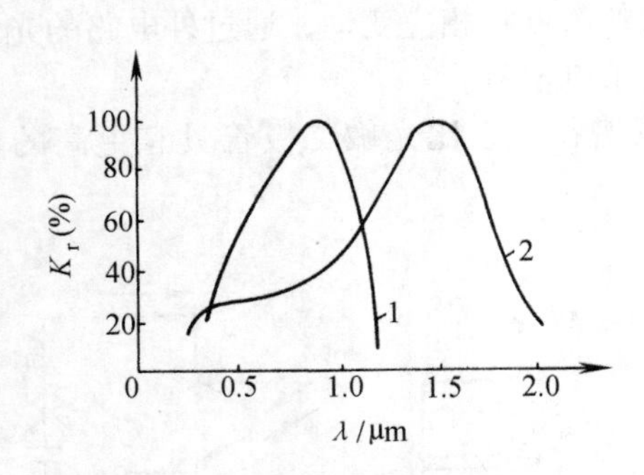

图 8-13 光敏晶体管的光谱特性

1—硅光敏晶体管 2—锗光敏晶体管

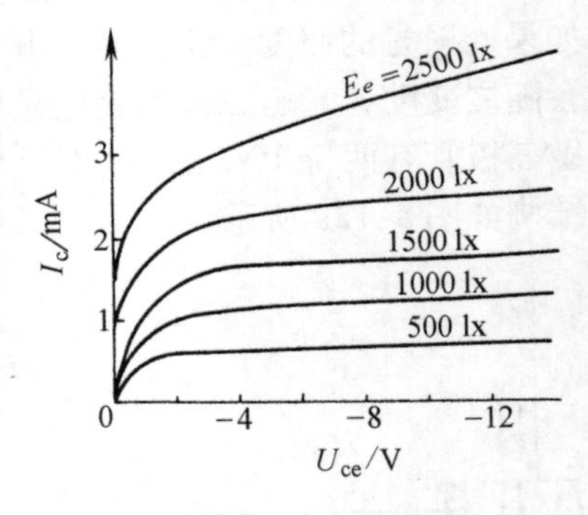

图 8-14 光敏三极管伏安特性

3. 光电特性

它指外加偏置电压一定时，光敏晶体管的输出电流和光照度的关系。一般说来，光敏二极管光电特性的线性较好，而光敏三极管在照度小时，光电流随照度增加较小，并且在光照足够大时，输出电流有饱和现象。这是由于光敏三极管的电流放大倍数在小电流和大电流时都下降的缘故。

4. 温度特性

温度的变化对光敏晶体管的亮电流影响较小，但是对暗电流的影响却十分显著，如图 8-15 所示。因此，光敏晶体管在高照度下工作时，由于亮电流比暗电流大得多，温度的影响相对来说比较小。但在低照度下工作时，因为亮电流较小，暗电流随温度变化就会严重影响输出信号的温度稳定性。在这种情况下，应当选用硅光敏管，这是因为硅管的暗电流要比锗管小几个数量级，同时还可以在电路中采取适当的温度补偿措施，或者将光信号进行调制，对输出的电信号采用交流放大，利用电路中隔直电容的作用，就可以隔断暗电流，消除温度的影响。

5. 频率特性

光敏晶体管受调制光照射时，相对灵敏度与调制频率的关系称为频率特性，如图 8-16 所示。减小负载电阻能提高频率响应，但输出降低。一般来说，光敏三极管的频率响应比光敏二极管差得多，锗光敏三极管的频率响应比硅管小一个数量级。

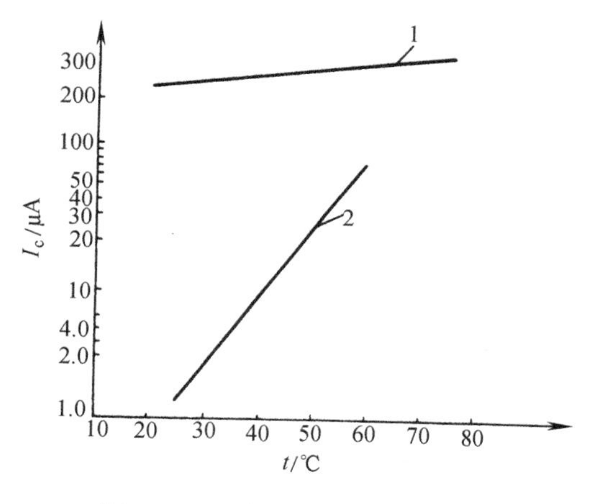

图 8-15 光敏晶体管的温度特性

1—输出电流 2—暗电流

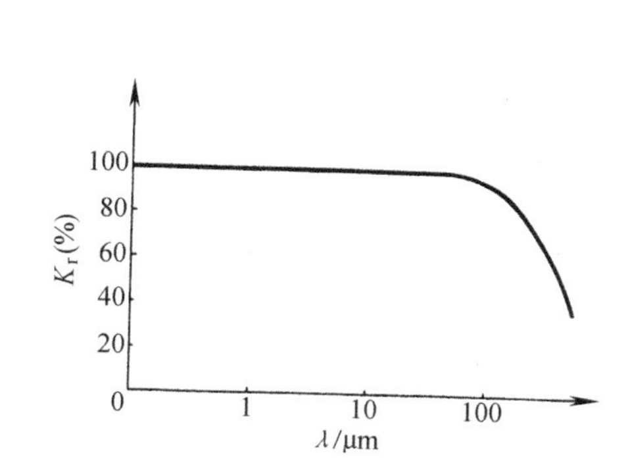

图 8-16 光敏晶体管频率特性

光敏二极管和光敏三极管的有关参数请参阅表 8-2 和表 8-3。

表 8-2 光敏二极管的主要参数

参数		测试条件	2CU 系列（中国）	2DU 系列（中国）	BPX 系列（荷兰）	S874/S875 系列（美国）	VTB 系列（美国）
光谱响应	波长范围/nm		350 ~ 1100	400 ~ 1100	400 ~ 1100	430 ~ 1030	400 ~ 1060
	峰值波长/nm		800 ~ 900	850	800	850	850
	峰值灵敏度/($\mu A \cdot \mu W^{-1}$)		0.45	>0.4	—	0.45	0.5
短路光电流/μA		2856K 100 lx	>1.0	0.6 ~ 2.0	1.3 ~ 3.8	0.9 ~ 75	1 ~ 20
暗电流/pA		U_R = 10mV	<100	<1000	$<10^6$	5 ~ 200	20 ~ 2000
结电容/pF		U_R = 0V	50 ~ 60	60 ~ 100	300 ~ 800	180 ~ 13000	310 ~ 8000
上升时间/μs		U_R = 0V	0.1	0.1	<2	0.4 ~ 30	—
工作电压/V		—	30	50	18	30	0 ~ 2

表 8-3 光敏三极管的主要参数

参数		测试条件	3UD 系列（中国）	ZL 系列（中国）	BPX 系列（荷兰）	PN100 PN110（日本）
光谱响应	波长范围/nm		500 ~ 1100	350 ~ 1050	500 ~ 1100	400 ~ 1100
	峰值波长/nm		900	—	800	800
光电流/mA		$U_{CE}=5V$ $E=1000$ lx	>0.5	>1.5	1 ~ 10	1 ~ 2
暗电流/μA		$U_{CE}=10V$	<1	<1	<0.5	0.05
上升时间/μs		$U_{CE}=10V$，$R_L=100\Omega$	<10	<5	1 ~ 6	3 ~ 4
工作电压/V		U_{CEmax}	10 ~ 50	6	30 ~ 50	20 ~ 40
受光面积/mm^2		—	0.25			
最大功耗/mW			100		100 ~ 300	50 ~ 100

四、光电池

光电池是一种自发电式的光电元件，它受到光照时自身能产生一定方向的电动势，在不加电源的情况下，只要接通外电路，便有电流通过。光电池的种类很多，有硒、氧化亚铜、硫化铊、硫化镉、锗、硅、砷化镓光电池等，其中应用最广泛的是硅光电池，因为它有一系列优点，例如性能稳定、光谱范围宽、频率特性好、转换效率高、能耐高温辐射等。另外，由于硒光电池的光谱峰值位于人眼的视觉范围，所以很多分析仪器、测量仪表也常用到它。下面着重介绍硅光电池。

（一）工作原理

硅光电池的工作原理基于光生伏特效应，它是在一块 N 型硅片上用扩散的方法掺入一些 P 型杂质而形成的一个大面积 PN 结，如图 8-17a 所示。当光照射 P 区表面时，若光子能量 $h\nu$ 大于硅的禁带宽度，则在 P 区内每吸收一个光子便产生一个电子 - 空穴对，P 区表面吸收的光子最多，激发的电子 - 空穴对最多，越向内部则越少。这种浓度差便形成从表面向体内扩散的自然趋势。由于 PN 结内电场的方向是由 N 区指向 P 区的，它使扩散到 PN 结附近的电子 - 空穴对分离，光生电子被推向 N 区，光生空穴被留在 P 区。从而使 N 区带负电，P 区带正电，形成光生电动势。若用导线连接 P 区和 N 区，电路中就有光电流流过。

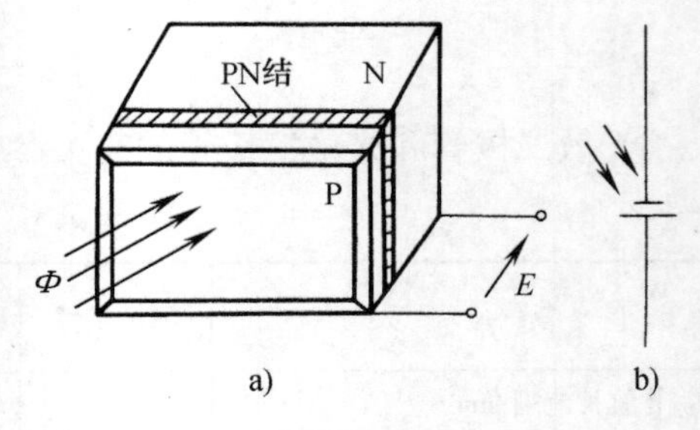

图 8-17 光电池
a）结构示意图 b）图形符号

（二）基本特性

1. 光谱特性

光电池对不同波长的光，灵敏度是不同的。图 8-18 是硅光电池和硒光电池的光谱特性曲线。从图中可知，不同材料的光电池适用的入射光波长范围也不相同。硅光电池的适用范围宽，对应的入射光波长可在 0.45 ~ 1.1μm 之间，而硒光电池只能在 0.34 ~ 0.57μm 波长范围，它适用于可见光检测。

在实际使用中应根据光源的性质来选择光电池，当然也可根据现有的光电池来选择光源，但是要注意光电池的光谱峰值位置不仅和制造光电池的材料有关，同时，也和制造工艺有关，而且随着使用温度的不同会有所移动。

2. 光电特性

光电池在不同的光照度下，光生电动势和光电流是不相同的。硅光电池的光电特性如图8-19所示。其中曲线1是负载电阻无穷大时的开路电压特性曲线，曲线2是负载电阻相对于光电池内阻很小时的短路电流特性曲线。开路电压与光照度的关系是非线性的，而且在光照变为2000 lx时就趋于饱和，而短路电流在很大范围内与光照度呈线性关系，负载电阻越小，这种线性关系越好，而且线性范围越宽。因此检测连续变化的光照度时，应当尽量减小负载电阻，使光电池在接近短路的状态工作，也就是把光电池作为电流源来使用。在光信号断续变化的场合，也可以把光电池作为电压源使用。

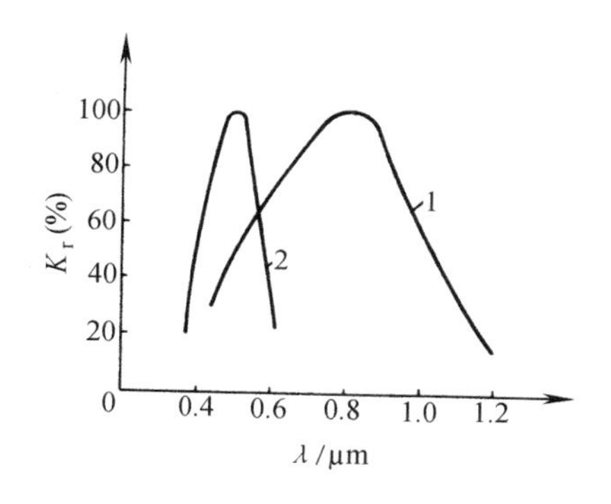

图8-18　光电池光谱特性

1—硅光电池　2—硒光电池

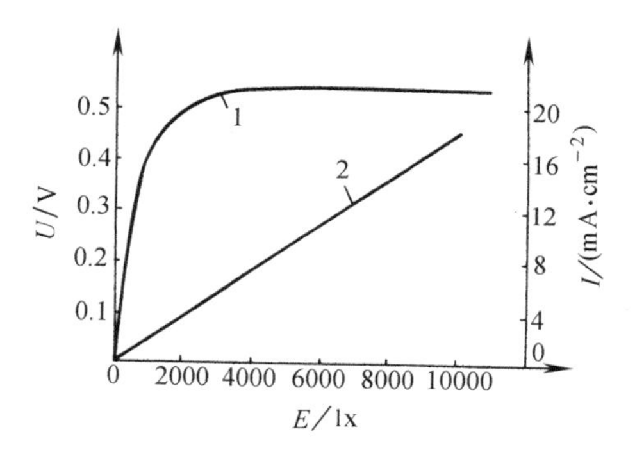

图8-19　硅光电池的光电特性

1—开路电压特性曲线　2—短路电流特性曲线

3. 温度特性

光电池的温度特性是指开路电压和短路电流随温度变化的情况。由于它关系到应用光电池的仪器设备的温度漂移，影响测量精度或控制精度等重要指标，因此温度特性是光电池的重要特性之一。从图8-20中可以看出，硅光电池开路电压随温度上升而明显下降，温度上升1℃，开路电压约降低3mV。短路电流却随温度上升而缓慢增加。因此，光电池作为检测元件时，应考虑温度漂移的影响，并采用相应的措施进行补偿。

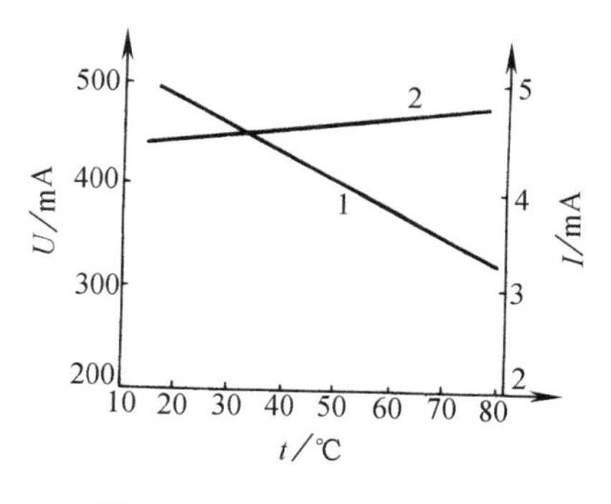

图8-20　硅光电池温度特性

1—开路电压　2—短路电流

4. 频率特性

光电池的频率特性是指输出电流与入射光调制频率的关系。

当入射光照度变化时，由于光生电子-空穴对的产生和复合都需要一定时间，因此入射光调制频率太高时，光电池输出电流的变化幅度将下降。硅光电池的频率特性较好，工作频率的上限约为数万赫兹，而硒光电池的频率特性较差。在调制频率较高的场合，应采用硅光电池，并选择面积较小的硅光电池和较小的负载电阻，以进一步减小响应时间，改善频率特性。

硅光电池的有关参数可参阅表8-4。

表8-4 硅光电池参数

型号	在30℃入射光强100mW/cm²条件下测试			面积/mm²或直径/mm	型号	在30℃入射光强100mW/cm²条件下测试			面积/mm²或直径/mm
	开路电压 U_{OC}/mV	短路电流 I_{SC}/mA	转换效率 η (%)			开路电压 U_{OC}/mV	短路电流 I_{SC}/mA	转换效率 η (%)	
2CR11	450~600	2~4	≥6	2.5×5	2CR54	550~600	54~60	12以上	10×20
2CR21	450~600	4~8	≥6	5×5	2CR61	450~600	40~65	6~8	ϕ17
2CR31	450~600	9~15	6~8	5×10	2CR62	500~600	40~65	8~10	ϕ17
2CR32	500~600	9~15	8~10	5×10	2CR63	550~600	51~65	10~12	ϕ17
2CR33	550~600	12~15	10~12	5×10	2CR64	550~600	61~65	12以上	ϕ17
2CR34	550~600	12~15	12以上	5×10	2CR71	450~600	72~120	≥6	20×20
2CR41	450~600	18~30	6~8	10×10	2CR81	450~600	88~140	6~8	ϕ25
2CR42	500~600	18~30	8~10	10×10	2CR82	500~600	88~140	8~10	ϕ25
2CR43	550~600	23~30	10~12	10×10	2CR83	550~600	110~140	10~12	ϕ25
2CR44	550~600	27~30	12以上	10×10	2CR84	550~600	132~140	12以上	ϕ25
2CR51	450~600	36~60	6~8	10×20	2CR91	450~600	18~30	≥6	5×20
2CR52	500~600	36~60	8~10	10×20	2CR101	450~600	173~288	≥6	ϕ35
2CR53	550~600	45~60	10~12	10×20					

第二节 光电传感器与光电检测

光电传感器通常由光源、光学通路和光电元件三部分组成，如图8-21所示。图中Φ_1是光源发出的光信号，Φ_2是光电器件接收的光信号，被测量可以是x_1或者x_2，它们能够分别造成光源本身或光学通路的变化，从而影响传感器输出的电信号I。光电传感器设计灵活，形式多样，在越来越多的领域内得到广泛的应用。

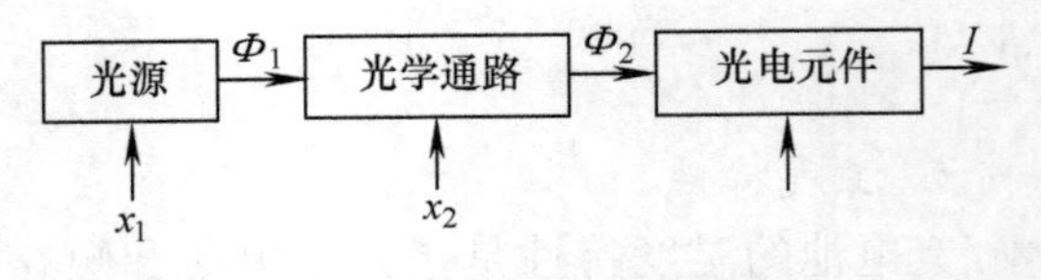

图8-21 光电传感器结构框图

一、光电传感器的类型

按照光电传感器中光电元件输出电信号的形式可以将光电传感器分为模拟式和脉冲式两大类。

（一）模拟式光电传感器

模拟式光电传感器中光电元件接收的光通量随被测量连续变化，因此，输出的光电流也是连续变化的，并与被测量呈确定的函数关系，这类传感器通常有以下四种形式。

1）光源本身是被测物，它发出的光投射到光电元件上，光电元件的输出反映了光源的某些物理参数，如图8-22a所示。这种形式的光电传感器可用于光电比色高温计和照度计。

2）恒定光源发射的光通量穿过被测物，其中一部分被吸收，剩余的部分投射到光电元件上，吸收量取决于被测物的某些参数，如图8-22b所示。可用于测量透明度、混浊度。

3）恒定光源发射的光通量投射到被测物上，由被测物表面反射后再投射到光电元件上，如图8-22c所示。反射光的强弱取决于被测物表面的性质和状态，因此可用于测量工件表面粗糙度、纸张的白度等。

4）从恒定光源发射出的光通量在到达光电元件的途中受到被测物的遮挡，使投射到光电元件上的光通量减弱，光电元件的输出反映了被测物的尺寸或位置，如图8-22d所示。这种传感器可用于工件尺寸测量、振动测量等场合。

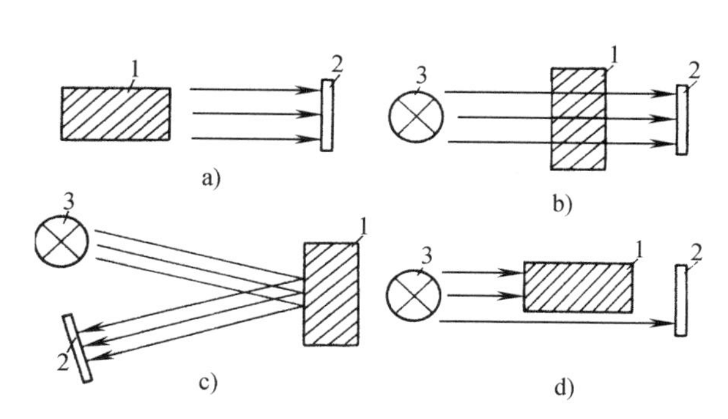

图8-22　模拟式光电传感器常见形式
a）被测量是光源　b）被测量吸收光通量　c）被测量是有反射能力的表面　d）被测量遮蔽光通量
1—被测物　2—光电元件　3—恒光源

（二）脉冲式光电传感器

在这种传感器中，光电元件接收的光信号是断续变化的，因此光电元件处于开关工作状态，它输出的光电流通常是只有两种稳定状态的脉冲形式的信号，多用于光电计数和光电式转速测量等场合。

二、光电传感器的常用光源

光源是许多光电传感器的重要组成部分，要使光电传感器很好地工作，除了合理选用光电元件外，还必须配备合适的光源。常用的光源有以下几种。

（一）发光二极管

发光二极管是一种把电能转变成光能的半导体器件。它具有体积小、功耗低、寿命长、响应快、机械强度高等优点，并能和集成电路相匹配。因此，广泛地用于计算机、仪器仪表和自动控制设备中。

（二）钨丝灯泡

钨丝灯泡是一种最常用的光源，它具有丰富的红外线。如果选用的光电元件对红外光敏感，构成传感器时可加滤色片将钨丝灯泡的可见光滤除，而仅用它的红外线作光源，这样，可有效防止其他光线的干扰。

（三）激光

激光与普通光线相比具有能量高度集中，方向性好、单色性好、相干性好等优点，是很理想的光源。

三、光电转换电路

由光源、光学通路和光电器件组成的光电传感器在用于光电检测时，还必须配备适当的测量电路。测量电路能够把光电效应造成的光电元件电性能的变化转换成所需要的电压或电流。不同的光电元件，所要求的测量电路也不相同。下面介绍几种半导体光电元件常用的测量电路。

半导体光敏电阻可以通过较大的电流，所以在一般情况下，无需配备放大器。在要求较大的输出功率时，可用图8-23所示的电路。

图8-24a给出带有温度补偿的光敏二极管桥式测量电路。当入射光强度缓慢变化时，光

敏二极管的反向电阻也是缓慢变化的，温度的变化将造成电桥输出电压的漂移，必须进行补偿。图中一个光敏二极管作为检测元件，另一个装在暗盒里，置于相邻桥臂中，温度的变化对两只光敏二极管的影响相同，因此，可消除桥路输出随温度的漂移。

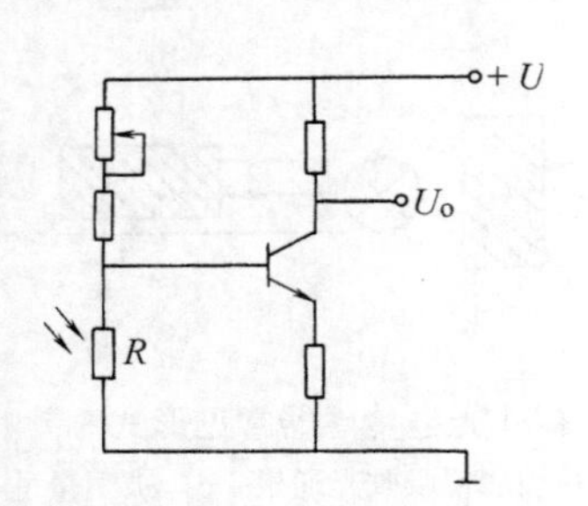

图 8-23 光敏电阻测量电路

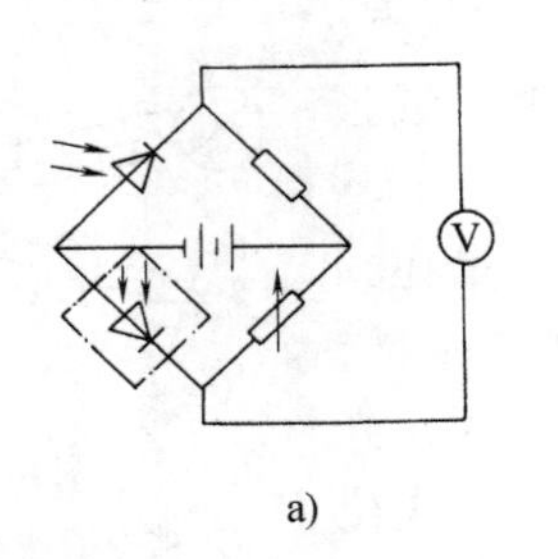

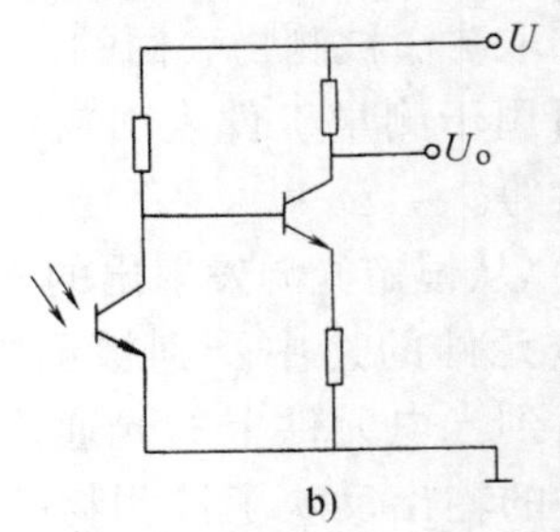

图 8-24 光敏晶体管测量电路

a）光敏二极管测量电桥 b）光敏三极管测量电路

光敏三极管在低照度入射光下工作时，或者希望得到较大的输出功率时，也可以配以放大电路，如图 8-24b 所示。

由于光敏电池即使在强光照射下，最大输出电压也仅 0.6V，还不能使下一级晶体管有较大的电流输出，故必须加正向偏压，如图 8-25a 所示。为了减小晶体管基极电路阻抗变化，尽量降低光电池在无光照时承受的反向偏压，可在光电池两端并联一个电阻。或者像图 8-25b 所示的那样利用锗二极管产生的正向压降和光电池受到光照时产生的电压叠加，使硅管 e、b 极间电压大于 0.7V，而导通工作。这种情况下也可以使用硅光电池组，如图 8-25c 所示。

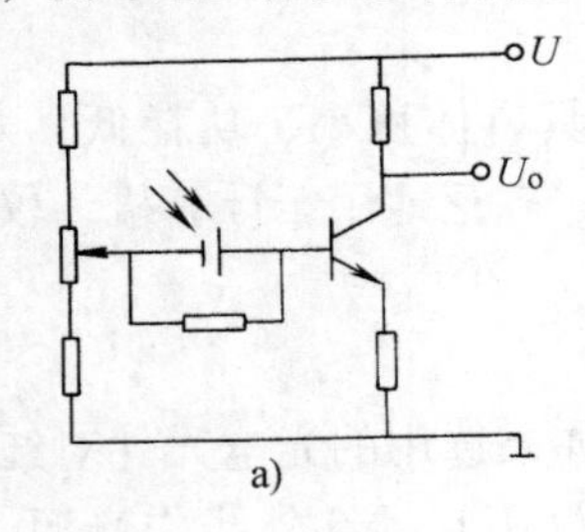

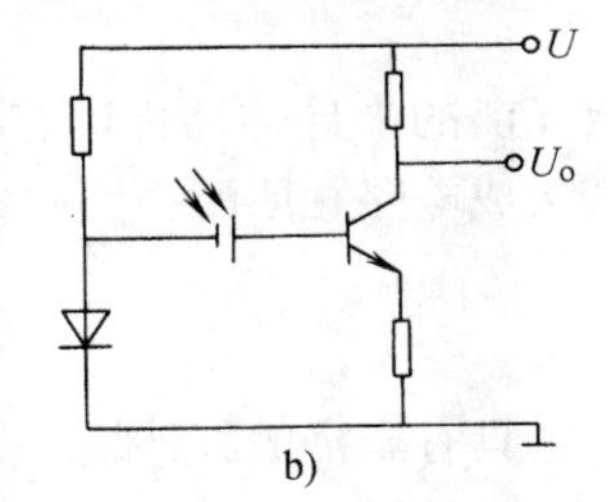

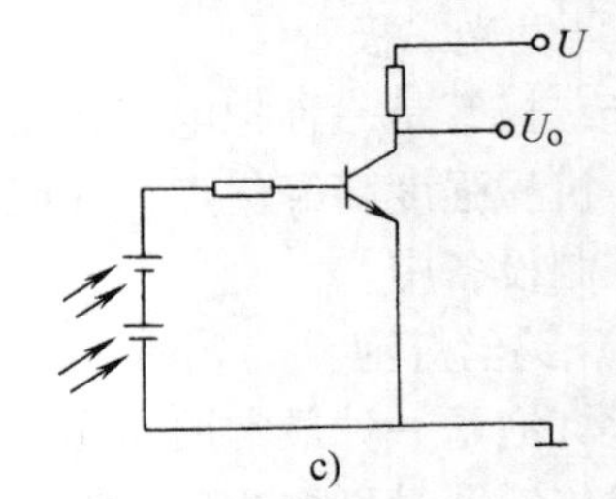

图 8-25 光电池测量电路

半导体光电元件的光电转换电路也可以使用集成运算放大器。硅光敏二极管通过集成运放可得到较大输出幅度，如图 8-26a 所示。当光照产生的光电流为 I_Φ 时，输出电压 $U_o = I_\Phi R_F$。为了保证光敏二极管处于反向偏置，在它的正极要加一个负电压。图 8-26b 给出硅光电池的光电转换电路，由于光电池的短路电流和光照呈线性关系，因此将它接在运放的正、反相输入端之间，利用这两端电位差接近于零的特点，可以得到较好的效果。在图中所示条件下，输出电压 $U_o = 2I_\Phi R_F$。

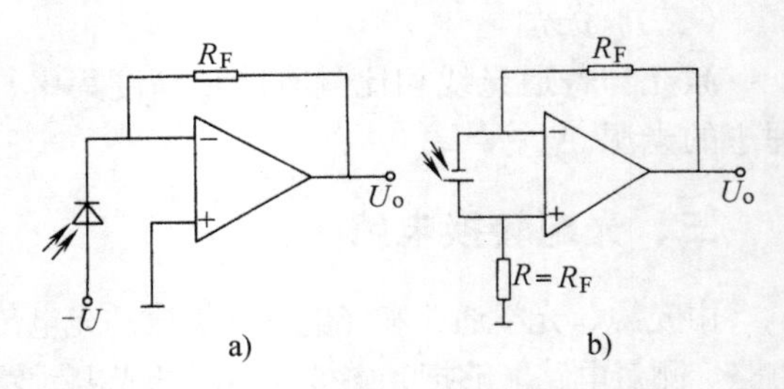

图 8-26 使用运算放大器的光敏元件放大电路

a）硅光敏二极管放大电路 b）硅光电池放大电路

四、光电检测实例

（一）WDS 型光电比色高温计

光电比色高温计是一种非接触式高温测量仪表，它是根据辐射体在两个不同波长上的辐射能量之比来测量温度的，如图 8-27 所示。

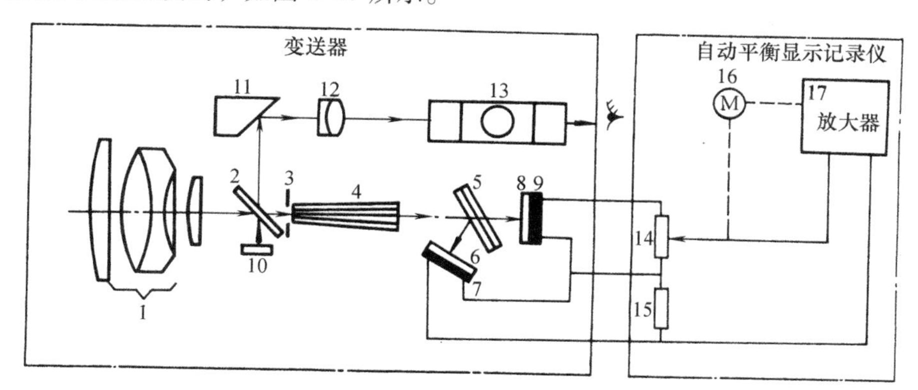

图 8-27　光电比色高温计原理结构图

1—物镜　2—平行平面玻璃片　3—光阑　4—光导棒　5—分光镜　6—滤色片　7—硅光电池　8—滤色片　9—硅光电池　10—瞄准反射镜　11—反射镜　12—目镜　13—棱镜　14、15—电阻　16—可逆电动机　17—放大器

测温对象发出的辐射线经过物镜 1 成像于光阑 3，通过光导棒 4 投射在分光镜 5 上，分光镜使长波辐射线（红外光）透射，而将短波辐射线（可见光）反射。透过分光镜的长波辐射线再经滤色片 8 将残余的短波部分滤除，而后被作为红外光电元件的硅光电池 9 所接收，从而得到与该波长辐射强度成单值函数关系的电信号输出。由分光镜 5 反射出来的短波辐射线，再经滤色片 6 将长波部分滤去，被作为可见光接受元件的硅光电池 7 所接收，转换成与此波长辐射强度成函数关系的电信号输出。将这两个电信号输入自动平衡显示记录仪，根据光电信号比，即可得出被测对象的温度值。光阑 3 前的平行平面玻璃片 2 将一部分光线反射到瞄准反射镜 10 上，再经反射镜 11、目镜 12 和棱镜 13，到达使用者的眼睛，以便瞄准测温对象。

WDS 型光电比色高温计的温度测量范围为 800～2000℃，精度为 0.5%，响应速度由光电元件及二次仪表记录速度决定。它的优点是反应速度快，测量范围宽，测温准确，测量环境中的粉尘、水汽、烟雾等对测量结果影响较小。

（二）光电比色计

光电比色计是一种用于化学分析的仪器，原理结构如图 8-28 所示，光源 1 发出的光分为左右两束强度相等的光线。其中一束穿过标准样品 4 投射在光电池 6 上，另一束穿过被检测的样品溶

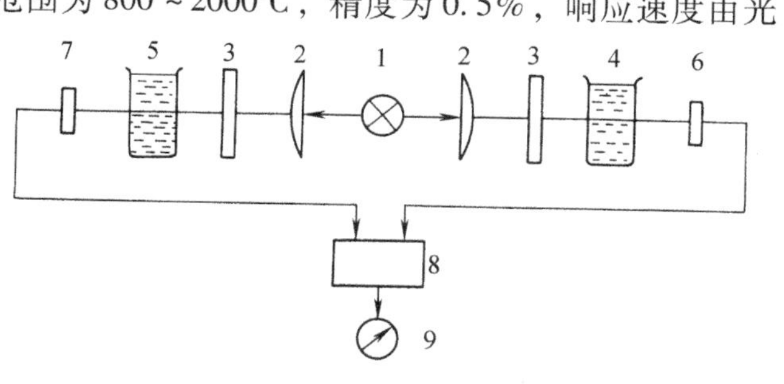

图 8-28　光电比色计原理图

1—光源　2—透镜　3—滤色片　4—标准样品　5—被检测样品　6、7—光电池　8—差动放大器　9—指示仪表

液5，投射在光电池7上。两光电池输出的电信号同时送给差动放大器8，放大器输出端接有指示仪表9。被检测的样品溶液在颜色、成分或混浊度等某一方面与标准样品的差异，将导致两光电池接受到的透射光强度不等，从而转换出两个不同大小的电信号，经差动放大器放大后，可带动指示仪表。由此，就能够对被检测样品的某项指标进行测定。

由于使用公共光源，当供电电源波动时，光源光通量不稳定所带来的误差可以被消除，故测量精度高，稳定性好，但是，由于两光电池性能不完全一致，所以仍存在着一定的误差。

（三）光电式带材跑偏检测仪

这种装置可以用来检测带材在加工过程中偏离正确位置的大小和方向。例如，在冷轧带钢生产线上，如果带钢的运动出现走偏现象，就会使其边缘与传送机械发生碰撞摩擦，引起带钢卷边或断裂，造成废品，同时也可能损坏传送机械。因此，在生产过程中必须自动检测带材的走偏量并随时予以纠正。光电带材跑偏检测仪由光电式边缘位置传感器和测量电桥、放大电路组成。

光电式边缘位置传感器的原理如图8-29a所示。由白炽灯1发出的光线经双凸透镜2会聚，然后由半透膜反射镜3反射，使光路转折90°，此光束由带钢遮挡一部分，另一部分投射到角矩阵反射镜5上，在被反射后又经半透膜反射镜3和双凸透镜6汇聚于光敏三极管7上。光敏三极管接在测量桥路的一个臂上，如图8-29b所示。图中2.2kΩ电位器和200Ω电位器分别为平衡调节的粗调电位器和细调电位器。当带材处于正常位置时，调整电桥处于平衡状态，电桥输出电压U_o等于零。当带材向左偏移时，遮光面积减小，光敏三极管接收的光强增大，电桥的输出为一个负电压。当带材向右偏移时，遮光面积增大，光敏三极管接收的光强减弱，电桥输出一个正电压。电桥输出电压U_o的极性和大小可以反映出带材跑偏的方向和程度。此电压经放大后可供显示或者作为纠偏信号送给控制系统，通过执行机构调整钢带走向。

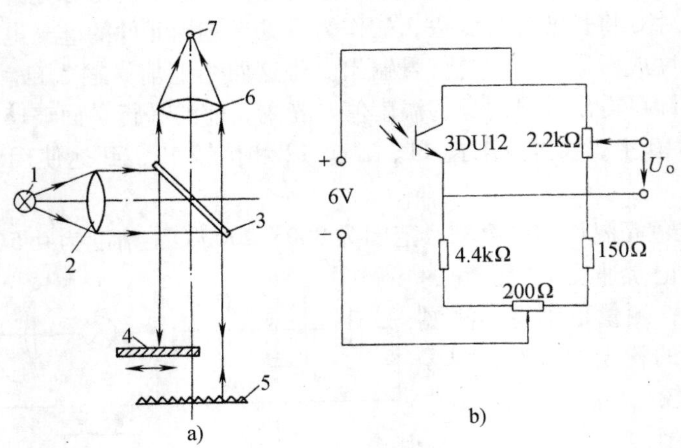

图8-29 光电式边缘位置传感器

a）原理图 b）测量电桥

1—白炽灯 2、6—双凸透镜 3—半透膜反射镜 4—带材

5—角矩阵反射镜 7—光敏三极管

在图8-29a中用了一只角矩阵反射镜来反射光束，它是用直角棱镜的全反射定理，将许

多个小的直角棱镜拼成的矩阵。这种反射器有一个很大的特点，就是能在安装精度不太高、使用环境有振动的场合中使用。

（四）光电式转速仪

光电式转速仪利用光电传感器，将旋转体的转速变换成相应频率的电信号，通过放大整形电路加工成方波信号，由频率计电路测出方波信号频率，经处理后由显示器显示旋转体每分钟转动的圈数即转速。用这种方法进行转速测量时，传感器结构简单，测量精度高。与机械式转速表和接触式电子转速表相比，可实现非接触测量，因此不会影响被测物的旋转状态。由于光电元件的反应速度快，动态特性较好，因此特别适合高转速的测量。

光电转速传感器分为反射式和直射式两种。反射式转速传感器的工作原理如图 8-30 所示。用金属箔或反射纸在被测转轴 1 上，贴出一圈黑白相间的反射面，光源 3 发射的光线经透镜 2、半透膜 6 和聚焦透镜 7 投射在转轴反射面上，反射光经聚焦透镜 5 汇聚后，照射在光电元件 4 上产生光电流。该轴旋转时，黑白相间的反射面造成反射光强弱变化，形成频率与转速及黑白间隔数有关的光脉冲，使光电元件产生相应电脉冲。当黑白间隔数一定时，电脉冲的频率便与转速成正比。此电脉冲经测量电路处理后，就可得到轴的转速。

直射式光电转速传感器的工作原理如图 8-31 所示。固定在被测转轴上的旋转盘 4 的圆周上开有透光的缝隙，指示盘 3 具有和旋转盘相同间距的缝隙，两盘缝隙重合时，光源 1 发出的光线便经透镜 2 照射在光电元件 5 上，形成光电流。当旋转盘随被测轴转动时，每转过一条缝隙，光电元件接收的光线就发生一次明暗变化，因而输出一个电脉冲信号。由此产生的电脉冲的频率在缝隙数目确定后与轴的转速成正比。采用这种结构可以大大增加旋转盘上的缝隙数目，使被测轴每转一圈产生的电脉冲数增加，从而提高转速测量精度。

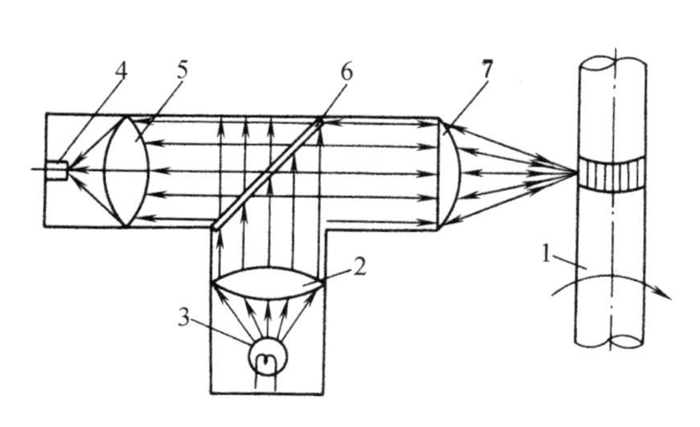

图 8-30　反射式光电转速传感器工作原理
1—被测转轴　2—透镜　3—光源　4—光电元件
5、7—聚焦透镜　6—半透膜

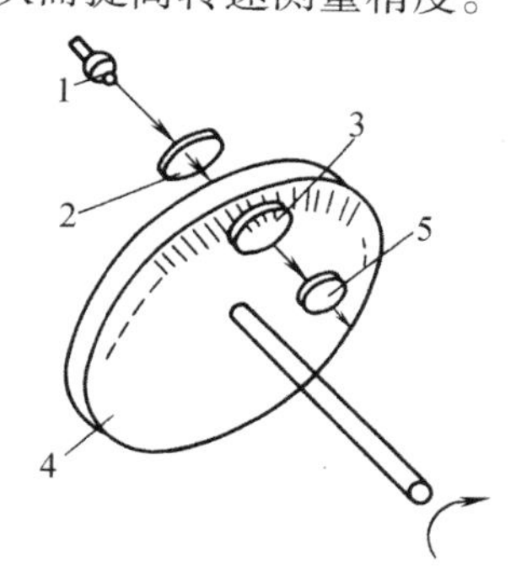

图 8-31　直射式光电转速传感器工作原理
1—光源　2—透镜　3—指示盘
4—旋转盘　5—光电元件

（五）光电传感器和光电检测的其他应用

图 8-32 给出了光电传感器在工业测控中的四种应用实例。在图 8-32a 中，利用反射式光电传感器检测布料的有无和宽度；利用遮挡式光电传感器检测布料的下垂度，检测结果可用于调整布料在传送中的张力。图 8-32b 中，当两行车过分靠近时，光电传感器即有反应，可发出报警信号或形成控制信号防止行车相撞。在图 8-32c 中利用安装于框架上的反射式光电传感器可以发现漏装产品的空箱，并利用油缸杆将空箱推出。在图 8-32d 中利用长距离反射式光电传感器检测传送线上吊挂的金属板。

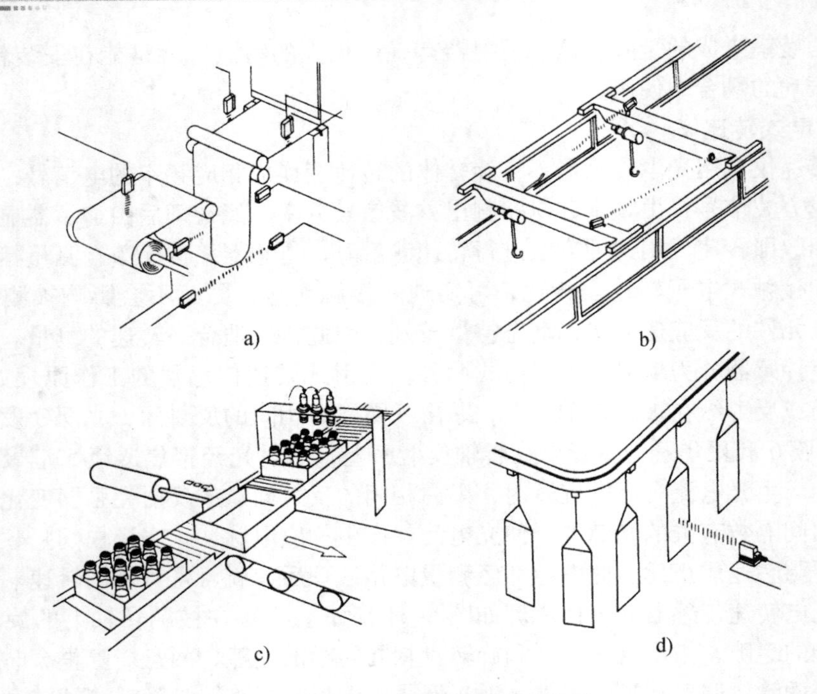

图 8-32 光电传感器的应用举例

a）光电传感器用于布料宽度及有无的检测 b）光电传感器用于防止行车相撞 c）光电传感器用于检测传送带上的空箱 d）长距离光电传感器用于检测金属板传送带

第三节 光导纤维传感器

光导纤维能够大容量、高效率地传输光信号，实现了以光代电传输信息。自问世以来，主要应用于通信领域，由此形成的光纤通信带来了通信方式革命性的变化。在自动检测领域中将光导纤维的应用与传统的光电检测技术相结合就产生了一种新传感器——光导纤维传感器，简称光纤传感器。

一、光纤传感器的工作原理和特点

光纤传感器主要由光导纤维、光源和光探测器组成。半导体光源具有体积小、重量轻、寿命长、耗电少等特点，是光纤传感器的理想光源，常用的有半导体发光二极管和半导体激光二极管。光纤传感器中的光探测器一般均为半导体光敏元件。作为光纤传感器核心部件的光导纤维是利用光的完全内反射原理传输光波的一种媒质。如图 8-33 所示，光导纤维由高折射率的纤芯和低折射率的包层组成。当通过纤维轴线的子午光线从光密物质（具有较大折射率 n_1）射向光疏物质（较小折射率 n_2），且入射角大于全反射临界角时，光线将产生全反射，即入射光不再进入包层，全部被内外层的交界面所反射。如此反复，光线将通过光导纤维很好地进行

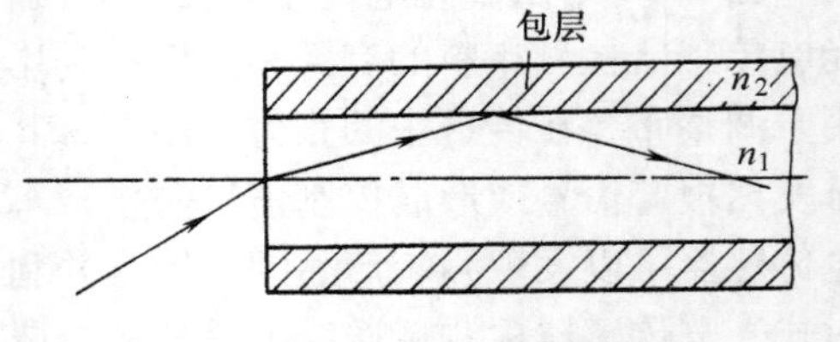

图 8-33 光在光导纤维中的传输

传输。

一般来讲，使用光导纤维的传感器均可称为光纤传感器。根据光纤在传感器中的作用可以分为传光型和功能型两种类型。在传光型光纤传感器中，光纤仅起传输光信号的光学通路的作用，被测参数均在光纤之外，由外置敏感元件调制到光信号中去。由于光纤传输光信号效率高、损耗低、抗干扰能力强，而且光纤本身直径小、重量轻、可挠曲，使光学通路的设置更加灵活、可靠，大大改善了传统的光电检测技术的不足。

在功能型光纤传感器中，光纤在被测物理量的作用下，光纤本身及其传输光信号的某些特性发生变化，从而对被测参数进行转换和检测。在这类传感器中，光纤不仅起传光的作用，它本身又是敏感元件，这些光纤一般是经特殊设计、特殊制造的特殊光纤，它的出现和应用极大地拓展了光电检测适用的对象和领域。目前光纤传感器已经应用于位移、振动、转速、温度、压力、电场、磁场等数十种参量的检测，并且具有进一步广泛应用的潜力。光纤传感器的独特优点可以归纳如下：

1）光纤绝缘性能好、耐腐蚀，传输光信号不受电磁干扰影响，因此光纤传感器环境适应性强。

2）光纤传感器检测灵敏度高、精度好，便于利用光通信技术进行远距离测量。

3）光纤细、可挠曲，因此能够深入设备内部或人体弯曲的内脏进行测量，使光信号沿需要的路径传输，使用更加方便、灵活。

二、光纤传感器的应用

1. 光纤位移传感器

利用光导纤维可以制成微小位移传感器，原理如图 8-34 所示。这是一种传光型光纤传感器，光从光源耦合到发射光缆，照射到被测物表面，再被反射回接收光缆，最后由光敏元件接收。这两股光缆在接近被测物之前汇合成 Y 形，汇合后的光纤端面被仔细磨平抛光。

若被测物紧贴在端面上，发射光缆中的光不能射出，则光敏元件接收的光强为零，这是 $d=0$ 的状态；若被测物很远，则发射光经反射后只有少部分传到光敏元件，因此接收的光强很小。只有在某个距离上接收的光强才最大。图 8-35 是接收的相对光强与距离 d 的关系，峰值以左的线段 1 具有良好的线性，可用来检测位移。所用光缆中的光纤可达数百根，可测几百微米的小位移。

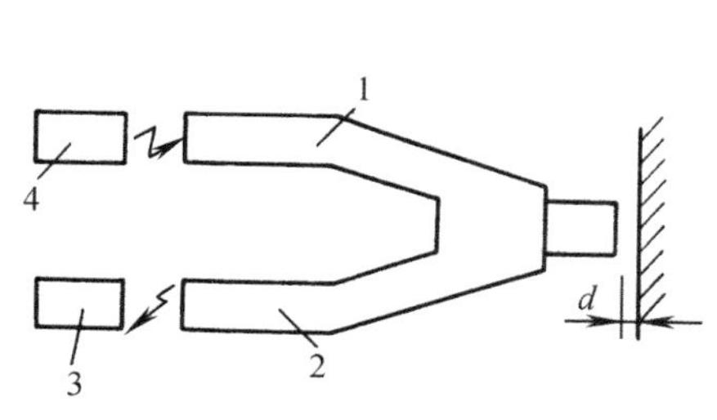

图 8-34　光纤位移传感器原理图

1—发射光缆　2—接收光缆　3—光敏元件　4—光源

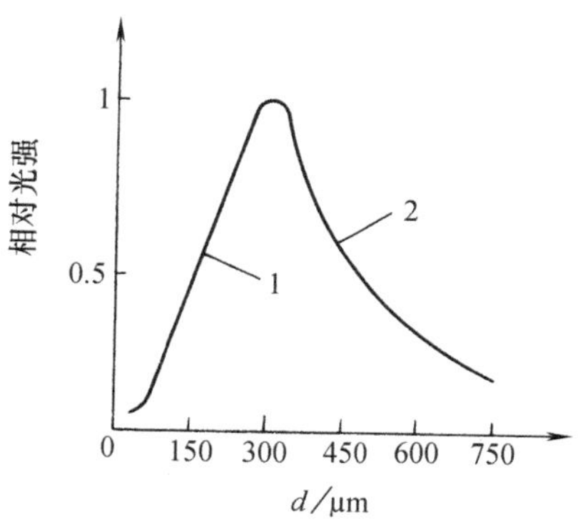

图 8-35　光纤位移传感器特性曲线

2. 光纤压力传感器

这是一种功能型光纤传感器，如图8-36所示。它利用了光纤的微弯损耗效应，即光纤在微弯时会引起传输光强度的衰减。光导纤维夹在两块带机械式齿条的压板中间，当压力作用在活动板上时，活动板与固定板的齿板间产生相对微位移，改变了光纤的弯曲程度，从而使传输的光强度发生变化。

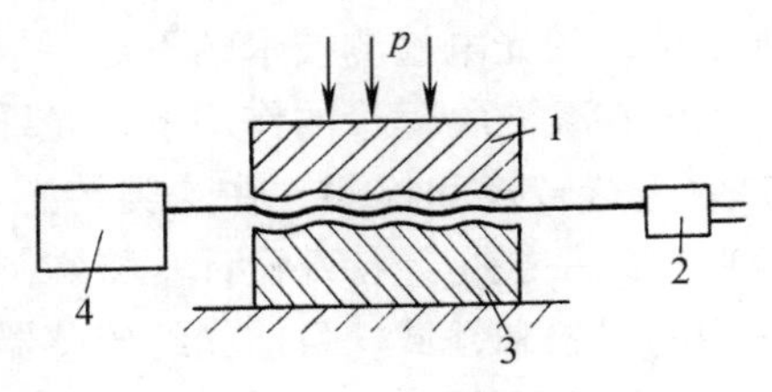

图8-36 光纤压力传感器原理图
1—活动板 2—光探测器 3—固定板
4—激光光源

思考题与习题

1. 光电效应有哪几种？与之对应的光电元件各有哪些？

2. 常用的半导体光电元件有哪些？它们的图形符号如何？

3. 对每种半导体光电元件，画出一种测量电路。

4. 什么是光电元件的光谱特性？

5. 光电传感器由哪些部分组成？被测量可以影响光电传感器的哪些部分？

6. 光电式传感器常用的光源有几种，哪些光源可以用作红外光源？

7. 当采用波长为8～9μm的红外光源时，宜采用哪种光电元件作检测元件，为什么？

8. 模拟式光电传感器有哪几种常见形式？

9. 试比较光敏电阻、光电池、光敏二极管和光敏三极管的性能差异，什么情况下应选用哪种器件最为合适，说明其理由。

10. 试分别用光敏电阻、光电池、光敏二极管和光敏三极管设计一种适合TTL电平输出的光电开关电路，并叙述其工作原理。

11. 某光敏三极管在强光照射时光电流为2mA，选用的继电器吸合电流为40mA，直流电阻为180Ω。现欲设计两个简单的光电开关，其中一个是有强光照射时继电器吸合；另一个相反，是有强光照射时继电器释放（失电）。请分别画出两个光电开关的电路图（只允许采用分立元件放大光电流），并标出电源极性及选用的电压值。

12. 某生产线要求对产品进行无接触自动计数，请设计一个计数装置，要求：

（1）画出传感器示意图；

（2）画出测量电路简图；

（3）说明其工作原理。

13. 简述反射式光纤位移传感器的工作机理和应用特点。

第九章　霍耳传感器

霍耳传感器是利用半导体材料的霍耳效应进行测量的一种传感器。它可以直接测量磁场及微位移量，也可以间接测量液位、压力等工业生产过程参数。目前，霍耳传感器已从分立元件发展到了集成电路的阶段，正越来越受到人们的重视，应用日益广泛。

第一节　霍耳传感器的工作原理

一、霍耳效应

在置于磁场中的导体或半导体内通入电流，若电流与磁场垂直，则在与磁场和电流都垂直的方向上会出现一个电势差，这种现象称为霍耳效应。利用霍耳效应制成的元件称为霍耳传感器。

如图 9-1 所示，半导体材料的长、宽、厚分别为 l、b 和 d。在与 x 轴相垂直的两个端面 C 和 D 上做两个金属电极，称为控制电极。在控制电极上外加一电压 U，材料中便形成一个沿 x 方向流动的电流 I，称为控制电流。

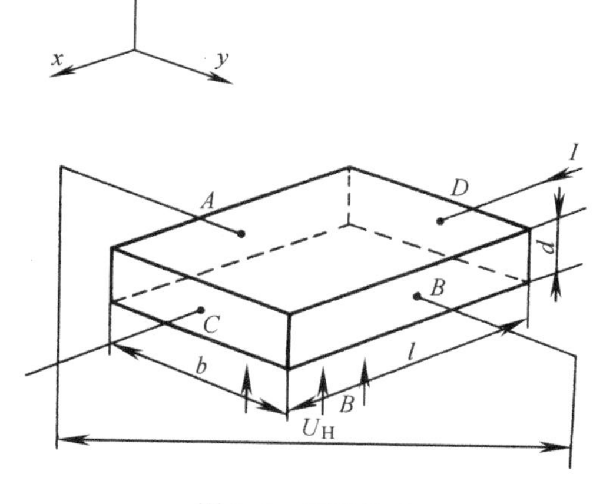

图 9-1　霍耳效应

A、B—霍耳电极　C、D—控制电极

设图中的材料是 N 型半导体，导电的载流子是电子。在 z 轴方向的磁场作用下，电子将受到一个沿 y 轴负方向的力的作用，这个力就是洛伦兹力。洛伦兹力用 $\boldsymbol{F}_L$ 表示，大小为

$$\boldsymbol{F}_L = qvB \tag{9-1}$$

式中，q 为载流子电荷；v 为载流子的运动速度；B 为磁感应强度。

在洛伦兹力的作用下，电子向一侧偏转，使该侧形成负电荷的积累，另一侧则形成正电荷的积累。这样，A、B 两端面因电荷积累而建立了一个电场 E_H，称为霍耳电场。该电场对电子的作用力与洛伦兹力的方向相反，即阻止电荷的继续积累。当电场力与洛伦兹力相等时，达到动态平衡。这时有

$$qE_H = qvB$$

霍耳电场的强度为

$$E_H = vB \tag{9-2}$$

在 A 与 B 两点间建立的电势差称为霍耳电压，用 U_H 表示

$$U_H = E_H b$$

或
$$U_H = vBb \tag{9-3}$$

由式（9-3）可见，霍耳电压的大小决定于载流体中电子的运动速度，它随载流体材料的不同而不同。材料中电子在电场作用下运动速度的大小常用载流子迁移率来表征。所谓载流子迁移率，是指在单位电场强度作用下，载流子的平均速度值。载流子迁移率用符号μ表示，$\mu = v/E_I$。其中E_I是C、D两端面之间的电场强度。它是由外加电压U产生的，即$E_I = U/l$。因此可以把电子运动速度表示为$v = \mu U/l$。这时式（9-3）可改写为

$$U_H = \frac{\mu U}{l} bB \tag{9-4}$$

当材料中的电子浓度为n时，有如下关系式

$$I = nqbdv$$

即
$$v = \frac{I}{nqbd} \tag{9-5}$$

将式（9-5）代入式（9-3），得到

$$U_H = \frac{1}{nqd} IB = R_H \frac{IB}{d} = K_H IB \tag{9-6}$$

式中，R_H为霍耳系数，它反映材料霍耳效应的强弱，$R_H = \frac{1}{nq}$；K_H为霍耳灵敏度，它表示一个霍耳元件在单位控制电流和单位磁感应强度时产生的霍耳电压的大小，$K_H = R_H/d$，它的单位是m/V（mA·T）。

由式（9-6）可见，霍耳元件灵敏度K_H是在单位磁感应强度和单位激励电流作用下，霍耳元件输出的霍耳电压值。它不仅取决于载流体材料，而且取决于它的几何尺寸

$$K_H = \frac{1}{nqd} \tag{9-7}$$

由式（9-4）、式（9-6）还可得到载流体的电阻率ρ与霍耳系数R_H和载流子迁移率μ之间的关系

$$\rho = \frac{R_H}{\mu} \tag{9-8}$$

通过以上分析，可以看出：

1）霍耳电压U_H与材料的性质有关。根据式（9-8）可知，材料的ρ、μ大，R_H就大。金属μ虽然很大，但ρ很小，故不宜做成元件。在半导体材料中，由于电子的迁移率比空穴的大，即$\mu_n > \mu_p$，所以霍耳元件一般采用N型半导体材料。

2）霍耳电压U_H与元件的尺寸有关。

① 根据式（9-7），d越小，K_H越大，霍耳灵敏度越高，所以霍耳元件的厚度都比较薄，但d太小，会使元件的输入、输出电阻增加。

② 从式（9-4）中可见，元件的长宽比l/b对U_H也有影响。前面的公式推导都是以半导体内各处载流子做平行直线运动为前提的，这种情况只有在l/b很大时，即控制电极对霍耳电极无影响时才成立，但实际上这是做不到的。由于控制电极对内部产生的霍耳电压有局部短路作用，在两控制电极的中间处测得的霍耳电压最大，离控制电极很近的地方，霍耳电压下降到接近于零。为了减少短路影响，l/b要大一些，一般$l/b = 2$。但如果l/b过大，反而会使输入功耗增加，降低元件的输出。

3）霍耳电压 U_H 与控制电流及磁场强度有关。根据式（9-6），U_H 正比于 I 及 B。当控制电流恒定时，B 越大，U_H 越大。当磁场改变方向时，U_H 也改变方向。同样，当霍耳灵敏度R_H 及磁感应强度 B 恒定时，增加控制电流 I，也可以提高霍耳电压的输出。

二、霍耳元件

如前所述，霍耳电压 U_H 正比于控制电流 I 和磁感应强度 B。在实际应用中，总是希望获得较大的霍耳电压。增加控制电流虽然能提高霍耳电压输出，但控制电流太大，元件的功耗也增加，从而导致元件的温度升高，甚至可能烧毁元件。

设霍耳元件的输入电阻为 R_i，当输入控制电流 I 时，元件的功耗 P_i 为

$$P_i = I^2 R_i = I^2 \frac{\rho l}{bd} \tag{9-9}$$

式中，ρ 为霍耳元件的电阻率。

设霍耳元件允许的最大温升为 ΔT，相应的最大允许控制电流为 I_{cm}时，在单位时间内通过霍耳元件表面逸散的热量应等于霍耳元件的最大功耗，即

$$P_m = I_{cm}^2 \ \rho \frac{l}{bd} = 2Alb\Delta T \tag{9-10}$$

式中，A 为散热系数，单位为 W/(m^2 · ℃)。

式（9-10）中的 $2lb$ 表示霍耳片的上、下表面积之和，式中忽略了通过侧面积逸散的热量。

这样，由上式便可得出通过霍耳元件的最大允许控制电流 I_{cm}为

$$I_{cm} = b \sqrt{2Ad\Delta T/\rho} \tag{9-11}$$

将式（9-11）及 $R_H = \mu\rho$ 代入式（9-6），得到霍耳元件在最大允许温升下的最大开路霍耳电压，即

$$U_{Hm} = \mu\rho^{\frac{1}{2}} bB \sqrt{2A\Delta T/d} \tag{9-12}$$

式（9-12）说明，在同样磁场强度、相同尺寸和相等功耗下，不同材料的元件输出的霍耳电压 U_{Hm}仅仅取决于 $\mu\rho^{1/2}$，即取决于材料本身的性质。

根据式（9-12），为了提高霍耳灵敏度，选择霍耳元件的材料时要求材料的 R_H（$R_H = \mu\rho$）和 $\mu\rho^{\frac{1}{2}}$尽可能地大。表 9-1 列出了几种半导体材料在 300K 时的参数。

表 9-1 几种半导体材料在 300K 时的参数

材料（单晶）		禁带宽度 E_g/eV	电阻率 ρ/(Ω·cm)	电子迁移率 μ_n/(cm^2·V^{-1}·s^{-1})	霍耳系数 R_H/(cm^3·C^{-1})	$\mu\rho^{\frac{1}{2}}$
N-锗	Ge	0.66	1.0	3500	4250	4000
N-硅	Si	1.107	1.5	1500	2250	1840
锑化铟	InSb	0.17	0.005	60000	350	4200
砷化铟	InAs	0.36	0.0035	25000	100	1530
磷砷铟	InAsP	0.63	0.08	10500	850	3000
砷化镓	GaAs	1.47	0.2	8500	1700	3800

霍耳元件的结构与其制造工艺有关。例如，体型霍耳元件是将半导体单晶材料定向切片，经研磨抛光，然后用蒸发合金法或其他方法制作欧姆接触电极，最后焊上引线并封装。

而薄膜霍耳元件则是在一片极薄的基片上用蒸发或外延的方法做成霍耳片，然后再制作欧姆接触电极，焊引线最后封装。相对来说，薄膜霍耳元件的厚度比体型霍耳元件小一两个数量级，可以与放大电路一起集成在一块很小的晶片上，便于微型化。

目前，国内外生产的霍耳元件种类很多，表9-2列出了部分国产霍耳元件的有关参数，供选用时作为参考。

表9-2 常用霍耳元件的参数

参数名称	符号	单位	HZ-1型	HZ-2型	HZ-3型	HZ-4型	HT-1型	HT-2型	HS-1型
			材料（N型）						
			Ge(111)	Ge(111)	Ge(111)	Ge(100)	InSb	InSb	InAs
电阻率	ρ	Ω·cm	0.8~1.2	0.8~1.2	0.8~1.2	0.4~0.5	0.003~0.01	0.003~0.05	0.01
几何尺寸	$l \times b \times d$	mm	8×4×0.2	4×2×0.2	8×4×0.2	8×4×0.2	6×3×0.2	8×4×0.2	8×4×0.2
输入电阻	R_{i0}	Ω	110±20%	110±20%	110±20%	45±20%	0.8±20%	0.8±20%	1.2±20%
输出电阻	R_{v0}	Ω	100±20%	100±20%	100±20%	40±20%	0.5±20%	0.5±20%	1±20%
灵敏度	K_H	mV/(mA·T)	>12	>12	>12	>4	1.8±20%	1.8±2%	1±20%
不等位电阻	R_0	Ω	<0.07	<0.05	<0.07	<0.02	<0.005	<0.005	<0.003
寄生直流电压	U_0	μV	<150	<200	<150	<100			
额定控制电流	I_c	mA	20	15	25	50	250	300	200
霍耳电压温度系数	α	1/℃	0.04%	0.04%	0.04%	0.03%	-1.5%	-1.5%	
内阻温度系数	β	1/℃	0.5%	0.5%	0.5%	0.3%	-0.5%	-0.5%	
热阻	R_Q	℃/mW	0.4	0.25	0.2	0.1			
工作温度	T	℃	-40~45	-40~45	-40~45	-40~75	0~40	0~40	-40~60

三、温度特性及补偿

1. 温度特性

霍耳元件的温度特性是指元件的内阻及输出与温度之间的关系。

与一般半导体材料一样，由于电阻率、迁移率以及载流子浓度随温度变化，所以霍耳元件的内阻、输出电压等参数也将随温度而变化。不同材料的内阻及霍耳电压与温度的关系曲线如图9-2和图9-3所示。

图中，内阻和霍耳电压都用相对比率表示。把温度每变化1℃时，霍耳元件输入电阻 R_i 或输出电阻 R_o 的相对变化率称为内阻温度系数，用 β 表示。把温度每变化1℃时，霍耳电压的相对变化率称为霍耳电压温度系数，用 α 表示。表9-2中给出的 α 及 β 值都是其工作温度范围内的平均值，单位均为1/℃。

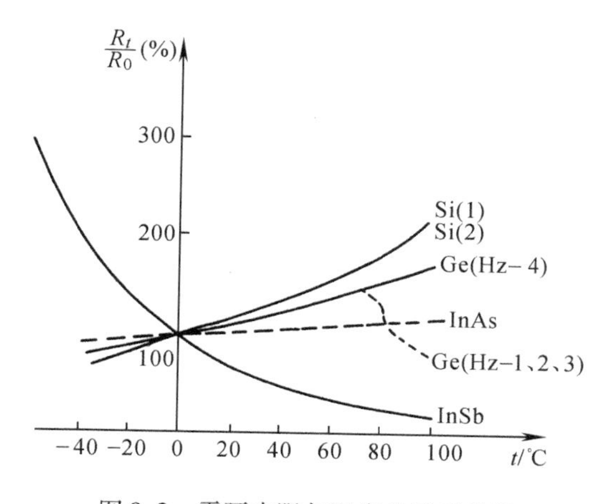

图 9-2　霍耳内阻与温度的关系曲线

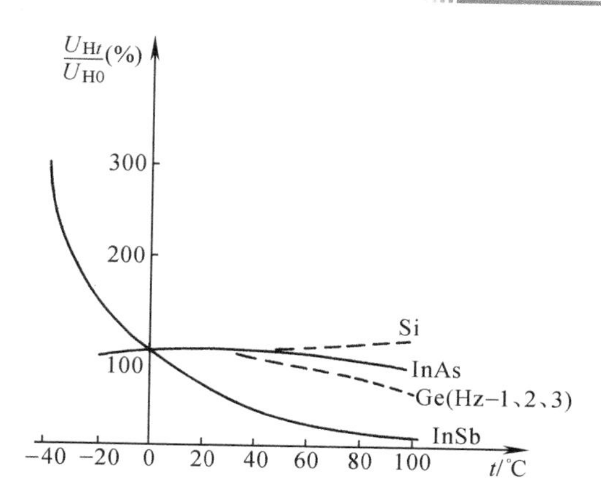

图 9-3　霍耳电压与温度的关系曲线

可以看出：

砷化铟的内阻温度系数最小，其次是锗和硅、锑化铟最大。除了锑化铟的内阻温度系数为负之外，其余均为正温度系数。

霍耳电压的温度系数硅最小，且在100℃温度范围内是正值，其次是砷化铟，它的 α 值在70℃左右温度下由正变负；再次是锗，而锑化铟的 α 值最大且为负数，在 -40℃低温下其霍耳电压将是0℃时的霍耳电压的3倍，到了100℃高温，霍耳电压降为0℃时的15%。

2. 温度补偿

霍耳元件温度补偿的方法很多，下面介绍两种常用的方法。

（1）利用输入回路的串联电阻进行补偿　图9-4a是输入补偿的基本电路，图中的四端元件是霍耳元件的符号。两个输入端串联补偿电阻 R 并接恒压源，输出端开路。

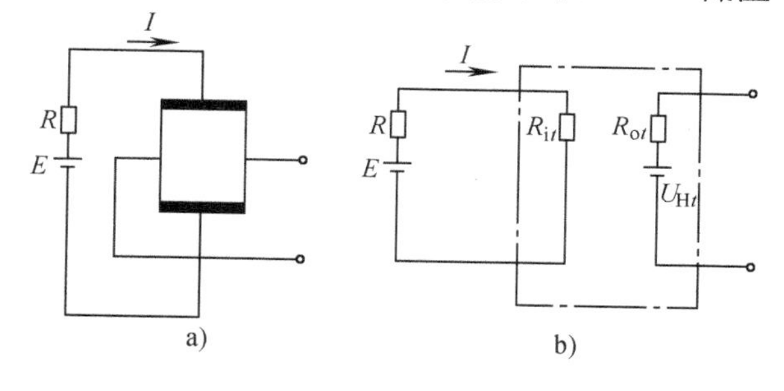

图 9-4　输入补偿原理图

a）基本电路　b）等效电路

根据温度特性，元件霍耳系数和输入内阻与温度之间的关系式为

$$R_{Ht}=R_{H0}(1+\alpha t)$$

$$R_{it}=R_{i0}(1+\beta t)$$

式中，R_{Ht} 为温度为 t 时的霍耳系数；R_{H0} 为0℃时的霍耳系数；R_{it} 为温度为 t 时的输入电阻；R_{i0} 为0℃时的输入电阻；α 为霍耳电压的温度系数；β 为输入电阻的温度系数。

当温度变化 Δt 时，其增量为

$$\Delta R_H=R_{H0}\alpha\Delta t$$

$$\Delta R_i=R_{i0}\beta\Delta t$$

根据式（9-6）中 $U_H=R_H\frac{IB}{d}$ 及 $I=E/(R+R_i)$，可得出霍耳电压随温度变化的关系式

$$U_{\mathrm{H}}=\frac{R_{\mathrm{H}t}}{d}B\frac{E}{R+R_{\mathrm{i}t}}$$

对上式求温度的导数，可得增量表达式

$$\begin{aligned}\Delta U_{\mathrm{H}}&=\frac{BE}{d}\left[\frac{R_{\mathrm{H}t}}{R+R_{\mathrm{i}t}}\right]'_{t=0}\Delta t\\&=\frac{R_{\mathrm{H0}}BE}{d\ (R+R_{\mathrm{i0}})}\left(\alpha-\frac{R_{\mathrm{i0}}\beta}{R_{\mathrm{i0}}+R}\right)\Delta t\\&=U_{\mathrm{H0}}\left(\alpha-\frac{R_{\mathrm{i0}}\beta}{R_{\mathrm{i0}}+R}\right)\Delta t\end{aligned}\tag{9-13}$$

要使温度变化时霍耳电压不变，必须使

$$\alpha-\frac{R_{\mathrm{i0}}\beta}{R_{\mathrm{i0}}+R}=0$$

即

$$R=\frac{R_{\mathrm{i0}}(\beta-\alpha)}{\alpha}\tag{9-14}$$

式（9-13）中的第一项表示因温度升高由霍耳系数引起的霍耳电压的增量，第二项表示输入因温度升高由输入电阻引起的霍耳电压减小的量。很明显，只有当第二项大于第一项时，才能用串联电阻的方法减小第二项，实现自补偿。

将元件的 α、β 值代入式（9-14），根据 R_{i0} 的值就可确定串联电阻 R 的值。例如，对于国产 HZ-1 型霍耳元件，查表 9-2 得 $\alpha=0.04\%$，$\beta=0.5\%$，$R_{\mathrm{i0}}=110\Omega$，则 $R=1265\Omega$。

（2）利用输出回路的负载进行补偿　如图 9-5 所示，霍耳元件的输入采用恒流源，使控制电流 I 稳定不变。这样，可以不考虑输入回路的温度影响。输出回路的输出电阻及霍耳电压与温度之间的关系为

$$U_{\mathrm{H}t}=U_{\mathrm{H0}}(1+\alpha t)$$

$$R_{\mathrm{o}t}=R_{\mathrm{o0}}(1+\beta t)$$

式中，$U_{\mathrm{H}t}$ 为温度为 t 时的霍耳电压；U_{H0} 为 0℃时的霍耳电压；$R_{\mathrm{o}t}$ 为温度为 t 时的输出电阻；R_{o0} 为 0℃时的输出电阻。

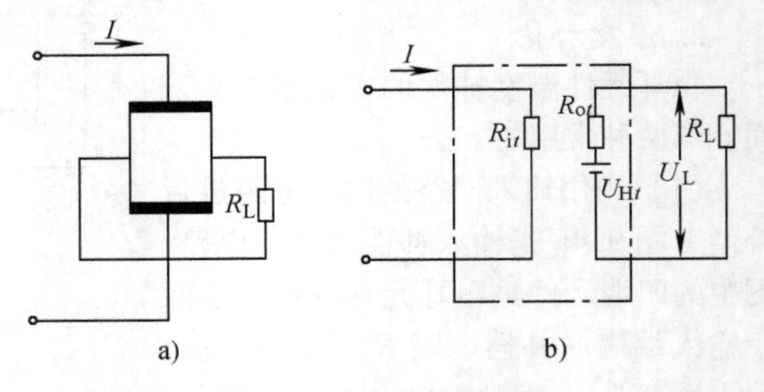

图 9-5　输出补偿原理图
a）基本电路　b）等效电路

负载 R_{L} 上的电压 U_{L} 为

$$U_{\mathrm{L}}=\frac{[U_{\mathrm{H0}}(1+\alpha t)]R_{\mathrm{L}}}{[R_{\mathrm{o0}}(1+\beta t)+R_{\mathrm{L}}]}\tag{9-15}$$

为使 U_{L} 不随温度变化，可对式（9-15）求导数并使 $\mathrm{d}U_{\mathrm{L}}/\mathrm{d}t=0$，可得

$$\frac{R_{\mathrm{L}}}{R_{\mathrm{o0}}}\approx\frac{\beta}{\alpha-1}\approx\frac{\beta}{\alpha}\tag{9-16}$$

最后，将实际使用的霍耳元件的 α、β 值代入，便可得出温度补偿时的 R_{L} 值。当 $R_{\mathrm{L}}=R_{\mathrm{o0}}\dfrac{\beta}{\alpha}$ 时，补偿最好。

四、零位特性及补偿

在无外加磁场或无控制电流的情况下，元件产生输出电压的特性称为零位特性，由此而

产生的误差称为零位误差。主要表现在以下几个方面。

1. 不等位电压

在无磁场的情况下，霍耳元件通过一定的控制电流 I，两输出端产生的电压称为不等位电压，用 U_o 表示。U_o 与 I 的比值称为不等位电阻，用 R_o 表示，即

$$R_o = \frac{U_o}{I} \tag{9-17}$$

不等位电压是由于元件输出极焊接不对称、厚薄不均匀以及两个输出极接触不良等原因造成的，可以通过桥路平衡的原理加以补偿。

2. 寄生直流电压

在无磁场的情况下，元件通入交流电流，输出端除交流不等位电压以外的直流分量称为寄生直流电压。产生寄生直流电压的原因大致上有两个方面：

1）由于控制极焊接处欧姆接触制做不良而造成一种整流效应，使控制电流因正、反向电流大小不等而具有一定的直流分量。

2）输出极两焊点热容不相等产生温差电动势。

对于锗霍耳元件，当交流控制电流为20mA 时，输出极的寄生直流电压小于100μV。

制做和封装霍耳元件时，改善电极欧姆接触性能和元件的散热条件，是减少寄生直流电压的有效措施。

3. 感应电动势

在未通电流的情况下，由于脉动或交变磁场的作用，在输出端产生的电动势称为感应电动势。根据电磁感应定律，感应电动势的大小与霍耳元件输出电极引线构成的感应面积成正比。

4. 自激场零电压

在无外加磁场的情况下，由控制电流所建立的磁场（自激场）在一定条件下使霍耳元件产生的输出电压称为自激场零电压。

感应电动势和自激场零电压都可以用改变霍耳元件输出和输入引线的布置方法加以改善。

第二节　集成霍耳传感器

集成霍耳传感器是利用硅集成电路工艺将霍耳元件和测量线路集成在一起的一种传感器。它取消了传感器和测量电路之间的界限，实现了材料、元件、电路三位一体。集成霍耳传感器与分立元件相比，由于减少了焊点，因此显著地提高了可靠性。此外，它具有体积小、重量轻、功耗低等优点，正越来越受到人们的重视。

集成霍耳传感器的输出是经过处理的霍耳输出信号。按照输出信号的形式，可以分为开关型集成霍耳传感器和线性集成霍耳传感器两种类型。

一、开关型集成霍耳传感器

开关型集成霍耳传感器是把霍耳元件的输出经过处理后输出一个高电平或低电平的数字信号，其典型电路如图 9-6 所示。下面分析电路的工作原理。

图中的霍耳元件是在 N 型硅外延层上制作的。由于 N 型硅外延层的电阻率 ρ 一般为 $1.0\sim1.5\Omega\cdot cm$，电子迁移率 μ 约为 $1200cm^2/(V\cdot s)$，厚度 d 约为 $10\mu m$，故很适合作霍耳元件。集成块中霍耳元件的长 l 为 $600\mu m$，宽 b 为 $400\mu m$。由于在制造工艺中采用了光刻技术，电极的对称性好，零位误差大大减小。另外，由于厚度 d 很小，因此霍耳灵敏度也相对提高了，在 0.1T 磁场作用下，元件开路时可输出 20mV 左右的霍耳电压。霍耳输出经前置放大后送到斯密特触发器，通过整形成为矩形脉冲输出。

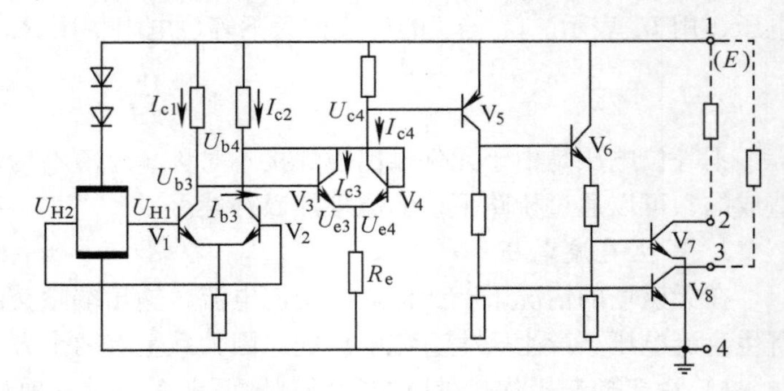

图 9-6　开关型集成霍耳传感器的典型电路

当磁感应强度 B 为 0 时，霍耳元件无输出，即 $U_H=0$。线路中，由于流过 V_2 集电极电阻的电流大于流过 V_1 集电极电阻的电流，输出电压 $U_{b3}>U_{b4}$，则 V_3 优先导通，经过下面的正反馈过程：

$$I_{c3}\uparrow\rightarrow U_{b4}\downarrow\rightarrow I_{c4}\downarrow\rightarrow U_{e3}\downarrow\rightarrow U_{b3}\uparrow\rightarrow I_{b3}\uparrow$$

最终使得 V_3 饱和，V_4 截止。此时，V_4 的集电极处于高电位，$U_{c4}\approx E$，V_5 截止，V_6、V_7 均截止，输出为高电平。

当磁感应强度 B 不为 0 时，霍耳元件有 U_H 输出。若集成霍耳传感器处于正向磁场，则 U_{H1} 升高，U_{H2} 下降，使 V_1 的基极电位升高，V_2 的基极电位下降。于是，V_1 的集电极输出电压 U_{b3} 下降，V_2 的集电极输出电压 U_{b4} 升高。当 $U_{b3}=U_{e3}+0.6V$ 时（0.6V 为晶体管由饱和状态转入放大状态时的发射极－基极正向压降），V_3 由饱和进入放大状态，经过下面的正反馈过程：

$$U_{b3}\downarrow\rightarrow I_{c3}\downarrow\rightarrow U_{b4}\uparrow\rightarrow I_{c4}\uparrow\rightarrow U_{e3}\uparrow$$

最终使得 V_3 截止，V_4 饱和。此时，V_4 的集电极处于低电位。于是，V_5 导通，由 V_5 和 V_6 组成的 P-N-P 和 N-P-N 型三极管的复合管，足以使 V_7、V_8 进入饱和状态。输出由原来的高电平 U_{oH} 转换成低电平 U_{oL}。

当正向磁场退出时，随着作用于霍耳元件上磁感应强度 B 的减小，U_H 相应减小。U_{b3} 升高，U_{b4} 下降。当 $U_{b3}=U_{e4}+0.5V$（0.5V 为晶体管由截止状态转入放大状态时的发射极－基极偏压值），V_3 由截止进入放大状态，经过下面正反馈过程：

$$U_{b3}\uparrow\rightarrow I_{c3}\uparrow\rightarrow U_{b4}\downarrow\rightarrow I_{c4}\downarrow\rightarrow U_{e3}\downarrow$$

最终又使得 V_3 饱和，V_4 截止。V_4 的集电极处于高电位，恢复初始状态，V_7、V_8 截止，输出又转移成高电平 U_{oH}。

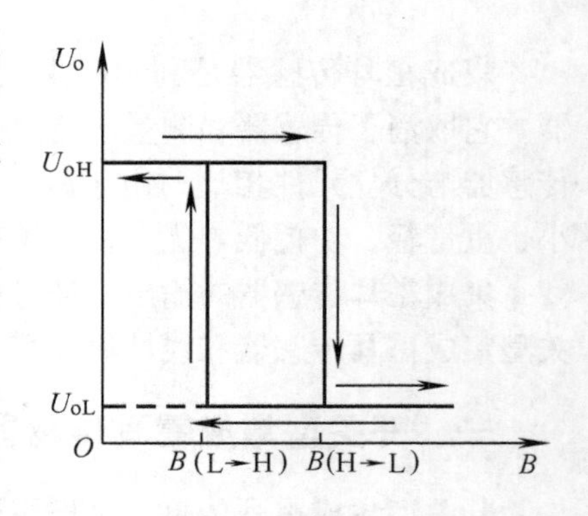

图 9-7　输出电平 U_o 与 B 的关系

集成霍耳传感器的输出电平与磁场 B 之间的关系如图 9-7 所示。

可以看出，集成霍耳传感器的导通磁感应强度和截止磁感应强度之间存在滞后效应，这是由于 V_3、V_4 共用射极电阻的正反馈作用使它们的饱和电流不相等引起的。其回差宽度 ΔB 为

$$\Delta B = B(\mathrm{H \to L}) - B(\mathrm{L \to H})$$

开关型集成霍耳传感器的这一特性，正是我们所需要的，它大大增强了开关电路的抗干扰能力，保证开关动作稳定，不产生振荡。

开关型集成霍耳传感器的工作频率可达 100kHz，目前，已被广泛用于自动检测与计数、转速检测、隔离检测等领域。

国产 CS 系列开关型霍耳集成电路均采用 IEC 标准，其主要技术参数见表 9-3。

表 9-3　CS 系列开关型霍耳集成电路参数

T_A (25℃)	型　号	U_{cc}/V	B(H→L)/T		B(L→H)/T		I_{ccL}	I_{out}	输出形式	引　线　排　列				外形
			t_{yp}	max	t_{yp}	min	mA	mA		U_{cc}	地	U_{o1}	U_{o2}	
开关型	CS3019(Ⅱ)	4.5~16	42	50	30	10	9	15	单 OC	1	2	3	—	P
	CS3020(Ⅰ)(Ⅱ)	4.5~24	22	35	16.5	5	6	15						
	CS3040(Ⅰ)(Ⅱ)	4.5~24	15	20	10	5	6	15						
	CS6837A			75										CⅠ/P
	B	4.5~9	—	55	—	10	8	12						
	C			35										
	CS6839A			75										
	B	4.5~16	—	55	—	10	6.5	12						
	C			35										
	CS837A			75					双 OC	1	4	2	3	CⅡ
	B	4.5~9	—	55	—	10	8	12						
	C			35										
	CS839A			75										
	B	4.5~16	—	55	—	10	6.5	12						
	C			35										
	CS22	4.5~5.5	45	70	38	5	6	12	射极输出	2	3	1	—	CⅠ

二、线性集成霍耳传感器

线性集成霍耳传感器是把霍耳元件与放大电路集成在一起的传感器，其输出信号与磁感应强度成比例。通常由霍耳元件、差分放大、射极跟随输出及稳压四部分组成，其典型电路如图 9-8 所示。这是 HLI-1 型线性集成霍耳传感器，它的电路比较简单，用于精度要求不高

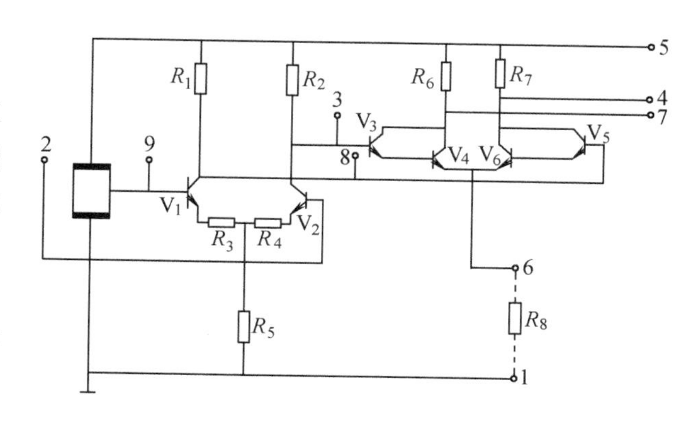

图 9-8　线性集成霍耳传感器

的场合。

图中，霍耳元件的输出经由 V_1、V_2、$R_1 \sim R_5$ 组成的第一级差分放大器放大，放大后的信号再由 $V_3 \sim V_6$、R_6、R_7 组成的第二级差分放大器放大。第二级差分放大采用达林顿对管，射极电阻 R_8 外接，适当选取 R_8 的阻值，可以调整该级的工作点，从而改变电路增益。在电源电压为 9V，R_8 取 2kΩ 时，全电路的增益可达 1000 倍左右，与分立元件霍耳传感器相比，灵敏度大为提高。

线性集成霍耳传感器可用于非接触测距、磁场测量、磁力探伤等许多方面。国产 CS 系列线性霍耳集成电路的主要技术参数见表 9-4。

表 9-4 CS 系列线性霍耳集成电路参数

	型 号	U_{cc} /V	灵敏度典型值	静态输出电压	输出电阻 /kΩ	输出形式	引线排列				外形
							1	2	3	4	
线性型	CS3501（Ⅱ）	8～12	7V/T	3.6V	0.1	射极输出	U_{cc}	地	U_o	—	P·CⅠ
	CS131（Ⅱ）	8～12	7V/T	可调	0.1		U_{cc}	地	U_o	调节	CⅡ
	CS3605（Ⅱ）	7	200mV/(mA·T)	5mV	4.4	差动输出	U_{cc}	U_{01}	地	U_{02}	CⅡ W_1W_2
	NHG01 GaAS 元件	—	60～100 mV/(mA·T)	0.5～1.2mV	0.5～1.2		输入 输出 1.3 或 2.4				CⅡ

注：1. 工作温度Ⅰ表示 40～125℃，Ⅱ表示 20～75℃；

2. 引线排列序号从型号标志面由左至右递增；

3. CⅠ表示陶瓷三引线；CⅡ表示陶瓷四引线 5.2mm×6.0mm×2.4mm，P 表示塑封三引线 4.5mm×4.5mm×2mm，W_1 表示 3mm×2.5mm×1.8mm 塑封，W_2 表示 3.1mm×3.1mm×1.2mm 软封装。

第三节 霍耳传感器的应用

霍耳传感器的应用主要依据它的磁电特性，总的来说可分为三个方面，即磁场比例性、电流比例性和乘法作用。

一、磁场比例性

磁场比例性是指控制电流恒定时，霍耳电压与磁场之间的关系。

严格地说，霍耳传感器的 $U_H - B$ 特性曲线并不完全呈线性，当 B 在 0.5T 以下时，线性度较好。

霍耳传感器在这方面的应用较为广泛，下面略做介绍。

1. 测量磁场

测量磁场的方法很多，其中用得较为普遍的是高斯计（或称特斯拉计）。它的原理很简单，把霍耳传感器放在待测磁场中，通以恒定的电流，其输出 U_H 就反映了磁场的大小，然后用电流表或电位差计进行输出显示。当然，控制电流也可以用交流。在被测磁场恒定时，通入交流控制电流，其输出电压也为交流。交流控制电流的优点是产生的输出信号便于放大处理。

例如 CT-2 型高斯计，适用于恒定磁场的测量。它是由霍耳元件、激励电源、补偿电路、指示仪表几部分组成。它的量程分成三档，分别为 1T、0.5T、0.25T（特斯拉），测量精度为3%。

2. 测量位移

将霍耳传感器放置在呈梯度分布的磁场中，通过恒定的控制电流。当传感器有位移时，元件上感知的磁场大小随位移发生变化，从而使得其输出 U_H 也产生变化，且与位移成比例。从原理上分析，磁场梯度越大，霍耳输出 U_H 对位移变化的灵敏度就越高，磁场梯度越均匀，则 U_H 对位移的线性度就越好。

这一原理还被广泛应用于测量压力。当霍耳传感器安装在膜盒或弹簧管上时，被测压力的变化经弹性元件转换成传感器的位移，再由霍耳元件将位移转换成 U_H 输出，U_H 与被测压力成比例。国产 YSH-1 型霍耳压力变送器便是基于这种原理设计的，其转换机构如图 9-9 所示。

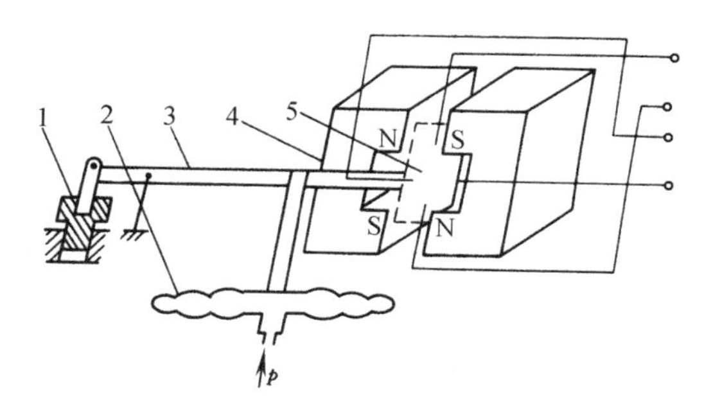

图 9-9　YHS-1 型霍耳压力变送器的转换机构

1—调零螺钉　2—膜盒　3—杠杆　4—磁钢　5—霍耳元件

图中，弹性元件是膜盒，它的下端固定在接头上，上端通过杠杆与置于两块成 Π 形永久磁钢中心的霍耳片相连。当被测压力 p 引入膜盒后，它的上端产生位移，通过杠杆改变了霍耳元件在磁钢中的位置，从而产生了与压力相对应的霍耳电压值。

YHS-1 型霍耳压力变送器的测量精度为 1.5 级，根据不同的测压范围有不同的规格，输出信号为直流 0~20mV。

3. 无接触发信

霍耳传感器通以恒定的控制电流，在近距离运动的磁钢作用下，输出 U_H 产生显著的变化，这就是霍耳无接触发信。无接触发信只要求传感器输出一个足够大的 U_H 信号，而对元件本身的温度特性、线性度等参数要求不高，因此被广泛用于精确定位、接近开关、导磁产品计数以及转速测量等场合。

图 9-10 是国产 KH103-12 型霍耳接近开关示意图。它的敏感部位是一个集成霍耳传感器。在霍耳集成电路内部，控制电流 I 的大小及方向已设定，故 U_H 的大小及方向由 B 的大小及方向确定。若 B 反向，则 U_H 为负值，因而安装磁铁时，要注意磁铁的极性。磁铁 B 值越大，作用距离也越大。该接近开关具有输出波形好、抗干扰能力强、定位精度高、重量轻、体积小等特点，其主要技术指标如下：

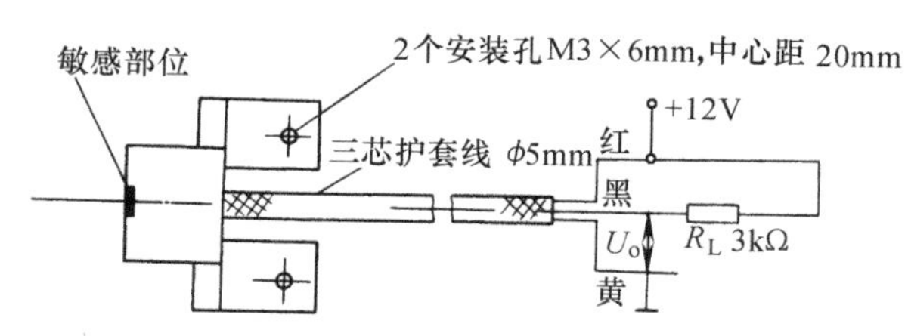

图 9-10　KH103-12 型霍耳接近开关示意图

电源电压：12±20% V（DC）；

动作逻辑：接近输出低电平≤0.5V；

　　　　　远离输出高电平≥11V；

负载电阻：3kΩ；

最大作用距离：≥6mm；

接近尺寸：磁铁 ϕ10mm×6mm；

输出功率：≤80mW；

响应频率：≤300Hz；

作用方向：轴向、切向。

4. 无触点开关

键盘是计算机系统中一个重要的外围设备。早期的电键和键盘都采用机械接触式，在使用过程中容易产生抖动噪声，系统的可靠性受到影响。目前大都采用无触点的键盘开关，其构造是这样的：每个键上都有两小块永久磁铁，键按下时，磁铁的磁场加在键下方的开关型集成霍耳传感器上，形成开关动作。由于开关型集成霍耳传感器具有滞后效应，故工作十分稳定可靠。这类键盘开关的功耗很低，动作过程中传感器与机械部件之间没有机械接触，使用寿命非常长。

二、电流比例性

电流比例性是指磁场强度恒定时，霍耳电压与控制电流之间的关系。

由前所述，当磁场恒定时，在一定的温度下，霍耳传感器的 U_H-I 特性曲线的线性度是很好的，基本上呈直线，斜率取决于霍耳灵敏度。这方面应用最为明显的是直接测量电流。另外，利用霍耳元件的非互易性特点的应用有回转器、隔离器、环行器等。

三、乘法作用

乘法作用是指当霍耳传感器的 K_H 恒定时，霍耳电压与控制电流及外加磁场磁感应强度的乘积成正比。

如果控制电流为 I_1，磁感应强度 B 由励磁电流 I_2 产生，根据式（9-6），则霍耳输出电压可表示为

$$U_H = KI_1I_2 \tag{9-18}$$

这里的 I_1 和 I_2 可以为正反两个方向，相当于取正负数。

利用上述乘法关系，将霍耳元件与励磁线圈、放大器等组合起来可以做成模拟运算的乘法器、开方器、平方器、除法器、方均根发生器等各种运算器。

思考题与习题

1. 什么是霍耳效应？

2. 为什么导体材料和绝缘体材料均不宜做成霍耳元件？

3. 为什么霍耳元件一般采用N型半导体材料？

4. 霍耳灵敏度与霍耳元件厚度之间有什么关系？

5. 一块半导体样品如图9-1所示，其中 $d=1.0$mm，$b=3.5$mm，$l=10$mm，沿 x 方向通以 $I=1.0$mA 的电流，在 z 轴方向加有 $B=100$T 的均匀磁场，半导体片两侧的电位差 $U=6.55$mV。

（1）这块半导体是正电荷导电（P型）还是负电荷导电（N型）？

（2）求载流子浓度为多大？

6. 某霍尔元件尺寸为 $L=10$mm，$W=3.5$mm，$d=1.0$mm，沿 L 方向通以电流 $I=1.0$mA，在垂直于 L 和 W 的方向加有均匀磁场 $B=0.3$T，灵敏度为22V/(A·T)，试求输出霍尔电势及载流子浓度。

7. 霍尔元件灵敏度 $K_H=40$V/(A·T)，控制电流 $I=3.0$mA，将它置于变化范围为 $1\times10^{-4}\sim5\times10^{-4}$T

的线性变化的磁场中，它输出的霍尔电势范围为多大？

8. 什么是霍耳元件的温度特性？如何进行补偿？

9. 集成霍耳传感器有什么特点？

10. 写出你认为可以用霍耳传感器来检测的物理量。

11. 设计一个采用霍耳传感器的液位控制系统。要求画出磁路系统示意图和电路原理简图，并简要说明其工作原理。

12. 图 9-11 是一个采用霍耳传感器的钳型电流表结构图，试分析它的工作原理。

13. 通过一个实例说明开关型集成霍耳传感器的应用。

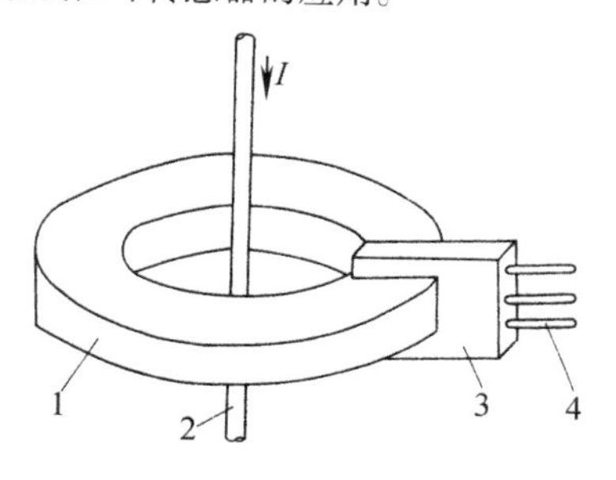

图 9-11　题 12 图

1—冷轧硅钢片圆环　2—被测电流导线
3—霍耳元件　4—霍耳元件引脚

第十章　位移－数字传感器

随着现代科学技术的发展，利用工业微控制器作为控制器的系统越来越多，要求采集到的信号尽量数字化。前面介绍的传感器都是将被测量变换成模拟量，如果要与数字式显示设备或控制器相接，则必须加变换电路。数字式传感器可以把输入量转换成数字量输出，直接送入计算机进行数据处理。数字式传感器是检测技术、微电子技术和计算机技术的综合产物，是传感器技术发展的一个重要方向。

进行位移测量的数字式传感器主要有光栅、磁栅、容栅、感应同步器和旋转编码器等。本章将对这几种位移－数字传感器进行介绍。

第一节　光栅传感器

光栅种类很多，可分为物理光栅和计量光栅。这里所讲的光栅传感器是根据莫尔条纹原理制成的一种计量光栅，计量光栅指的是测量位移的光栅，多用于直线位移和角位移的测量。

一、光栅传感器的结构

光栅传感器由光源、透镜、光栅副、光电元件四大部分组成，如图 10-1 所示。

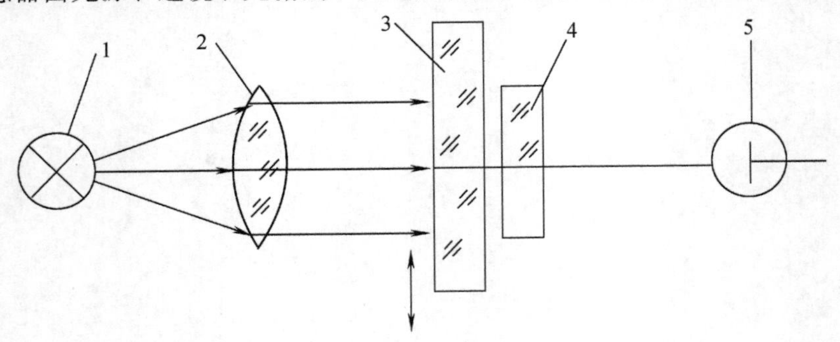

图 10-1　透射光栅传感器光路

1—光源　2—透镜　3—主光栅　4—指示光栅　5—光电元件

1. 光源

一般用钨丝灯泡，它有输出功率较大、工作温度范围较宽的优点，但是在机械振动和冲击情况下工作时，其寿命将降低，因此必须定期更换灯泡以减小测量误差。近年来半导体发光器件发展很快，如砷化镓发光二极管可以代替钨丝灯泡，可以使光源工作在触发状态，从而减小功耗和热耗散。

2. 透镜

透镜的作用是将光源发出的光转换成平行光。

3. 光栅副

光栅副由主光栅和指示光栅两部分组成。不论是主光栅还是指示光栅，其结构形式都是相同的，只是起到的作用不同。主光栅又叫标尺光栅，是测量的基准，常用工业白玻璃制作。主光栅的有效长度常由测量范围决定。必要时，主光栅可接长。一般来说主光栅比指示光栅长，但两者刻有同样栅距的栅线。指示光栅最好用光学玻璃。指示光栅的长度只要能产生测量所需的莫尔条纹即可。

在光栅测量系统中测量线位移时，主光栅往往固定在机床床身上不动，而指示光栅随拖板一起移动。测量角位移时，指示光栅一般固定不动，主光栅随机床的主轴转动。光栅副是光栅传感器的主要部分，整个测量装置的精度主要由主光栅的精度来决定。安装时两块光栅互相重叠并错开一个小角度 θ，以便获得莫尔条纹。

光栅按其形状和用途分为长光栅和圆光栅。长光栅主要用于长度或直线位移的测量，要求光栅的刻线相互平行，可以在玻璃和金属膜玻璃体上刻线，如图 10-2a 所示。圆光栅主要用来测量角度或角位移，一般在圆盘玻璃上刻线，如图 10-2b 所示，它是在玻璃圆盘的外环端面上，做成黑白间隔条纹，根据不同的使用要求在圆周内线纹数也不相同。圆光栅一般有 3 种形式：

1）六十进制，如 10800 线，21600 线，32400 线，64800 线等。

2）十进制，如 1000 线，2500 线，5000 线等。

3）二进制，如 512 线，2024 线，2048 线等。

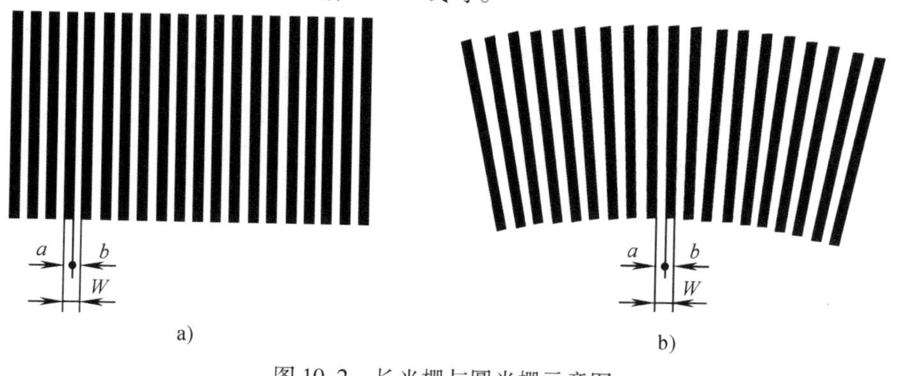

图 10-2 长光栅与圆光栅示意图

a）长光栅 b）圆光栅

圆光栅又分为径向光栅和切向光栅。径向光栅的栅线延长线全部通过圆心，如图 10-3a 所示。切向光栅的栅线全部与一个和圆盘玻璃同心的小圆相切，如图 10-3b 所示。

图 10-2 中 a 为栅线宽度，b 为栅线缝隙宽度，相邻两栅线的距离为 $W = a + b$，称为光栅常数（或称为光栅栅矩）；栅线密度 ρ（每毫米刻的栅线条数）根据测量要求决定。

按栅线的形式不同，光栅又可分为黑白光栅和闪耀光栅，长光栅有黑白光栅和闪耀光栅两种；圆光栅只有黑白光栅。黑白光栅的栅线密度 ρ 一般有 25 条/mm、50 条/mm、100 条/mm、250 条/mm 四种刻法，目前常用的有 50 条/mm 和 100 条/mm 两种。闪耀光栅的栅线密度 ρ 一般取 150 ~2400 条/mm。

光栅按光线走向分为透射式和反射式光栅。透射式光栅以透光的玻璃为载体，反射式光栅以不透光的金属为载体。长光栅有透射式和反射式两种，圆光栅只有透射式。透射式光栅是在一块长方形或圆形的光学玻璃上均匀地刻上许多透光的缝隙和不透光的栅线，从而形成规则排列的明暗线条。

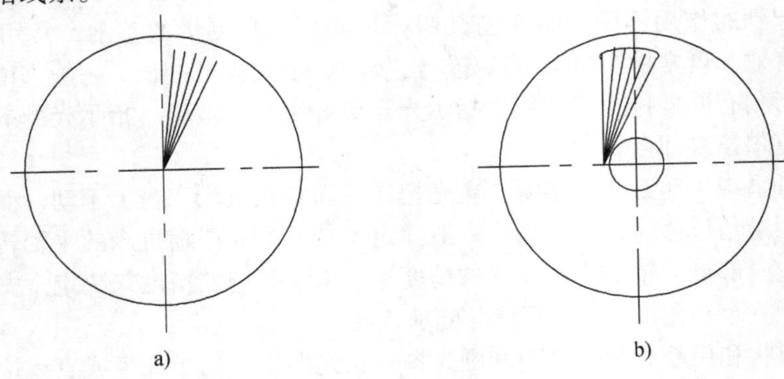

图 10-3 圆光栅结构示意图

a）径向光栅 b）切向光栅

4. 光电元件

光电元件的作用是将光栅副形成的莫尔条纹的明暗强弱变化转换为电量输出，一般采用光敏晶体管。

二、光栅的工作原理

在透射式直线光栅中，把光栅栅距 W 相等的主光栅与指示光栅的刻线面相对叠合在一起，中间留有很小的间隙，并使两者的栅线保持很小的夹角 θ，于是在近似垂直于栅线的方向上出现明暗相间的条纹，如图 10-4 所示，图中 B 为莫尔条纹的间距。在 a-a 线上由于两光栅的栅线彼此重合，光线可以从缝隙透过，形成亮带；在 b-b 线上，两光栅的栅线彼此错开，形成暗带。这种明暗相间的条纹称为莫尔条纹。

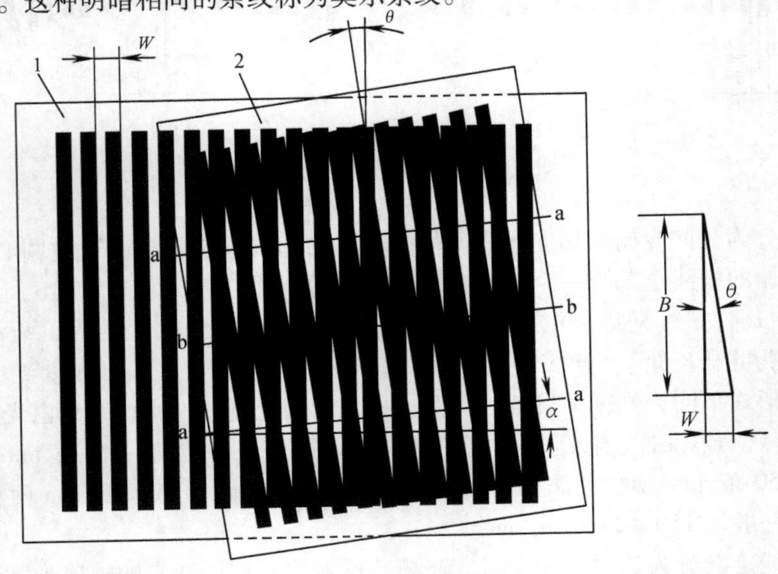

图 10-4 莫尔条纹的形成原理

1—主光栅 2—指示光栅

莫尔条纹有如下特征：

1）莫尔条纹是由光栅的大量刻线共同形成的，对光栅的刻划误差有平均作用，能在很大程度上消除光栅刻线不均匀引起的误差。从而能在很大程度上消除刻线周期误差对测量精度的影响。

2）当主光栅沿与栅线垂直的方向做相对移动时，莫尔条纹则沿光栅刻线方向移动（两者的运动方向近似垂直）；主光栅反向移动，莫尔条纹亦反向移动。在图10-4中，当主光栅向右移动时，莫尔条纹向上运动，莫尔条纹移过的条纹数与光栅移过的刻线数相等，利用这种对应关系，根据光电元件接收到的莫尔条纹的数目，就可以测得光栅所移过的位移。

3）莫尔条纹的间距 B 放大了的光栅栅距 W，它随着指示光栅与主光栅刻线夹角 θ 而改变。

由图10-4右图的三角形可以看出，长光栅莫尔条纹与 x 轴的倾斜角 α 和两光栅的夹角 θ 之间的关系为

$$\tan\alpha=\left(1-\frac{W}{W\cos\theta}\right)\frac{\cos\theta}{\sin\theta}=\frac{\cos\theta-1}{\sin\theta}=-\tan\frac{\theta}{2} \tag{10-1}$$

莫尔条纹之间的距离为

$$B=\frac{W}{\sqrt{\sin^2\theta+(\cos\theta-1)^2}}=\frac{W}{2\sin\dfrac{\theta}{2}} \tag{10-2}$$

当 θ 很小时，$\sin(\theta/2)\approx\theta/2$，则上式变为

$$B\approx\frac{W}{\theta} \tag{10-3}$$

式中，θ 的单位为rad；B、W 的单位为mm。

从式（10-3）可以看出，莫尔条纹的宽度由光栅常数 W 和两光栅的夹角 θ 决定。当光栅常数 W 一定时，莫尔条纹的宽度 B 仅由夹角 θ 决定。实际应用中，θ 角的取值范围很小。由于 θ 很小，所以当主光栅相对于指示光栅移动一个很小的距离 $x=W$ 时，可以得到一个很大的莫尔条纹移动量 B。可以通过改变 θ 角来选择莫尔条纹的间距。一般定义莫尔条纹的放大倍数为

$$K=\frac{B}{W}\approx\frac{1}{\theta} \tag{10-4}$$

因此，光栅传感器被广泛应用于高精度的位置检测。

根据莫尔条纹的形成原理，当莫尔条纹的亮带出现的时候，相应的光电元件接收到一个幅值比较大的信号；暗带出现时，接收到幅值较小的信号。信号的频率取决于光栅常数 W，如图10-5所示。这样就将光栅的位移信号变换成了电信号。

在理想情况下，对于一固定点的光强，随着主光栅相对于指示光栅的位移 x 变化而变化的关系如图10-6a所示的三角波，但由于光栅副中留有间隙、光栅的衍射效应、栅线质量等因素的影响，光电元件输出信号为近似于图10-6b所示的正弦波。

每当光栅移动一个栅距（W），莫尔条纹明暗变化一次，光电元件感受到的光强按正弦规律变化一个周期（2π），它输出的电信号也就发生相应的变化。在去除光电元件输出信号

中的直流分量后，可以得到光电元件输出电压 u 和光栅位移 x 之间的关系式

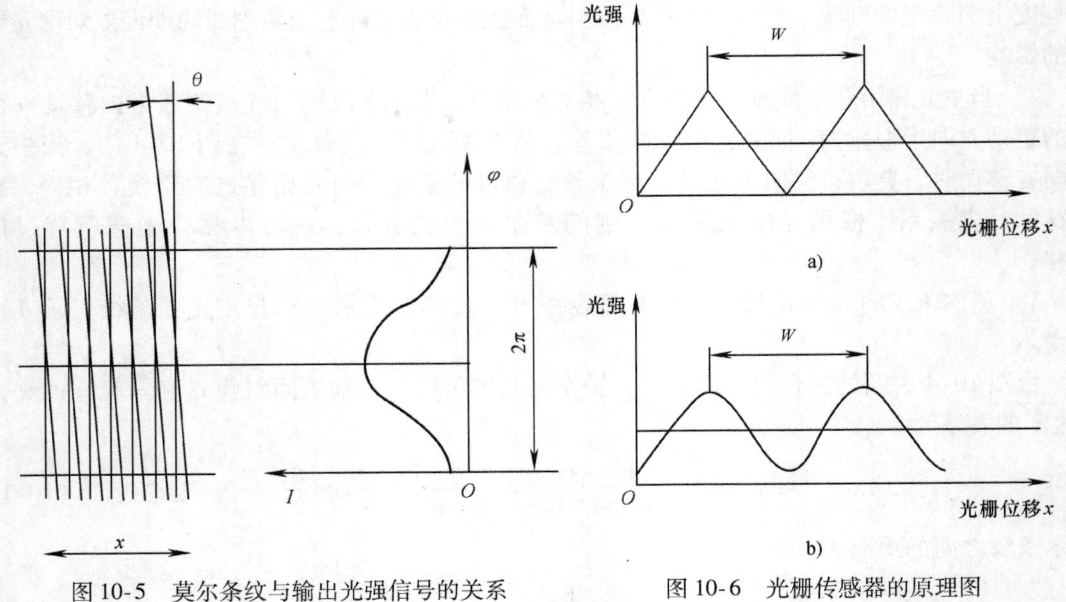

图 10-5 莫尔条纹与输出光强信号的关系

图 10-6 光栅传感器的原理图

a）三角波 b）正弦波

$$u = U_{\mathrm{m}}\sin\left(\frac{2\pi}{W}x\right) = U_{\mathrm{m}}\sin\beta \tag{10-5}$$

式中，U_{m} 为正弦分量的幅值；x 为光栅的位移量；β 为输出信号的相位。

输出信号经整形放大和微分电路变为脉冲信号，送入计数器进行计数，计数值反映位移的大小。

三、辨向电路

在实际应用中，由于位移具有方向性，即位移有正负之分，如果采用一个光电元件则无法确定光栅的移动方向。为此，必须设置辨向电路。辨向电路的作用是在物体正向移动时，将得到的脉冲数累加，而物体反向移动时从已得到的脉冲数上减去反向得到的脉冲数。为了实现这种功能，可以在相距 $B/4$ 的莫尔条纹位置上设置两个光电元件，使得两个光电元件产生的光电信号在相位上相差90°，这样两个光电元件上将得到相位互差90°的正弦波信号，然后送到辨向电路中处理，辨向电路原理框图如图 10-7 所示。

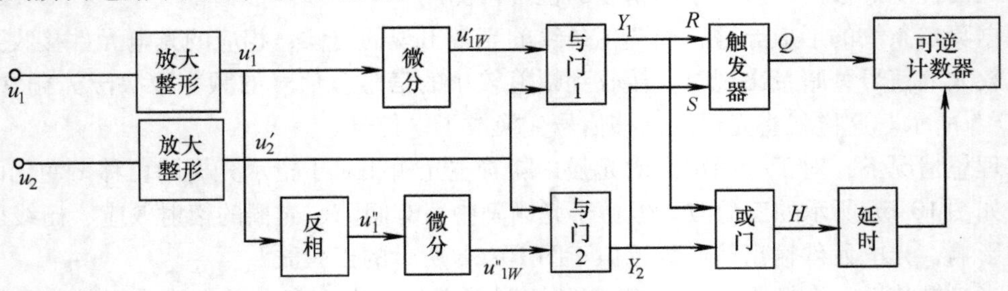

图 10-7 辨向电路原理框图

当主光栅向右移动时，莫尔条纹向上移动，这时光电元件1比光电元件2先感光，光电元件接收到的信号波形 u_1 和 u_2 如图10-8所示，可以看出，u_2 比 u_1 滞后90°。在辨向电路中与门1无输出，而与门2输出一个正脉冲，此脉冲信号一方面使得RS触发器置1，从而使可逆计数器选择做加法运算；另一方面通过或门H，并经延时电路延时后，作为计数脉冲送给可逆计数器，做加法计数。同理，当主光栅向左移动时，莫尔条纹向下移动，这时光电元件2比光电元件1先感光，光电元件接收到的信号波形 u_1 和 u_2 如图10-9所示。可以看出，u_2 比 u_1 超前90°，此时在辨向电路中与门2无输出，而与门1输出一个正脉冲，此脉冲信号一方面使得RS触发器置0，从而使可逆计数器选择做减法运算；另一方面通过或门H，并经延时电路延时后，作为计数脉冲送给可逆计数器，做减法计数。这样经过辨向电路，可逆计数器输出的增减将直接反映主光栅的移动方向。

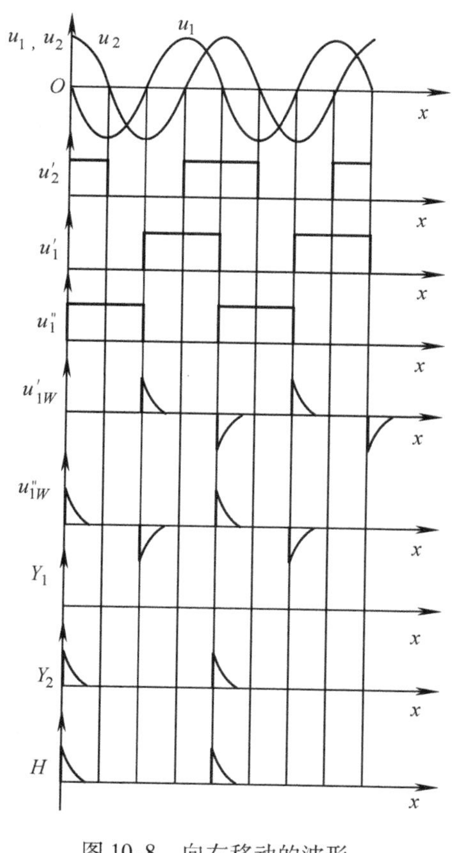

图10-8 向右移动的波形

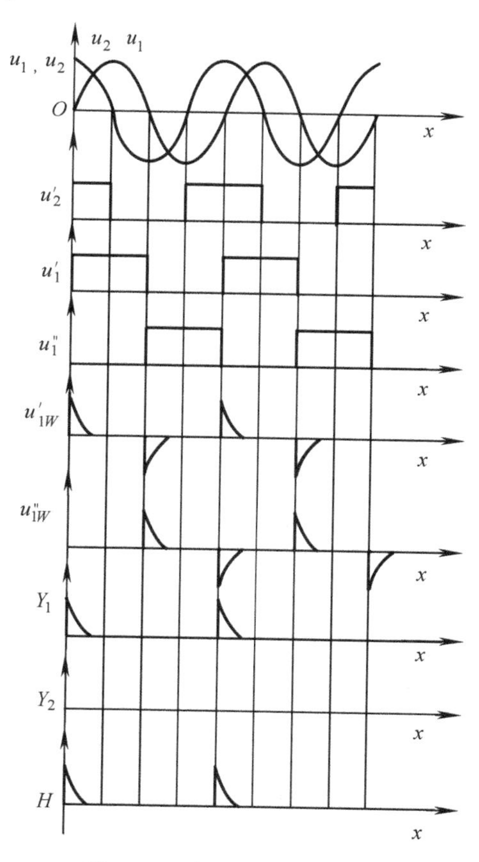

图10-9 向左移动的波形

四、细分技术

为了增加光栅传感器的分辨率和测得比栅距更小的位移量，以提高测量精度，若以移过的莫尔条纹数来确定位移量，则其分辨率为光栅栅距。一般可以通过增加光栅刻线密度和对测量信号进行细分这两种方法来提高测量精度。第一种方法制造工艺比较繁琐，成本较高，而且会给安装和调试带来困难，因此一般不采用这种方法；而采用细分方法能获得所需的分辨率。

所谓细分就是在莫尔条纹变化一个周期时，使光电元件不只发出一个脉冲，而是发出若干个脉冲，以减小脉冲当量，提高光栅的分辨率。细分电路能在不增加光栅刻线数（线数越多，成本越昂贵）的情况下提高光栅的分辨率。

下面介绍几种常用的细分方法。

1. 直接细分

直接细分又叫位置细分，指的是在一个莫尔条纹的间隔 B 内，放置若干个光电元件来接收同一个莫尔条纹信号，从而得到多个不同相位的信号。常用的细分数为4，即在一个莫尔条纹的间隔 B 内，放置四个光电元件，每两个光电元件之间的距离为 $B/4$，两个信号之间的相位差为90°，这样在一个莫尔条纹的间隔内产生了四个输出信号，实现了四细分。这四个信号可表示为

$$u_1=\sin\left(\frac{2\pi}{W}x\right)=\sin\beta$$

$$u_2=\sin\left(\frac{2\pi}{W}x-\frac{\pi}{2}\right)=-\cos\left(\frac{2\pi}{W}x\right)=-\cos\beta$$

$$u_3=\sin\left(\frac{2\pi}{W}x-\pi\right)=-\sin\left(\frac{2\pi}{W}x\right)=-\sin\beta$$

$$u_4=\sin\left(\frac{2\pi}{W}x-\frac{3\pi}{2}\right)=\cos\left(\frac{2\pi}{W}x\right)=\cos\beta$$

四细分也可以通过放置两个光电元件来实现。首先产生相位差为90°的两个信号，然后对这两个信号进行反相，则和原信号一起获得了四个信号。再经过适当的组合电路便可得到四个依次互差90°的信号，如图10-10所示。获得这四个依次相差90°的信号后，经微分电路和辨向电路送可逆计数器进行计数，这样就将光栅的位移量转换成了数字量。例如原来栅矩为8μm的光栅，采用四细分之后，其分辨率可从原来的8μm提高到2μm。由此看出，细分数越大，分辨率越高。

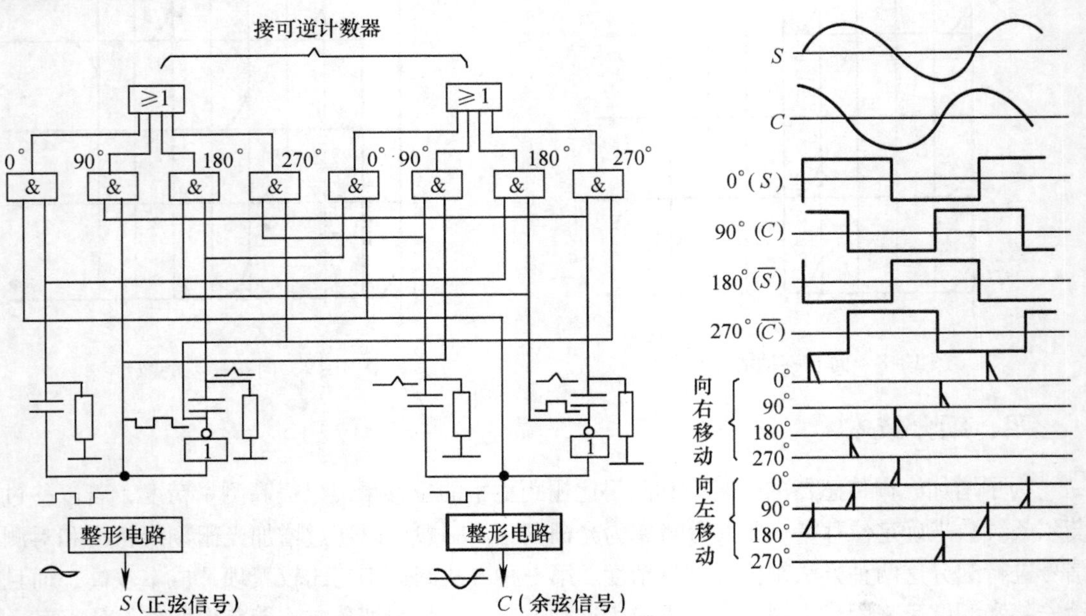

图10-10 四细分电路原理图

由于在一个莫尔条纹间距内，能够放置的光电元件数目有限，因此细分数不可能太大，但直接细分法电路简单，对莫尔条纹产生的信号波形没有严格要求，是其他细分法的基础，可以和其他细分法配合使用。

2. 电桥细分

如图10-11所示，电桥细分是将直接细分得到的两个相位依次相差90°的交流信号与电阻R_1和R_2组成电桥，R_L为负载电阻，则输出电压为

$$u_o=\frac{R_2u_1+R_1u_2}{R_1R_L+R_2R_L+R_1R_2}R_L \tag{10-6}$$

由式（10-6）可知，电桥的输出电压u_o是一个和u_1、u_2具有相同周期、但初始相位不同的正弦信号。可表示为

$$u_o=U_{om}\sin\left(\frac{2\pi}{W}x-\gamma_n\right) \tag{10-7}$$

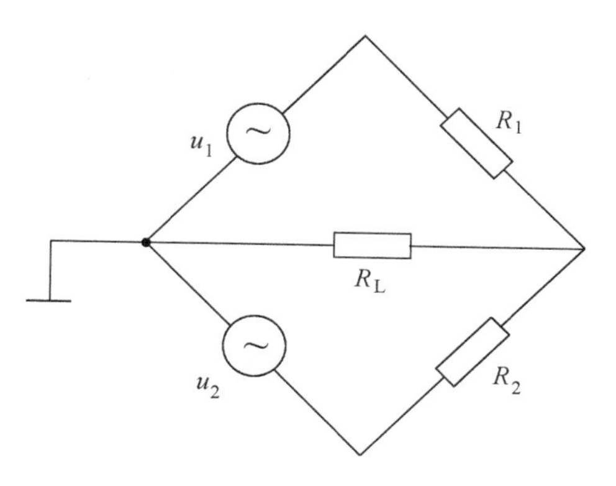

图10-11　电桥细分原理图

为确定u_o的过零点即初始相位γ_n，在式（10-6）中令$u_o=0$，可得

$$u_1R_2+u_2R_1=0$$

即

$$\frac{u_1}{u_2}=-\frac{R_1}{R_2} \tag{10-8}$$

选取$u_1=U_m\sin\beta$，$u_2=-U_m\cos\beta$代入式（10-8），则可得

$$\frac{R_1}{R_2}=\frac{\sin\beta}{\cos\beta}=\tan\beta \tag{10-9}$$

式中，β由$\beta=\frac{2\pi x}{W}$决定。

这里令$R_1/R_2=\tan\gamma_n$，则当输出信号的相位β刚好等于γ_n时，负载上得到的电压信号为$u_o=0$。即u_o的波形在相位角为γ_n处过零。这样就利用电桥细分的方法得到一个新的输出信号

$$u_o=U_{om}\sin\left(\frac{2\pi}{W}x-\gamma_n\right)$$

采用多个类似电桥，选取不同R_1/R_2值，就可以得到一系列初始相位γ_n各不相同的正弦信号，从而达到任意细分的目的。

在实际进行电桥细分时，应按照要求的细分数n，来决定相应的一系列γ_n，它们依次为$\frac{360°}{n}$、$2\times\frac{360°}{n}$、$3\times\frac{360°}{n}$、…、$n\times\frac{360°}{n}$。

再根据式$R_1/R_2=\tan\gamma_n$确定这n个电桥中各自的R_1/R_2值，并适当选取u_1和u_2，从而构建起实用细分电路，实现n细分。

这种细分法的细分数较大，n一般可以在12～60之间取值，它的精度较高，可用于动、静态测量。但对光栅输出信号的波形、幅值、正交性等均有严格要求。

第二节 磁栅传感器

磁栅传感器主要由磁栅、磁头和测量电路三部分组成，它是一种利用磁栅与磁头之间的磁作用以计算磁波数目来进行测量的位移传感器。磁栅传感器的特点是把位移直接转换成数字量，可用于直线位移和角位移的测量，且具有制作工艺简单、成本较低、复制方便、易于安装、调整方便、测量范围广、不需要接长等优点。当需要时，可将原来磁栅上的磁信号抹去，重新录制。还可以安装在机床上之后再录制磁信号，这对于消除安装误差和机床本身的几何误差，以及提高测量精度都是十分有利的。因此在大型机床的数控、精密机床的自动控制等方面得到了广泛的应用。

一、磁栅结构及工作原理

磁栅是指记录一定波长的矩形波或正弦波信号的涂有磁粉的非磁性长尺或圆盘，如图10-12所示。磁栅基体是用非导磁材料做成，采用涂敷、化学沉积或电镀的方法在磁栅基体上敷上一层很薄的磁性材料，经过录磁的方法使得敷层磁化成相等的节距，便做成了磁栅。磁栅基体材料要求不导磁；其热膨胀系数与仪器或机床的相应部分相近似；磁性薄膜的剩磁要大，矫顽力要高；尺面要光滑。磁栅上从一对N极到相邻的另一对N极之间的距离称为节距d，通常为0.05mm、0.1mm、0.2mm等，目前常用的磁信号节距为0.05mm和0.2mm两种。录磁过程示意图如图10-13所示。

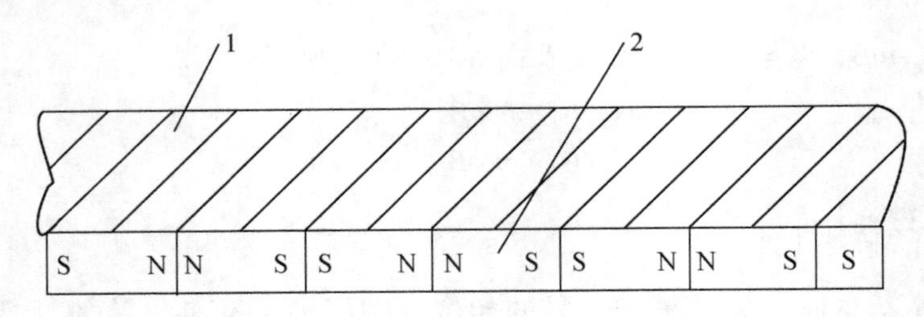

图10-12 磁栅结构图
1—磁栅基体 2—磁性材料

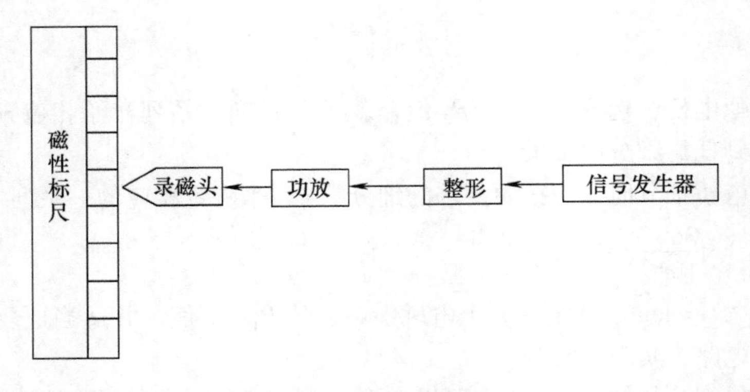

图10-13 录磁过程示意图

磁栅的工作原理与普通磁带的录磁和拾磁的原理是相同的。通过录磁磁头在磁尺上录制出节距严格相等的磁信号作为计数信号，最后在磁尺表面还要涂上一层 1～2μm 厚的保护膜，以防磁头频繁接触而造成磁膜磨损，用它作为测量位移量的基准尺。在检测时，用拾磁磁头读取记录在磁性标尺上的磁信号，通过检测电路将位移量用数字显示出来或送至位置控制系统。

测量用的磁栅与普通的磁带录音的区别在于：①磁性标尺的等节距录磁的精度要求很高，因为它直接影响位移测量精度。为此需要在高精度录磁设备上对磁尺进行录磁。②当磁尺与拾磁磁头之间的相对运动速度很低或处在静止状态时，也应能够进行位置测量。因此，不能采用一般的录音机拾磁磁头即速度响应型磁头，需要用特殊的磁通响应型磁头。

磁栅按其结构形式可分为长磁栅和圆磁栅两大类。长磁栅主要用于直线位移测量，圆磁栅主要用于角位移测量。长磁栅又可分为尺形、带形、同轴形三种。它们的结构如图 10-14 所示。

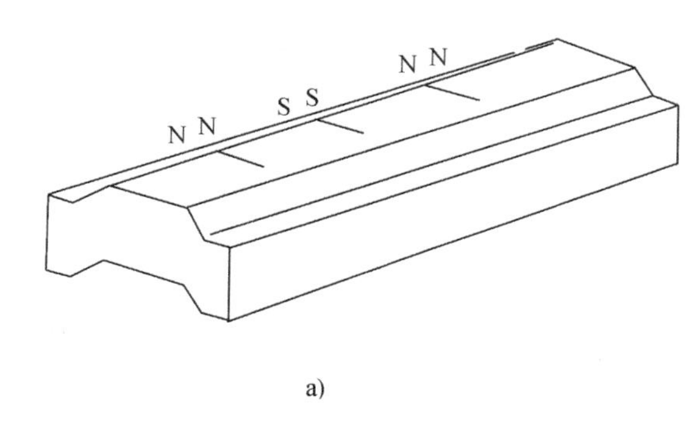

a)

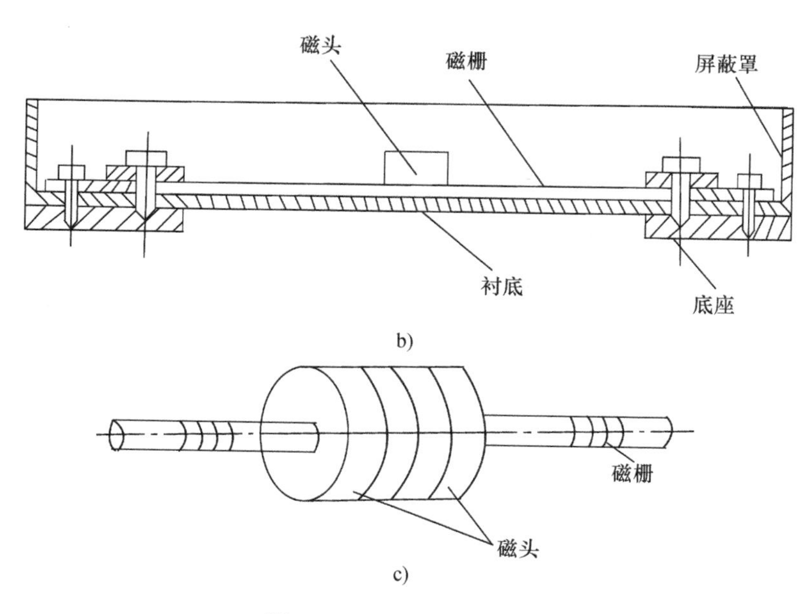

b)

c)

图 10-14　几种磁栅结构图

a）尺形圆磁栅　b）带形长磁栅　c）同轴形磁栅

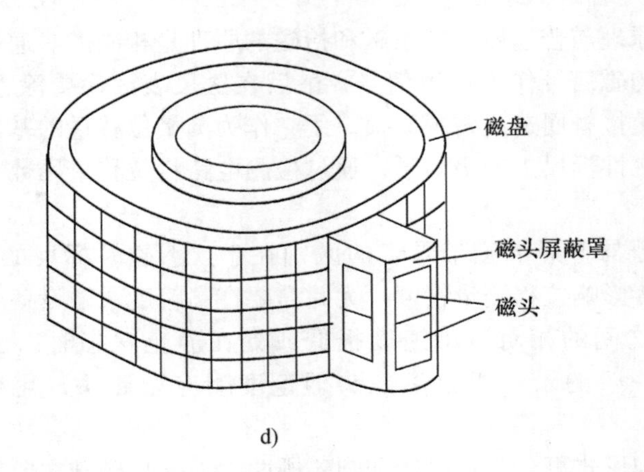

图 10-14 几种磁栅结构图（续）
d）圆磁栅

二、磁头

磁头的主要作用是把磁栅上的磁信号检测出来并转换成电信号。它是把反映空间位置变化的磁化信号检测出来并转换成电信号输送给检测装置中的关键元件。磁头分静态磁头和动态磁头两种。

1. 静态磁头

静态磁头又称为磁通响应式磁头。静态磁头采用铁镍合金片叠成的有效截面不等的多间隙铁心，其上分别绕制两个绕组，一个是励磁绕组，另一个是拾磁绕组，又称为输出绕组。从而构成一个带有可饱和铁心的磁性调制器。

静态磁头读取信号的原理如图 10-15 所示。励磁绕组的作用相当于一个磁开关，它对磁尺所产生的磁通起着导通和阻断的作用。在静态磁头励磁绕组中通以高频励磁电流，使得铁心的可饱和部分（截面较小）在每个周期内两次被电流产生的磁场饱和，这时铁心的磁阻很大，磁栅上漏磁通不能从铁心通过输出绕组而产生感应电动势，感应电动势为零。只有在励磁电流每个周期两次过零时，可饱和铁心不被饱和时，磁栅上的漏磁通才能通过输出绕组的铁心而产生感应电动势。因此，输出绕组中产生感应电动势的频率为高频励磁电流频率的两倍，其输出电动势为一调幅波，可表示为

$$u = U_{\mathrm{m}}\sin(2\pi x/d)\sin\omega t \tag{10-10}$$

式中，$U_{\mathrm{m}}\sin(2\pi x/d)$ 为磁头读出信号的幅值；d 为磁信号节距；ω 为励磁电流角频率的两倍；x 为磁头在磁性标尺下的位移。

由式（10-10）可见，输出信号与磁头和磁性标尺的相对速度无关，其频率为励磁电流频率的两倍，输出电压的幅值与进入铁心的磁通量的大小成比例，即由磁头相对于磁栅的位置 x 所决定。

为了增大输出，实际使用时，常将几个甚至几十个磁头以一定方式连接起来，组成多间隙静态磁头，图 10-16 是多间隙静态磁头的结构示意图。多间隙磁头中的每一个磁头都以相

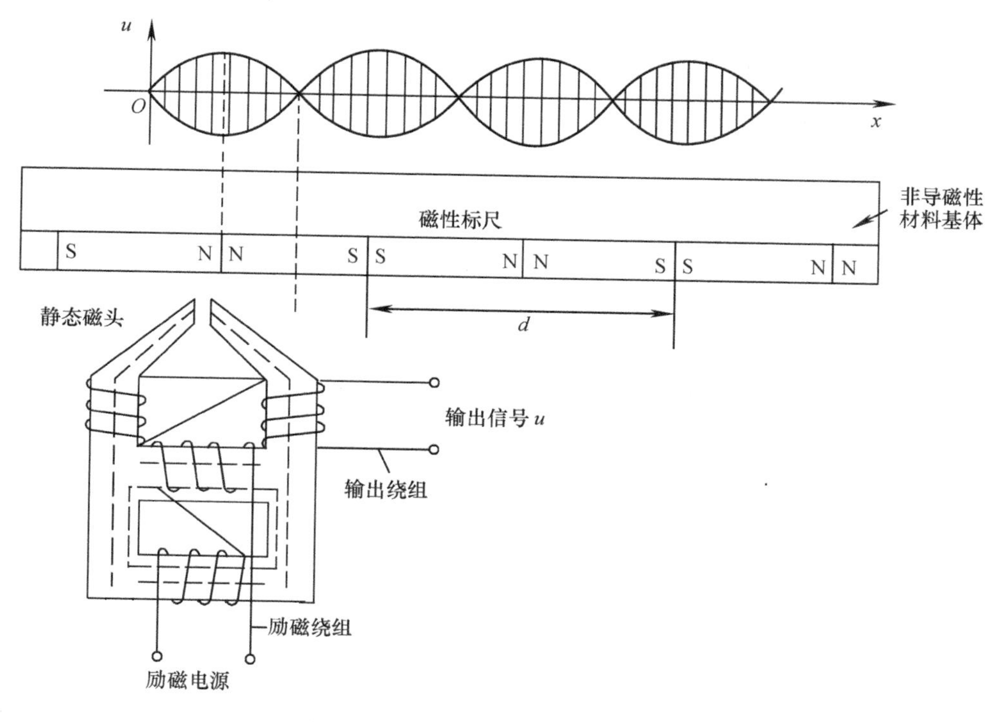

图 10-15　静态磁头读取信号原理图

同的间距$(m \pm 1/2)d$配置，其中 m 为任意正整数，d 为节距。相邻两磁头的输出绕组反向串联，这时得到的总输出信号为每个磁头输出信号的叠加。多间隙静态磁头的这种连接方式具有高测量精度、高分辨率和输出电压大的特点。

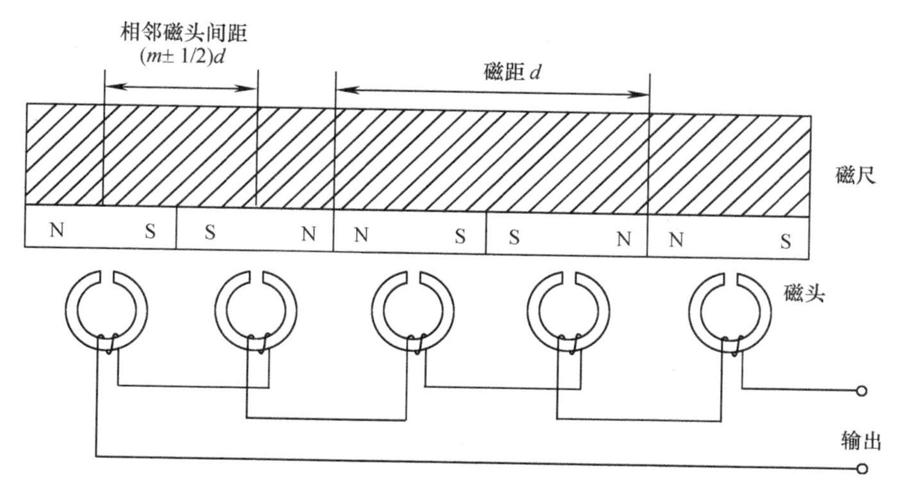

图 10-16　多间隙静态磁头结构示意图

2. *动态磁头*

动态磁头又称为速度响应式磁头，它只有一组输出绕组，只有当磁头与磁栅之间有相对运动时，才有信号输出。普通常见的录音机信号取出就属于此类。

动态磁头读取信号的原理如图10-17所示。其输出正弦信号表明，在N和N、S与S重叠部分的磁感应强度的绝对值最大，其中在N、N相重叠处为正的最强，S、S处为负的最强，d为磁信号的节距。当磁头沿着磁栅表面做相对位移x时，输出绕组输出周期性的正弦波信号，将输出信号放大整形，然后由计数器记录脉冲数（输出信号的周期个数）。若输出信号的周期数为n，则可以测量出位移量$x=nd$。

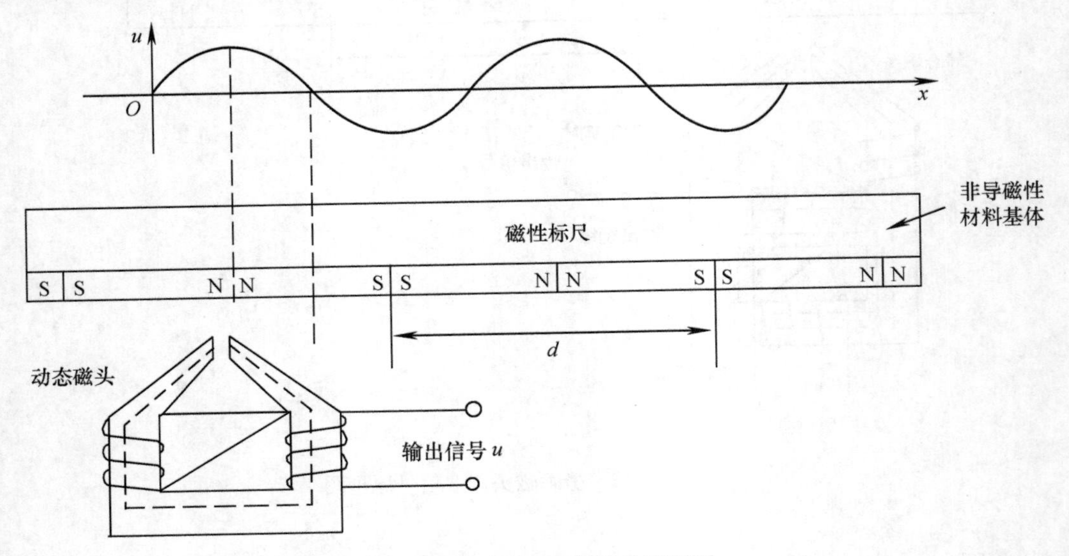

图10-17 动态磁头读取信号的原理图

三、测量电路

磁栅测量电路的主要作用是把磁头送来的电信号经变换后进行计数或细分后进行计数。它主要包括磁头励磁电路，读取信号的放大、滤波及辨向电路，细分电路和显示控制电路等几部分。由于动态磁头一般只有一个磁头，输出信号为正弦波，只要将输出信号放大整形，然后由计数器记录输出信号的周期个数，就可以测量出位移量的多少。但这种方法测量精度较低，而且不能判别移动方向。静态磁头在使用时，通常将两个磁头做成一体，两磁头相距$(m\pm1/4)d$，其中m为任意正整数，d为磁栅节距，如图10-18所示。这样在进行位移测量时，两磁头输出电压幅值的变化在相位上相差90°。其测量电路可分为幅值测量和相位测量两种方法，其中以相位测量应用较多。下面就对静态磁头的这两种测量方法进行介绍。

1. 幅值测量

在幅值测量电路中，相邻两个磁头的输出电压可用以下两式表示

$$u_1=U_m\sin(2\pi x/d)\sin\omega t \tag{10-11}$$

$$u_2=U_m\cos(2\pi x/d)\sin\omega t \tag{10-12}$$

将上面的两个信号经过检波器去掉高频载波，就变成两个相位互差90°的信号，然后送往后面的细分和辨向电路处理，计数输出。

2. 相位测量

相位测量是将其中一个磁头的励磁电流移相45°或将它的输出信号移相90°，得其输出信号为

$$u_1 = U_m \sin(2\pi x/d)\cos\omega t \tag{10-13}$$

$$u_2 = U_m \cos(2\pi x/d)\sin\omega t \tag{10-14}$$

将以上两个输出信号叠加，则可获得总输出信号为

$$u = U_m \sin\left(\omega t + \frac{2\pi x}{d}\right) \tag{10-15}$$

由上式可以看出，在磁矩 d 一定的情况下，输出电压 u 的相位由位移量 x 决定，即只要测量出输出电压相位的大小，就可以测量出位移量的大小。

四、磁栅数显示表及其应用

随着材料技术的进步，目前带状磁栅可做成开放式的，长度可达几十米，并可卷曲。安装时可直接用特殊的材料粘贴在被测对象的基座上，读数头与控制器（如可编程序控制器PLC）相连并进行数据通信，可随意对行程进行显示和控制。

图10-18为磁栅相位测量型数字位移显示装置作为磁栅传感器的实例框图。

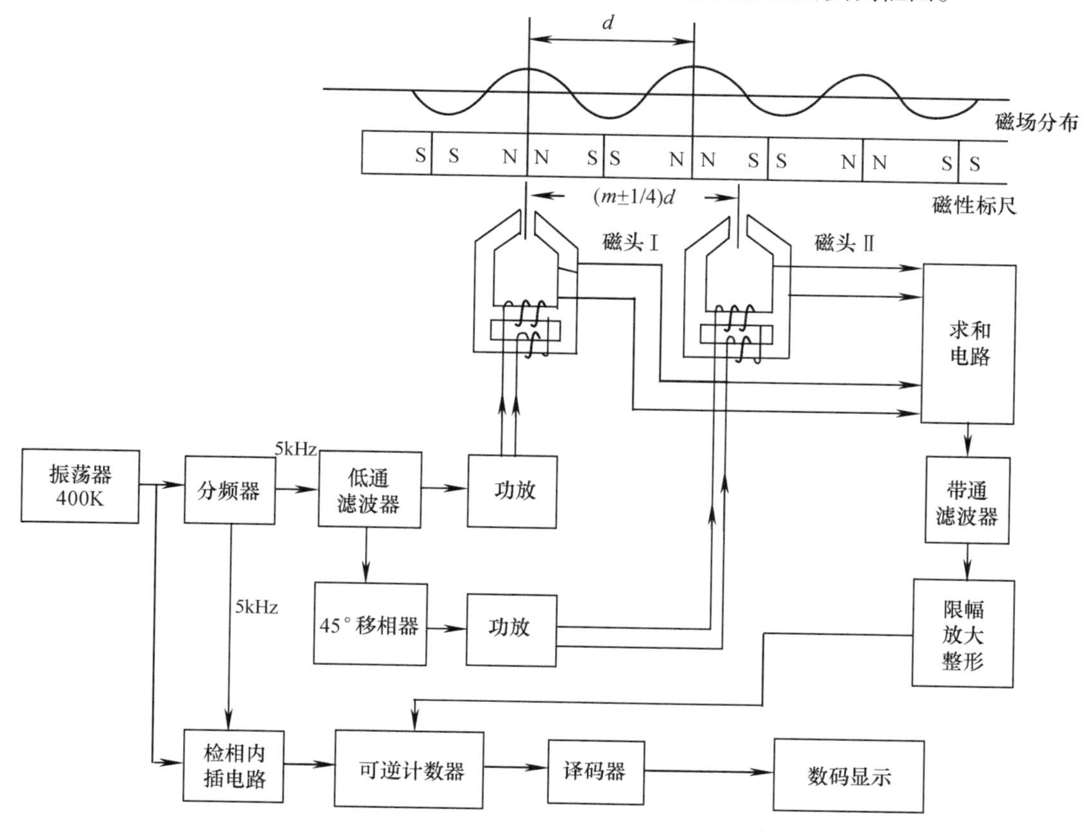

图10-18　磁栅相位检测系统框图

由振荡器发出的400kHz脉冲经80分频，得到5kHz的励磁信号，再经低通滤波器变成正弦波后分成两路：一路经功率放大器送到第一个磁头的励磁线圈，另一路经45°移相后，由功率放大器送第二个磁头的励磁线圈，从两个磁头读出信号，求和，即得输出信号。该信号由于包含许多高次谐波、干扰信号，因此还需经过带通滤波器滤波，取出二次谐波（10kHz的正弦波），整形后变成方波。当磁头相对于磁尺移动一个节距时，其相位变化360°。为了检测更小的位移量，还需要进行电气细分（细分数为360°/9°=40）。每当位移x使得该方波相位变化9°时，检相以及细分内插电路输出一个计数脉冲，即可得到分辨率为5μm的测量脉冲$\left(\text{由于磁尺上的磁节距为}200\mu\text{m，且}\ \Delta\phi=\frac{2\pi}{d}\Delta x\text{，所以}\ \Delta x=\frac{d}{2\pi}\Delta\phi=\frac{200}{360^\circ}\times 9^\circ=5\mu\text{m}\right)$。测量脉冲由可逆计数器计数，经译码电路，送数字显示或位置控制回路实现进一步的控制。磁头相对磁栅的位移方向是由磁头输出信号相位超前或滞后于预先设置好的基准相位来判别的。

第三节 容栅传感器

容栅传感器是在变面积型电容传感器的基础上发展起来的一种新型传感器，是利用电容的电荷耦合方式将机械位移量转变成为电信号的一种传感器。它具有电容传感器的优点，如动态响应快，结构简单，能实现非接触测量。同时，又具有多极电容带来的平均效应，而且采用闭环反馈式测量电路减小了寄生电容的影响、提高了抗干扰能力、提高了测量精度、极大地扩展了量程，是一种很有发展前途的传感器。现已应用于电子数显卡尺、电子数显千分尺等测量仪器中。

一、容栅的结构形式与工作原理

容栅按其结构形式可分为长容栅和圆容栅两大类。长容栅主要用于直线位移测量，圆容栅主要用于角位移测量。长容栅的结构原理如图10-19所示。从图10-19可以看出，容栅传感器与一般结构的电容传感器相比较，是将电容传感器中的电容极板刻成一定形状和尺寸的栅片。长容栅由定栅尺和动栅尺组成，国内一般用敷铜板制造。在定栅尺上蚀刻反射电极和屏蔽电极；在动栅尺上蚀刻发射电极和接收电极。将定栅尺和动栅尺的栅极面相对放置，其间留有间隙时，形成一对电容，即容栅，这些电容并联连接，若忽略边缘效应，其最大电容量为

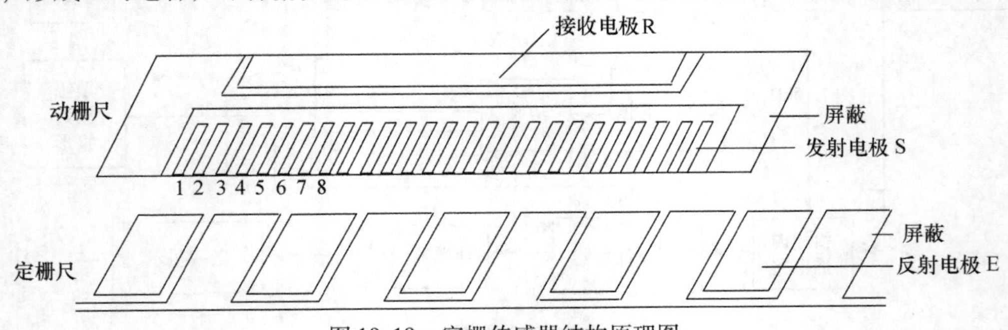

图10-19 容栅传感器结构原理图

$$C_{\max}=n\frac{\varepsilon ab}{\delta} \tag{10-16}$$

式中，n 为动栅尺栅极片数；a 和 b 为栅极片的长度和宽度；δ 为动栅尺和定栅尺间的间距。

当动栅尺沿 x 方向平行于定栅尺移动时，每对容栅的覆盖面积将发生周期性变化，电容量也随之发生周期性变化，如图 10-20 所示。图中 d 为定栅尺反射电极的极距。

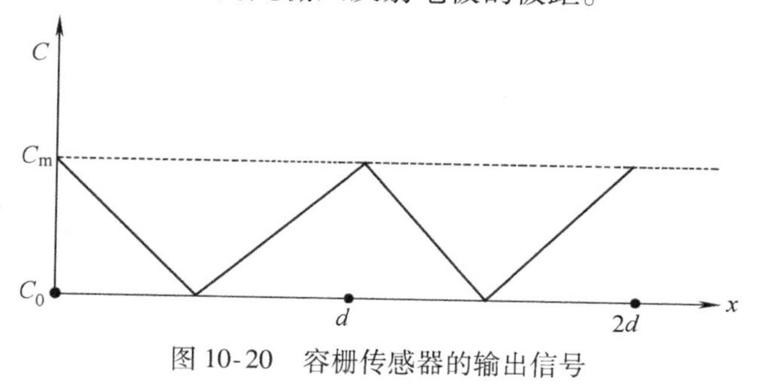

图 10-20　容栅传感器的输出信号

圆容栅主要由以透射板作主栅，以分别置于主栅两面的、保持最佳恒定距离的发射极板和接收极板作分体式副栅构成。其特征是：透射板上开有辐射状扇形通孔，发射极板上按组分列辐射状栅条，并向耦合区外延伸扩散与相应导电孔连接，组间有屏蔽体围绕，组间夹角等于扇形通孔相邻夹角或该角的整数倍，屏蔽体与栅条间的夹角等于两栅条相邻夹角。这种传感器可用于中等偏上精度的各类测量角位移的数显测量仪器。

二、容栅传感器电极的结构形式

以线位移长容栅传感器为例，目前常用的电极的结构形式有反射式、透射式和倾斜式。

1. 反射式

反射式结构形式和安装示意图如图 10-19 所示。图中动栅尺上排列一系列尺寸相同、极距宽度为 l_0 的小发射电极片，并设置了接收电极。定栅尺上均匀排列着一系列尺寸相同、宽度和间隙各为 $4l_0$ 的反射电极片和屏蔽极片。电极片间互相绝缘。动栅尺和定栅尺的电极片相对、平行安装。

此结构形式简单，使用方便，但移动过程中，导轨的误差对测量精度影响较大。

2. 透射式

透射式结构形式如图 10-21 所示，由一个开有均匀间隔矩形窗口的金属带和测量装置组成。在测量装置的两侧分别固定着一个公共接收电极板和具有一系列小发射电极片的发射电极板，并接成差动电容。当金属带在测量装置的中间通过并随被测对象一起移动时，发射电极通过金属带上的矩形窗口与接收电极形成差动电容器，其电容量变化为金属带与测量装置之间位置的函数，从而实现位移的测量。其中金属带起屏蔽作用。

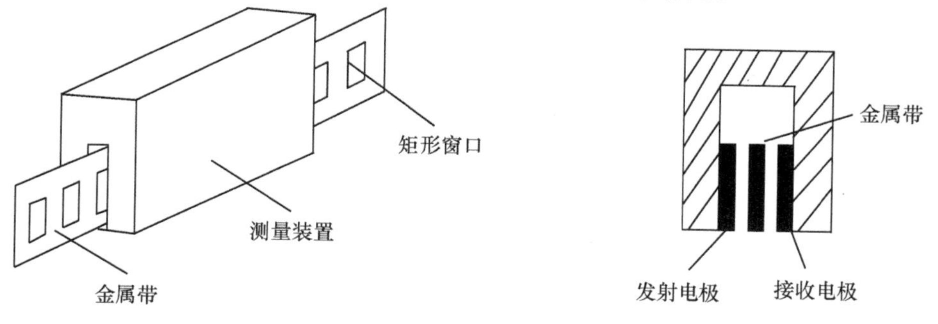

图 10-21　透射式容栅传感器结构示意图

这种结构形式的特点是：测量调整方便，安装误差和运行误差的影响大为降低，但其制造安装困难。

3. 倾斜式

倾斜式电极是将前面讲过的反射式电极的定栅尺的反射电极均倾斜一个角度 α，而其他电极栅片不变所形成的。

倾斜式与反射式容栅传感器相比较是增大了反射电极的面积，提高了差动电容的电容量，提高了传感器的灵敏度，同时它可以消除反射式电极中测量系统在改变小电极片组的接线时，由于小发射极片间隙与接收电极片边缘不理想所产生的突变误差，即增加了传感器的抗干扰能力和稳定性，因此它对加工精度要求不高。

三、测量电路

容栅测量系统是一种无差调节的闭环控制系统，它的基本测量部分是一个差动电容器，它是利用电容的电荷耦合方式将机械位移量转变成为电信号的相应变化量，将该电信号送入电子电路后，再经过一系列变换和运算后显示出机械位移量的大小。容栅式电容传感器测量电路主要有调幅式和调相式两种形式。

1. 调幅式测量原理

调幅式测量原理如图 10-22a 所示，电极相对位置如图 10-22b 所示。图中 A、B 为动栅尺上的两组发射电极片，P 为定栅尺上的一片电极片，宽度为 $4l_0$，它们之间构成差动电容器 C_A、C_B。两组电极片 A 和 B 各由四片小发射电极片组成，在位置 a 时，一组为小电极片 1～4，另一组为 5～8。方波发生器控制电子开关 S_1 和 S_2，通过电子开关将输出交变电压加到两个小电极组 A 和 B，当静电极片 P 处于初始位置时，即

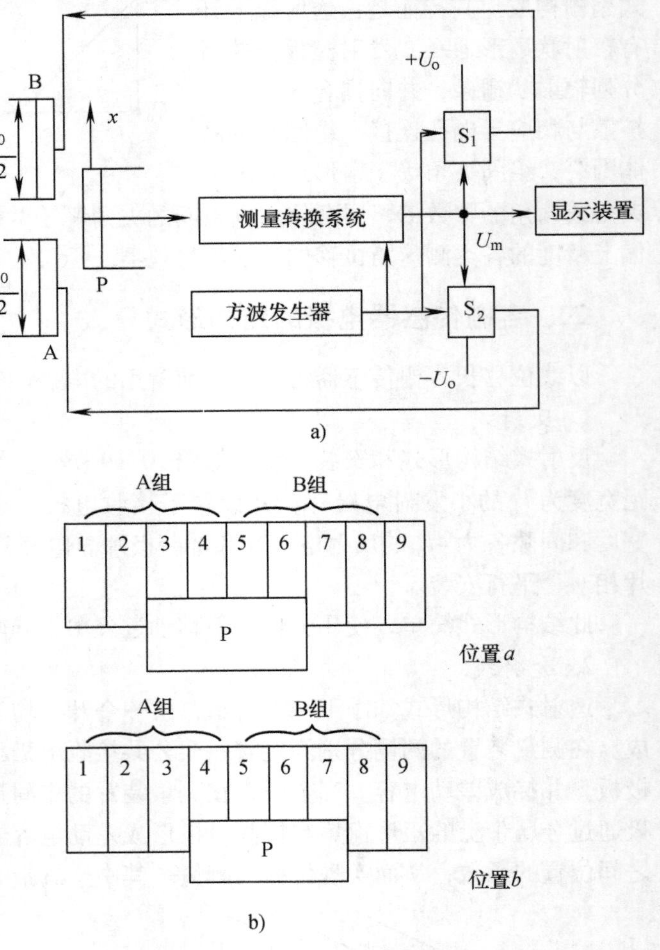

图 10-22　调幅式测量原理图

a）原理　b）动栅尺与静栅尺相对位置

$x=0$（位置 a），加到两个小电极组 A 和 B 上的交变电压为同频等幅反相的，其幅度等于参考直流电压 U_o。由于差动电容器 C_A、C_B 相等，耦合到电容静极板 P 上的电荷量不变，测量转换系统的输出电压 $U_{mo}=0$。

当静电极片 P 相对于两组动栅片 A 和 B 有位移 x 时，差动电容器 C_A、C_B 不等，电容静极板 P 上的电荷量发生变化，$Q_P=(U_mC_A+U_mC_B)-(U_oC_B-U_oC_A)$，导致测量转换电路使

U_m 改变，电路通过电子开关改变差动电容器 C_A、C_B 的输入电压，从而使得 Q_P 的值减小，直至为零。这时有

$$U_m=\frac{U_o}{C_A+C_B}(C_B-C_A) \tag{10-17}$$

假设当位移量 x 使得 C_A 减小、C_B 增加，且 $|x|\leqslant l_0/2$（发射电极的宽度）时，即

$$C_A=C_0(1-x/l_0) \tag{10-18}$$

$$C_B=C_0(1+x/l_0) \tag{10-19}$$

式中，C_0 为初始电容量；l_0 为发射电极的极距。

将上两式代入式（10-17），有

$$U_m=\frac{x}{l_0}U_o \tag{10-20}$$

可以看出，输出直流电压与位移呈线性关系。

当相对位移量超过 l_0（发射电极的极距）时，由控制电路自动改变小电极片组的接线，这时一个电极片组由小电极片 2～5 构成；另一个电极片组由小电极片 6～9 构成。这样，在静电极片 P 相对移动的过程中，能保证始终与不同的小电极片形成同样的差动电容器，重复前述过程，从而得到与位移呈线性关系的输出电压。

该测量系统由输出电压来调节激励电压，形成闭环反馈式测量系统，因而具有闭环反馈系统的优点，而且还使寄生电容的影响大为减小。主要缺点是电路比较复杂。

2. 调相式测量原理

调相式测量原理如图 10-23 所示。容栅传感器的一个极板由许多组发射极片形成，每个极片组 S 中有八个宽度均为 $l_0/2$ 的发射极片，分别加以八个幅值为 U_m、频率为 ω、相位依次相差 $\pi/4$ 的正弦激励电压；另一个极板由多个反射极片 E 和接地的屏蔽极片 G 形成；另外还有一个接收极片 R。图中给出其中一组来说明测量原理，当两个极板处于相对位置 a 时，每个发射极片与反射极片完全覆盖，所形成的电容均为 C_0。当两个极板相对移动 $x(x<l_0/2)$ 而处于位置 b 时，反射极片 E 上感应的电荷为 Q_E

$$\begin{aligned}Q_E&=C_0\frac{x}{l_0}U_m\sin(\omega t-45°)+C_0U_m\sin\omega t+C_0U_m\sin(\omega t+45°)\\&\quad+C_0U_m\sin(\omega t+90°)+C_0\frac{l_0-x}{l_0}U_m\sin(\omega t+135°)\\&=C_0U_m\left[\left(1-\frac{2x}{l_0}\right)\cos\omega t+(1+\sqrt{2})\sin\omega t\right]\\&=K\sin\left[\omega t+\arctan\frac{1-(2x/l_0)}{1+\sqrt{2}}\right]=K\sin(\omega t+\theta)\end{aligned} \tag{10-21}$$

由于传感器的接收电极耦合发射电极的电荷，其输出电压与接收电极的电荷成正比，可见，传感器输出一个与激励电压同频的正弦波电压，其幅值近似为常数 K，而其相位 θ 则与被测位移 x 近似呈线性关系。只要测量出输出电压的相位就可以测量出被测位移 x。

当被测位移 x 超过 l_0 时，则重复上述过程，勿需改变发射极片的接线即可实现大位移测量。显然，调相式测量系统具有很强的抗干扰能力，但由式（10-21）可知，它在原理上存在

非线性误差，而且当用方波电压激励时还存在高次谐波的影响，结果导致测量精度下降。

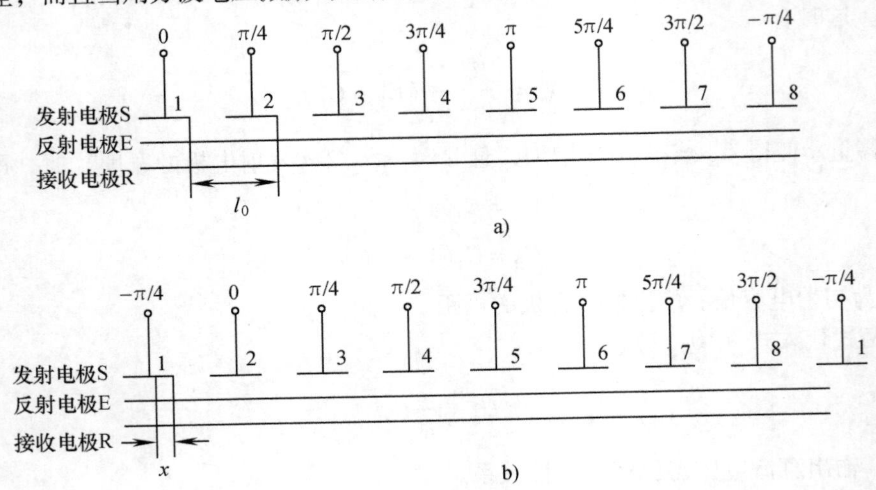

图 10-23 调相式测量原理图

a）动栅尺与静栅尺相对位置 $x=0$ b）动栅尺与静栅尺相对位置 $x\neq0$

四、容栅传感器的应用

近20年来，国内在开发容栅系统方面取得了很大成效，已应用于电子数显百分表、电子数显千分表、容栅数显测微仪、容栅数显测角仪、容栅数显尺等产品和与之相配套的多坐标的容栅数显表以及与计算机通信的适配器，并且利用容栅数显测量技术还可以为用户开发所需的专用或综合测量仪器及装置。

第四节 旋转编码器

编码器按照被测物理量的形式，可以分为角位移和直线位移编码器，测量直线位移的编码器又称为码尺。测量角位移的编码器称为角编码器或旋转编码器，简称码盘。它是一种将角位移转换成电信号的旋转式位置传感器，它的转轴通常与被测轴连接，随被测轴一起转动，可以连续发出脉冲信号。目前，脉冲编码器每转可发出数百至数万个方波信号，因此可满足高精度位置检测的需要。数控系统通过对该信号的接收、处理、计数即可得到电动机的旋转角度，从而算出当前工作台的位置。本节主要讲述常用的旋转编码器。

一、旋转编码器的分类

按照信号的读出方式，编码器可分为接触式和非接触式两种。接触式采用电刷输出，以电刷接触导电区和非导电区来表示代码的状态是“1”还是“0”；非接触式的接收敏感元件是光敏元件或磁敏元件，以其敏感区和非敏感区来表示代码的状态是“1”还是“0”。

按照工作原理，编码器可以分为绝对式和增量式两种。下面主要就这两种码盘分别进行介绍。

二、绝对式编码器

绝对编码器是直接输出数字量的传感器，在它的圆形码盘上沿径向有若干同心码道，每条道上由透光和不透光的（或导电和非导电的）扇形区相间组成，相邻码道的扇区数目是双倍关系，码盘上的码道数就是它的二进制数码的位数，当码盘处于不同位置时，各光敏元件（或电刷）根据受光照与否（与导电区接触与否）转换出相应的电平信号，形成二进制数。绝对式编码器有许多编码方式，这里只介绍自然二进制编码和循环二进制码（格雷码）。

1. 自然二进制编码器

图 10-24 为接触式四位二进制码盘，黑的地方为导电区，空白的地方为绝缘区，所有导电部分一起接高电平。每一个同心圆为一码道，每个码道上均有一个电刷，当电刷在导电区时输出信号为“1”，在绝缘区为“0”，内圈为高位，外圈为低位。若是 n 位二进制码盘，就有 n 圈码道，且圆周最外圈均分 2^n 个扇形区，所能分辨的最小角度为

$$\alpha_{\min}=\frac{360°}{2^n} \tag{10-22}$$

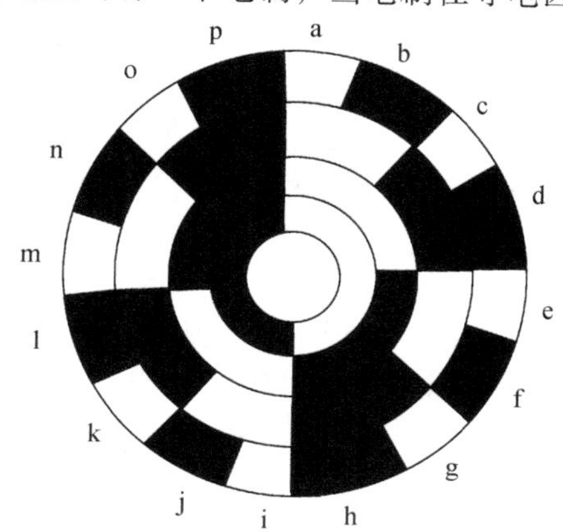

图 10-24　接触式四位二进制码盘

当码盘随转轴转动时，电刷上将出现相应的电位，对应一定数码，相应的表示十进制数的 0 ~ 15，如表 10-1 所示。然后将这些信号送往信号处理显示电路，即可显示码盘转过的角度。

码盘的测量精度主要取决于码道的多少以及码盘的制造工艺和电刷的安装，它不仅要求每圈的黑白间隔相等，而且要求电刷或光电元件处于同一线上，否则会出现非单值性误差。例如，当电刷由 h（0111）向位置 i（1000）变化时，本来是从 7 变成 8，但是由于电刷进入导电区的先后误差问题，将导致可能出现 8 ~ 15 之间的任何一个数值。因此这种编码方式的码盘的实际测量精度往往低于理论测量精度。

表 10-1　电刷位置与数码对应关系

电刷位置	十进制	自然二进制码				循环二进制码			
	D	A3	A2	A1	A0	B3	B2	B1	B0
a	0	0	0	0	0	0	0	0	0
b	1	0	0	0	1	0	0	0	1
c	2	0	0	1	0	0	0	1	1
d	3	0	0	1	1	0	0	1	0
e	4	0	1	0	0	0	1	1	0
f	5	0	1	0	1	0	1	1	1
g	6	0	1	1	0	0	1	0	1
h	7	0	1	1	1	0	1	0	0
i	8	1	0	0	0	1	1	0	0
j	9	1	0	0	1	1	1	0	1
k	10	1	0	1	0	1	1	1	1
l	11	1	0	1	1	1	1	1	0
m	12	1	1	0	0	1	0	1	0
n	13	1	1	0	1	1	0	1	1
o	14	1	1	1	0	1	0	0	1
p	15	1	1	1	1	1	0	0	0

2. 循环二进制编码器

循环码的特点是相邻的两组数码只有一位发生变化，因此即使安装和制作有误差，产生的误差最多也只是最低位的一位。其编码方法与自然二进制不同，它们之间的关系如表10-1所示。循环码的码盘结构示意图如图10-25所示，从图中可以看出，当读数发生变化时，只有一位数发生变化。这样避免了自然二进制编码码盘的单值性误差，而且制造和安装工艺要简单得多。

这里要注意的是循环码为无权码，不能直接显示或输入计算机进行处理，因此必须利用算法将其转换成自然二进制码，其原理已在相关课程中学习过，请读者自行分析，这里不再赘述。

实际使用中，大多采用非接触式循环码光电码盘。因为这种码盘具有可以直接读出角度坐标的绝对值、没有累积误差、电源切除后位置信息不会丢失的优点，但是分辨率是由二进制的位数来决定的，也就是说精度取决于位数。

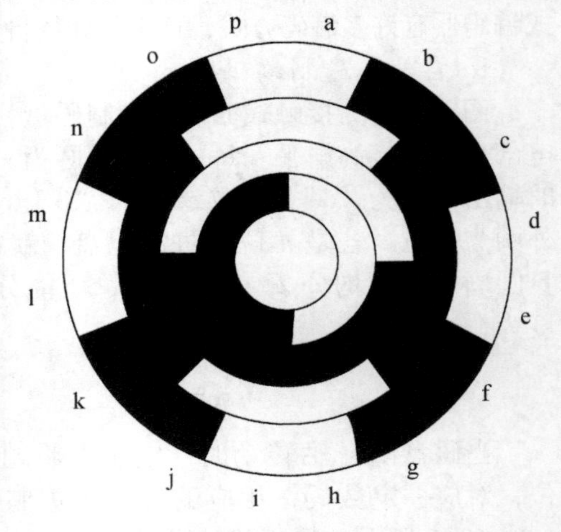

图10-25 循环码的码盘结构示意图

三、增量式编码器

增量式码盘由圆盘、光源、光敏元件和计数器等组成，如图10-26所示。在转轴上安装的圆盘的边缘均匀开有缝隙或小孔，圆盘两边分别放置光源和光电接收元件。当圆盘随转轴转动时，每转过一个缝隙，光电元件就接收到一个光信号，然后将其转换成电信号，进行整形处理获得一个脉冲信号，使用一个计数器计算脉冲的个数，则计数值就反映了码盘转过的角位移α，即

$$\alpha = n\frac{360°}{m} \tag{10-23}$$

式中，m为圆盘上的缝隙数；n为计数器获得的脉冲数。

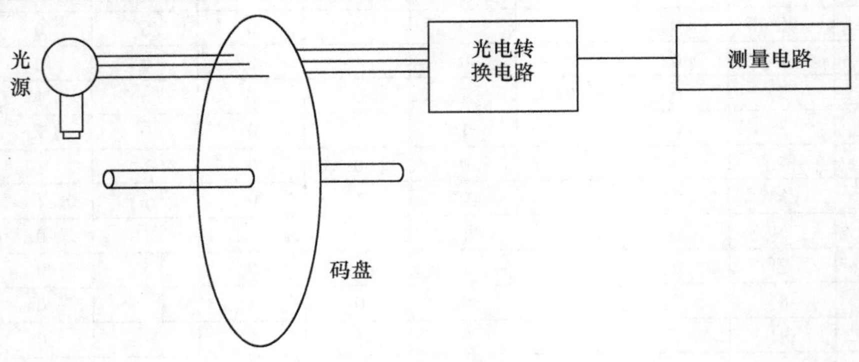

图10-26 增量式光电码盘结构示意图

显然光电编码器的测量精度取决于它所能分辨的最小角度，而这与码盘圆周上的狭缝条纹数m有关，即能分辨的角度为

$$\alpha_{\min} = \frac{360°}{m} \tag{10-24}$$

为了判别旋转的方向，可以采用两套光电转换装置。一套用来计数，一套用来辨向，使两个光电元件的输出信号相位上互差90°，具体辨向电路与光栅的辨向电路相同。一般为了提供角位移的基准点，在内码道边设置一个基准码道，比如开一小孔，以此作为输出脉冲的起点或终点。

增量式码盘结构简单，可任意设置零位，但测量结果与中间过程有关，它的抗干扰能力强，可靠性高，适合于长距离传输。其缺点是无法输出轴转动的绝对位置信息。

绝对式编码器与增量式编码器的不同之处在于，增量式编码器检测出的是圆盘上转过的透光、不透光的线条数，而绝对编码器检测出的是若干编码，根据码盘上读出的编码，检测出角位移。

四、旋转编码器的应用

旋转编码器广泛应用于数控机床、回转台、伺服传动、机器人、雷达和军事目标测定等需要检测角度的装置和设备中。其中光电编码器是一种利用光电转换原理将输入给轴的角度量，转换成相应的电脉冲或数字量的角度检测装置，具有体积小、精度高、工作可靠、接口数字化等优点。

图10-27为增量式光电码盘测角度的原理图。它由主码盘、指示盘、鉴向盘、光学系统、信号处理装置和显示装置等组成。图中主码盘（光电盘）周边上刻有节距相等的辐射状窄缝，形成均匀分布的透光区和不透光区，其数量从几百条到上千条不等。指示盘、鉴向盘均与主码盘平行放置。指示盘上的透光狭缝为一条，其后安装一个光敏元件。鉴向盘上的透光狭缝为两条，每条后面安装一个光敏元件。这两个狭缝彼此错开$(m+1/4)d$距离（其中m为正整数，d为码盘节距），以使其后的a、b两个光电元件的输出信号在相位上相差90°。工作时，指示盘静止不动，主码盘与转轴一起转动，光源发出的光投射到主码盘上。当主码盘上的不透光区正好与指示盘上的透光狭缝对齐时，光线被全部遮住，光电元件输出电压最小；当主码盘上的透光区正好与指示盘上的透光狭缝对齐时，光线全部通过，光电元件输出电压最大。主码盘每转过一个刻线周期，光电元件将输出一个周期的近似正弦波电压，经信号处理装置产生计数脉冲。

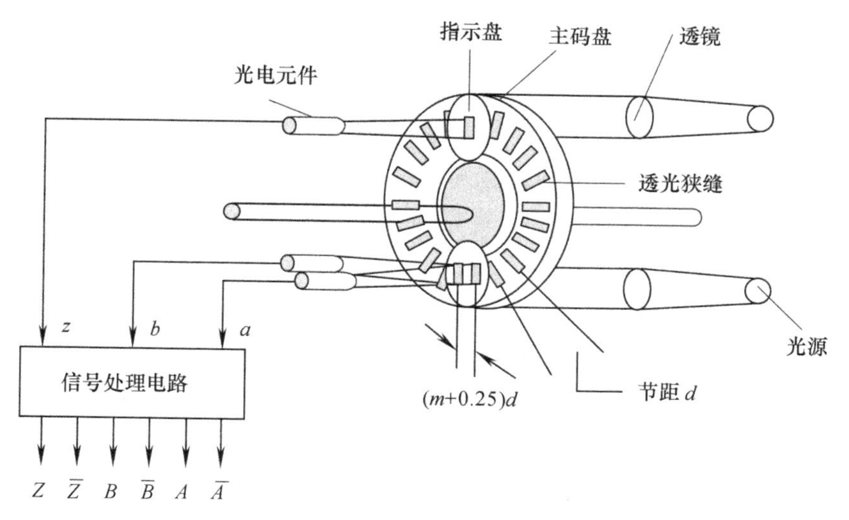

图10-27 增量式光电码盘测角度的原理示意图

鉴向盘后的两个光电元件 a、b 的输出电压相位差为90°，这两个信号经放大器放大与整形，输出波形如图10-28所示。根据波形 A、B 的相位关系，即可判断主码盘的转动方向。若波形 A 超前于波形 B，对应电动机正转；如波形 B 超前波形 A，对应电动机反转。

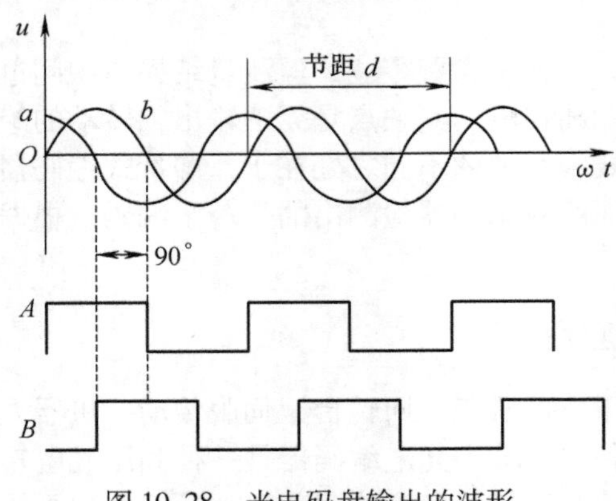

图10-28 光电码盘输出的波形

第五节 感应同步器

感应同步器是一种根据电磁感应原理，利用两个平面型电路绕组，其互感随位置而变化的原理工作的位移传感器。按用途可分为测量线位移的直线型感应同步器和测量角位移的圆盘型感应同步器。直线型感应同步器由定尺和滑尺构成，圆盘型感应同步器由转子和定子构成，定尺和转子是连续绕组，滑尺和定子是分段绕组，这些分段绕组又分别称为正弦和余弦绕组。

一、感应同步器的结构

直线型感应同步器按其使用的精度、测量尺寸的范围和安装的条件不同，又可以设计制造成以下几种不同形状的感应同步器。

1. 标准型

图10-29是标准型感应同步器的结构示意图。图10-30为感应同步器绕组结构示意图。定尺上的绕组是连续的，定尺绕组以节距 l 均匀地分布在基板上。绕组导电片宽度为 a，导电片之间的间隙为 b，故节距 $l=2(a+b)$，如图10-30a所示。由于信号要进行细分和辨向处理，所以滑尺做成分段绕组，分为正弦和余弦两种绕组，两绕组在空间位置上相差 $(n/2+1/4)l$，n 为正整数，即在空间上错开90°的电角度，如图10-30b所示。

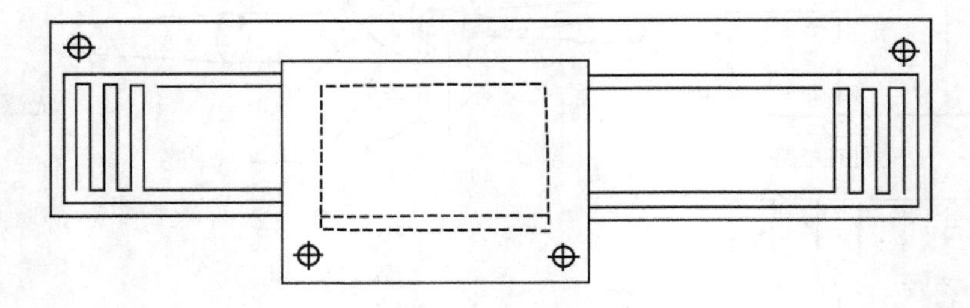

图10-29 标准型感应同步器的结构示意图

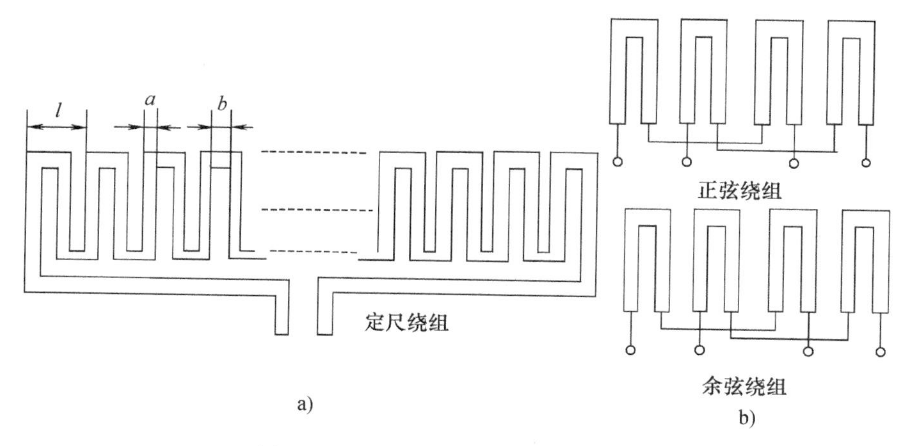

图 10-30　感应同步器绕组结构示意图
a）定尺绕组　b）滑尺绕组

标准型感应同步器是直线型感应同步器中精度最高的一种，应用最广，安装时必须保证滑尺绕组全部覆盖在定尺上，且滑尺与定尺之间保持 0.25mm 左右的气隙，使两尺可以相对移动。当测量长度超过其定尺测量范围时，可以将定尺接长以扩大测量范围。工作时，定尺安装在不动的机械设备上，滑尺安装在被测部件上，滑尺随被测部件移动。

2. 窄型

窄型感应同步器结构与标准型感应同步器的结构基本相同，其不同点是宽度窄一点，其电磁感应强度较标准型小，因此测量精度较低。一般用于设备安装位置受到限制的场合。

3. 带型

带型感应同步器与标准型基本相似，将绕组印刷在钢带上构成定尺，而滑尺像计算尺上的游标一样，可以跨在钢带上随溜板移动。带型感应同步器定尺不需要拼接，便于安装，特别是对于设备安装面不易加工的场合。但由于定尺的刚性差，测量精度要比标准型低，其结构示意图如图 10-31 所示。

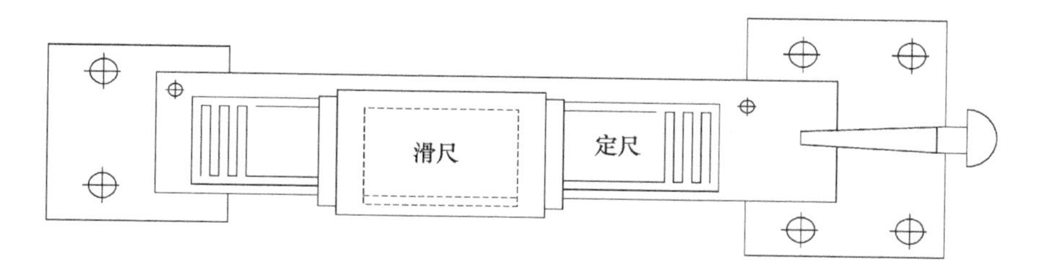

图 10-31　带型感应同步器结构示意图

圆盘形感应同步器又称为旋转型感应同步器。如图 10-32 所示，把感应同步器做成两个可相对运动的圆盘形状，其固定的圆盘称为定子，而转动的圆盘称为转子。目前，圆盘型感应同步器按其直径大致可以分为 302mm、178mm、76mm 和 50mm 四种。其径向导线数，又称为极数，有 360 条、512 条、720 条和 1080 条。由于相邻两导线的电流方向相反，转子相对于定子转过两条线才出现一个感应电动势的周期。因此，节距为 2°的圆盘形感应同步器转子的连续绕组必须由夹角为 1°的 360 条线构成。

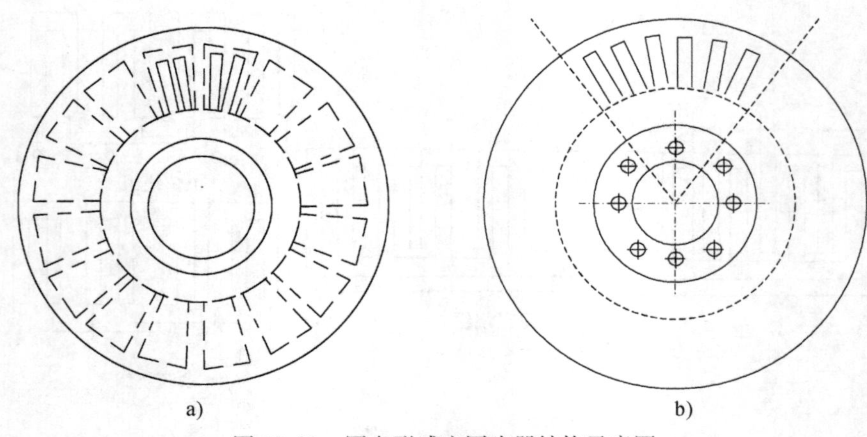

图10-32 圆盘形感应同步器结构示意图
a）定子 b）转子

二、工作原理

根据电磁感应定律，当滑尺绕组（励磁绕组）加正弦电压时，将产生同频率的交变磁通，这个交变磁通与定尺绕组耦合，在定尺绕组上产生同频率的交变电动势。这个电动势的幅值除了与励磁频率、感应绕组耦合的导体组、耦合长度、励磁电流、两绕组间隙有关之外，还与两绕组的相对位置有关，如图10-33所示。图中线圈S和线圈C为滑尺上的正弦绕组和余弦绕组，它们之间的几何距离不变。当滑尺的正弦绕组和定尺绕组重合（A点）时，电磁耦合最强，定尺绕组的感应电动势最大；继续向右平移滑尺，感应电动势慢慢减小，当移动到1/4节距（B点）时，感应电动势为0，继续移动，电动势反向增大。当滑尺在定尺上移动一个节距时，定尺绕组的感应电动势幅值变化一个周期2π，感应电动势的幅值是位移x的余弦函数。同理，滑尺余弦绕组C的感应电动势大小是位移x的正弦函数。

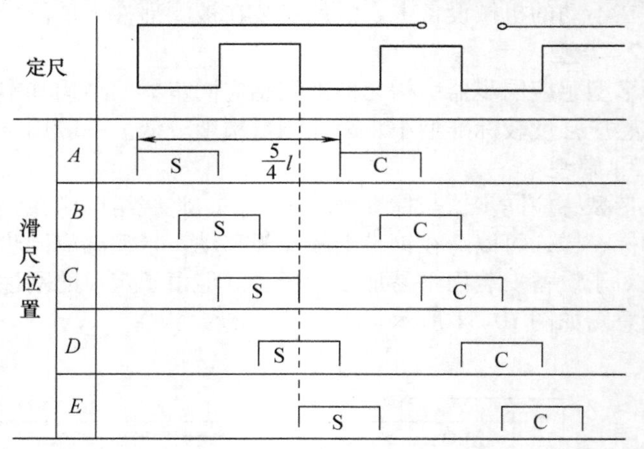

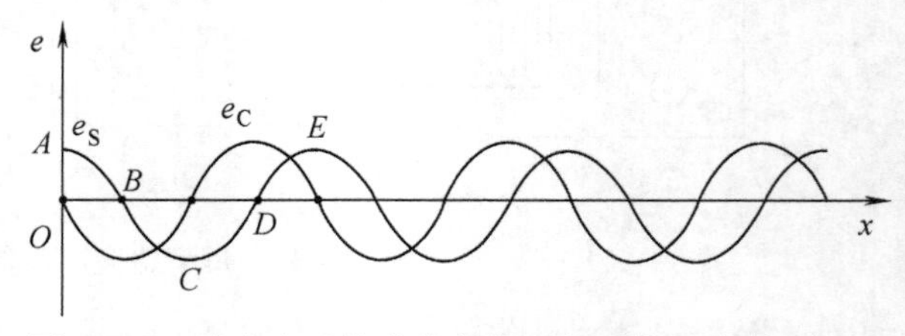

图10-33 感应电动势曲线与绕组相对位置关系

三、信号处理方式

对于由感应同步器组成的检测系统，可以采取不同的励磁方式，并对输出信号采取不同的处理方式。从励磁方式来说，一种是滑尺励磁，由定尺输出感应电动势信号；另一种是定尺励磁，由滑尺输出感应电动势信号。根据对输出感应电动势信号的处理方式不同，可把感应同步器的检测系统分成调相工作方式和调幅工作方式。

1. 调相工作方式

调相工作方式是根据输出感应电动势的相位来鉴别感应同步器定、滑尺间相对位移量的方法。这种工作方式是两滑尺绕组分别通以同频率、等幅值，相位上相差 90°的励磁电压，即

$$u_S = U_m \cos\omega t \tag{10-25}$$

$$u_C = U_m \sin\omega t \tag{10-26}$$

如果滑尺相对于定尺移动位移 x，则正弦与余弦绕组分别在定尺绕组上引起的感应电动势为

$$e_S = k\omega U_m \cos\left(\frac{2\pi}{l}x\right)\sin\omega t \tag{10-27}$$

$$e_C = -k\omega U_m \sin\left(\frac{2\pi}{l}x\right)\cos\omega t \tag{10-28}$$

由以上两式可以看出，定尺绕组的感应电动势与励磁电压的幅值成正比，与位移 x 成余弦或正弦关系，其相位与励磁电压相差 90°。由于感应同步器近似为线性系统，根据叠加原理，定尺上的感应电动势为

$$e = e_S + e_C = k\omega U_m \sin\left(\omega t - \frac{2\pi}{l}x\right) \tag{10-29}$$

式中，k 为电磁耦合系数，是个常数。因此定尺上的感应电动势的相位为位移 x 的单一函数。只要利用一定的测量电路测出感应电动势的相位，就可以测量出滑尺相对于定尺的位移 x。

2. 调幅工作方式

调幅工作方式是根据感应电动势的幅值来鉴别感应同步器定、滑尺间相对位移量的方法。它是采用同频率、同相位但不同幅值的交流电压，对滑尺的两相绕组进行励磁，就可以根据定尺绕组输出感应电动势的幅值来鉴别定、滑尺间的相对位移值。若所加的励磁电压为

$$u_S = U_S \sin\omega t \tag{10-30}$$

$$u_C = U_C \sin\omega t \tag{10-31}$$

式中，$U_S = U_m \sin\varphi$；$U_C = U_m \cos\varphi$，φ 为给定的电角度。

则在定尺上的感应电动势分别为

$$e_S = k\omega U_S \cos\left(\frac{2\pi}{l}x\right)\cos\omega t \tag{10-32}$$

$$e_C = -k\omega U_C \sin\left(\frac{2\pi}{l}x\right)\cos\omega t \tag{10-33}$$

根据叠加原理，定尺上的感应电动势为

$$e = e_S + e_C = k\omega U_m \sin\left(\varphi - \frac{2\pi}{l}x\right)\cos\omega t \tag{10-34}$$

由式（10-34）可以看出，定尺上的感应电动势的幅值为位移 x 的单一函数。只要利用一定的测量电路测出感应电动势的幅值，就可以测量出滑尺相对于定尺的位移 x。

四、感应同步器的应用

感应同步器的应用比较广泛，一般与数字位移显示装置配合，能进行各种位移的精密测

量及显示。

图10-34为某调幅型数显表系统框图。电路的工作原理如下：该感应同步器的滑尺和定尺开始处于平衡位置，即 $\varphi=\varphi_x=\frac{2\pi}{l}x$，感应同步器的感应电动势 $e=0$，系统处于平衡状态。

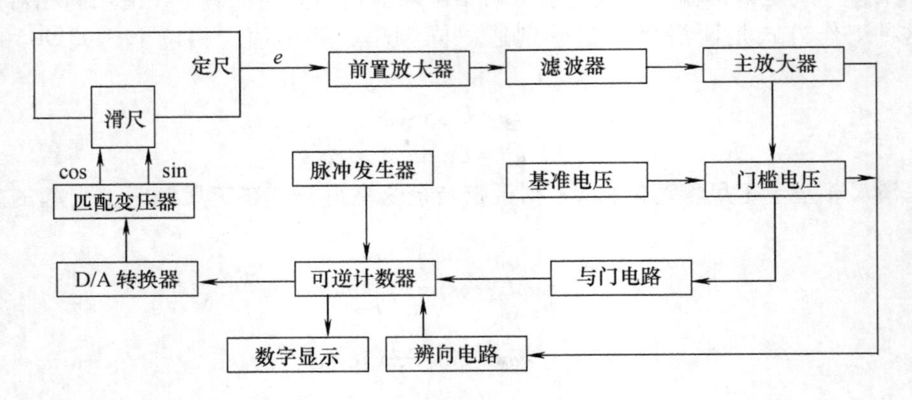

图10-34 某调幅型数显表系统框图

若滑尺移动 Δx 后，产生 $\Delta\varphi_x$，则 $\varphi\neq\varphi_x$，此时 $e\neq0$，所以定尺上有输出信号，此信号经过放大、滤波再放大后与比较器的基准电压比较。若大于基准电压，则说明位移量 Δx 大于仪器设定的数值。此时，与门输出一个计数脉冲，此脉冲一方面经可逆计数器、译码器，然后作数字显示，另一方面送入D-A转换器，使电子开关状态发生变化，从而使匹配变压器输出的励磁电压校正一个电角度 $\Delta\varphi=\Delta\varphi_x$，于是感应电动势 e 重新为零，系统重新进入平衡状态。若滑尺继续沿同一方向运动，系统将不断重复上述过程，滑尺的位移量将呈现在数显表上，由系统框图可知，它还具有辨向电路，可以分辨滑尺的运动方向。

思考题与习题

1. 光栅传感器的基本原理是什么？莫尔条纹是如何形成的？有何特点？
2. 为什么光栅传感器具有较高的测量精度？
3. 在精密机床上使用刻线为5400条/圆周光栅作长度检测时，其检测精度为0.01mm，问该车床丝杠的螺距为多少？
4. 说明动态磁头与静态磁头的区别。
5. 磁栅传感器的输出信号有哪几种处理方法？区别何在？
6. 简述容栅传感器的工作原理。
7. 容栅传感器有哪几种结构形式？它们之间有什么区别？
8. 二进制码与循环码各有何特点？并说明它们的互换原理。
9. 简述光电码盘的测速原理。
10. 感应同步器有哪几种？它们有什么不同？
11. 说明感应同步器的工作原理。

第十一章　其他传感器

在检测技术中，用来将非电量转换成电量的传感器种类非常多，在前面几章中，我们介绍了许多常用的传感器。由于科学技术的发展，相关领域中的一些技术也已经应用到检测技术中来，如超声波、红外辐射、激光等，而且它们的应用范围在不断的扩大，特别是在环境条件恶劣或非接触测量的许多场合，这些检测方法更能显示出它们的优越性。

本章主要讲述超声波传感器、红外传感器和激光传感器，并简要介绍一些新型传感器。

第一节　超声波传感器

超声波传感器在检测技术中的应用，主要是利用超声波的物理性质，通过被测介质的某些声学特性来检测一些非电参数或者进行探伤。

一、超声波的物理基础

1. 超声波的物理性质

声波是一种能在气体、液体和固体中传播的机械波，根据声波振动频率的范围，可分为次声波、声波、超声波和特超声波。人耳能听到的声波频率范围是20～20 000Hz。频率超过20 000Hz的声波称为超声波。超声波检测中常用的工作频率在0.25～20MHz范围内。

超声波的波型主要可分为纵波、横波和表面波三种。质点的振动方向与波的传播方向一致的波称为纵波。质点的振动方向与波的传播方向垂直的波称为横波。质点的振动方式介于纵波和横波之间，且沿表面传播，振幅随深度的增加而迅速衰减的波称为表面波。横波和表面波只能在固体中传播，而纵波可以在固体、液体和气体中传播。因此常用的超声波为纵波。

为了描述声波在媒质中各点的强弱，引入了声压和声强这两个物理量。声压指的是介质中有声波传播时的压强与无声波时的静压强之差，其单位是Pa。声强又称为声波的能量密度，即单位时间内通过垂直于声波传播方向的单位面积的声波能量。声强是一个矢量，它的方向就是能量传播方向。声强的单位是W/m^2。声振动的频率越高，越容易获得较大的声压和声强。

2. 超声波的传播性质

超声波的传播速度取决于介质的弹性常数及介质密度。

当超声波以一定的入射角α从一种介质传播到另一种介质时，在两介质的分界面上，一部分能量反射回原介质称为反射波；另一部分能量则透过分界面，在另一介质内继续传播，称为折射波，如图11-1所示。现将与超声波有关的几个定律论述如下。

（1）反射定律　入射角α和反射角α_1的正弦与入射波和反射波在介质中的速度之间有如下的关系

$$\frac{\sin\alpha}{\sin\alpha_1}=\frac{c}{c_1} \tag{11-1}$$

式中，c 为入射波在介质中的速度；c_1 为反射波在介质中的速度。当入射波和反射波波型相同、波速相同时，入射角等于反射角。

（2）折射定律　入射角 α 和折射角 β 的正弦与入射波和折射波在介质中的速度之间有如下的关系

$$\frac{\sin\alpha}{\sin\beta}=\frac{c}{c_2} \tag{11-2}$$

式中，c_2 为折射波在介质中的速度。

改变入射角 α，可以使折射角 β 刚好为 90°，此时的入射角称为临界入射角 α_0，且 $\sin\alpha_0=c/c_2$。当 $\alpha>\alpha_0$ 时，则只产生反射波。

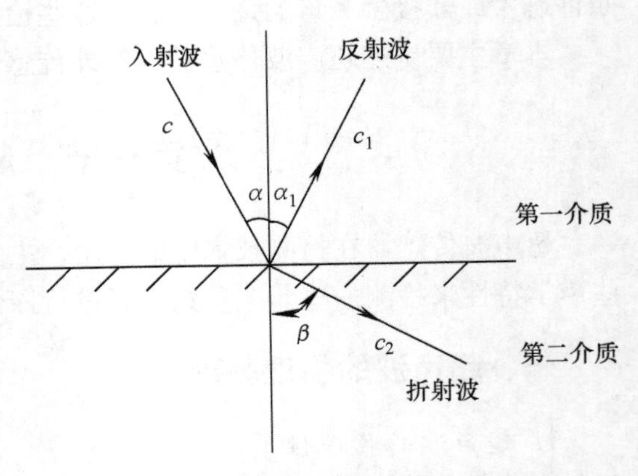

图 11-1　超声波的反射与折射图

（3）透射率和反射率　超声波从一种介质垂直入射到另一种介质时，透射声压与入射声压之比称为透射率；反射声压与入射声压之比称为反射率。超声波的透射率和反射率的大小取决于两种介质的密度。当从密度小的介质入射到密度大的介质时，透射率较大，反射率也较大；反之，透射率和反射率较小。例如，超声波从水中入射到钢中时，透射率高达 93.5%。超声波的这一特性在金属探伤、测厚技术中得到广泛应用。

（4）超声波在介质中的衰减　超声波在介质中传播时，随着传播距离的增加，以及介质吸收能量，声强逐渐减弱，即能量逐渐衰减。如图 11-2 所示，超声波进入介质时的强度为 I_0，从介质出来之后的强度为 I，它们之间有如下关系

$$I=I_0\mathrm{e}^{-A\delta} \tag{11-3}$$

式中，A 为吸收系数；δ 为介质的厚度。

介质中的能量衰减与频率及介质密度有很大关系。气体的密度最小，因此衰减最快，尤其是在声波的频率较高时衰减更快。因此在空气中采用的超声波频率较低，而在固体和液体中则可用频率较高的超声波。

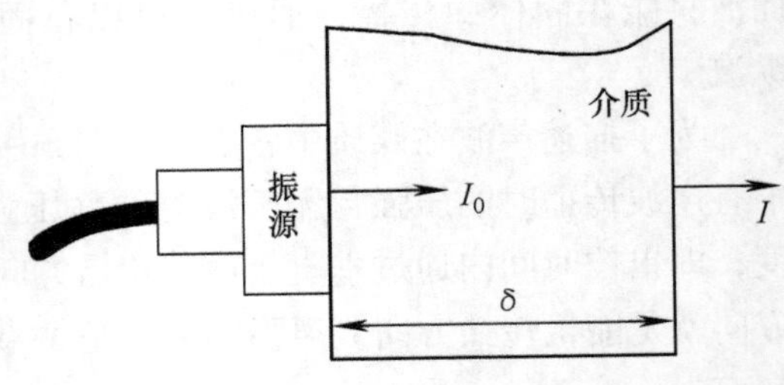

图 11-2　超声波的衰减示意图

二、超声波传感器

为了以超声波作为检测手段，必须能够产生、发送超声波和接收超声波，完成这种功能的装置就是超声波传感器，它由发送传感器和接收传感器两部分组成，在超声波检测中成对使用。

1. 发送传感器

发送传感器由发送电源与换能器组成，发送电源是提供高频电流或电压的电源；换能器的作用是将电磁振荡能量变换成机械振荡而产生超声波并向空中辐射。换能器一般有压电式

和磁致伸缩式两种。

（1）压电式超声波发送传感器　压电式发送传感器根据压电晶体的电致伸缩原理制成。如图 11-3 所示，在压电材料切片上施加高频正弦交流电压，使它产生电致伸缩运动，从而产生超声波并向空中辐射。常用的压电材料有石英晶体、压电陶瓷锆钛酸铅等。

压电材料在高频电压作用下会产生振动（伸缩），当外加高频电压的频率与压电材料的本身固有频率相等时，压电材料产生共振，此时产生的超声波声强最强。

压电材料的固有频率与压电材料晶体切片的厚度 δ 有关

$$f = n\frac{c}{2\delta} \qquad (11\text{-}4)$$

式中，n 为谐波级数，取 1，2，3，…；c 为超声波在压电材料里的传播速度，与压电材料的密度有关。

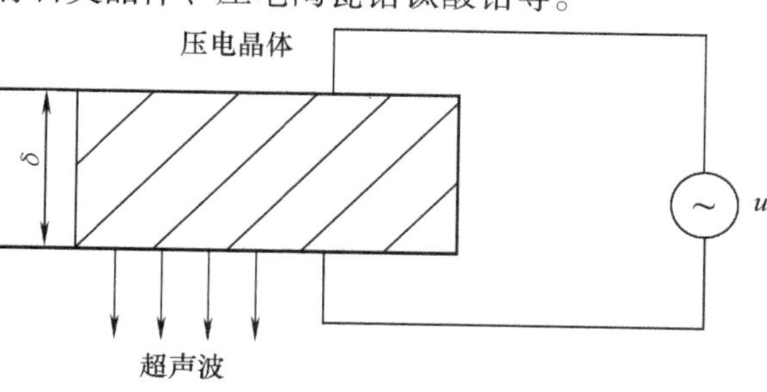

图 11-3　压电式超声波传感器工作原理

压电式超声波发送传感器可以产生几十千赫兹到几十兆赫兹的超声波，声强可达几十瓦每平方厘米。

（2）磁致伸缩式发送传感器　磁致伸缩式发送传感器是根据铁磁物质的磁致伸缩效应原理制成的。磁致伸缩效应是指铁磁性物质在交变的磁场中，在顺着磁场方向产生伸缩的现象。

磁致伸缩超声波发送器把铁磁材料置于交变磁场中，使它产生机械尺寸的交替变化，即产生机械振动，从而产生超声波。

磁致伸缩超声波发送器是用厚度为 0.1 ~ 0.4mm 的镍片叠加而成的，片间绝缘以减少涡流电流损失。它也可采用铁钴钒合金等材料制作，其结构形状有矩形、窗形等，如图 11-4 所示。它的固有频率的表达式与压电式的发送器相同。

磁致伸缩超声波发生器产生的频率只能在几万赫兹以内，但声强可达几千瓦每平方厘米。它与压电式的发送器比较所产生的超声波的频率较低，而强度则大许多。

2. 接收传感器

接收传感器由换能器与放大电路组成。超声波接收器是利用超声波发生器的逆变效应进行工作的。换能器接收超声波产生机械振动，将其变换成电能量，作为传感器接收器的输出。同样，接收传感器有压电式和磁致伸缩式两种。

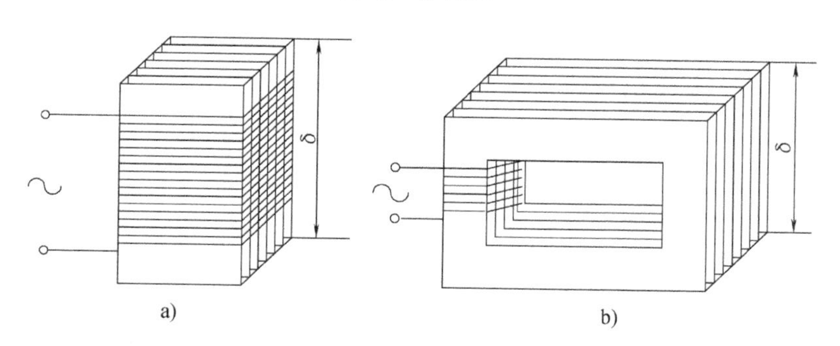

图 11-4　磁致伸缩超声波发生器
a）矩形　b）窗形

(1) 压电式超声波接收器　当超声波作用到电晶体片上时，使晶片伸缩，则在晶片的两个界面上产生交变电荷，这种电荷先被转换成电压，经过放大后送到测量电路，最后记录或显示出结果。而实际使用中，发送传感器的压电陶瓷也可以用做接收器传感器的压电陶瓷。

(2) 磁致伸缩超声波接收器　当超声波作用到磁致伸缩材料上时，使磁致材料伸缩引起内部磁场变化，根据电磁感应，磁致伸缩材料上所绕的线圈获得感应电动势，再将此感应电动势送到测量电路及记录显示设备。

三、超声波在自动检测中的应用

超声检测和探伤的方法很多，在实际工作中比较常见的有如下几种：

1. 超声波探伤

超声波探伤是无损探伤技术中的一种主要检测手段。它主要用于检测板材、锻件和焊接缝等材料中的缺陷，也可以测量材料的厚度。由于具有测量灵敏度高、速度快、成本低等优点，因此在生产实践中得到了广泛的应用。其测量方法很多，一般常用的有以下两种方法。

(1) 穿透法探伤　穿透法探伤是根据超声波穿透工件后的能量变化情况，来判别工件内部质量的方法。穿透法有一个发射探头和一个接收探头，分别置于被测工件的两边，工作原理如图11-5所示。

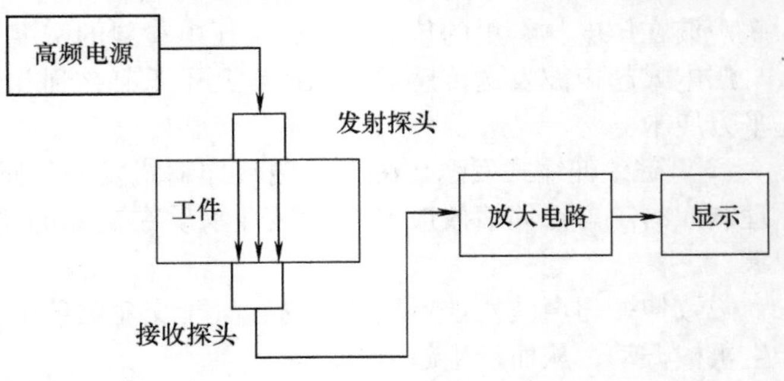

图11-5　穿透法探伤示意图

工作时，如果工件内部有缺陷，则有一部分超声波在缺陷处即被反射，其余部分到达工件的底部被接收探头接收。因此到达接收探头的能量有一部分损失，接收到的能量变小；如果工件内部没有缺陷，超声波都能到达接收探头，因此接收探头接收到的能量较大。这样就可以检测工件的质量。

(2) 反射法探伤　反射法探伤是根据超声波在工件中反射情况的不同，来探测缺陷的一种方法。

图11-6为反射法探伤的示意图。它也有两个探头，这两个探头做在一起，一个发射超声波，另一个接收超声波。工作时探头放在被测工件上，并在工件上来回移动进行检测。发射探头发出超声波并以一定速度向工件内部传播，如果工件没有缺陷，则超声波传到工件底部才反射回来形成一个反射波，被接收探头接收，一般称为底波 B，显示在屏幕上；如果工件有缺陷，则一部分超声波在遇到缺陷时反射回来，形成缺陷波 F，其余的传到底部反射回来，显示到屏幕上，则屏幕上出现缺陷波 F 和底波 B 两种反射波形，以及发射波波形 T。可以通过缺陷波在屏幕上的位置来确定缺陷在工件中的位置。

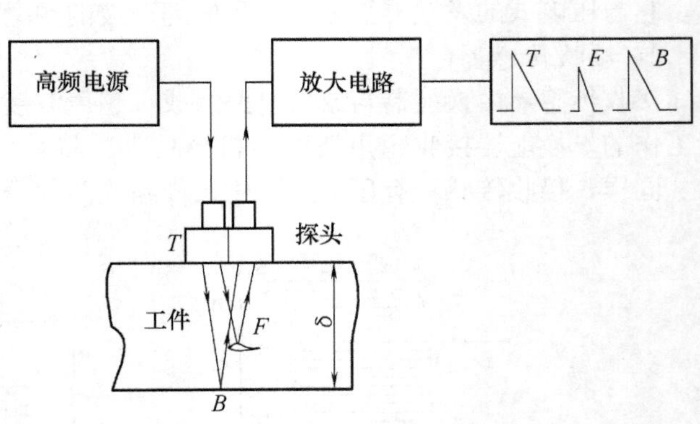

图11-6　反射法探伤示意图

2. 超声波测量厚度

超声波测量厚度的方法很多，最常用的方法是利用超声波脉冲反射法进行厚度测量。图11-7为超声波测量厚度的示意图，双晶直探头左边的压电晶片发射超声波，该超声波进入工件到达底部，然后反射回来，被右边的压电晶片接收，经过放大，显示出来，记录发射波与接收波的时间间隔 t，工件的厚度 δ 可用下式测出

$$\delta = \frac{1}{2}ct \tag{11-5}$$

由式（11-5）可知，只要测量出超声波脉冲通过工件的时间 t，经过信号处理电路就可以直接读出工件的厚度 δ。

3. 超声波测量液位

超声波测量液位是利用回声原理进行的，如图11-8所示，在液位上方安装空气传导型超声发射器和接收器。根据式（11-5），只要测量出发射波和接收波之间的时间间隔，就可以测出探头到液面的距离，如果液面晃动，就会由于反射波散射而造成接收困难，此时可用直管将超声传播路径限制在一定范围内进行测量。

超声波传感器的应用场合非常多，比如超声波传感器应用于汽车倒车防碰及车速测量等。

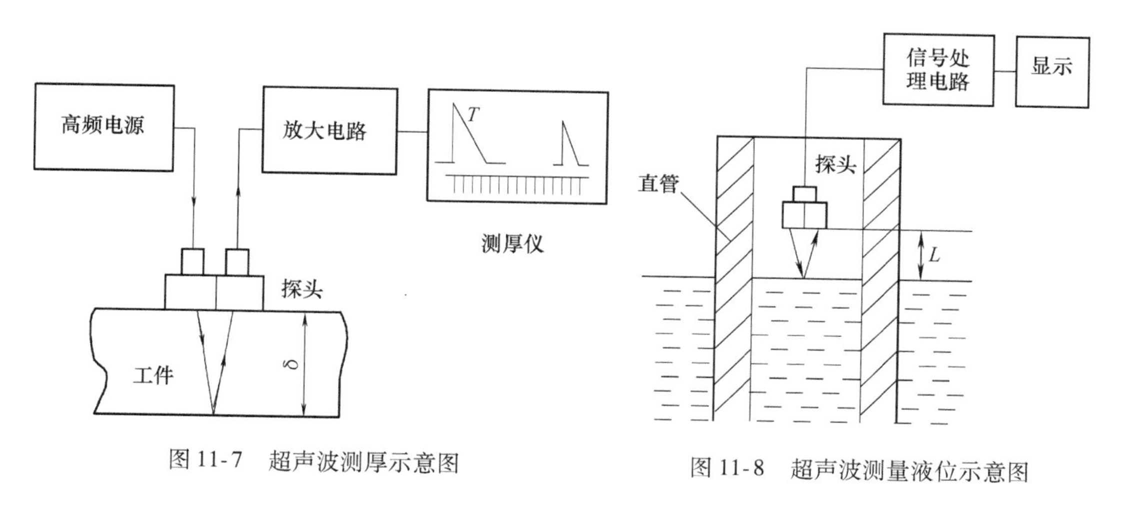

图11-7　超声波测厚示意图

图11-8　超声波测量液位示意图

第二节　红外传感器

红外传感器是利用物体产生红外辐射的特性来实现自动检测的一种传感器，已经广泛应用于生产、科研、军事和医疗等各个领域。红外测量技术是发展检测技术、遥感技术和空间科学的重要手段。

红外辐射又称为红外光，是热辐射的一种形式。它是一种电磁波，其波长范围在0.76～1000μm之间。红外线在电磁波谱中的位置如图11-9所示。从电磁波谱中可知，红外辐射是波长位于可见光和微波之间的一种不可见光。工程上又把红外线所占据的波段分为四部分，即近红外、中红外、远红外和极远红外。其中近红外线的波长大致在0.76～3μm，中红外线的波长大致在3～6μm，远红外线的波长大致在6～14μm，极远红外线的波长大致在

14μm以上。在实际应用时，随着应用场合的不同，所用红外辐射的波长也不同。

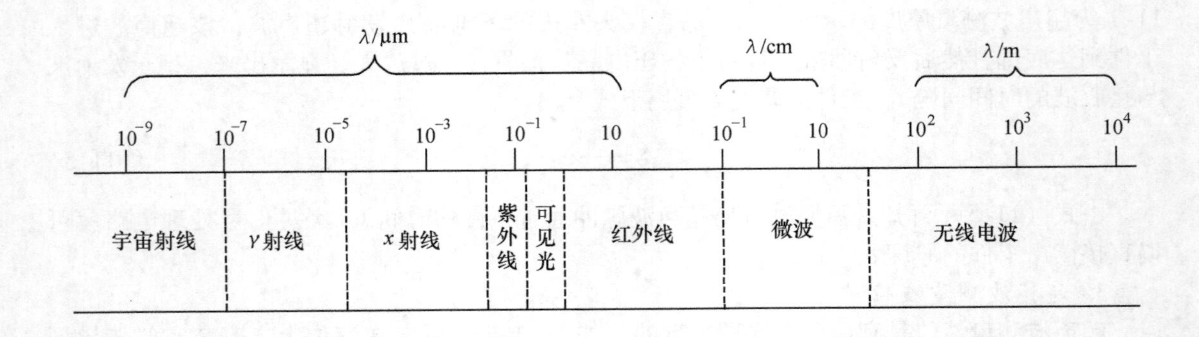

图11-9 红外线在电磁波谱中的位置

一、红外辐射的产生和性质

自然界中任何物体，只要其本身温度高于绝对零度（－273.16℃），就会不断地辐射红外线。也就是说，在常温下所有物体均是红外辐射源，而且物体温度越高，辐射功率就越大。与所有电磁波一样，红外辐射也具有反射、折射、散射、干涉、吸收等性质。

红外线在介质中传播时，由于介质的吸收和散射作用而被衰减。红外辐射在介质中传播时的输入与输出能量之间有如下关系

$$I = I_0 e^{-k\delta} \tag{11-6}$$

式中，I为穿过厚度为δ的介质时输出的通量；I_0为入射到介质时的通量；k为吸收系数，与介质性质有关。

金属对红外辐射的衰减最大，气体的衰减次之，液体对红外辐射的衰减最小。各种气体和液体对于不同波长红外辐射的吸收是有选择的，亦即不同的气体或液体只能吸收某一波长或几个波长范围的红外辐射能。这是利用红外辐射进行成分分析的依据之一。

二、红外传感器

红外传感器又称为红外探测器，它是利用红外辐射与物质相互作用所呈现的物理效应来探测红外辐射的，是一种将红外辐射转换成电量的传感器。红外传感器一般由光学系统、探测器、信号调理电路及显示单元等组成。红外探测器的种类很多，按工作原理的不同，分为热电红外传感器和光电红外传感器两大类。

1. 热电红外传感器

热电红外传感器是利用红外辐射的热效应原理工作的。它主要采用一种高热电系数的热敏材料，如锆钛酸铅系陶瓷、钽酸锂、硫酸三甘钛等制成探测元件。探测元件探测并吸收红外辐射使得自身温度升高进而使有关物理参数（如阻值）发生相应变化，然后通过测量电路测量物理参数的变化来确定探测器所吸收的红外辐射。

由于热敏材料的热效应需要一定的平衡时间，因此其响应速度较低，响应时间较长。但热探测器的主要优点是响应波段宽，响应范围可扩展到整个红外区域，可以在常温下工作，

使用方便，应用相当广泛。

热电探测器主要有四类：热释电型、热敏电阻型、热电阻型和气体型。其中，热释电型探测器是20世纪80年代发展起来的一种新型高灵敏度热电探测器，它是利用某些材料的热释电效应来探测红外辐射能量的器件。热释电效应是指某些晶体受热时，其两端会产生数量相等而符号相反的电荷，这是一种热变化产生的电极化现象。由于热释电信号正比于器件温升的时间变化率，而不像通常的热敏探测元件有个热平衡过程，所以其响应速度比其他热敏探测器快得多。与其他热敏探测器相比，它不仅探测率高，而且频率响应范围最宽，既可工作于低频区，也可工作于高频区。目前，灵敏度最高也是最常用的热释电红外敏感材料是TGS（硫酸三甘钛）系列水溶性晶体。这种材料特别适用于低功率探测，其缺点是脆弱、居里温度低、易于极化、不能经受较高的辐射功率。

2. 光电红外传感器

光电红外传感器是利用红外辐射的光电效应原理工作的。它是采用一种光电元件，如电真空器件（光电管、光电倍增管），也可以是半导体器件，当入射辐射波的频率大于某一特定频率时，入射辐射波的光子能量被光电元件吸收，从而改变光电元件电子的能量状态，使得其电特性发生改变，经测量电路转变成微弱的电压信号，放大后向外输出。

光电红外传感器有内光电和外光电红外传感器两种，前者又分为光电导、光生伏特和光磁电红外传感器等三种。光电红外传感器的主要特点是灵敏度高，响应速度快，具有较高的响应频率，但探测波段较窄，一般需在低温下工作。

光电红外传感器是由光学系统、敏感元件、前置放大器和调制器等组成。按光学系统的结构来分，可分为透射式和反射式两种。

（1）透射式红外传感器　透射式红外传感器是采用多面组合在一起的透镜将红外辐射聚焦在红外敏感元件上。图11-10为透射式红外传感器的光学系统。其光学系统的元件采用红外光学材料，并且根据所探测的红外波长来选择光学材料。在近红外区，可用一般的光学玻璃和石英等材料；在中红外区，可用氟化镁、氧化镁等材料，在远红外区，可用锗、硅等材料。由于获得透射式光学材料比较困难，人们还研制了反射式红外传感器。

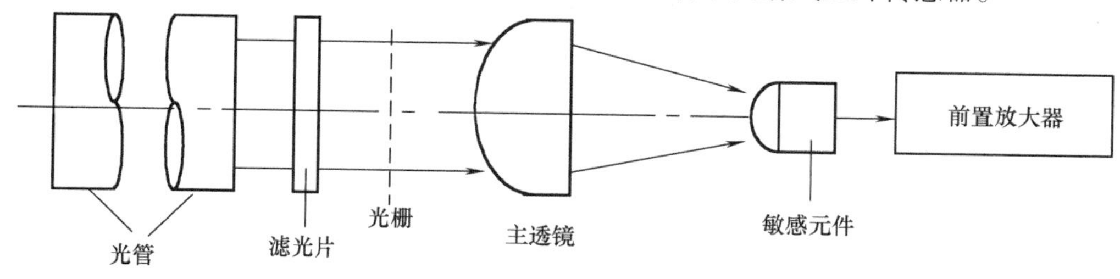

图11-10　透射式红外传感器的光学系统

（2）反射式红外传感器　反射式红外传感器是采用凹面玻璃反射镜，将红外辐射聚焦到敏感元件上。其光学系统的结构示意图如图11-11所示。反射式的光学系统元件表面镀金、铝或镍铬等对红外波段反射率较高的材料，其材料比较好找，但制造工艺较复杂。

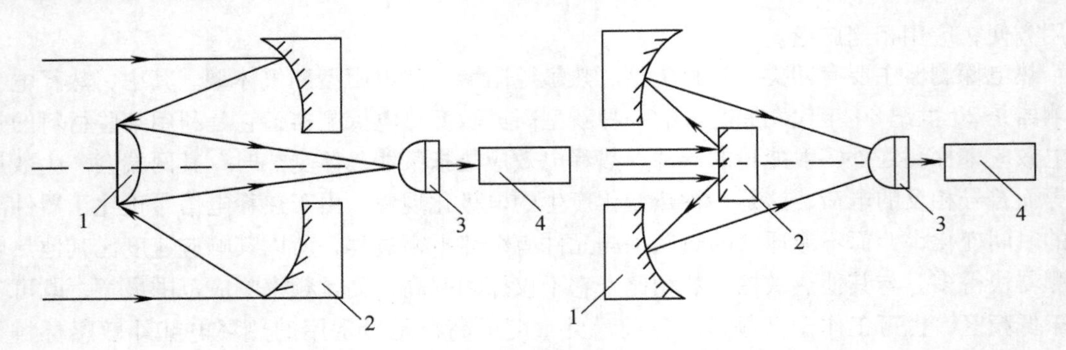

图 11-11 反射式红外传感器的两种光学系统
1—次反射镜 2—主反射镜 3—敏感元件 4—前置放大器

三、红外传感器的应用

1. 红外测温仪

红外测温仪是利用热辐射体在红外波段的辐射通量来测量温度的。当物体的温度低于1000℃时，它向外辐射的不再是可见光而是红外光了，可用红外传感器检测其温度。如采用可以分离出所需波段的滤光片，可使红外测温仪工作在任意红外波段。

红外测温仪的光学系统可以是透射式，也可以是反射式。

图 11-12 是一个透射式的红外测温仪框图。它是一个包括光、机、电一体化的红外测温系统，图中的光学系统是一个固定焦距的透射系统，滤光片一般采用只允许 8 ~ 14μm 的红外辐射能通过的材料。步进电动机带动调制盘转动，将被测的红外辐射调制成断续型的红外辐射线。被测物体的红外辐射通过透镜聚焦在红外传感器上，红外传感器将红外辐射变换为电信号输出。红外传感器一般为钽酸锂热释电传感器，透镜的焦点落在其光敏元件上。其中温度传感器用来监测环境温度以便进行温度补偿。

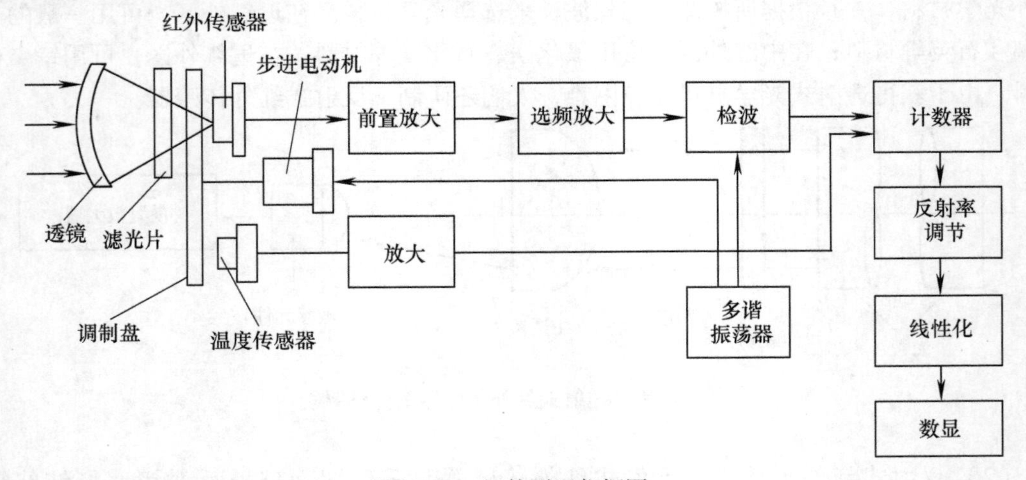

图 11-12 红外测温仪框图

红外测温仪的电路比较复杂，包括前置放大、选频放大、温度补偿、线性化、反射率调节等。目前已有一种带单片机的智能红外测温器，利用单片机与软件的功能，大大简化了硬件电路，提高了仪表的稳定性、可靠性和准确性。

2. 红外气体分析仪

红外气体分析仪是根据气体对红外线具有选择性吸收的特性来对气体成分进行分析的。许多气体在红外波段都有吸收带，而且因气体不同，吸收带所在的波长和吸收的强弱也不相同，例如 CO 气体对波长为 4.65μm 附近的红外线具有很强的吸收能力，CO_2 气体则发生在 2.78μm 和 4.26μm 附近以及波长大于 13μm 的范围对红外线有较强的吸收能力。如果要分析 CO 气体，则可以利用 4.65μm 附近的吸收波段进行分析。

图 11-13 是某红外气体分析仪的结构原理图。该分析仪由红外线辐射光源、气室、红外传感器及信号处理电路等部分组成。

红外光源中的镍铬丝通电加热产生 3～10μm的红外线，经过由同步电动机带动的切光片将连续的红外线调制成脉冲状的红外线，分别通过测量侧气路和标准侧气路，以便于红外线检测器信号的检测。图中在测量侧和标准侧各设置了一个封锁干扰气体的滤波气室，其目的是为了消除干扰气体对测量结果的影响。它能消除与被测气体吸收红外线波段有部分重叠的气体对分析所带来的影响。测量气室中通入被分析气体（如分析它的 CO 气体的含量），标准气室中通入不吸收红外线的气体（如 N_2 等）。红外传感器是薄膜电容型，有两个吸收气室，充以被测气体。当它吸收了红外辐射能量后，气体温度升高，导致室内压力增大，如果电容器可动电极两边的压力不相等，它的电容量将发生变化。

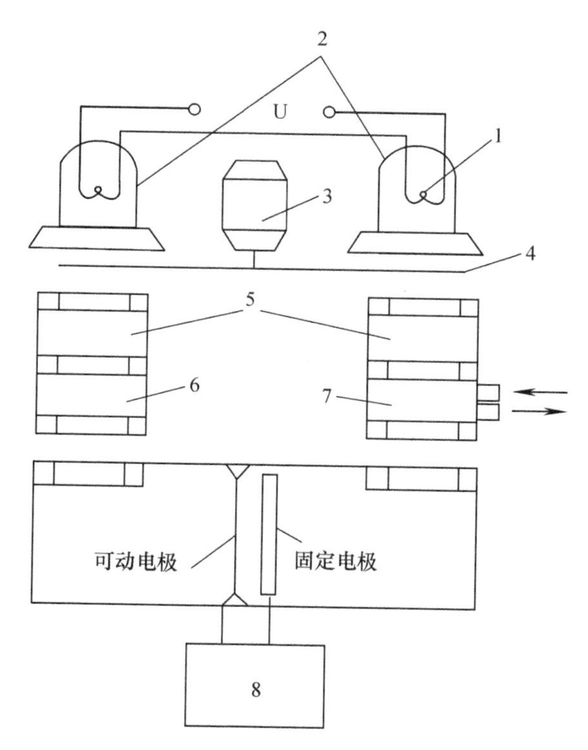

图 11-13　某红外线气体分析仪的结构原理图
1—镍铬加热丝　2—红外光源　3—同步电动机
4—切光片　5—滤波气室　6—标准气室
7—测量气室　8—信号处理电路与指示装置

工作时，两束红外线经反射、切光后，滤掉干扰气体的影响（只允许波长 4.65μm 附近的红外辐射通过），从图 11-13中的滤波气室出来的红外线的波段正好处于 CO 气体的吸收带，分别射入测量气室和标准气室。由于测量气室中含有一定量的 CO 气体，该气体对 4.65μm 的红外辐射有较强的吸收能力，而标准气室中气体不吸收红外辐射，这样射入红外传感器的两个吸收气室的红外辐射存在能量差异，从而使两吸收室压力不同，测量边的压力减小，于是电容器的可动电极（薄膜）偏向固定电极片方向，改变了薄膜电容两电极间的距离，也就改变了电容 C。如被测气体的浓度越大，两束光强的差值也越大，则电容的变化量也越大，因此电容变化量反映了被分析气体中被测气体的浓度。

由于 CO_2 气体对应的红外线吸收波段的能量全部被滤波气室吸收，因此左右两边吸收气室的红外能量之差只与被测气体 CO 的浓度呈现一定的函数关系，再经放大、信号转换电路处理后，推动指示装置显示出气体成分的测量值。

3. 红外无损探伤

红外无损探伤是20世纪60年代以后发展起来的新技术，是通过测量热流或热量来鉴定金属或非金属材料质量的。其原理很简单，当内部存在缺陷的工件均匀受热而温度升高时，由于缺陷的存在将使热流的流动受到阻碍，从而在工件的相应部位上出现温度异常现象。对于某些采用超声波、涡流等方法无法探测的局部缺陷，用红外无损探伤可取得良好的效果。因此红外无损探伤的应用范围比较广泛，可以进行金属、陶瓷、塑料、橡胶等各种材料中裂缝、异物、孔洞、气泡等各种缺陷的探伤。

红外无损探伤分主动式和被动式两类。主动式是人为地在被测物体上注入（或移出）固定热量，探测物体表面热量或热流变化规律，并以此来判断材料的质量。被动式则是用物体自身的热辐射作为辐射源，探测其辐射的强弱或分布情况，判断材料内部有无缺陷。

图11-14为某包装袋封口质量的红外检测示意图。该系统由加热源、传送带、红外传感器和信号处理显示电路四部分组成。工作时，传送带把包装袋的封口送往热源和红外传感器之间，传送带匀速前进，热源对封口均匀加热并使其封合，如果塑料袋封口中夹杂气泡、小颗粒、油腻、空隙起皱等缺陷时，都会妨碍热能的流动而引起温度分布的异常现象。通过温度分布的测量就可判断出缺陷的位置。

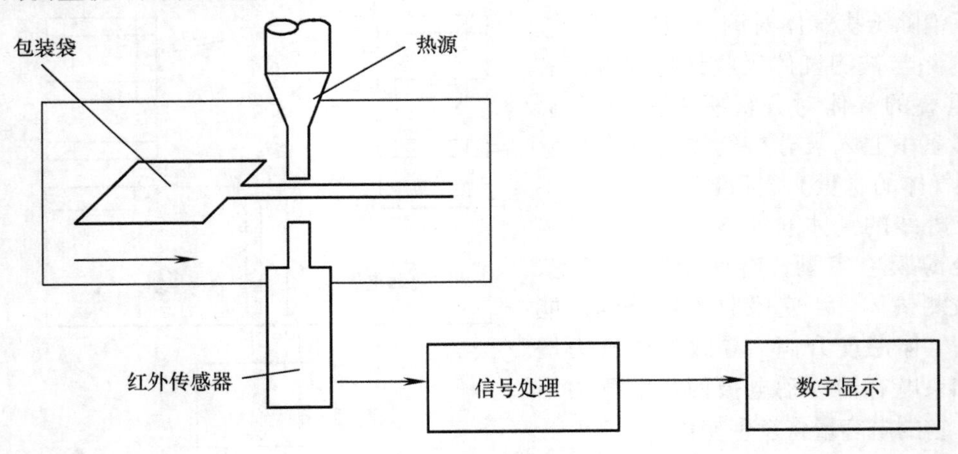

图11-14 包装袋封口质量的红外检测示意图

第三节 激光传感器

激光技术是20世纪60年代发展起来的一门新技术。激光器的品种已达数百种，激光波长也已包括了可见光、近红外、红外直至远红外的整个光谱波段范围。目前已成功应用于精密测量与加工、军事、宇航等生产科研领域。

激光传感器可将输入它的一定形式的能量（光能、热能等），转换成一定波长的光的形式发射出来。

一、激光的本质

根据量子理论，物质中的原子都是处在一些不连续的分离的能级上的。在正常状态下，绝大多数物质中的原子处于靠近原子核的最低能级，称此时的原子处于基态。处于基态的原子在不受外界激发的情况下是比较稳定的。但是，当原子受到光的照射或高能粒子的碰撞等外界因素的激发时，原子吸收了一定的能量而从低能级跃迁到高能级，从而使原子处于激发态，原子的这种能态变化过程称为激发。处于激发态的原子是不稳定的，即激发态的时间非常短。即使没有任何外界影响，物质中处于高能级的原子很快自发地跃迁到较低能级，同时辐射出光子。原子的这种自发跃迁而产生发光的过程叫作原子的自发辐射，如图 11-15a 所示。

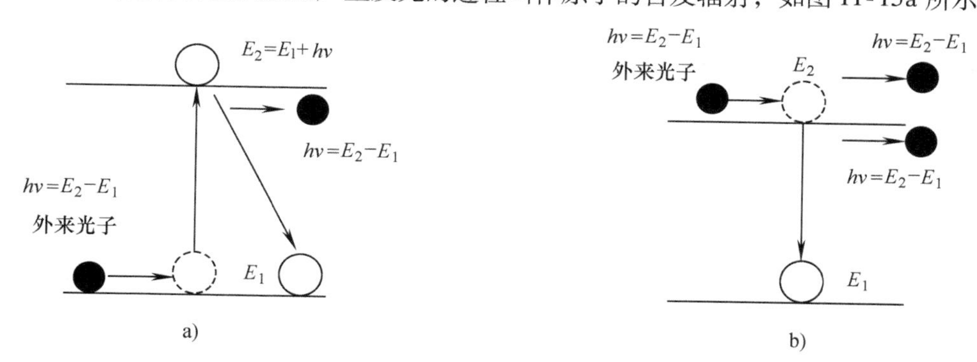

图 11-15　自发辐射与受激辐射过程

a）自发辐射　b）受激辐射

在自发辐射的情况下，各个原子在辐射光子时，从哪个高能级向哪个低能级跃迁以及它们辐射光子的方向等都具有偶然性。因此自发辐射情况下的发光为一系列不同频率的光的组合。

在外界因素的诱发下，处在激发态的原子也可以跃迁到低能级而发光，这种发光过程称为受激辐射，如图 11-15b 所示。但是，并非任何外来光子都能引起受激辐射。只有当外来光子的频率大于或等于激发态原子的某一固有频率，才能引起受激辐射。设原子的两个能级为 E_1 和 E_2，并且 $E_2 > E_1$。则根据能量守恒定律，辐射光子的能量为

$$h\nu = E_2 - E_1 \tag{11-7}$$

式中，h 为普朗克常数，$h = 6.6256 \times 10^{-34}\,\mathrm{J \cdot s}$；$\nu$ 为辐射光子的频率。

在受激辐射过程中，辐射光子与最初引起受激辐射的外来光子有完全相同的频率、相位和振动方向，也可以说是一个光子被放大为两个光子，如图 11-16a 所示，这种光称为相干光。如果这些光子再引起其他原子发生受激辐射，那么这些原子所引起的辐射光子在频率、相位和振动方向上也与外来光子完全相同，从而产生激光。

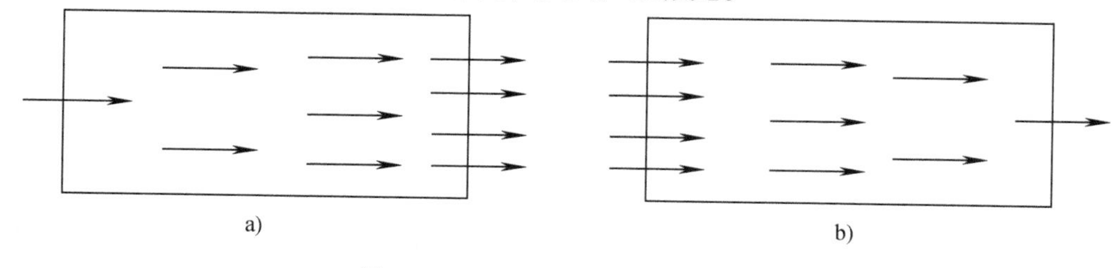

图 11-16　光子的放大与吸收示意图

a）光的放大　b）光的吸收

然而，并非任何受激辐射都能产生激光。能量为 $h\nu = E_2 - E_1$ 的光子在介质中传播时，

也可能被处于低能级 E_1 的原子吸收，而使得该原子跃迁到高能级 E_2 上。在这种情况下，外来光子将减少，如图 11-16b 所示。

光的放大和吸收是同时进行的，至于最终光是放大还是减小，取决于哪一种运动更激烈。

二、激光的形成原理

要想得到大量的受激辐射光，就必须具备粒子数反转分布和光的振荡两个条件。

1. 粒子数反转分布

由前面的讲述知道，要想获得光的放大，必须使得光的放大运动更激烈。物质内部粒子数与能量分布方程为

$$N_2 = N_1 \mathrm{e}^{-\frac{E_2 - E_1}{kT}} \tag{11-8}$$

式中，N_1 和 N_2 分别为 E_1 和 E_2 能级的粒子数；T 为绝对温度；k 为玻尔兹曼常数。

式（11-8）说明，对应 $T>0$ 的任意值，只要 $E_2>E_1$，就有 $N_1>N_2$，即处于低能级上的粒子数大于处于高能级的粒子数。此时光的吸收是主要的。

若在一定温度（$T>0$）下，能够造成物质内部的一种反常分布状态，即使得物质内部处于高能级的粒子数 N_2 超过处于低能级的粒子数 N_1，则光的放大是主要的。物质的这种反常分布状态叫作粒子数反转分布。能够形成粒子数反转分布的工作物质称为工作介质。要实现粒子数反转分布，就必须借助外界能量（如光照射或气体放电等），使工作介质内大量处于低能级（用黑点表示）的粒子跃迁到相应的高能级（用白点表示）。图 11-17a 为正常状态下物质内部粒子数的分布，图 11-17b 为外界激发状态下物质内部粒子数的分布。

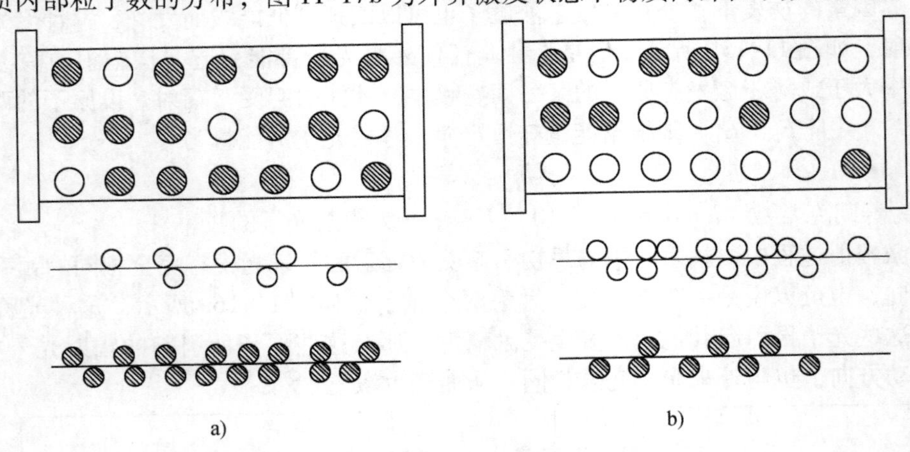

图 11-17 物质内部粒子数的分布
a）正常状态 b）激发状态

2. 光的振荡放大

由外界激发引起粒子数反转分布而形成的光的放大，能够产生大量的光子。这些光子是射向各个方向的，而且大部分射向工作介质之外后消失，受激辐射也将无法持续下去。

为了获得持续发射的激光，最简单的办法是在工作介质的两端安装两面相互平行的平面反射镜。其中一块为全反射镜，另一块为部分反射镜（反射率必须大于某一值），这两个反射镜构成一个光学共振腔（又称谐振腔）。安装时必须保证反射镜的中心与工作介质的轴线

相吻合。

当工作介质受到外界激发时，受激辐射光子在两个反射镜之间做一定次数的往返运动。因为在谐振腔中，沿介质轴线方向运动的光子，遇到全反射镜后，几乎全部被反射回工作介质，继续撞击处于激发态的粒子，再次形成受激辐射而使光进一步放大；当遇到部分反射镜时，大部分光子被反射回工作介质，一小部分光子透过部分反射镜被输出。这样经过几十次、几百次往返运动，直到能获得单方向能量非常集中的激光，沿轴向透过部分反射镜输出为止，如图 11-18 所示。

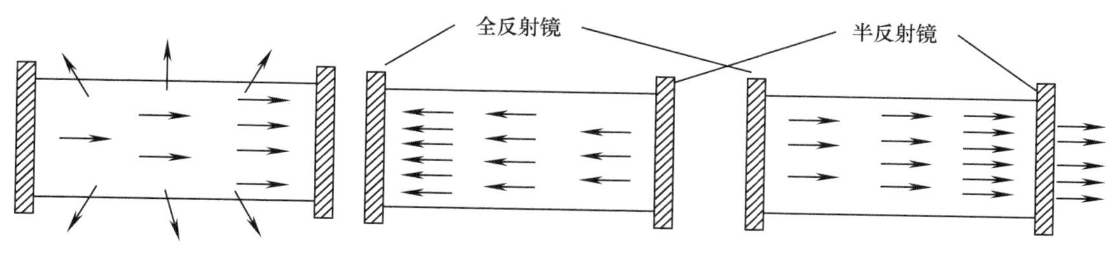

图 11-18　光振荡器的工作过程

光子在两反射镜间往返运动，不断地碰撞处于激发态的粒子，使得受激辐射一次又一次的加强，如同提供了“正反馈”作用，我们把激光在谐振腔内往返放大的过程称为光的振荡放大。

由此可见，激光是受激辐射和谐振腔共同作用的结果，而粒子数反转分布则是形成激光的必要前提条件。

三、激光的特点

1. 方向性强

激光光束的发散角很小，在几公里以外的光斑直径可以小于几厘米，因此一般认为激光是平行光。

2. 单色性好

单色光是指频谱很窄的光波。激光的频带宽度很窄，是最好的单色光。例如，在普通光源中，单色性最好的光源是氪（Kr^{86}）灯发出的光。它的中心波长 $\lambda = 605.7\text{nm}$，其谱线宽度 $\Delta\lambda = 4.7 \times 10^{-4}\text{nm}$，而普通氦氖激光器发出的激光的中心波长 $\lambda = 632.8\text{nm}$，其谱线宽度 $\Delta\lambda < 10^{-8}\text{nm}$。从上面的数字可以看出，激光的谱线单纯，波长变化范围很小，因此单色性非常好。

3. 相干性好

相干性是指两束光在相遇区域内相互叠加后，能形成比较稳定的干涉条纹所表现的性质。相干性有时间相干性和空间相干性两种。时间相干性是指同一光源在不同时刻发出的光束，经过不同路程相遇可以产生的干涉现象。空间相干性是指同一光源发出的光，在一定大小的空间区域内相遇并产生的干涉现象。由于激光的传播方向、频率和相位完全相同，因此激光的时间相干性和空间相干性都很好。

四、激光传感器

激光传感器的种类很多，按其工作物质可分为气体、液体、固体和半导体激光器。下面介绍几种常用的激光传感器。

1. 气体激光器

气体激光器的工作物质是气体，目前，已开发了各种气体原子、离子、金属蒸气、气体分子激光器。常用的有 CO_2 激光器、氦氖激光器和 CO 激光器等。

气体激光器通常是利用激光管中的气体放电现象来工作的。光学共振腔一般由一个平面镜和一个球面镜构成，球面的半径要比腔长大一些，如图 11-19 所示。

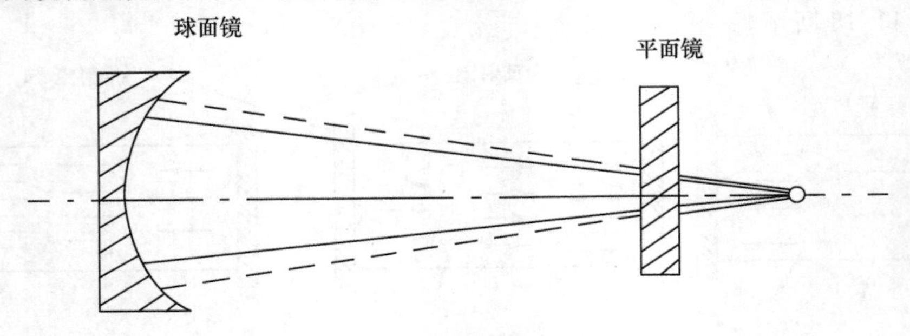

图 11-19 平凹腔

氦氖激光器是应用最广泛的气体激光器。它的结构形式如图 11-20 所示，它有内腔式（图 11-20a）和外腔式（图 11-20b）两种。共振腔长 l 与激光波长 λ 要满足下式

$$l = \frac{N\lambda}{2} \tag{11-9}$$

式中，N 为任意整数。

它的发光原理是在激光管内充有一定容量的氦氖混合比的气体，形成低压放电管。在阳极与阴极之间加几千伏电压，使之放电，产生大量的、动能很高的自由电子发生受激辐射。它的能量较小，转换效率较低，一般输出功率为毫瓦级。但它的体积较小，能连续工作，单色性好。

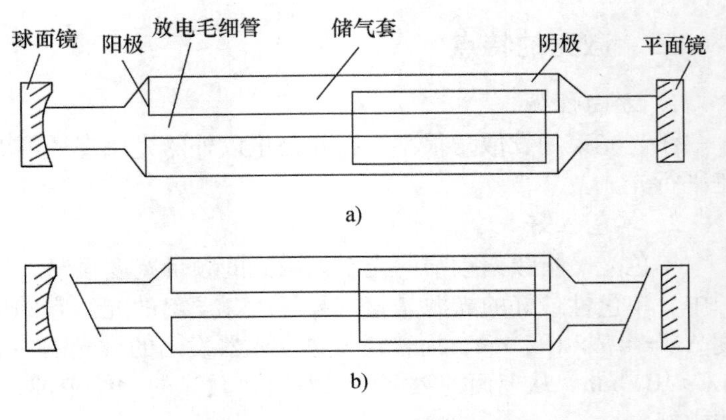

图 11-20 氦氖激光器结构示意图

a）内腔式 b）外腔式

2. 液体激光器

液体激光器的工作物质是液体，可分为有机液体染料激光器、无机液体染料和聚合物激光器等。较为重要的是有机液体染料激光器。

其特点是它发出的激光波长可在一定的波段内连续可调；可连续工作而不降低效率。

3. 固体激光器

固体激光器的工作物质是固体，目前，输出功率可达几十兆瓦。固体激光器的种类很多，但其结构大致相同。图 11-21 为固体激光器的一般结构示意图。常用的固体激光器有红宝石激光器、掺铷的钇铝石榴石激光器（简称 YAG 激光器）和铷玻璃激光器等。其中红宝

石激光器是世界上第一台成功运转的激光器，但在常温下，它只能脉冲运转，且转换效率较低。

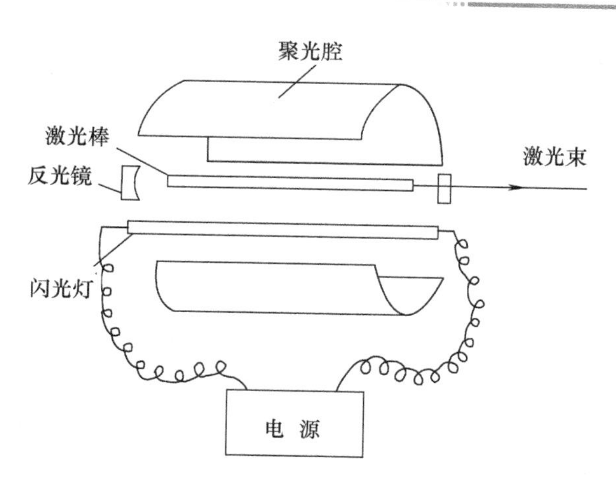

图 11-21 固体激光器的一般结构示意图

固体激光器的常用激励方式为光激励（俗称光泵）。也就是用强光去照射工作物质，使它激发起来，从而发出激光。为了有效地利用各种光泵源（俗称泵灯）的光能，常采用各种聚光腔，如图 11-22 所示。在共振腔内壁镀上高反射率的金属薄层，使泵灯发出的光能集中照射在工作物质上。

4. 半导体激光器

半导体激光器是在固体和气体激光器之后发展起来的一种激光器。它的工作物质是某些性能适合的半导体材料，如砷化镓、磷化铟等。其中以砷化镓激光器最具有代表性，常常把它做成二极管，如图 11-23 所示。其主要部分是一个 PN 结，我们都知道 PN 结中有“导带”和“价带”，如果把能量集中在“价带”，则“价带”中的电子就被激发到能量较高的“导带”，即形成了粒子数在能级上的反转分布，这是激光产生的首要条件。如果加适当大的电流（称为电流激励，俗称流泵）时，就可以在导带形成相当可观的光子溢出，最后通过共振腔输出一定频率的激光。

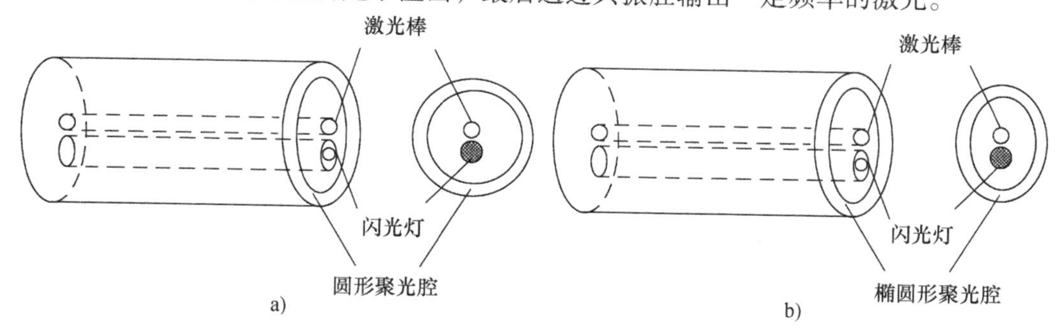

图 11-22 各种常用的聚光腔

砷化钾激光器的共振腔也十分巧妙，它是利用这种晶体的两个自然解理面而形成的。它们本身十分光滑，而且彼此平行，无需再外加反射镜，如图 11-23 所示。

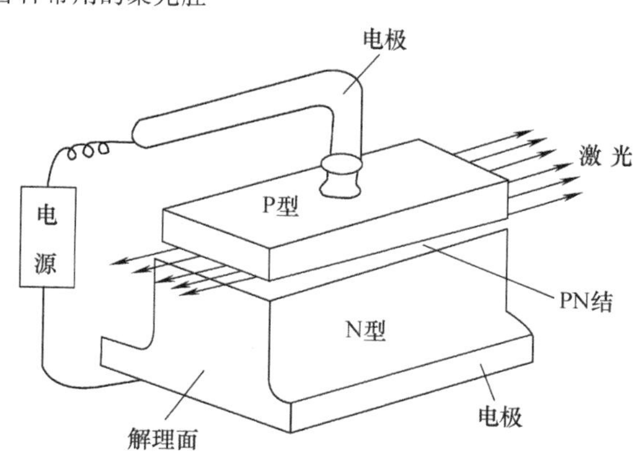

图 11-23 砷化钾激光器

半导体激光器本身只有针孔那么大，长度还不到 1mm，因此它的重量非常轻，结构紧凑，使用起来非常方便。它的转换效率很高，但它也有一些缺点，如激光的方向性比较差，输出功率比较小，受环境温度影响比较大等。半导体激光器广泛应用于飞机、军舰、坦克、火炮上瞄准、测距等方面。

五、激光的应用

激光技术有着非常广泛的应用，如激光精密机械加工、激光通信、激光音响、激光影视、激光武器和激光检测等。激光检测具有测量精度高、范围大、检测时间短及非接触式测量等优点，主要用来测量长度、位移、速度、振动等参数。

激光具有能量集中，方向性、单色性好以及相干性强的特点。激光传感器按照工作原理不同可以分为三类：激光干涉传感器、激光衍射传感器和激光扫描传感器。其中激光干涉传感器的应用最为广泛。

1. 激光干涉位移传感器

激光干涉位移传感器测长度的基本原理就是光的干涉原理。由物理学可知，频率相同、相位相关的两束光具有相干性，也就是说，当它们互相交叠时，会出现光的增强或减弱的现象，产生干涉条纹，利用光的干涉条纹随着被测长度的变化而变化的原理可实现长度测量。

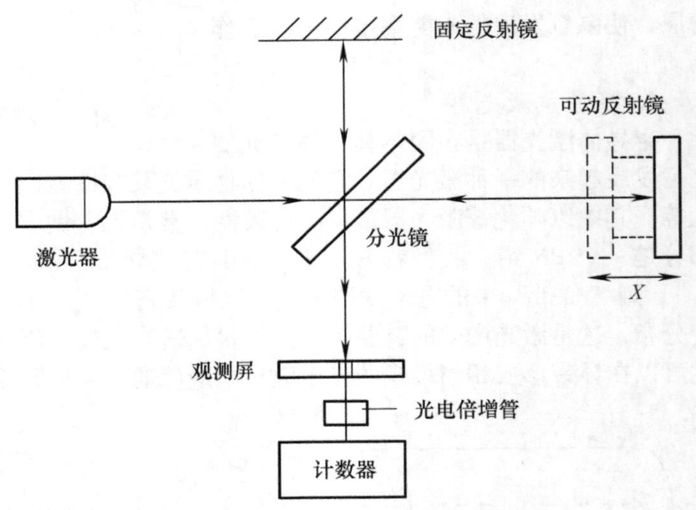

图 11-24 迈克尔逊干涉仪原理图

在实际应用中，最广泛使用的就是迈克尔逊干涉仪，图 11-24 所示为迈克尔逊干涉仪原理图。测量原理是激光器的光经分光镜后分成两路：一路反射到固定反射镜，另一路透射到可动反射镜，前者反射的激光束透过分光镜，后者反射的激光束经分光镜反射，这两路激光束在观测屏处相遇而产生干涉。当可动反射镜沿光轴方向每移动半个光波波长时，干涉条纹亮暗变化一次，经光电倍增管放大后，计数得到干涉条纹数。可动反射镜的移动位移 x 与干涉条纹数 N 之间的关系为

$$x = \frac{N\lambda_0}{2n} \tag{11-10}$$

式中，λ_0 为真空中光波波长；n 为空气折射率。

这种激光干涉传感器操作简单、携带方便、工作可靠，尤其是测量精度、分辨率高，测量 1m 长度，精度可达 $10^{-7} \sim 10^{-8}$ 量级，量程可达几十米。它不仅能够测量位移，而且可以测量运动速度，因此应用非常广泛。

2. 激光测距

激光测距是激光测量中一个很重要的方面。如飞机测量其前方目标的距离、激光潜艇定位等。激光测距的原理为：首先测量激光射向目标，而后又经目标反射到激光器，测出激光往返一次所需的时间间隔，则探测器到目标距离为

$$d = \frac{1}{2}ct \tag{11-11}$$

时间间隔可用精密时间间隔测量仪测量。目前，国产的时间间隔测量仪的单次分辨率达到 ±20ps。由于激光方向性强、功率大、单色性好，对于测量远距离、判别目标方位、提高接收系统的信噪比和保证测量的精度等都起着重要的作用。激光测距的精度主要取决于时间间隔测量的精度和激光的散射。例如，$d=1500\text{km}$，激光往返一次所需的时间间隔为 10ms ± 1ns，±1ns 为测时误差。若忽略激光散射，则测距误差为 ±15cm；若测时误差为 ±0.1ns，则测距误差可达 ±1.5cm。若采用无线电波测量，其误差比激光测距误差大得多。在激光测距的基础上，发展了激光雷达。

3. 激光测速

激光测速是利用光的多普勒效应。多普勒效应是指当激光照射到相对运动的物体上时，被物体散射（或反射）光的频率将发生改变的现象。相应地，将散射（或反射）光的频率与光源光频率的差值称为多普勒频移。据此可测量运动物体速度、流体流速等。

图 11-25 为激光测速的原理图，当运动体相对于激光光源 S 有相对运动时，由于运动体的运动速度而引起光波频率偏移，此时多普勒频移

$$f_{\mathrm{d}}=\frac{v\cos\theta}{\lambda} \qquad (11\text{-}12)$$

式中，v 为运动体的运动速度；λ 为光源光波波长；θ 为物体运动速度方向与激光传播方向的夹角。

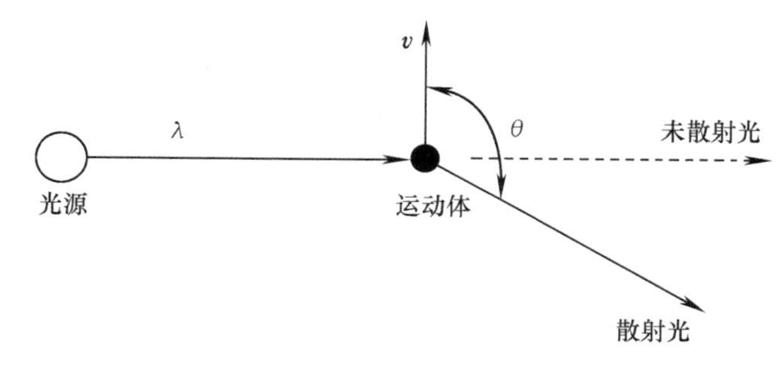

图 11-25　激光测速原理图

由式（11-12）可知，只要能测得多普勒频移 f_{d}，则可求得物体运动速度 v。

激光测速是一种非接触测量，对被测物体无任何干扰。在实现自动测量时，一般采用多普勒信号处理器接收来自光电接收器的电信号，从中取出速度信息，把这些信息传输给计算机进行分析和显示。

测量流速所用的仪器称为激光多普勒流速计，它可以测量火箭燃料的流速，飞行器喷射气流的速度，风洞气流速度以及化学反应中粒子的大小及汇聚速度等。

激光多普勒流速计的原理如图 11-26 所示。流速计主要包括光学系统和多普勒信号处理两大部分。

由激光器 1 发射出的单色平行光，经透镜 2 聚焦到被测流体内。由于流体中存在着运动粒子，一部分光波被散射，散射光与未散射光之间产生频移，混频后输出信号的频移 f_{d} 与流体速度成正比。图中散射光由透镜 6 收集，透过分光镜 8 到达光电倍增管 9；未散射光由透镜 5 收集，经反射镜 7 和分光镜 8 反射也到达光电倍增管 9；最后在光电倍增管中进行混频后输出。对这个混频信号进行处理，获得多普勒频移 f_{d}，即可得到粒子运动速度，从而获得流体流速。

激光多普勒流速测量的最大优点是通过改变透镜的汇聚点，可测量出流场中不同位置的流速，这是其他测量手段无法比拟的。

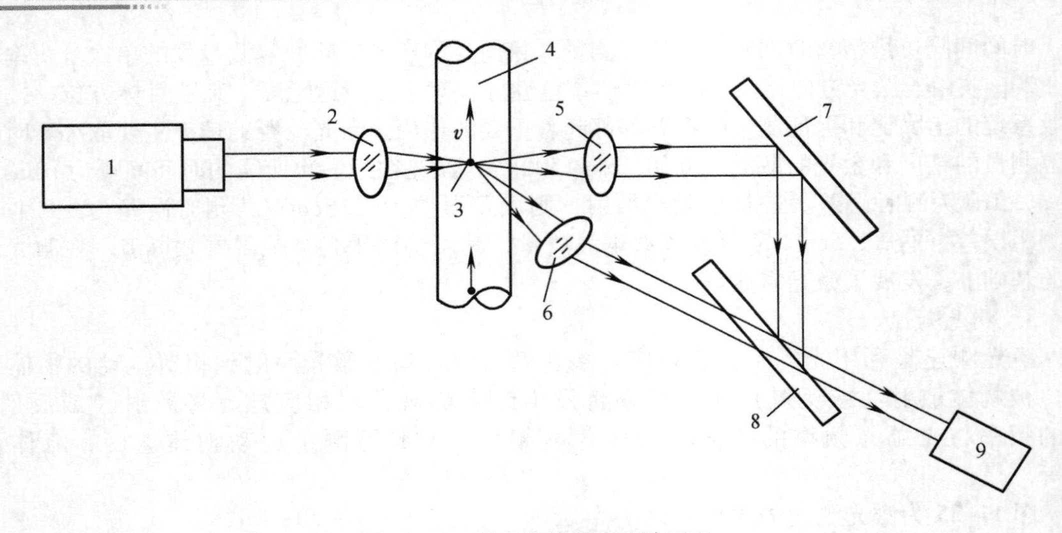

图 11-26 激光多普勒流速计原理

1—激光器 2—聚焦透镜 3—流体中的运动粒子 4—管道 5、6—接收透镜 7—反射镜 8—分光镜 9—光电倍增管

第四节 新型传感器概述

随着社会的发展，工业的进步，传感器在科学技术领域、工农业生产以及日常生活中发挥着越来越重要的作用。传统的传感器技术在精度、灵敏性、集成度、可靠性等方面已经逐渐不能满足要求。人们对传感器提出了越来越高的要求，这也成为传感器技术发展的强大动力。在这种背景下，近年来人们对传感器新原理、新材料和新技术的研究更加深入广泛，传感器新品种、新结构、新应用不断涌现。新型传感器的特征以及发展趋势主要表现在以下几个方面。

一、微型化传感器

随着半导体集成电路微细加工技术和超精密机械加工技术的发展，传感器的生产制造引入了许多新工艺并实现了规模化生产，这为传感器微型化发展提供了重要的技术支撑。目前，许多传感器都由传统的结构化生产设计向基于计算机辅助设计（CAD）的工程化设计转变。设计者们能够在较短的时间内设计出低成本、高性能的新型系统。这种设计手段的巨大转变在很大程度上推动着传感器系统向微型化的方向发展。

在传感器微型化方面值得一提的是近年来微机电系统（Micro - Electro - Mechanical Systems，MEMS）的发展。MEMS 是指可批量制作的，集微型传感器、微型机构、微型执行器以及信号处理和控制电路、直至接口、通信等于一体的微型系统。它将信息的获取、处理和执行集成在一起。MEMS 的核心技术是微电子与微机械加工以及封装技术相结合，并由此制造出体积小巧但功能强大的新型系统。MEMS 研究范畴涉及材料科学、机械控制、加工与封装工艺、电子技术以及传感器和执行器等多种学科，是一个极具前景的新兴研究领域。如今 MEMS 传感器技术正逐步实用化。就当前技术水平而言，微机械加工技术已经可以生产出体积很小的微型传感器敏感元件（尺寸从几微米到几毫米），这类元器件已作为微型传感器的主要敏感元件被广泛应用于不同的研究领域中。

目前 MEMS 传感器技术的设计重点是在微型化的同时努力降低功耗并提高精度，其研发重点有两个方向：一是实现 MEMS 传感器的集成化及智能化，二是开发与光学、生物学等技术领域交叉融合的新型传感器。例如，与微光学结合的 MOMES 传感器，与生物技术、电化学结合的生物化学传感器以及与纳米技术结合的纳米传感器。

二、智能化传感器

智能化传感器是 20 世纪 80 年代末出现的另外一种涉及多种学科的新型传感器系统。

智能化传感器集成了传感器与微处理器（或微控制器）的功能，可全部或部分实现信号检测、变换处理、逻辑判断、功能计算、双向通信，以及内部自检、自校、自补偿、自诊断等功能，它的应用使传感器技术提高到一个新的水平，发展到一个崭新的阶段。

与传统的传感器相比，智能化传感器具有以下特点：

1）逻辑判断及信息处理功能。智能化传感器带有微处理器，因此它不但能够对信息进行处理、分析和调节，而且还能对所测的数值及其误差进行补偿。它可以借助表格对非线性信号进行线性化处理，也可以借助数字滤波软件对信号进行滤波，还能利用软件实现非线性补偿或其他更复杂的环境补偿，从而极大地提高了测量精度。

2）自诊断和自校准功能。智能化传感器可以检测工作环境，当外部工作环境临近其极限条件时，它能够发出报警信号并给出相关的诊断信息。当由于某些内部故障而不能正常工作时，它也能够借助其内部检测链路找出异常现象或出现故障的部件，从而提高了可靠性。

3）实现多传感器多参数测量。智能化传感器能够完成多传感器多参数混合测量，能更加方便地对多种信号进行实时处理。此外，其灵活的配置功能既能够使相同类型的传感器实现最佳的工作性能，也能够使它们适合于各不相同的工作环境。

4）数据存取功能。智能化传感器既能实时并处理检测数据，也可以根据需要将它们存储起来，以备事后查询。存储的内容可以是检测数据，也可以包括设备的历史工作记录以及其他相关信息。

5）通信功能。大多数的智能化传感器带总线接口，能执行与计算机之间的通信联络，实现信息的相互交换。智能化传感器可以通过接口向计算机传递现场的实时数据，并通过接口接收来自上位机的控制指令。

近年来，智能化传感器有了很大的发展。智能化传感器开始同人工智能相结合，创造出各种基于模糊推理、人工神经网络、专家系统等人工智能技术的高度智能传感器。由于这类传感器与传统意义上的传感器不同，它的测量手段以软件算法为主，所以称为软传感器（Soft sensor）。目前它已经在工业控制、汽车、医疗、家用电器等领域开始应用，相信未来将会具有更加广阔的应用前景。

三、多功能集成传感器

多功能集成传感器是传感器发展的一个重要方向。这里的集成有两种定义。一种是同类型多个传感器的集成，即用集成工艺将多个同一功能的传感元件排列在同一平面上，组成线性传感器（如 CCD 图像传感器）。另一种是多功能传感器的集成，即将几种不同的敏感元器件制作在同一硅片上，制成多功能一体化传感器。而后者正是当前传感器集成化发展的主要方向。

如前所述，通常情况下一个传感器只能用来检测一种物理量。但在许多应用领域中，为了能够准确地反映客观事物和环境，往往需要同时测量多种物理量，这时可以使用多功能集成传感器，用一个传感器来同时测量多种参数，实现多个传感器的功能。例如，可以将热敏元件和湿敏元件配置在同一个传感器承载体上成为一种新的传感器，这种新的传感器能够同时测量温度和湿度。又如，我国生产的复合压阻传感器，一个芯片可同时检测压力与温度。由于这类传感器把多个功能不同的敏感元件集成在一起，除可同时进行多种参数的测量外，还可对这些参数的测量结果进行综合处理和评价，从而反映出被测系统的整体状态。此外，由于这些敏感元件都处在同一工作条件下，所以很容易对系统误差进行补偿和校正。

四、传感器网络

传感器网络是当前国际上备受关注的、由多学科高度交叉的新兴前沿研究热点领域。传感器网络综合了传感器技术、嵌入式计算技术、现代网络及无线通信技术、分布式信息处理技术等，能够通过各类集成化的微型传感器协作地实时监测、感知和采集各种环境或监测对象的信息，通过嵌入式系统对信息进行处理，并通过无线通信网络将所感知信息传送到用户终端。传感器网络具有十分广阔的应用前景，在军事国防、工农业、环境监测、抢险救灾、危险区域远程控制等许多领域都有重要的科研价值和巨大的实用价值，已经引起了世界许多国家学术界和工业界的高度重视，被认为是将对21世纪产生巨大影响力的技术之一。

传感器网络以应用为目标，按其功能可以抽象成5个层次：基础层（传感器集合）、网络层（通信网络）、中间件层、数据处理和管理层以及应用开发层。其中，基础层的核心是新型传感器和传感系统。这类新型传感器应用新的传感原理，使用新的材料以及采用新的结构设计，以降低能耗，提高敏感性、响应速度、准确度、稳定性以及在恶劣环境条件下工作的能力。

随着传感器技术、无线通信技术、计算机技术的不断发展和完善，各种传感器网络相继涌现。例如，在军事领域，有实现海洋声纳监测的大规模传感器网络系统以及监测地面物体的小型传感器网络。在环境监测领域，有应用于气象观测和天气预报、森林火警等实时监测的传感器网络。在智能交通领域，可以通过布置于道路上的速度、识别传感器网络，监测交通流量实时信息。在智能家居领域，可以通过布置于房间内的温度、湿度、光照、空气成分等无线传感器网络，感知居室不同部分的微观状况，从而对空调、门窗以及其他家电进行自动控制。

第五节 新型传感器应用实例

本节通过一个实时温度检测系统的应用实例，介绍智能化集成温度传感器DS18B20的工作原理及使用方法。

一、功能要求

1）设计一个以单片机为核心的实时温度检测系统。单片机为AT89C2051，温度传感器为智能化集成温度传感器DS18B20。温度测量范围为－55℃～＋125℃，分辨率为0.0625℃。

2）使用五位LED数码管动态显示温度值，温度精确到小数点后两位。

3）设计单片机和DS18B20的接口电路及相应软件。

二、系统硬件

根据设计要求，实时温度检测系统硬件由智能化集成温度传感器DS18B20、单片机AT89C2051和显示元件三部分组成，系统硬件原理图如图11-27所示。

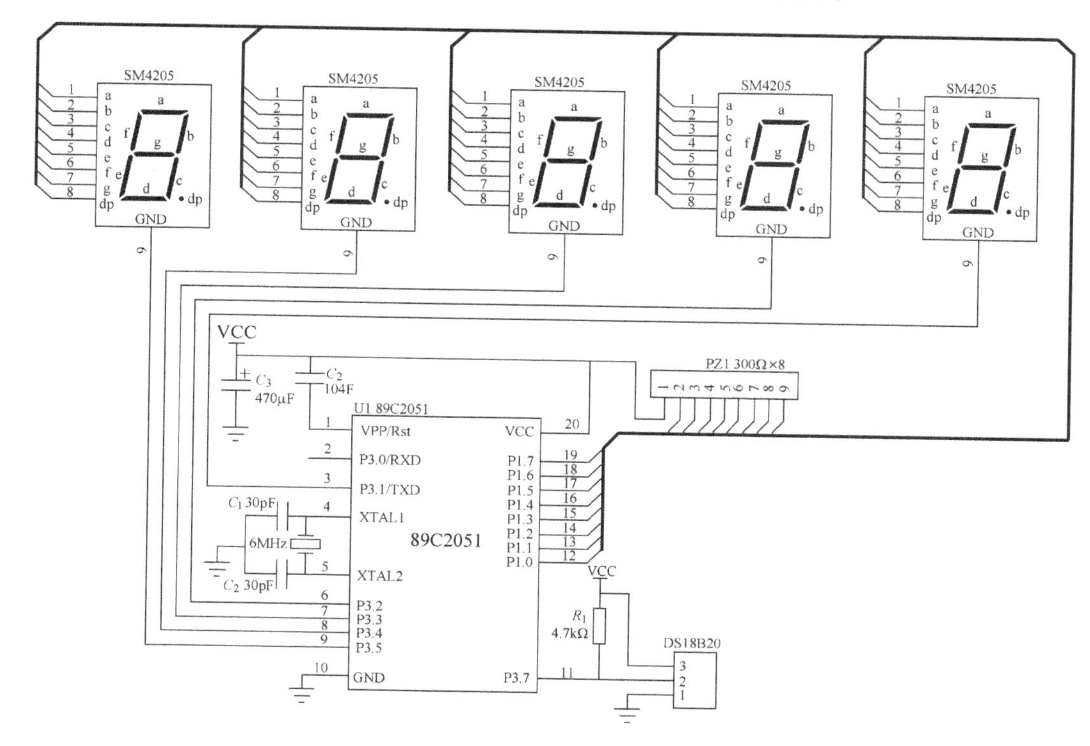

图11-27　实时温度检测系统原理图

1. DS18B20的内部结构

温度传感器DS18B20是美国DALLAS公司生产的一种高精度单总线温度传感器，属于智能化集成温度传感器，其典型产品有DS1820、DS18B20、DS1821等多种型号。本节将具体介绍DS18B20的工作原理及使用方法。

DS18B20是DALLAS公司继DS1820之后推出的一种改进型产品，在继承了DS1820全部优点的基础上，进行了优化及改进。它将供电电压范围扩大到了3.0～5.5V，并提高了转换速率，具有测量精度高、可靠性好、抗干扰能力强、传输距离远等特点，可广泛应用于高精度温度测量的各个领域。DS18B20温度测量范围为－55～＋125℃，测温分辨率最高可达0.0625℃。在应用时，用户可以根据实际需要通过简单的编程实现9～12位数字量的转换。DS18B20的工作电源可以使用外部电源，也可以采用寄生电源方式。其常用封装有3脚、8脚等几种形式。

DS18B20工作时将温度信号直接转换成串行数字信号供微机处理，因此，它与微机的接口电路相当简单。对于单总线传感器而言，数据总线只有I/O一根线，加上电源及地线，测量部分敷设的电缆最多也就3根线。在多点温度检测时，可以将多个DS18B20并联到这3根（或2根）线上，微机的CPU只需一根端口线就能与多个DS18B20通信。采用DS18B20作为温度传感器，占用微处理器端口资源很少，既方便了接口部分的电路设计，又节省了大量的信号线。上述这些优点，使它非常适合应用于远距离多点温度检测系统。

DS18B20的内部结构如图11-28所示。主要由4部分组成：64位ROM、温度传感器、非易失性温度报警触发器TH和TL、配置寄存器。

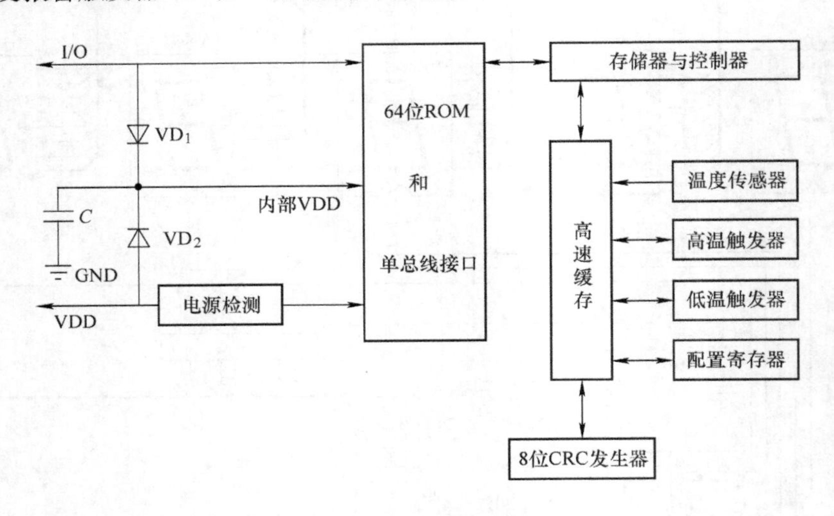

图11-28 DS18B20内部结构图

ROM中的64位序列号是出厂前被光刻好的，这是生产厂家给每一个出厂的DS18B20命名的产品序列号，也可以作为该温度传感器的地址序列号。其作用是使得每一个出厂的DS18B20地址序列号各不相同，从而实现在一根总线上挂接多个DS18B20的目的。

温度传感器完成对温度的测量，其输出格式为16位符号扩展的二进制补码。当DS18B20测量温度设置为12位时，分辨率为0.0625℃，即0.0625℃/LSB，其温度输出字节的位定义见表11-1。

表11-1 DS18B20温度输出字节的位定义

低八位字节（数据位）	2^3	2^2	2^1	2^0	2^{-1}	2^{-2}	2^{-3}	2^{-4}
高八位字节（符号位和数据位）	S	S	S	S	S	2^6	2^5	2^4

表中的S是符号位。S=1，表示温度为负值；S=0，表示温度为正值。例如+125℃的输出代码为07D0H，−55℃的输出代码为FC90H。一些温度所对应的输出代码见表11-2。

表11-2 DS18B20部分温度对应输出代码

温度值/℃	二进制数字输出	十六进制数字输出
+125	0000 0111 1101 0000	07D0H
+85	0000 0101 0101 0000	0550H

（续）

温度值/℃	二进制数字输出	十六进制数字输出
+25.0625	0000 0001 1001 0001	0191H
+10.125	0000 0000 1010 0010	00A2H
+0.5	0000 0000 0000 1000	0008H
0	0000 0000 0000 0000	0000H
-0.5	1111 1111 1111 1000	FFF8H
-10.125	1111 1111 0101 1110	FF5EH
-25.0625	1111 1110 0110 1111	FE6FH
-55	1111 1100 1001 0000	FC90H

温度触发器 TH 和 TL 用于设置高温和低温的报警数值。DS18B20 完成一个周期的温度测量后，将测得的温度值与 TH、TL 相比较。若温度值大于 TH 或小于 TL，则将该器件内的告警标志置位，并对主机发出的告警搜索命令做出响应。

配置寄存器的内容由用户定义，用于实现 9～12 位编程。其格式见表 11-3。

表 11-3　配置寄存器格式

MSB							LSB
0	R1	R0	1	1	1	1	1

表中，MSB 代表最高位，LSB 代表最低位。第 0～4 位在写操作时不予考虑，读出时总是为“1”；第 7 位在写操作时不予考虑，读出时总是为“0”。R0 及 R1 为编程位，通过对 R0 及 R1 的设置，可以获得不同的温度分辨率及最大转换时间，详见表 11-4。

表 11-4　R0、R1 的设置及工作模式

R1	R0	DS18B20 的工作模式 / 位	温度分辨率 / ℃	最大转换时间 / ms
0	0	9	0.5	93.75
0	1	10	0.25	187.5
1	0	11	0.125	375
1	1	12	0.0625	750

图 11-28 中的高速缓存是 DS18B20 的一个 9 字节内部存储器，其含义见表 11-5。

表 11-5　DS18B20 内部存储器

字节地址	存储器内容	字节地址	存储器内容
0	温度低字节	5	保留
1	温度高字节	6	计数剩余值
2	TH	7	每度计数值
3	TL	8	CRC 校验
4	配置寄存器		

内部存储器的前两个字节为被测温度的数字量，第3、4、5字节的内容为高温触发器、低温触发器及配置寄存器内容的复制，第7字节为测温计数的剩余值，第8字节为测温时的每度计数值，第9字节读出的是前8个字节的CRC校验码。

2. DS18B20的操作命令

DS18B20的操作命令及功能见表11-6。

表11-6 DS18B20的操作命令及功能表

	命令字	功能
ROM操作命令	33H	读ROM命令：通过该命令主机可以读出DS18B20 ROM中的8位系列产品代码、48位产品序列号和8位CRC校验码。该命令仅限于单个DS18B20在线的情况
	55H	匹配ROM命令：当多片DS18B20在线时，主机发出该命令，后面跟随64位ROM编码序列。挂在总线上的DS18B20，只有其内部ROM与该64位数相同者才能响应随后的存储器操作命令
	0F0H	搜索ROM命令：该命令可以查询总线上的DS18B20数目及其64位序列号
	0CCH	跳过ROM命令：该命令允许主机跳过ROM序列号检测而直接使用功能命令。该命令仅限于单个DS18B20在线的情况
	0ECH	报警搜索命令：只有满足报警条件的DS18B20才对该命令做出响应
存储器操作命令	4EH	写暂存器命令：该命令可写入高速缓存的第2、3、4字节，即高低温寄存器和配置寄存器。复位信号发出之前，三个字节必须写完
	0BEH	读暂存器命令：该命令可读出高速缓存的内容，从字节0开始，一直读到字节8，用复位命令可终止读出
	44H	温度转换命令：该命令用以启动一次温度转换，转换结果以2字节的形式被存放在高速缓存中。若DS18B20以外部电源供电，主机在该命令后去读总线时序，当温度转换正在进行时，DS18B20返回代码0；当温度转换结束时，DS18B20返回代码1
	0B8H	回调命令：该命令把EEROM中的内容写到寄存器TH、TL及配置寄存器中。DS18B20上电时能自动写入
	48H	复制命令：该命令把TH、TL及配置寄存器中的内容写到EEROM中
	0B4H	读电源模式命令：主机发出该命令后，DS18B20将进行响应，发送电源标志，寄生电源模式返回0，外部电源模式返回1

3. DS18B20的复位及读写时序

DS18B20完成温度转换必须经过3个步骤：初始化、ROM操作、存储器操作。使用时必须先启动DS18B20开始转换，然后再读出温度转换值。

对DS18B20操作前，首先要将它复位，复位时序如下：主机首先将信号线置为低电平，时间为480～960μs，然后主机再将信号线置为高电平，时间为15～60μs。接下来，DS18B20发出60～240μs的低电平作为应答信号，主机收到应答信号后才能对其进行其他操作。

DS18B20写操作时序为：主机首先将信号线从高电平拉到低电平，产生写起始信号。从信号线的下边沿开始，在15～60μs时间内DS18B20对信号线检测。如信号线为高电平，则写1；如信号线为低电平，则写0，从而完成一个写周期。在开始另一个写周期前，必须有1μs以上的高电平恢复期。

DS18B20读操作时序为：主机将信号线从高电平拉低到低电平1μs以上，再使数据线升为高电平，产生读起始信号。主机将信号线从高电平拉低到低电平15～60μs的时间内，DS18B20将数据放到信号线上，供主机读取，从而完成一个读周期。在开始另一个读周期前，必须有1μs以上的高电平恢复期。

4. 系统工作原理

在图11-27系统硬件原理图中，核心部件是单片机AT89C2051，它既作为单总线的总线控制器，又要完成实时数据处理以及温度显示输出。

AT89C2051是Atmel公司采用高密度、非易失性存储技术制造的一个低电压、高性能8位单片机。它包含2KB片内Flash可编程、可擦除只读程序存储器（EEPROM）和128字节随机存取数据存储器（RAM），兼容标准MCS－51指令系统。AT89C2051的推出为许多嵌入式测控系统设计提供了灵活方便、低成本的解决方案。

AT89C2051有20个引脚，它提供以下标准功能：2KB Flash存储器；128字节的RAM；15条I/O引线；两个16位可编程定时/计数器；一个5向量2级中断结构；一个全双工串行口；一个精密模拟比较器以及片内振荡器和时钟电路。

图11-27中，DS18B20的工作电源采用外部电源供电方式，它的I/O数据总线直接与AT89C2051的P3.7脚相连，R1为上拉电阻。

在单片机应用系统中，LED数码管的显示常用到两种方法：静态显示和动态显示。

所谓静态显示，就是每一个显示器都要占用单独的具有锁存功能的I/O接口用于笔画段字形代码。工作时，单片机只需将被显示的段码放入对应的I/O接口即可，当更新数据时，再发送新的段码。静态显示数据稳定，虽然占用CPU时间很少，但使用了较多的硬件。

动态显示的主要目的是为了简化硬件电路。通常将所有显示位的段选线分别并联在一起，由一个单片机的8位I/O口控制，形成段选线的多路复用。而各位数码管的共阳极或共阴极分别由单片机独立的I/O口线控制，顺序循环地点亮每位数码管，这样的数码管驱动方式称为“动态扫描”。在这种方式中，虽然每一时刻只选通一位数码管，但由于人眼具有一定的“视觉暂留”，只要延时时间设置恰当，便会感觉到多位数码管同时被点亮了，同样也可以得到稳定的数据显示。

图11-27系统中采用了动态显示的方式。AT89C2051的P1口是一个8位双向I/O端口，分别与5位共阴极数码管SM4205各段的引脚相连接。由于各位的段选线并联，段码的输出对各位来说都是相同的。排阻PZ1为每一段提供了10mA以上的显示工作电流。P3.1～P3.5分别与各数码管的GND引脚相连接，用于控制切换显示位。

三、软件设计

温度检测系统主程序流程图如图11-29所示。

AT89C2051系统初始化后进入主程序。在本系统中，主程序每隔1s进行一次温度测量。由于单总线上只挂接了一个DS18B20温度传感器，复位后用0CCH命令跳过ROM序列号检测，然后直接用44H命令启动一次温度转换。温度转换结束后，用0BEH命令读出温度数据，再将各显示位的内容放入显示缓冲区。显示格式为 －XX. XX～XXX. XX，温度为正

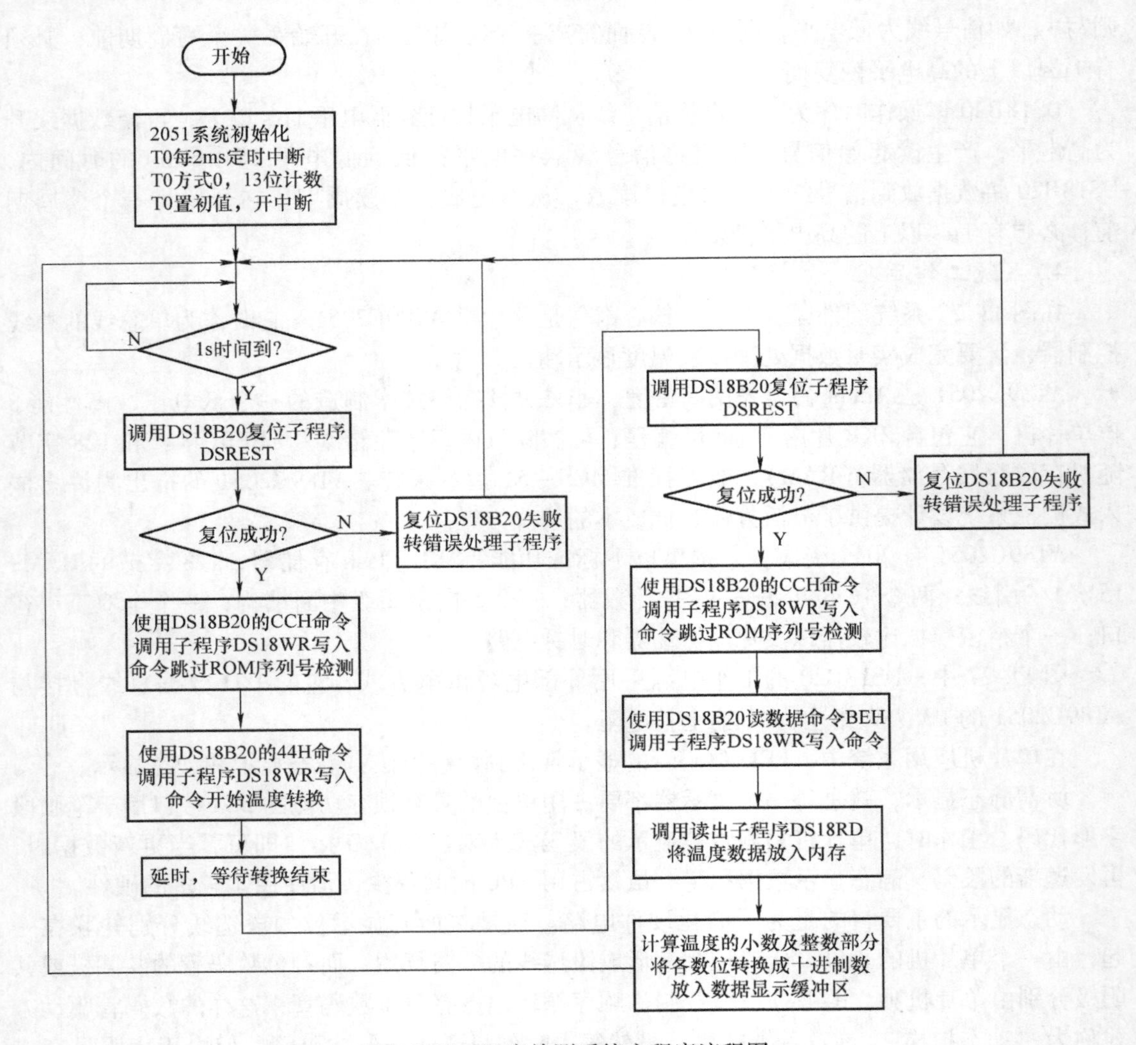

图 11-29 温度检测系统主程序流程图

时，整数部分的最高位用于显示百位数；温度为负时，整数部分的最高位用作符号位。

在主程序中，多次调用了操作 DS18B20 的 3 个公共子程序，它们分别是复位子程序 DSREST、写入子程序 DS18WR 以及读出子程序 DS18RD。

定时器 T0 设置方式 0，每隔 2ms 中断 1 次。AT89C2051 在中断处理时，先确定要显示的是第几位，然后从显示缓冲区中取出该位内容，再转换成段码送到 P1 端口。接下来，P3.1 ~ P3.5 中对应该位的引脚送出低电平，点亮 LED 数码管。这样，用 5 个数码管依次接通的方法，实现了温度数据的动态显示。

中断服务程序流程图如图 11-30 所示。

由于环境温度对象时间常数较大，温度参数一般不会在瞬间大范围剧烈变化，所以将主程序温度检测周期定为 1s。在此前提下，用定时中断方式实现动态显示，每一位数码管 2ms 刷新一次段码，5 位数码管的数据刷新时间为 10ms。因此，CPU 的时间资源相当充裕，足以保证定时中断服务程序的运行效果，显示出相当稳定的实时温度数据。

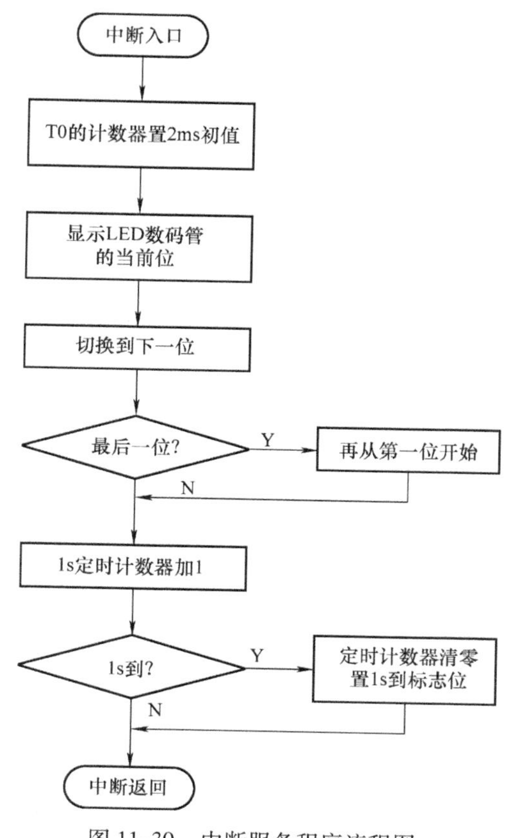

图 11-30 中断服务程序流程图

思考题与习题

1. 超声波发生器的种类有哪些？其工作原理是什么？它们各自的特点是什么？

2. 超声波的传播特性是什么？

3. 超声波探伤法有哪几种？它们的工作原理是什么？

4. 使用超声波脉冲反射法进行厚度测量，若已知超声波在工件中的声速为5640m/s，测得的时间间隔t为22μs，试求工件厚度。

5. 红外线的特性是什么？它与一般光线有什么不同？

6. 红外探测器分哪几种？它们有什么不同？

7. 简述红外探伤的工作原理。

8. 简述激光的形成原理。

9. 激光器有几种？它们各自的特点是什么？

10. 请用激光传感器设计一台激光测量汽车速度的装置，并叙述它的工作原理。

11. 新型传感器的特征以及发展趋势主要表现在哪几个方面？

12. 什么是MEMS？它与传感器之间有什么关系？

13. 智能化传感器与微机之间的通信是如何实现的？简述DS18B20传感器与AT89C2051微机之间的通信方式。

第十二章　检测装置的信号处理技术

在检测系统中，被测的非电信号经传感器后可变换为电信号，如电压、电流、电阻等。但传感器输出的电信号往往很微弱且输出阻抗高，输出信号在包含被测信号的同时，又不可避免地被噪声所污染。因此检测装置的信号处理是比较复杂的，它包括微弱信号的放大、滤波、隔离、标准化输出、线性化处理、温度补偿、误差修正、量程切换等。本章介绍信号的放大与隔离、信号的变换、线性化等比较重要的处理技术。

第一节　信号的放大与隔离

随着半导体技术的发展，目前的放大电路几乎都采用运算放大器，由于其输入阻抗高，增益大，可靠性高，价格低廉，使用方便，因而得到广泛应用。随着半导体工艺的不断改进和完善，运算放大器的精度越来越高，品种也越来越多，现在已经生产出各种专用或通用运算放大器以满足高精度检测系统的需要，其中有测量放大器（亦称数据放大器）、可编程放大器、隔离放大器等。信号放大特别是微弱信号放大的技术是电子学的专门研究领域，这方面的书籍很多，所以有关运算放大器的原理等不再赘述。考虑到系统设计的需要，本节重点讨论测量放大器、隔离放大器、可编程放大器。实际应用中，一次测量仪表的安装环境和输出特性千差万别，也很复杂，因此选用哪种类型的放大器应取决于应用场合和系统要求。

一、运算放大器

各种非电学量的测量，通常由传感器将非电量转换成电压（或电流）信号，此电压（或电流）信号一般情况下属于微弱信号。对一个单纯的微弱信号，可采用运算放大器进行放大。

1. 反相放大器

用运算放大器构成的反相放大器电路如图 12-1a 所示。根据“虚地”原理，即 $U_{\Sigma}\approx 0$，反相放大器的传递函数为

$$G(s)=\frac{U_o(s)}{U_i(s)}=-\frac{Z_1}{Z_2} \tag{12-1}$$

由拉普拉斯变换终值定理，当 $s\to 0$ 时，反相放大器放大倍数为

$$G=\frac{U_o}{U_i}=-\frac{R_1}{R_2} \tag{12-2}$$

当 $R_1=R_2$ 时，则为反相跟随器，$U_o=-U_i$。

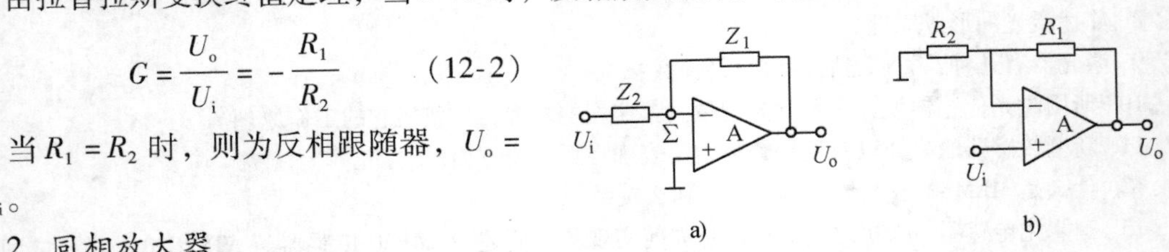

图 12-1　运算放大器应用

a）反相放大器　b）同相放大器

2. 同相放大器

反相放大器存在输入阻抗 R_i 较低的问题，$R_i=R_2$，通常 R_2 为几千欧。采用图

12-1b 同相放大器电路，可以得到较高的输入阻抗。根据“虚地原理”，同相放大器的放大倍数为

$$G=\frac{U_o}{U_i}=\frac{R_1}{R_2}+1 \tag{12-3}$$

二、测量放大器

1. 测量放大器的特点

运算放大器对微弱信号的放大，仅适用于信号回路不受干扰的情况。然而，传感器的工作环境往往比较恶劣，在传感器的两个输出端上经常产生较大的干扰信号，有时是完全相同的，完全相同的干扰信号称为共模干扰。虽然运算放大器对直接输入到差动端的共模信号有较强的抑制能力，但对简单的反相输入或同相输入接法，由于电路结构的不对称，抵御共模干扰的能力很差，故不能用在精密测量场合。因此，需要引入另一种形式的放大器，即测量放大器，又称仪用放大器、数据放大器，它广泛用于传感器的信号放大，特别是微弱信号及具有较大共模干扰的场合。

测量放大器除了对低电平信号进行线性放大外，还担负着阻抗匹配和抗共模干扰的任务，它具有高共模抑制比、高速度、高精度、宽频带、高稳定性、高输入阻抗、低输出阻抗、低噪声等特点。

2. 测量放大器的组成

测量放大器的基本电路如图 12-2 所示。

测量放大器由三个运算放大器组成，其中 A_1、A_2 两个同相放大器组成前级，为对称结构，输入信号加在 A_1、A_2 的同相输入端，从而具有高抑制共模干扰的能力和高输入阻抗。差动放大器 A_3 为后级，它不仅切断共模干扰的传输，还将双端输入方式变换成单端输出方式，适应对地负载的需要。

测量放大器的放大倍数用下面公式计算

$$G=\frac{U_o}{U_i}=\frac{R_3}{R_2}\left(1+\frac{R_1}{R_G}+\frac{R_1'}{R_G}\right) \tag{12-4}$$

式中，R_G 为用于调节放大倍数的外接电阻，通常 R_G 采用多圈电位器，并应靠近组件，若距离较远，应将连线绞合在一起。改变 R_G 可使放大倍数在 1～1000范围内调节。

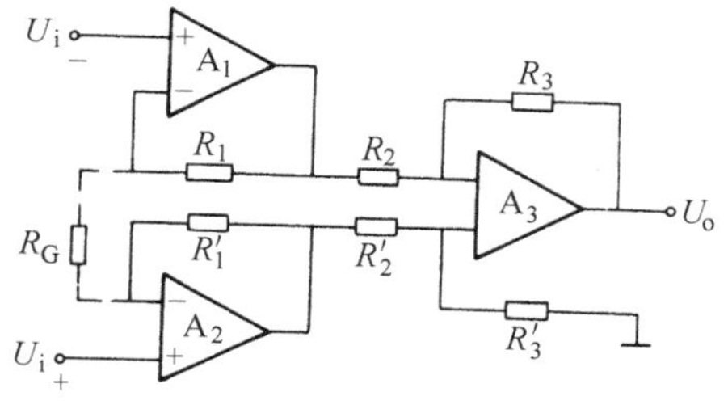

图 12-2　测量放大器原理图

3. 实用测量放大器

目前，国内外已有不少厂家生产了许多型号的单片测量放大器芯片供用户选择。美国公司提供的有 AD521、AD522、AD612、AD605 等。国内 749 厂生产的有 ZF605、ZF603、ZF604、ZF606 等。在信号处理中需对微弱信号放大时，可以不必再用分立的通用运算放大器来构成测量放大器。采用单片测量放大器芯片显然具有性能优异、体积小、电路结构简单、成本低等优点。下面介绍两种单片测量放大器。

（1）AD521　AD521 的管脚功能与基本接法如图 12-3 所示。

管脚 OFFSET（4，6）用来调节放大器零点，调整方法是将该端子接到 10kΩ 电位器的两固定端，滑动端接负电源端。测量放大器计算公式为

$$G=\frac{U_{OUT}}{U_{IN}}=\frac{R_s}{R_G} \tag{12-5}$$

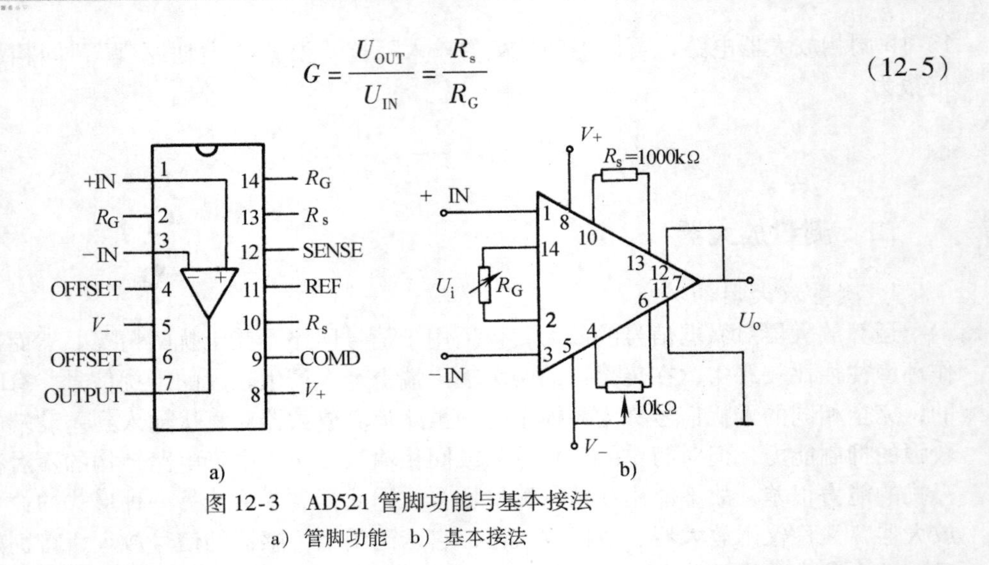

图 12-3　AD521 管脚功能与基本接法

a）管脚功能　b）基本接法

放大倍数在0.1～1000范围内调整，选用$R_s=1000(1\pm15\%)\text{k}\Omega$，可以得到较稳定的放大倍数。

在使用AD521（或其他测量放大器）时，都要特别注意为偏置电流提供回路。为此，输入（1或3）端必须与电源的地线相连构成回路。可以直接相连，也可以通过电阻相连。图12-4中给出了信号处理电路中与传感器不同的耦合方式下的接地方法。

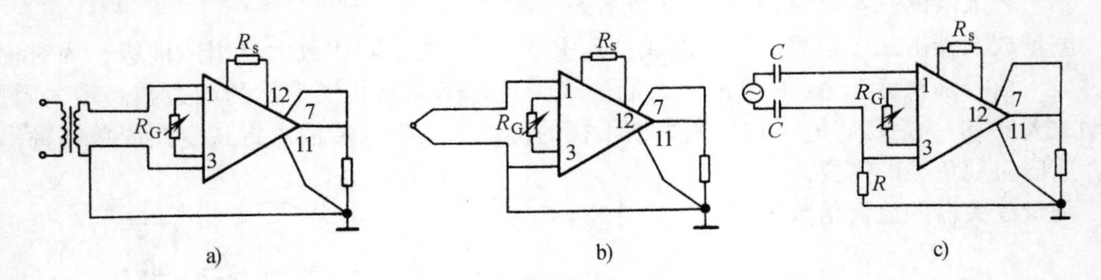

图 12-4　AD521 的输入信号耦合方式

a）变压器耦合　b）热电偶直接耦合　c）电容器耦合，通过电阻R为偏置电流提供回路

（2）AD522　AD522是AD公司推出的高精度数据采集放大器，它可以在环境恶劣的工作条件下进行高精度的数据采集。它线性好，并具有高共模抑制比、低电压漂移和低噪声的优点，适用于大多数12位数据采集系统。AD522通常用于电阻传感器（电热调节器、应变仪等）构成的桥式传感器放大器以及过程控制、仪器仪表、信息处理和医疗仪器等方面。

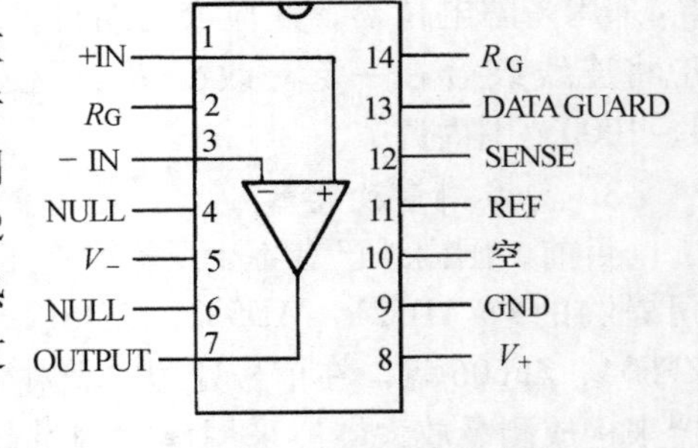

图 12-5　AD522 管脚功能

AD522的管脚功能如图12-5所示。管脚4、6是调零端，2和14端连接调整放大倍数的电阻。与AD521不同的是，该芯片引出了电源地9和数据屏蔽端13，该端用于连接输入信号引线的屏蔽网，以减少外电场对输入信号的干扰。图12-6所示为AD522在信号处理中与直流测量电桥的连接图。

图中的信号地必须与电源地相连，以便为放大器的偏置电流构成通路。连接在端子 2 和 14 之间的 R_G 是调整增益电位器，调整 R_G 大小，即可调整测量放大器的放大倍数。SENSE 为检测端子，REF 为参考端子，这两个端子的作用主要是消除放大器负载的影响，在该电路中分别接在放大器输出端和电源公共端。输出电压 U_o 计算如下

$$U_o=\left(1+\frac{200\text{k}\Omega}{R_G}\right)\left[(U_1-U_2)-\frac{U_1+U_2}{2}\ \frac{1}{CMRR}\right]\tag{12-6}$$

当共模抑制比 $CMRR\gg1$ 时，上式变为

$$U_o=\left(1+\frac{200\text{k}\Omega}{R_G}\right)(U_1-U_2)\tag{12-7}$$

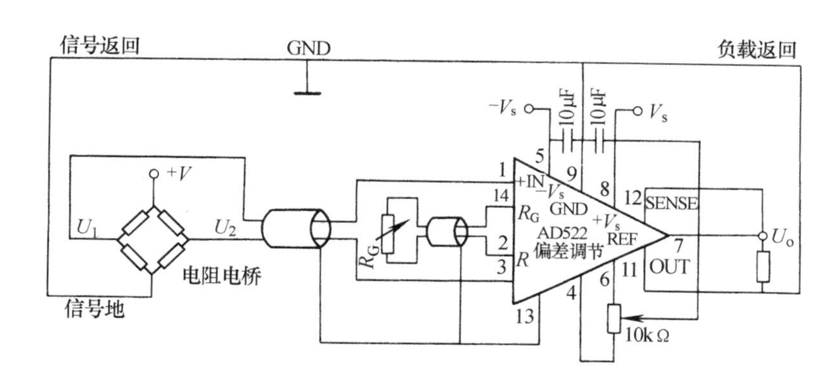

图 12-6　测量放大器 AD522 用于电桥的典型电路

（3）高增益测量放大器　测量放大器也称为仪表放大器或数据放大器，它是一种可以用来放大微弱差值信号的高精度放大器，在测量控制等领域具有广泛的用途。通常，测量放大器多采用专用集成模块来实现，虽然有很高的性能指标，但不便于实现增益的预置与数字控制，同时价格较高。为此，结合应用实际，利用高增益运放，设计了一种具有高共模抑制比，高增益数控可显的测量放大器。提高了测量放大器的性能指标，并实现放大器增益较大范围的步进调节。

采用仪用放大器组成高共模抑制比测量放大器如图 12-7 所示，运放 A_4 实现输出共模电压反馈至电源公共端，使运放电源电压随共模输入电压浮动，从而使各级偏置电压都跟踪共模输入电压，这样各级的共模信号就被大大削弱了，共模输入电压在放大器输出端产生的误差电压就大幅度减小，提高了放大器的共模抑制比。图中 R_w 由 3 条并列的固定电阻通路构成，3 条电阻通路由单片机控制的 3 个继电器来分别接通实现。很容易分析得到此放大器的放大倍数为

$$A_c=\frac{R_3}{R_2}\left(1+2\frac{R_1}{R_w}\right)$$

若改变 R_w，则获得 3 个控制等级的前级电压放大倍数，分别对 1～10V、0.1～1V 以及小于 0.1V 的 3 个不同电压段的信号进行控制，并通过继电器切换的方式实现不同的放大倍数，见表 12-1。

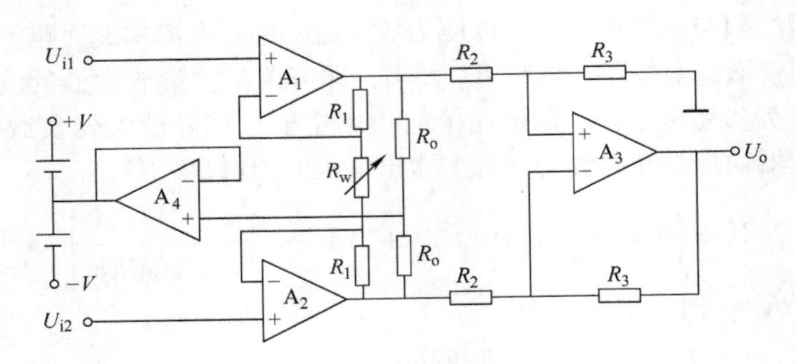

图 12-7 前级放大器

表 12-1 前级放大倍数分配

电压段/V	前级放大倍数	实际获得的放大倍数
1 ~ 10	1.024	1 ~ 10
0.1 ~ 1	10.24	1 ~ 100
<0.1	102.4	1 ~ 1000

三、程控测量放大器 PGA

当传感器的输出与自动测试装置或系统相连接时，特别是在多路信号检测时，各检测点因所采用的传感器不同，即使同一类型的传感器，根据使用条件的不同，输出的信号电平也有较大的差异，通常从微伏到伏，变化范围很宽。由于 A－D 转换器的输入电压通常规定为 0 ~ 10V 或者 ±5V，因此若将上述传感器的输出电压直接作为 A－D 转换器的输入电压，就不能充分利用 A－D 转换器的有效位，影响测量范围和测量精度。因此，必须根据输入信号电平的大小，改变测量放大器的增益，使各输入通道均用最佳增益进行放大。为满足此需要，在电动单元组合仪表中，常使用各种类型的变送器。在含有微机的检测系统则采用一种新型的可编程增益放大器 PGA（Programmabll Gain Amplifier），它是通用性很强的放大器，其特点是硬件设备少，放大倍数可根据需要通过编程进行控制，使 A－D 转换器满量程信号达到均一化。例如，工业中使用的各种类型的热电偶，它们的输出信号范围大致在 0 ~ 60mV 左右，而每一个热电偶都有其最佳测温范围，通常可划分为 0 ~ ±10mV、0 ~ ±20mV、0 ~ ±40mV、0 ~ ±80mV 四种量程。针对这四种量程，只需相应地把放大器设置为 500、250、125、62.5 四种增益，则可把各种热电偶输出信号都放大到 0 ~ ±5V。

1. 程控测量放大器原理结构

图 12-8 是一个实际的程控测量放大器原理图，是由美国 AD 公司生产的 LH0084。

在图 12-8 中，开关网络由译码-驱动器和双 4 通道模拟开关组成，开关网络的数字输入由 D_0 和 D_1 二位状态决定，经译码后可有四种状态输出，分别控制 S_1-S_1'、S_2-S_2'、S_3-S_3'、S_4-S_4'四组双向开关，从而获得不同的输入级增益。为保证线路正常工作，必须满足 $R_2=R_3$，$R_4=R_5$，$R_6=R_7$，另外，该模块也通过改变输出端的接线方式来改变后一级放大器 A_3 的增益。当管脚 6 与 10 相连作为输出端，管脚 13 接地时，放大器 A_3 的增益 $G_3=1$。改变连线方式，即改变 A_3 的输入电阻和反馈电阻，可分别得到 4 ~ 10 倍的增益。但这种改变的方法不能用程序实现。

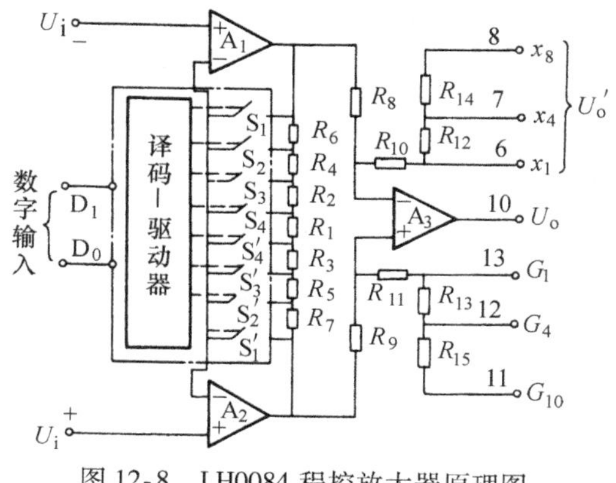

图 12-8　LH0084 程控放大器原理图

2. 程控测量放大器的应用

程控测量放大器 PGA 的优越性之一就是能进行量程自动切换。特别当被测参数动态范围比较宽时，采用程控测量放大器会更方便，更灵活。例如，数字电压表的测量动态范围可以从几微伏到几百伏，过去是用手拨动切换开关进行量程选择，现在，在智能化数字电压表中，采用程控放大器和微处理器，可以很容易实现量程自动切换，其原理如图 12-9 所示。

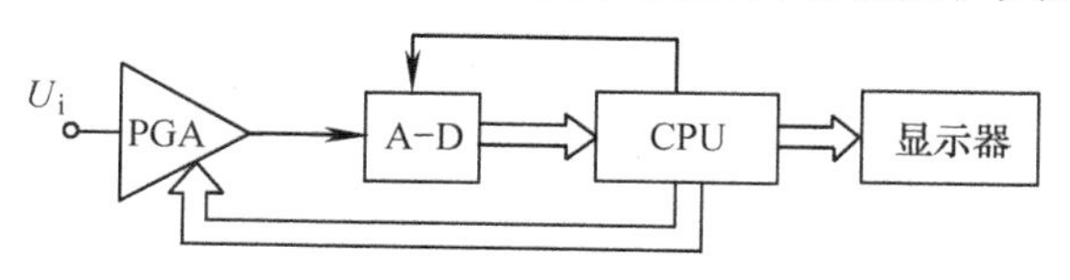

图 12-9　具有量程自动切换的数字电压表原理图

设 PGA 的增益为 1、10、100 三档，A－D 转换器为 12 位双积分式。用软件实现量程自动切换的框图如图 12-10 所示。自动切换量程的过程为：当对被测信号进行检测，并进行 A－D转换后，CPU 便判断是否超值。若超值，且这时 PGA 的增益已经降到最低档，则说明

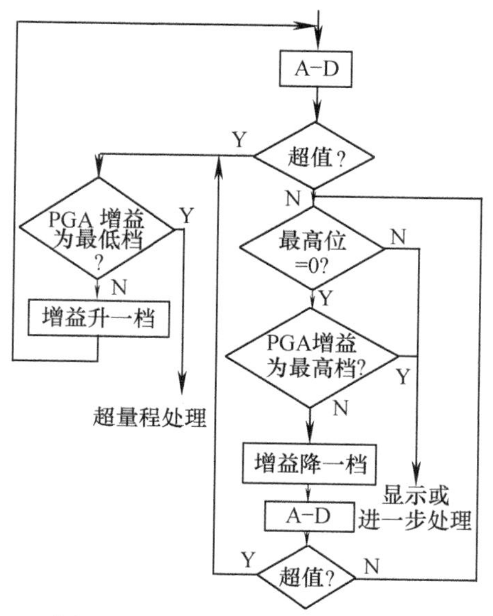

图 12-10　自动量程切换程序框图

被测量超过数字电压表的最大量程，需转入超量程处理。若未在最低档的位置，则把 PGA 的增益降一档，再重复前面的处理。若不超值，便判断最高位是否为零。如果是零，则再查增益是否为最高一档，如不是最高档，将增益升高一级再进行 A－D 转换及判断；如果是 1，或 PGA 已经升到最高档，则说明量程已经切换到最合适档，此时微处理器对所测得的数据再进一步处理。因此智能化数字电压表可自动选取最合适的量程，提高了测量精度。

四、隔离放大器

在一个自动检测系统中，都希望在输入通道中把工业现场传感器输出的模拟信号与检测系统的后续电路隔离开来，即无电的联系。这样可以避免工业现场送出的模拟信号带来的共模电压及各种干扰对系统的影响。解决模拟信号的隔离问题要比解决数字信号的隔离问题困难得多。目前，对于模拟量信号的隔离，广泛采用隔离放大器。这是近十几年来发展起来的新型器件。隔离放大器按原理分有两种类型，一种是按变压器耦合的方式，另一种是利用线性光电耦合器再加相应的补偿的方式。在这里给大家介绍按变压器耦合方式工作的隔离放大器。这种放大器先将现场模拟信号调制成交流信号，通过变压器耦合给解调器，输出的信号再送给后续电路，例如计算机的 A－D 转换器。

1. 隔离放大器的原理结构

隔离放大器如图 12-11 所示，由四个基本部分组成，即：①输入部分，包括输入运算放大器、调制器；②输出部分，包括解调器、输出运算放大器；③信号耦合变压器；④隔离电源。这四个基本部分装配在一起，组成模块结构，不但用户使用方便，同时提高了可靠性。此种隔离放大器组件的核心技术是超小型变压器及其精密装配技术。这样一个非常复杂的功能组件，其体积只有 $64\times12\times9\mathrm{mm}^3$，安装形式为双列直插式，插座用 40 脚插座。目前，在国内应用较广泛的是美国 AD 公司的隔离放大器，如 Model277、Model278、AD293、AD294 等。典型的隔离放大器原理图如图 12-12 所示。图 12-12a 为原理框图，图 12-12b 为简化的功能图。对它的结构简要说明如下：外加直流电源 V_s，经稳压器后为电源振荡器提供电源，可产生 100kHz 的高频电压，分两路输出。一路到输入部分，其中 c 绕组作为调制器的交流电源，而 b 绕组供给 1# 隔离电源形成 ±15V 的浮空电源，可作为前置放大器 A_1 及外附加电路的直流电源。另一路到输出部分，e 绕组作为解调器的交流电源，而 d 绕组供给 2# 隔离电源形成 ±15V 直流电源，供给输出放大器 A_2 等。

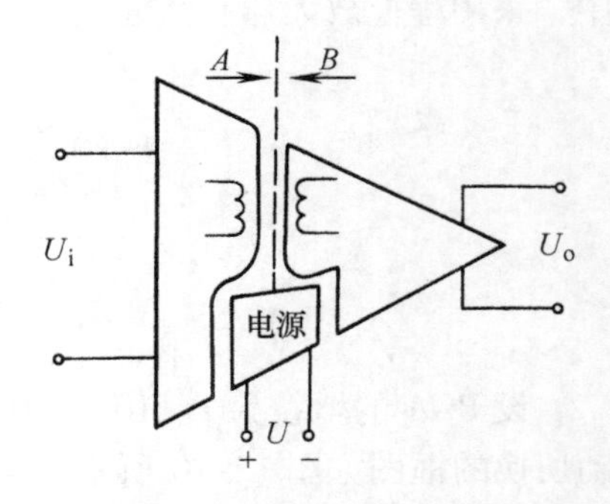

图 12-11 隔离放大器示意图

2. 隔离放大器工作原理

输入部分的作用是将传感器传来的信号滤波和放大，并调制成交流信号，通过隔离变压器耦合到输出部分。而在输出部分完成的工作，是把交流信号解调变成直流信号，再经滤波和放大，最后输出 0～±10V 的直流电压。

由于放大器的两个输入端都是浮空的，所以，它能够有效地作为测量放大器，又因采用变压器耦合，所以输入部分和输出部分是隔离的。

隔离放大器总电压增益为

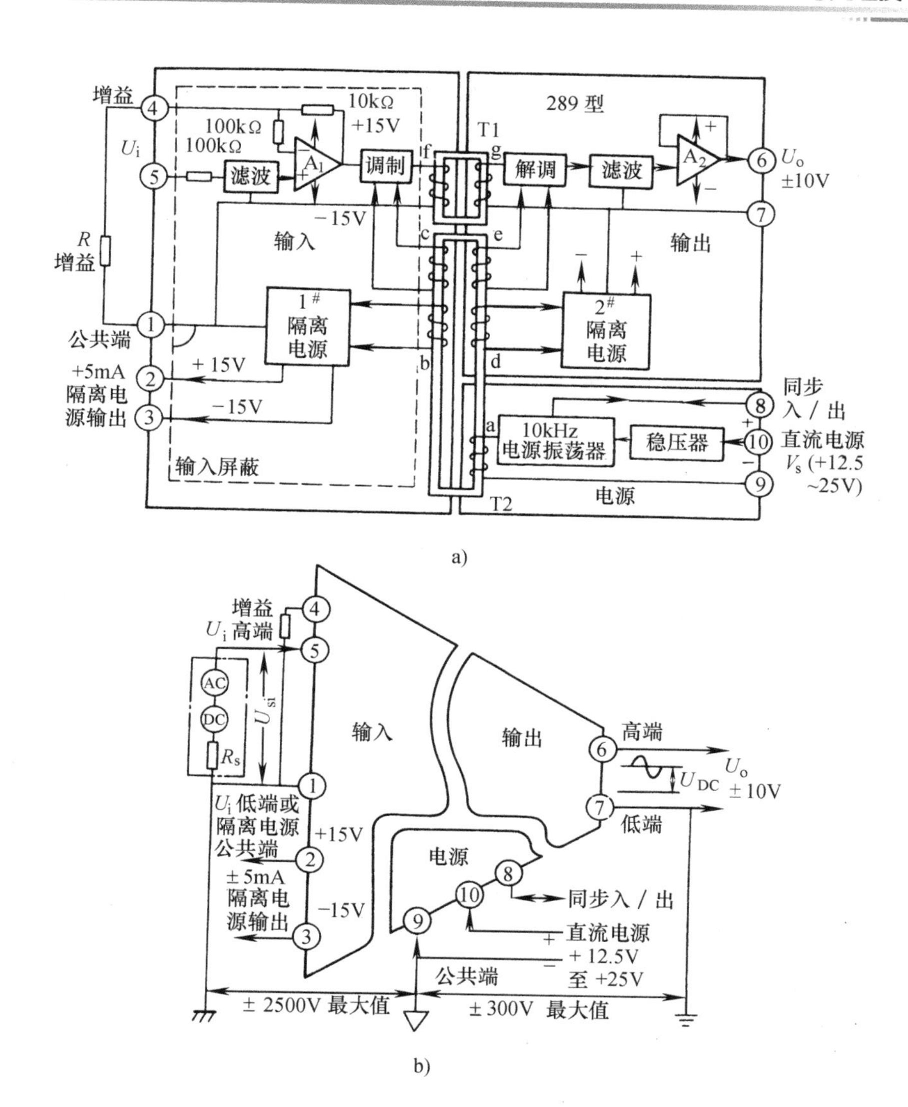

图 12-12　典型的隔离放大器

a）原理框图　b）简化的功能图

$$G = G_{IN} G_{OUT} = 1 \sim 1000 \tag{12-8}$$

式中，G_{IN}为输入部分电压增益；G_{OUT}为输出部分电压增益。

第二节　信号在传输过程中的变换技术

一、信号在传输过程中变换的意义

在成套仪表系统及自动检测装置中，都希望传感器和仪表之间及仪表和仪表之间的信号传送都采用统一的标准信号，这样不仅便于使用微机进行巡回检测，同时可以使指示、记录仪表单一化。另外若通过各转换器，如气－电转换器、电－气转换器等还可将电动仪表和气动仪表联系起来混合使用，从而扩大仪表的使用范围。目前，世界各国均采用直流信号作为统一信号，并将直流电压 0 ~ 5V 和直流电流 0 ~ 10mA 或 4 ~ 20mA 作为统一的标准信号。采用直流信号作为统一的标准信号与交流信号相比有以下优点：①在信号传输线中，直流不受交流感应的影响，干扰问题易于解决；②直流不受传输线路的电感、电容及负荷性质的影响，不存在相位移问题，使接线简单；③直流信号便于 A - D 转换，因而巡回检测系统都是以直流信号作为输入信号。

为了信号的远距离传送，经常将电压信号转换成 0 ~ 10mA 或 4 ~ 20mA 的电流信号，以减少干扰的影响和长线电压传输的信号损失。在检测系统需接收电压信号时，可在电流回路串入一个负载电阻获得电压信号。通常传感器输出的信号多数为电压信号，为了将电压信号变成电流信号，需采用电压 - 电流信号变换器（*V/I* 变换器）。

二、常用的信号变换方法

1. *V/I* 变换器

V/I 变换器的作用是将电压变换为标准的电流信号。它不仅具有恒流性能，而且要求输出电流随负载电阻变化所引起的变化量不超过允许值。一般的 *V/I* 变换器构成的主要部件是运算放大器，如图 12-13 所示就是一个 0 ~ 10mA *V/I* 变换的典型电路。运算放大器 A 接成同相放大器，由电路分析可知，此变换电路属于电流串联负反馈，具有很好的恒流性能；R_3 为电流反馈电阻，R 为负载电阻，它小于 R_3。晶体管 VT_1 和 VT_2 组成电流输出级，用来扩展电流。若运算放大器的开环增益和输入阻抗足够大，不难证明

$$U_i \approx U_F = I_o R_3 \tag{12-9}$$

显然，输出电流 I_o 仅与输入电压 U_i 和反馈电阻 R_3 有关，与负载电阻 R 无关，说明它具有较好的恒流性能。选择合适的反馈电阻 R_3 之值便能得到所需的变换关系。

0 ~ 10mA 的标准信号仅适用于Ⅱ型仪表，为了进一步提高仪表的精度和稳定性，使仪表工作更可靠，扩大应用功能，目前广泛采用了Ⅲ型仪表及智能化仪表，这些仪表是以 4 ~ 20mA 的直流电流作为统一的标准信号，即规定传感器从零到满量程的统一输出信号为 4 ~ 20mA 的直流电流。实现该特性的典型电路如图 12-14 所示。

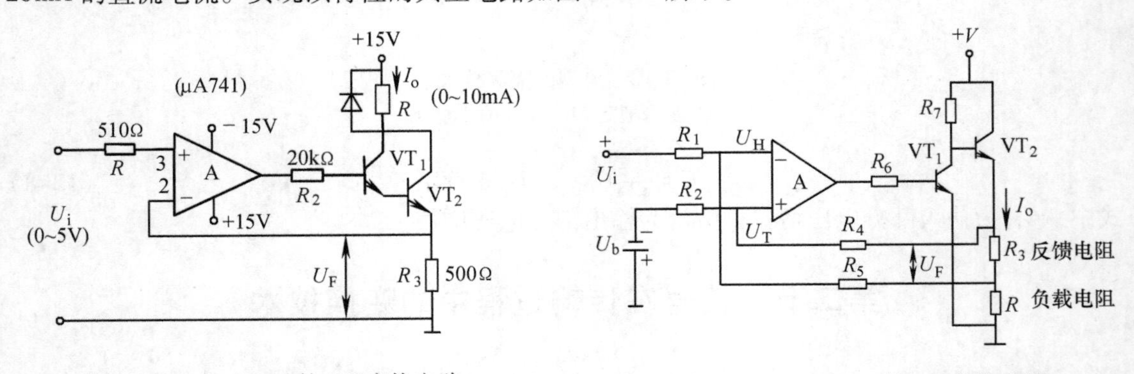

图 12-13 0 ~ 10mA 的 *V/I* 变换电路

图 12-14 4 ~ 20mA 的 *V/I* 变换电路

该变换电路由运算放大器 A 和晶体管 VT_1、VT_2 组成。运算放大器主要完成信号的放大和比较，VT_1 为倒相放大级，VT_2 为电流输出级。U_b 为偏置电压，用以进行零点迁移。输出电流 I_o 流经 R_3 得到反馈电压 U_F，此电压经 R_5、R_4 加到运算放大器的两个输入端，形成

差动输入信号。由于此电路具有深度电流串联负反馈，因此有较好的恒流性能。

采用4～20mA电流信号作为标准信号，还可以实现传送线的断线自检功能。断线自检电路如图12-15所示。由于这种传送信号方式在正常工作时有4mA的基本电流，因此接收端信号电压为1～5V。当传送线断时，接收端的信号为零值。据此即可以检出断线。

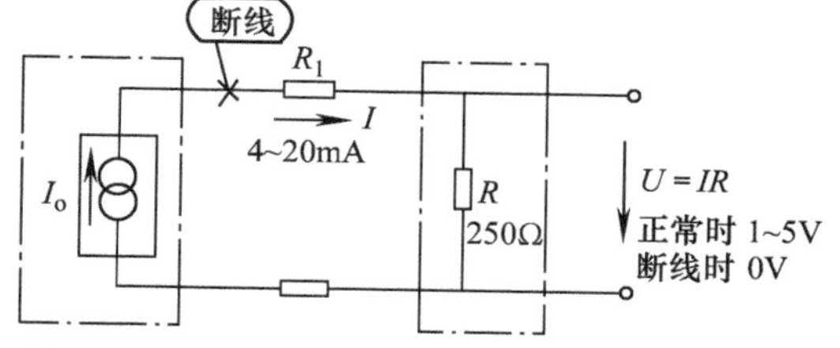

图12-15 4～20mA电流信号传送断线自检电路

2. *V/F* 变换器

V/F 变换器（VFC）可以将模拟电压或电流转换成与逻辑电路（通常是TTL）兼容的脉冲或方波。其输出频率与模拟量成精确比例关系。典型的 *V/F* 变换器有LM131系列，它是美国国家半导体公司的产品，该产品系列有：LM131、LM231、LM331。下面简要分析其工作原理。

LM131为双列直插式8引脚芯片，其内部结构示意图如图12-16所示，它由参考电源、开关电流源、输入比较器、单稳态定时器和输出电阻组成。参考电源的作用是向各电路单元提供偏置电流，并为电流泵提供稳定的1.9V电压。开关电流源由精密电流源、电流开关和电流泵组成，它的作用是在单稳定时器的控制下，向1脚提供135μA左右的恒定电流。输入比较器的一端由7脚引入待测信号 U_i，另一端经6脚接到积分环节 R_L、C_L 上。单稳态定时器由RS触发器、定时比较器及复位晶体管组成。

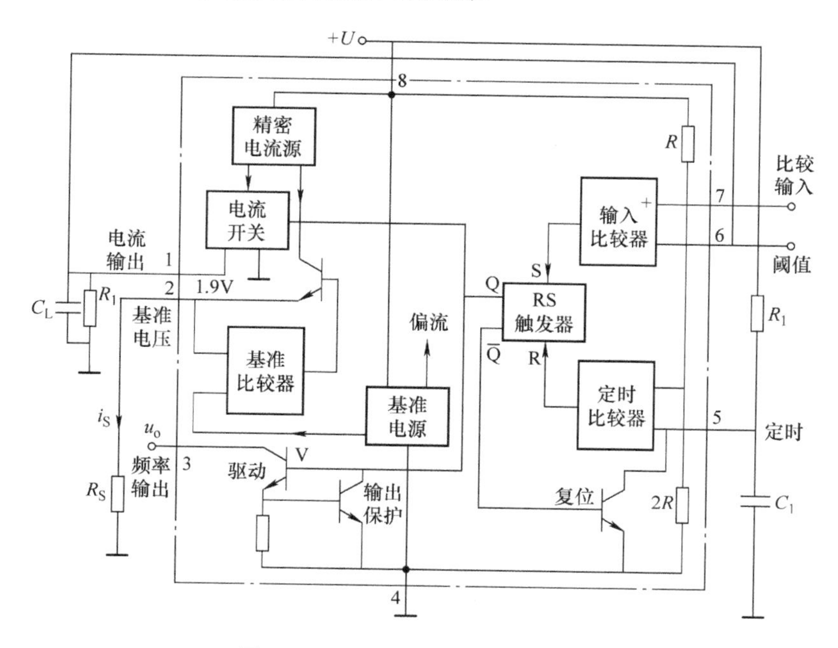

图12-16 LM131内部结构示意图

当输入比较器7脚上的电平 U_i 比6脚上的电平 U_6 高时，输入比较器输出高电平，触发单稳态定时器。当RS触发器触发置位后，$\overline{Q}$端为低电平，复位晶体管截止，电容 C_1 充电，

当 C_1 上的电压 $U_{C1}>\frac{2U}{3}$时，定时比较器输出高电平，将 RS 触发器置零，$\overline{Q}$端变为高电平，复位晶体管导通，电容 C_1 放电，完成一次定时周期。

下面进一步分析转换过程。

当 $U_i>U_6$ 时，RS 触发器置位，Q 端为高电平，V 导通，$U_o=U_{oL}\approx 0V$，与此同时电流开关接通，恒流源的电流经 1 脚输出向电容 C_L 充电，U_6 的电位逐渐上升。当 $U_6>U_i$ 时，Q 端为低电平，V 截止，$U_o=U_{oH}$，同时电流开关断开，C_L 通过 R_L 放电，使 U_6 下降。当 $U_6<U_i$ 时，开始第二个脉冲周期。如此循环，输出端便输出脉冲信号。图 12-17 为 LM131 转换过程的波形图。

3. *F/V* 变换器

把频率变化信号线性地转换成电压变化信号的变换器称为 *F/V* 变换器。

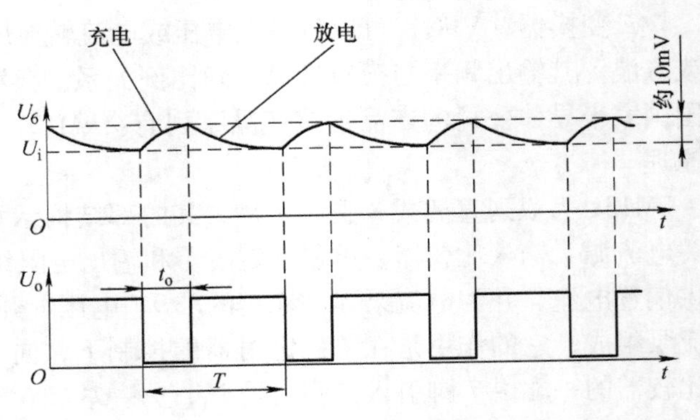

图 12-17 转换过程的波形图

LM2917 为单片集成频率－电压变换器，芯片中包含了一个高增益的运算放大器/比较器，当输入频率达到或超过某一给定值时，输出可用于驱动开关、指示灯或其他负载。另外 LM2917 还带有完全的输入保护电路。在零频率输入时，LM2917 的输出逻辑电压为零。

（1） 芯片主要特点

1） 进行频率倍增时只需使用一个 RC 网络。

2） 芯片上具有齐纳二极管调整电路，能够进行准确的频率－电压（电流）变换。

3） 以地为参考的转速计输入可直接与可变磁阻拾音器接口。

4） 运算放大器/比较器采用浮动晶体管输出。

5） 50mA 输出电流驱动能力，可驱动开关、螺线管、测量计、发光二极管等。

6） 对低纹波有频率倍增功能。

7） 转速计具有滞后、差分输入或以地为参考的单端输入。

8） 线性度好，典型值为 ±0.3%。

9） 以地为参考的转速计具有完全的保护电路，不受高于 V_{CC} 值或低于地参考输入的损伤。

（2） 工作原理　图 12-18 为 LM2917 原理框图，图中 1 脚和 11 脚为运算放大器/比较器的输入端；2 脚接充电泵的定时电容；3 脚连接充电泵的输出电阻和积分电容；4 脚和 10 脚为运算放大器的输入端；5 脚为输出，取自输出晶体管的发射极；6，7，13，14 脚未用；8 脚为输出晶体管的集电极，一般接电源；9 脚为正电源端；12 脚为负电源端，一般接地。

运算放大器/比较器以一个浮动的晶体管作为输出端，具有强的输出驱动能力，能够以 50mA 电流驱动以地为参考或以电源为参考的负载。输出晶体管的集电极电位可高于 U_{CC}，允许的最大电压 U_{CE} 为 28V。电路中使用差分输入端，用户自己能够设定输入转换电平，而

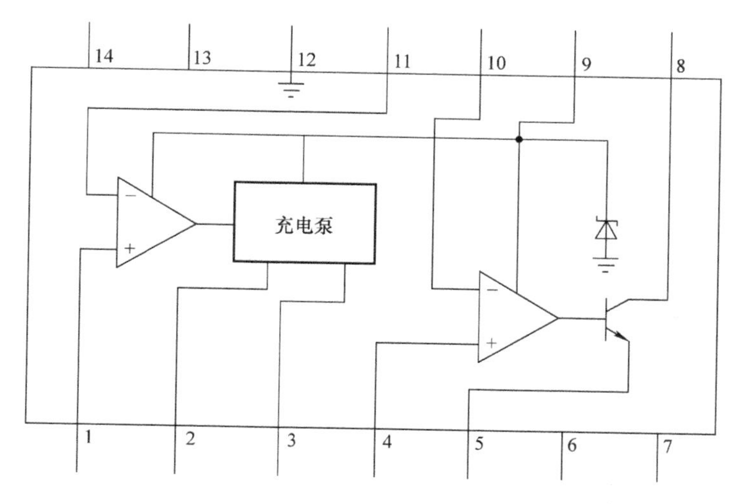

图 12-18　LM2917 原理框图

且滞后也在设定的电平左右，因而能够获得良好的噪声抑制。当然为了使输入在高于地电压时具有共模电压，没有使用输入保护电路，但输入端电压电平不能超出电源电压范围。特别值得注意的是，在输入端未接串联保护电阻的情况下，输入端的电平不能低于地电平。

图 12-19 为 LM2917 基本应用电路图，在充电泵把从输入级来的频率转换为直流电压时，此变换需外接定时电容 C_1 和输出电阻 R_1 以及积分电容或滤波电容 C_2，当输入级的输出改变状态时（这种情况可能发生在由于输入端上有合适的过零电压或差分输入电压时），定时电容在电压差为 $\dot{U}_{CC}/2$ 的两电压值之间被线性地充电或放电，在输入频率信号的半周期中，定时电容上的电荷变化量为 $C_1U_{CC}/2$，泵入电容中的平均电流或流出电容中的平均电流为

$$\Delta Q/T = I_C(\mathrm{AVG}) = f_{IN}C_1U_{CC}$$

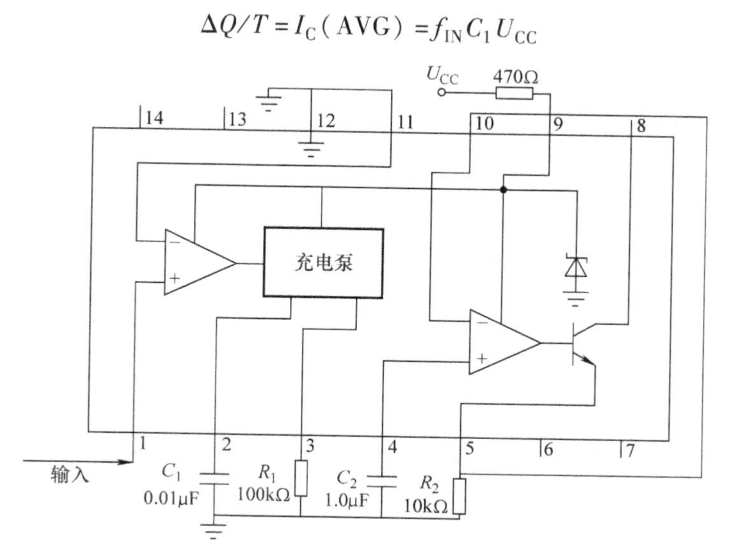

图 12-19　LM2917 基本应用电路图

输出电路把这一电流准确地送到负载电阻（输出电阻）R_1中，R_1电阻的另一端接地，这样脉冲式的电流被滤波电容积分，得到输出电压

$$U_o = U_{CC} f_{IN} C_1 R_1 K$$

式中，K为增益常数。

（3）频率/电压变换应用 图12-20为由LM2917构成的频率/电压变换电路。被测频率信号经过电位器RP接LM2917的第1脚。由RP构成输入分压器，调节RP滑动触头的位置可改变输入频率信号的幅度。+12V电源经过R_3、二极管VD分压后，向比较器A_1的反相输入端提供+0.6V的参考电压。R_2是输出电压的负载电阻，R_2的取值范围是4.3～10kΩ。0～10V直流电压表并联在R_2两端，用来指示被测频率值。R_4是内部稳压管的限流电阻，取R_4=470Ω时，稳定电压为

$$U_o = f U_{CC} R_1 C_1$$

由上式可见，U_o除与f有关之外，还与电源电压U_{CC}、充电泵时间常数τ关。一旦U_{CC}、τ确定后，U_o只取决于输入频率。

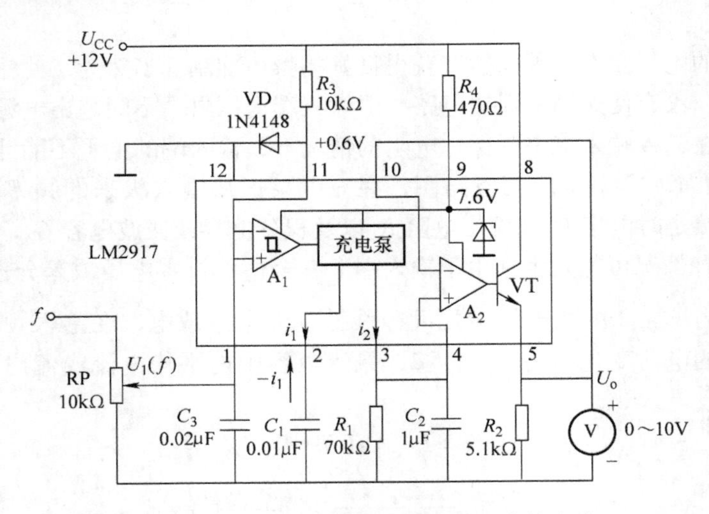

图12-20 LM2917构成的频率/电压变换电路

第三节 信号的非线性补偿技术

在自动检测系统中，往往存在非线性环节，特别是传感器的输出量与被测物理量之间的关系，绝大部分是非线性的。造成非线性的原因主要有两个：一是许多传感器的转换原理并非线性，例如温度测量时，热电阻的阻值与温度、热电偶的电动势与温度都是非线性关系；流量测量时，孔板输出的差压信号与流量输入信号之间也是非线性关系。二是采用的测量电路的非线性，例如，测量热电阻用四臂电桥，电阻的变化引起电桥失去平衡，此时输出电压与电阻之间的关系为非线性。对于这类问题的解决，在模拟量自动检测系统中，一般采用三种方法：①缩小测量范围，并取近似值；②采用非线性的指示刻度；③增加非线性补偿环节（亦称线性化器）。显然前两种方法的局限性和缺点比较明显，我们着重介绍增加非线性补偿环节的方法。常用的增加非线性补偿环节的方法有：①硬件电路的补偿方法，通常是采用

模拟电路、数字电路，如二极管阵列开方器，各种对数、指数、三角函数运算放大器等数字控制分段校正、非线性 A－D 转换等。②微机软件的补偿方法，利用微机的运算功能可以很方便地对一个自动检测系统的非线性进行补偿。

一、非线性补偿环节特性的获取方法

在一个自动检测系统中，由于存在着传感器等非线性环节，因此从系统的输入到系统的输出就是非线性的，引入非线性补偿环节的作用就是利用其本身的非线性补偿系统中的非线性环节，保证系统的输入输出具有线性关系。如何获得非线性补偿环节的输入输出的关系呢？工程上求取非线性补偿环节特性的方法有两种，现分述如下。

1. *解析计算法*

设图 12-21 中所示的传感器特性解析式为

$$U_1 = f_1(x) \tag{12-10}$$

放大器特性的解析式为

$$U_2 = GU_1 \tag{12-11}$$

要求整个检测仪表的输入与输出特性为

$$U_o = kx \tag{12-12}$$

为了求出非线性补偿环节的输入与输出关系表达式，将以上三式联立求解消去中间变量 U_1 和 x 可得

$$U_2 = Gf_1\left(\frac{U_o}{k}\right) \tag{12-13}$$

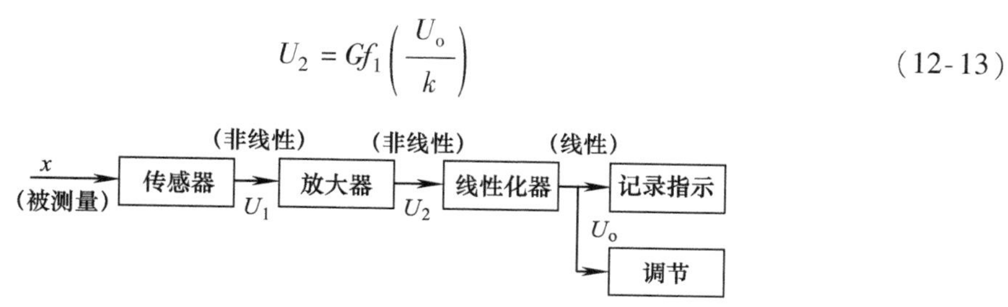

图 12-21　引入非线性补偿环节的检测系统示意图

2. *图解法*

当传感器等环节的非线性特性用解析式表示比较复杂或比较困难时，可用图解法求取非线性补偿环节的输入－输出特性曲线。图解法的步骤如下（见图 12-22）：

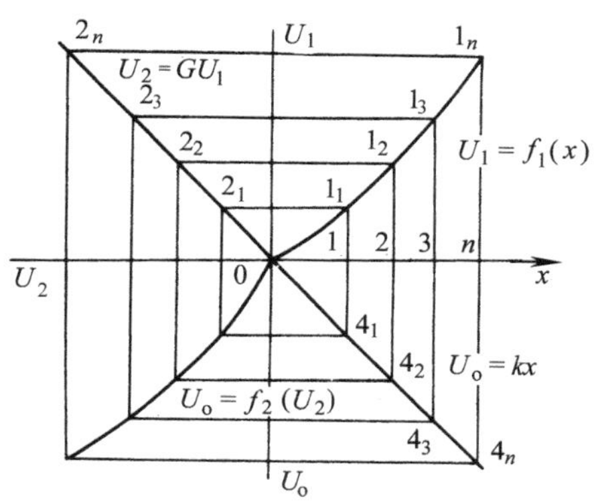

图 12-22　图解法求非线性补偿环节特性

1）将传感器的输入与输出特性曲线 $U_1 = f_1(x)$ 画在直角坐标的第一象限，横坐标表示被测量 x，纵坐标表示传感器的输出 U_1。

2）将放大器的输入与输出特性 $U_2 = GU_1$ 画在第二象限，横坐标为放大器的输出 U_2，纵坐标为放大器的输入 U_1。

3）将整台测量仪表的线性特性画在第四象限，纵坐标为输出 U_o，横坐标为输入 x。

4）将 x 轴分成 n 段，段数 n 由精度要求决定。由点1、2、…、n 各作 x 轴垂线，分别与 $U_1=f_1(x)$ 曲线及第四象限中 $U_o=kx$ 直线交于 1_1，1_2，1_3，…，1_n 及 4_1，4_2，4_3，…，4_n 各点。然后以第一象限中这些点作 x 轴平行线与第二象限 $U_2=GU_1$ 直线交于 2_1，2_2，2_3，…，2_n 各点。

5）由第二象限各点作 x 轴垂线，再由第四象限各点作 x 轴平行线，两者在第三象限的交点连线即为校正曲线 $U_o=f_2(U_2)$。这也就是非线性补偿环节的非线性特性曲线。

二、非线性补偿环节的实现方法

1. 硬件电路的实现方法

当用解析法或图解法求出非线性补偿环节的输入－输出特性曲线之后，就要研究如何用适当的电路来实现。显然在这类电路中需要有非线性元件或者利用某种元件的非线性区域。目前最常用的是利用二极管组成非线性电阻网络，配合运算放大器产生折线形式的输入－输出特性曲线。由于折线可以分段逼近任意曲线，从而就可以得到非线性补偿环节所需要的特性曲线。

折线逼近法如图12-23所示，将非线性补偿环节所需要的特性曲线用若干个有限的线段代替，然后根据各折点 x_i 和各段折线的斜率 k_i 来设计电路。

根据折线逼近法所作的各段折线可列出下列方程

$$
\begin{aligned}
&y=k_1x \quad x_1>x>0\\
&y=k_1x_1+k_2(x-x_1) \quad x_2>x>x_1\\
&y=k_1x_1+k_2(x_2-x_1)+k_3(x-x_2) \quad x_3>x>x_2\\
&\vdots\\
&y=k_1x_1+k_2(x_2-x_1)+k_3(x_3-x_2)+\cdots+k_{n-1}(x_{n-1}-x_{n-2})+k_n(x-x_{n-1})
\end{aligned}
$$

式中，x_i 为折线的各转折点；k_i 为各段的斜率，$k_1=\tan\alpha_1$，$k_2=\tan\alpha_2$，…，$k_n=\tan\alpha_n$。

可以看出，转折点越多，折线越逼近曲线，精度也越高，但太多则会因电路本身误差而影响精度。图12-24是一个最简单的折点电路，其中 E 决定了转折点偏置电压，二极管VD作开关用，其转折电压为

$$U_1=E+U_{VD} \tag{12-14}$$

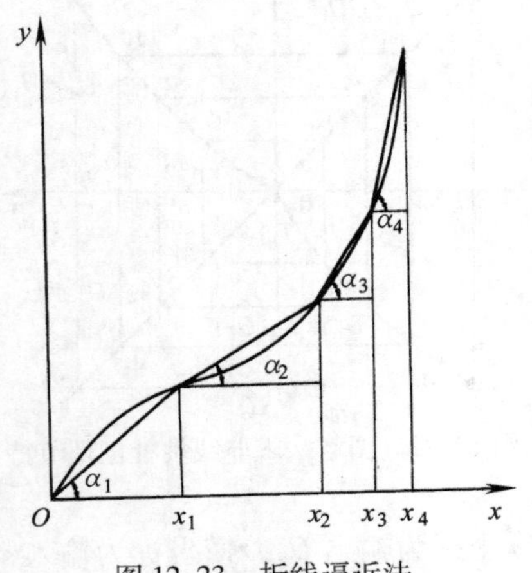

图12-23 折线逼近法

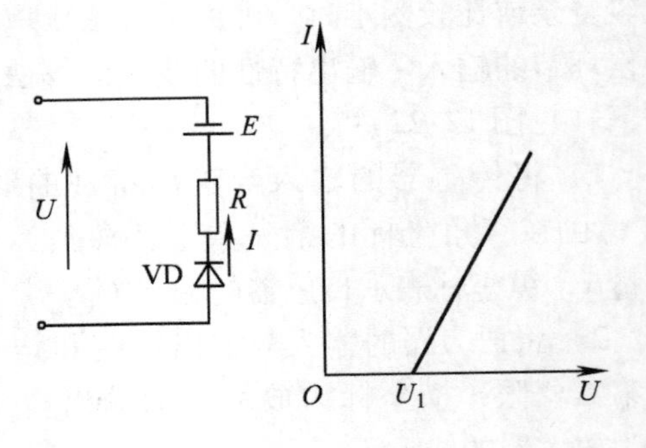

图12-24 简单折点电路

式中，U_{VD}为二极管正向压降。由式（12-14）可知转折电压不仅与E有关，还与二极管正向压降U_{VD}有关。

图12-25为精密折点单元电路，它是由理想二极管与基准电源E组成。由图可知，当U_i与E之和为正时，运算放大器的输出为负，VD_2导通，VD_1截止，电路输出为零。当U_i与E之和为负时，VD_1导通，VD_2截止，电路组成一个反馈放大器，输出电压随U_i的变化而改变，有

$$U_o = \frac{R_f}{R_1}U_i + \frac{R_f}{R_2}E \tag{12-15}$$

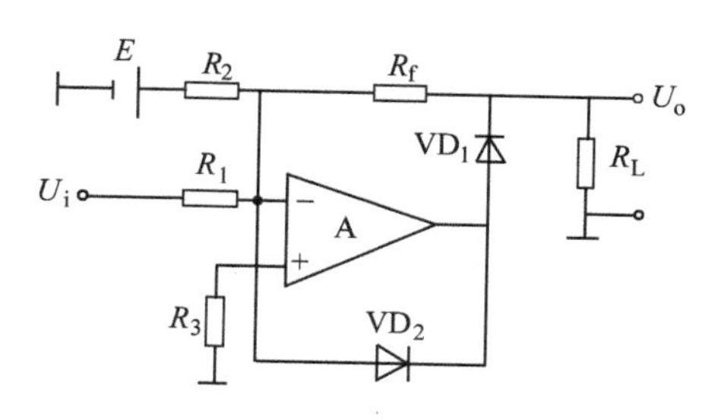

图12-25　精密折点单元电路

在这种电路中，折点电压只取决于基准电压E，避免了二极管正向电压U_{VD}的影响，在这种精密折点单元电路组成的线性化电路中，各折点的电压将是稳定的。

2. 微机软件的实现方法

采用硬件电路虽然可以补偿测量系统的非线性，但由于硬件电路复杂，调试困难，精度低，通用性差等，很难达到理想效果。在有微机的智能化检测系统中利用软件功能可方便地实现系统的非线性补偿。这种方法实现线性化的精度高、成本低、通用性强。线性化的软件处理经常采用的有线性插值法、二次曲线插值法、查表法。

（1）线性插值法　就是先用实验测出传感器的输入输出数据，利用一次函数进行插值，用直线逼近传感器的特性曲线。假如传感器的特性曲线曲率大，可以将该曲线分段插值，把每段曲线用直线近似，即用折线逼近整个曲线。这样可以按分段线性关系求出输入值所对应的输出值。图12-26所示是用三段直线逼近传感器等器件的非线性曲线。图中y是被测量，x是测量数据。

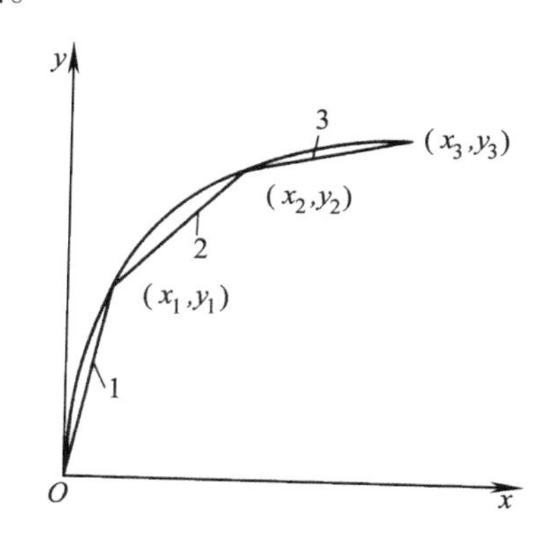

图12-26　分段线性插值法

由于每条直线段的两个端点坐标是已知的，例如图12-26中直线段2的两端点（y_1，x_1）和（y_2，x_2）是已知的，因此该直线段的斜率k_1可表示为

$$k_1 = \frac{y_2 - y_1}{x_2 - x_1} \tag{12-16}$$

该直线段上的各点满足下列方程式

$$y = y_1 + k_1(x - x_1) \tag{12-17}$$

对于折线中任一直线段i可以得到

$$k_{i-1} = \frac{y_i - y_{i-1}}{x_i - x_{i-1}} \tag{12-18}$$

$$y = y_{i-1} + k_{i-1}(x - x_{i-1}) \tag{12-19}$$

在实际应用中，预先把每段直线方程的常数及测量数据x_0，x_1，x_2，…，x_n存于内存储器中，计算机在进行校正时，首先根据测量值的大小，找到合适的校正直线段，从存储器中取出该直线段的常数，然后计算直线方程式（12-19）就可获得实际被测量y。图12-27

就是线性插值法的程序流程图。

线性插值法的线性化精度由折线的段数决定，所分段数越多，精度越高，但数表占内存越多。一般情况下，只要分段合理，就可获得良好的线性度和精度。

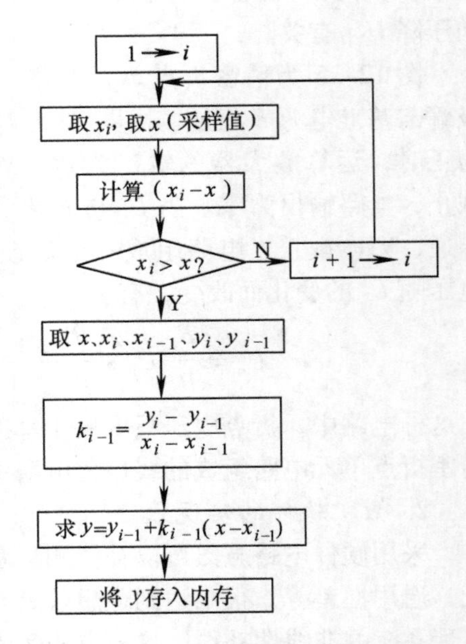

图 12-27 线性插值法程序流程图

（2）二次曲线插值法 若传感器的输入和输出之间的特性曲线的斜率变化很大，采用线性插值法就会产生很大的误差。这时可采用二次曲线插值法，就是用抛物线代替原来的曲线，这样代替的结果显然比线性插值法更精确。二次曲线插值法的分段插值如图 12-28 所示，图示曲线可划分为 a、b、c 三段，每段可用一个二次曲线方程来描述，即

$$\left.\begin{aligned} y &= a_0 + a_1 x + a_2 x^2 & x \leqslant x_1 \text{ 时} \\ y &= b_0 + b_1 x + b_2 x^2 & x_1 < x \leqslant x_2 \text{ 时} \\ y &= c_0 + c_1 x + c_2 x^2 & x_2 < x \leqslant x_3 \text{ 时} \end{aligned}\right\} \tag{12-20}$$

式（12-20）中，每段的系数 a_i、b_i、c_i 可通过下述办法获得。即在每段中找出任意三点，如图 12-28 中的 x_0，x_{01}，x_1，其对应的 y 值为 y_0，y_{01}，y_1，然后解联立方程

$$\left.\begin{aligned} y_0 &= a_0 + a_1 x_0 + a_2 x_0^2 \\ y_{01} &= a_0 + a_1 x_{01} + a_2 x_{01}^2 \\ y_1 &= a_0 + a_1 x_1 + a_2 x_1^2 \end{aligned}\right\} \tag{12-21}$$

就可求得系数 a_0，a_1，a_2，同理可求得 b_0，b_1，b_2，…。然后将这些系数和 x_0，x_1，x_2，x_3 等值预先存入相应的数据表中。图 12-29 为二次曲线插值法的程序流程图。

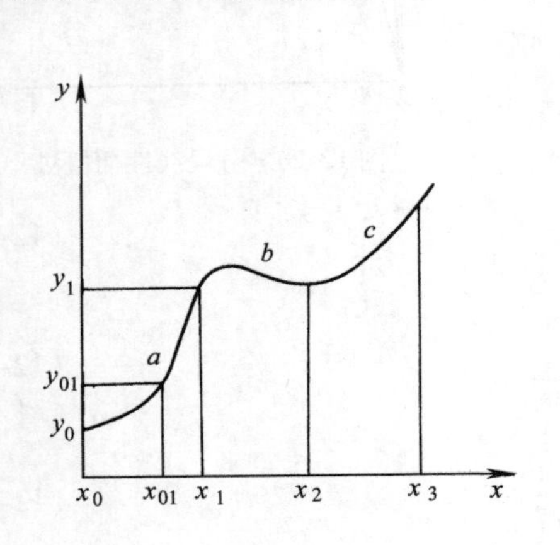

图 12-28 二次曲线插值法

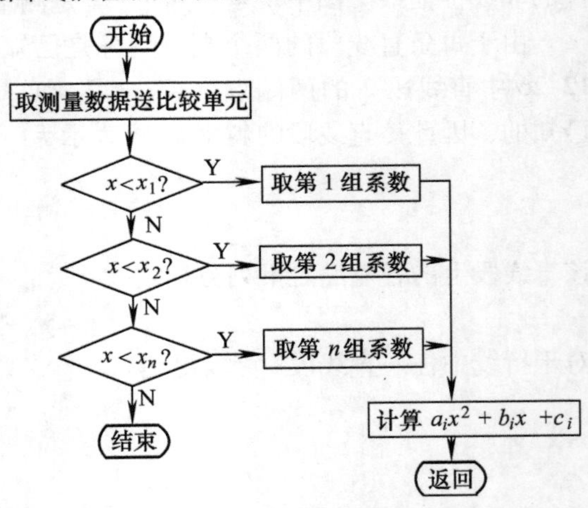

图 12-29 二次曲线插值法程序流程图

（3）查表法 通过计算或实验得到的检测值和被测值的关系，然后按一定的规律把数据排成表格，存入内存单元。微处理器根据检测值大小查表。常用的查表方法有顺序查表法

和对分搜索法等。查表法一般适合于参数计算复杂、采用计算法编程较繁琐并且占用 CPU 的时间较长等情况。

思考题与习题

1. 对传感器输出的微弱电压信号进行放大时，为什么要采用测量放大器？
2. 在模拟自动检测系统中为什么要用隔离放大器？变压器式的隔离放大器的结构特点是什么？
3. 采用 4～20mA 电流信号来传送传感器输出信号有什么优点？
4. 在模拟量自动检测系统中常用的线性化处理方法有哪些？

第十三章　检测装置的干扰抑制技术

检测装置主要应用于实际的工业生产过程，而工业现场的环境往往比较恶劣，干扰严重。这些干扰的存在，轻则影响测量精度，重则使测量结果完全失常，因此，有效地排除和抑制各种干扰，保证检测装置能在实际应用中可靠地工作，已成为必须探讨和解决的问题。本章就检测装置的干扰类型、干扰的传输途径以及干扰的硬件、软件抑制技术做一介绍。

第一节　干扰的来源

对检测系统采取有效的干扰抑制技术，首先要找准干扰的来源，对于不同的干扰来源应该采取不同的抑制技术，必须“对症下药”，才能收到良好的效果。

一、常见的干扰类型

对于检测装置总是存在着影响测量结果的各种干扰因素，这些干扰因素来自干扰源，为了便于讨论分析，可以按不同特征对干扰进行分类，按干扰的来源，可把干扰分成内部干扰和外部干扰两大类。

1. 外部干扰

外部干扰主要来自自然界以及检测装置周围的电气设备，是由使用条件和外界环境决定的，与系统装置本身的结构无关。

自然界产生干扰的原因为自然现象，如雷电、大气电离、宇宙射线、太阳黑子活动以及其他电磁波干扰。自然界的干扰不仅对通信、导航设备有较大影响，而且因为现在的检测装置中已广泛使用半导体器件，在射线作用下将激发电子－空穴对而产生电动势，以致影响检测装置的正常工作。

检测装置周围的电气设备产生干扰的因素有电磁场、电火花、电弧焊接、高频加热、晶闸管整流装置等强电系统的影响。这些干扰主要通过供电电源对检测装置产生影响。在大功率供电系统中，大电流输电线产生的交变电磁场，也会对检测装置产生干扰。

2. 内部干扰

内部干扰是由装置内部的各种元器件引起的，包括固定干扰和过渡干扰。过渡干扰是电路在动态工作时引起的干扰。固定干扰包括电阻中随机性电子热运动引起的热噪声；半导体及电子管内载流子随机运动引起的散粒噪声；由于两种导电材料之间不完全接触时，接触面电导率的不一致而产生的接触噪声，如继电器的动静触头接触时发生的噪声等；因布线不合理，寄生振荡引起的干扰；热骚动的噪声干扰等。固定干扰是引起测量随机误差的主要原因，一般很难消除，主要靠改进工艺和元器件质量来抑制。

二、噪声与信噪比

1. 噪声

噪声就是检测系统及仪表电路中混进去的无用信号。通常所说的干扰就是噪声造成的不良效应。噪声和有用信号的区别在于，有用信号可以用确定的时间函数来描述，而噪声则不可以用预先确定的时间函数来描述。噪声属于随机过程，必须用描述随机过程的方法来描述，分析方法亦应采用随机过程的分析方法。

2. 信噪比

在测量过程中，人们不希望有噪声信号，但客观事实中噪声总是与有用的信号联系在一起，而且人们也无法完全排除噪声，只能要求噪声尽可能小，究竟允许多大的噪声存在，必须与有用信号联系在一起考虑。显然，大的有用信号，允许噪声较大，而小的有用信号，允许噪声也随之减少。为了衡量噪声对有用信号的影响，需引入信噪比（S/N）的概念。

所谓信噪比，是指在通道中有用信号成分与噪声信号成分之比。设有用信号功率为 P_S，有用信号电压为 U_S，噪声功率为 P_N，噪声电压为 U_N，则有

$$(S/N)=10\lg\frac{P_S}{P_N}=20\lg\frac{U_S}{U_N} \tag{13-1}$$

式（13-1）表明，信噪比越大，表示噪声的影响越小。因此，在检测装置中应尽量提高信噪比。

第二节　干扰的耦合方式及传输途径

干扰必须通过一定的耦合通道或传输途径才能对检测装置的正常工作造成不良的影响。也就是说，造成系统不能正常工作的干扰形成需要具备三个条件：①干扰源；②对干扰敏感的接收电路；③干扰源到接收电路之间的传输途径。常见的干扰耦合方式主要有静电耦合、电磁耦合、共阻抗耦合和漏电流耦合。

1. 静电耦合

静电耦合是由于两个电路之间存在着寄生电容，使一个电路的电荷影响到另一个电路。

在一般情况下，静电耦合传输干扰可用图 13-1 表示。$\dot{E}_n$ 为干扰源电压；Z_i 为被干扰电路的输入阻抗；C_m 为造成静电耦合的寄生电容。若干扰源电压为正弦量，根据图 13-1 所示的电路，可以写出在 Z_i 上干扰电压的表达式

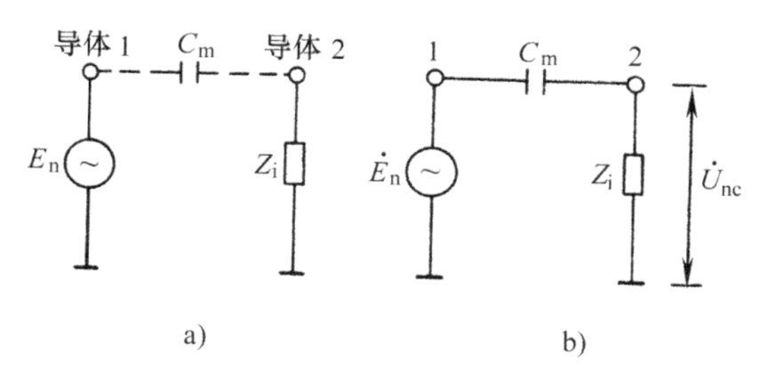

图 13-1　静电耦合等效电路

a）静电耦合的实际表示　b）等效电路

$$\dot{U}_{nc}=\frac{j\omega C_mZ_i}{1+j\omega C_mZ_i}E_n \tag{13-2}$$

式中，ω 为干扰源 E_n 的角频率。考虑到一般情况下有 $|j\omega C_mZ_i|\ll1$，故上式可简化为

$$U_{nc}=\omega C_mZ_iE_n \tag{13-3}$$

从上式可以得到以下结论：

1）干扰源的频率越高，静电耦合引起的干扰越严重。

2）干扰电压 U_{nc} 与接收电路的输入阻抗 Z_i 成正比，因此，降低接收电路输入阻抗，可减少静电耦合的干扰。

3）应通过合理布线和适当防护措施，减少分布电容 C_m，以减少静电耦合引起的干扰。

图13-2所示为仪表测量线路受静电耦合而产生干扰的示意图及等效电路。图中 A 导体为对地具有电压 E_n 的干扰源，B 为受干扰的输入测量电路导体，C_m 为 A 与 B 之间的寄生电容，Z_i 为放大器输入阻抗，U_{nc} 为测量电路输出的干扰电压。设 $C_m = 0.01\text{pF}$，$Z_i = 0.1\text{M}\Omega$，$k = 100$，$E_n = 5\text{V}$，$f = 1\text{MHz}$，经计算 U_{ni} 可达到 31.4mV。

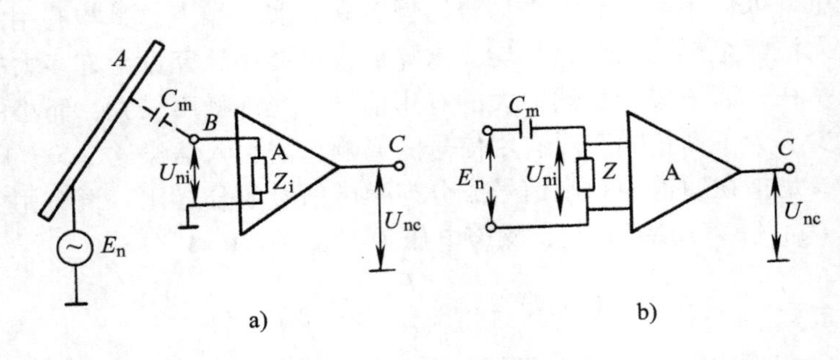

图13-2 静电耦合对测量线路的干扰

a）放大器输入受静电耦合的干扰 b）等效电路

而经放大器输出端的干扰电压为

$$U_{nc} = kU_{ni} = 3.14\text{V}$$

显而易见，这样大的干扰电压是不能容忍的。

2. 电磁耦合

电磁耦合又称互感耦合。当两个电路之间有互感存在时，一个电路的电流变化，就会通过磁交链影响到另一个电路，从而形成干扰电压。在电气设备内部，变压器及线圈的漏磁就是一种常见的电磁耦合干扰源。另外，任意两根平行导线也会产生这种干扰。

在一般情况下，电磁耦合可用图13-3表示。图中 I_n 为电路 A 中的干扰电流源，M 为两电路之间的互感，U_{nc} 为 B 中所引起的感应干扰电压。根据交流电路理论和等效电路可得

$$U_{nc} = \omega M I_n \tag{13-4}$$

式中，ω 为电流干扰源 I_n 的角频率。

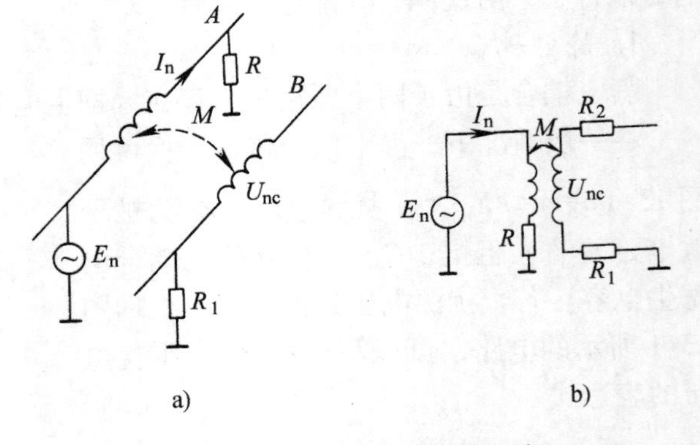

图13-3 电磁耦合及等效电路

a）电磁耦合的实际情况 b）等效电路

分析上式可以得出：干扰电压 U_{nc} 正比于干扰源的电流 I_n、干扰源的角频率 ω 和互感 M。

举例1 图13-4是交流电桥测量电路受磁场耦合干扰的示意图。图中 U_o 为电桥输出的

不平衡电压，交流供电电源频率为10kHz，导线A在电桥附近产生干扰磁场，并耦合到电桥测量电路上。若$I_n=10mA$，$M=0.1\mu H$，干扰源的频率与交流供电电源频率相同，则由式（13-4）可得

$$U_{nc}=\omega MI_n$$
$$=2\pi\times10^4\times0.1\times10^{-6}\times10\times10^{-3}V$$
$$=62.8\mu V$$

可见，电磁耦合也是较严重的，应给以足够重视。

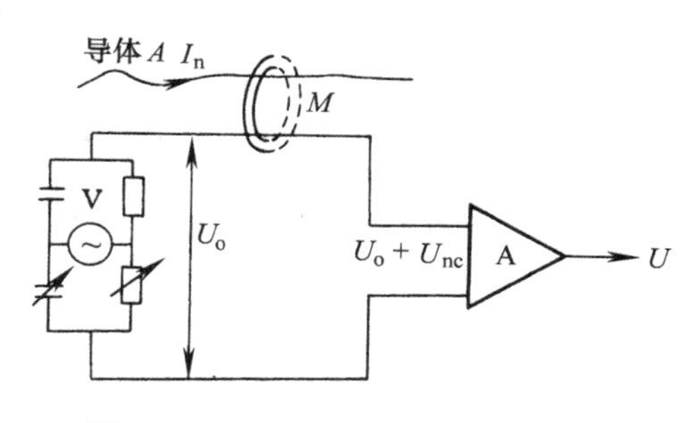

图13-4　电磁耦合对交流电桥的干扰

3. 共阻抗耦合

共阻抗耦合干扰是由于两个以上电路有公共阻抗，当一个电路中的电流流经公共阻抗产生压降时，就形成对其他电路的干扰电压。

共阻抗耦合等效电路可用图13-5表示，图中Z_c表示两个电路之间的共有阻抗，I_n表示干扰源的电流，U_{nc}表示被干扰电路的干扰电压。

根据图13-5所示的共阻抗耦合等效电路，很容易写出被干扰电路的干扰电压U_{nc}的表达式

$$U_{nc}=I_n|Z_c| \tag{13-5}$$

可见共阻抗耦合干扰电压U_{nc}正比于共有阻抗Z_c的值和干扰源电流I_n。若要消除共阻抗耦合干扰，首先要消除两个或几个电路之间的共有阻抗。

共阻抗耦合干扰在测量仪表的放大器中是很常见的干扰，由于它的影响，使放大器工作不稳定，很容易产生自激振荡，破坏正常工作。下面以电源电阻的共阻抗耦合干扰为例来分析其影响。当几个电子线路共用一个电源时，其中一个电路的电流流过电源内阻抗时就会造成对其他电路的干扰。图13-6表示两个三级电子放大器电路由同一直流电源E供电。由于电源具有内阻抗Z_c，当上面的放大器输出电流i_1流过Z_c时，就在Z_c上产生干扰电压$U_1=i_1Z_c$，此电压通过电源线传导到下面的放大器，对下面的放大器产生干扰。另外对于每个三级放大器，末级的动态电流比前级大得多，因此末级动态电流流经电源内阻抗时，所产生的压降对前两级电路来说，相当于电源波动干扰。对于多级放大器来说，这种电源波动是一种寄生反馈，当它符合正反馈条件时，轻则造成工作不稳定，重则会引起自激振荡。

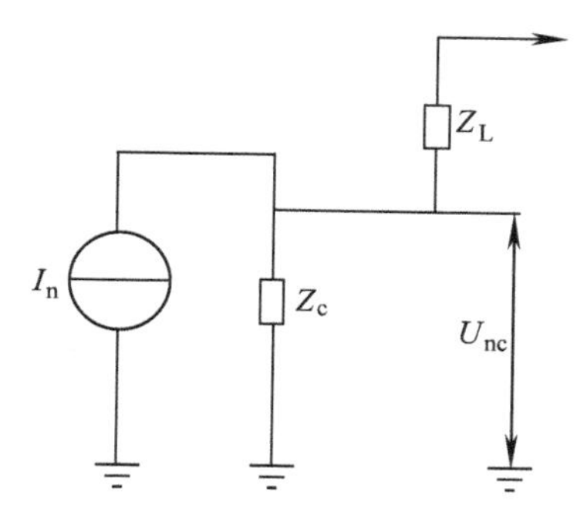

图13-5　共阻抗耦合等效电路

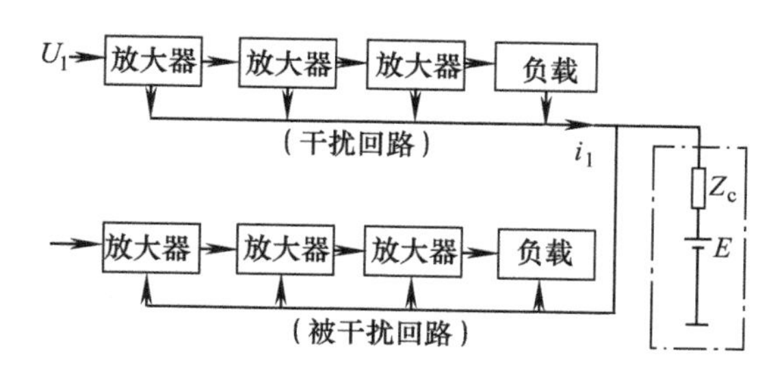

图13-6　电源内阻产生的共阻抗干扰

4. 漏电流耦合

由于绝缘不良，流经绝缘电阻 R 的漏电流所引起的干扰叫作漏电流耦合。图 13-7 表示了漏电流引起干扰的等效电路，图中 E_n 表示噪声电动势，R_n 为漏电阻，Z_i 为漏电流流入电路的输入阻抗，U_{nc} 为干扰电压。从图 13-7 可以写出 U_{nc} 的表达式

$$U_{nc}=\left|\frac{Z_i}{R_n+Z_i}\right|E_n \tag{13-6}$$

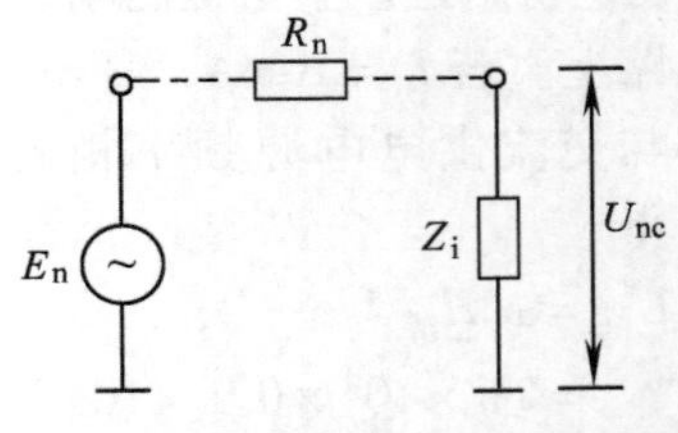

图 13-7 漏电流干扰等效电路

漏电流耦合经常发生在用仪表测量较高的直流电压的场合，或在检测装置附近有较高的直流电压源时，或在高输入阻抗的直流放大器中。

举例 2 图 13-7 所示电路，直流放大器的输入阻抗 $Z_i=10^8\Omega$，为纯电阻。干扰源电动势 $E_n=15\text{V}$，绝缘电阻 $R_n=10^{10}\Omega$，下面估算漏电流干扰对此放大器的影响。根据上述给出的数据可以得出

$$U_{nc}=\frac{Z_i}{R_n+Z_i}E_n=\frac{10^8}{10^{10}+10^8}\times 15\text{V}=0.149\text{V}$$

从以上估算可知，对于高输入阻抗放大器来说，即使是微弱的漏电流干扰，也将造成严重的后果。所以必须提高与输入端有关电路的绝缘水平。

第三节 差模干扰和共模干扰

各种噪声源产生的干扰必然通过各种耦合方式及传输途径进入检测装置。根据干扰进入测量电路的方式以及与有用信号的关系，可将噪声干扰分为差模干扰和共模干扰。

1. 差模干扰

差模干扰又称串模干扰、正态干扰、常态干扰、横向干扰等，是指干扰电压与有效信号串联叠加后作用到检测装置的输入端，如图 13-8 所示。差模干扰通常来自高压输电线、与信号线平行铺设的电源线及大电流控制线所产生的空间电磁场。由传感器来的信号线有时长达一二百米，干扰源通过电磁感应和静电耦合的作用再加上如此之长的信号线上的感应电压，数值是相当可观的。例如一路电线与信号线平行敷设时，信号线上的电磁感应电压和静电感应电压分别都可达到毫伏级，然而来自传感器的有效信号电压的动态范围通常仅有几十毫伏，甚至更小。

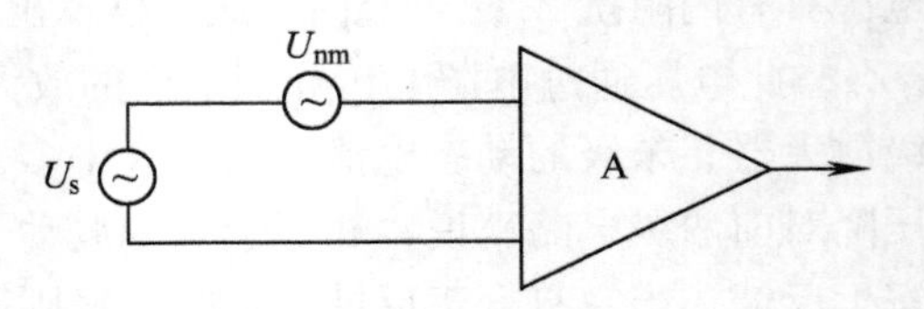

图 13-8 差模干扰等效电路

由此可知：第一，由于检测装置的信号线较长，通过电磁和静电耦合所产生的感应电压有可能达到与被测有效信号相同的数量级，甚至比后者大得多；第二，对检测装置而言，除了信号线引入的串模干扰外，信号源本身固有的漂移、纹波，以及电源变压器不良屏蔽等也会引入串模干扰。

图 13-9 所示是一种较常见的外来交变磁通对传感器的一端进行电磁耦合产生串模干扰的典型例子。外交变磁通 Φ 穿过其中一条传输线，产生的感应干扰电动势 U_{nm} 便与热电偶

电动势 e_r 相串联。

消除串模干扰的方法很多，常用的有：①用低通输入滤波器滤除交流干扰；②应尽可能早地对被测信号进行前置放大，以提高回路中的信噪比；③在选取组成检测系统的元器件时，可以采用高抗扰度的逻辑器件，通过提高阈值电平来抑制噪声的干扰，或采用低速逻辑部件来抑制高频干扰；④信号线应选用带屏蔽层的双绞线或电缆线，并有良好的接地系统。

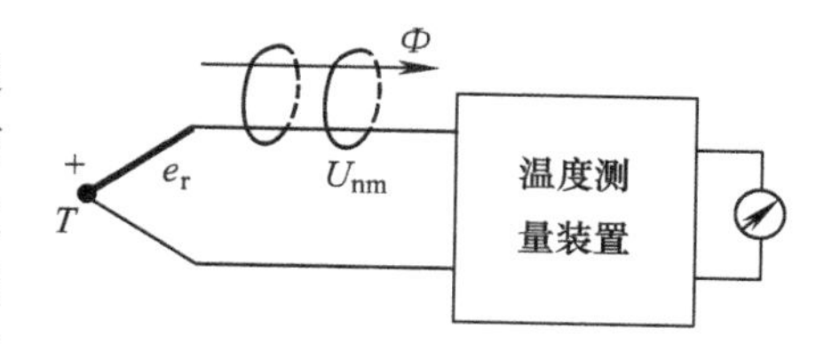

图 13-9　产生串模干扰的典型例子

2. 共模干扰

共模干扰又称纵向干扰、对地干扰、同相干扰、共态干扰等，它是指检测装置两个输入端对地共有的干扰电压。这种干扰可以是直流电压，也可以是交流电压，其幅值可达几伏甚至更高。造成共模干扰的主要原因是被测信号的参考接地点和检测装置输入信号的参考接地点不同。因此就会产生一定的电压，如图 13-10 所示。虽然它不直接影响测量结果，但当信号输入电路不对称时，它会转化为差模干扰，对测量产生影响。由图 13-10b 可知，共模干扰电压 U_{cm} 对两个输入端形成两个电流回路，每个输入端 A、B 的共模电压为

$$\dot{U}_A=\frac{r_1}{r_1+Z_1}\dot{U}_{cm}$$

$$\dot{U}_B=\frac{r_2}{r_2+Z_2}\dot{U}_{cm}$$

因此在两个输入端之间呈现的共模电压为

$$\dot{U}_{AB}=\dot{U}_{cm}\left(\frac{r_1}{r_1+Z_1}-\frac{r_2}{r_2+Z_2}\right) \tag{13-7}$$

式中，r_1，r_2 是长电缆导线电阻；Z_1、Z_2 是共模电压通道中放大器输入端的对地等效阻抗，它与放大器本身的输入阻抗、传输线对地的漏抗以及分布电容有关。

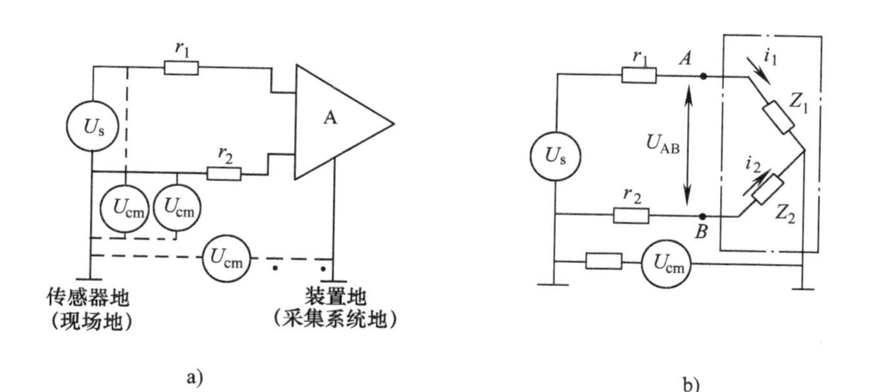

图 13-10　共模干扰的形成

a）示意图　b）等效电路

式（13-7）说明：①由于 U_{cm}的存在，在放大器输入端产生一个等效的电压 U_{AB}，如果此时 $r_1=r_2$、$Z_1=Z_2$，则 $U_{AB}=0$，表示不会引入共模干扰，但实际上无法满足上述条件，一般情况下，共模干扰电压总是转化成一定的串模干扰出现在两个输入端之间；②共模干扰作用与电路对称程度有关，r_1、r_2 的数值越接近，Z_1、Z_2 越平衡，则 U_{AB}越小。

3. 共模干扰抑制比

根据共模干扰只有转换成差模干扰才能对检测装置产生干扰作用的原理，共模干扰对检测装置的影响大小直接取决于共模干扰转换成差模干扰的大小。为了衡量检测系统对共模干扰的抑制能力，引入共模干扰抑制比这一重要概念。共模干扰抑制比定义为作用于检测系统的共模干扰信号与使该系统产生同样输出所需的差模信号之比。通常以对数形式表示为

$$CMRR=20\lg\frac{U_{cm}}{U_{nm}} \tag{13-8}$$

式中，U_{cm}是作用于此检测系统的实际共模干扰信号；U_{nm}是检测系统产生同样输出所需的差模信号。

共模干扰抑制比也可以定义为检测系统的差模增益与共模增益之比。可用数学式表示为

$$CMRR=20\lg\frac{K_{nm}}{K_{cm}} \tag{13-9}$$

式中，K_{nm}是差模增益；K_{cm}是共模增益。

以上两种定义都说明了 *CMRR* 越高，检测装置对共模干扰的抑制能力越强。

共模干扰是一种常见的干扰源，抑制共模干扰有许多方法，常采用的有：①采用双端输入的差分放大器作为仪表输入通道的前置放大器，是抑制共模干扰的有效方法，设计比较完善的差分放大器，在不平衡电阻为 1kΩ 的条件下，共模抑制比 *CMRR* 可达 100 ~ 160dB；②采用变压器或光电耦合器把各种模拟负载与数字信号隔离开来，也就是把“模拟地”与“数字地”断开，被测信号通过变压器耦合或光电耦合获得通路，而共模干扰由于不成回路而得到有效的抑制；③还可以采用浮地输入双层屏蔽放大器来抑制共模干扰，这是利用屏蔽方法使输入信号的“模拟地”浮空，从而达到抑制共模干扰的目的。

第四节 干扰抑制技术

检测装置的干扰抑制技术，着眼点还是放在抑制形成干扰的“三要素”上，即消除或抑制干扰源；阻断或减弱干扰的耦合通道或传输途径；削弱接收电路对干扰的灵敏度。三种措施比较起来消除干扰源是最有效、最彻底的方法。但在实际中不少干扰源是很难消除的。例如某些自然现象的干扰、邻近工厂的用电设备干扰、大功率发射台的干扰等。因此，就必须采取防护措施来抑制干扰。削弱接收电路对干扰的灵敏度可通过电子线路板的合理布局，如输入电路采用对称结构、信号的数字传输、信号传输线采用双绞线等措施来实现。干扰抑制技术主要是研究如何阻断干扰的传输途径和耦合通道。通过以上几节的分析可知，干扰信号主要是通过电磁感应、传输通道和电源线三种途径进入检测装置内部的。因此，检测装置的干扰抑制技术也是针对这三种情况采取相应的有效措施。常采用的有屏蔽技术、接地技

术、浮空技术、隔离技术、滤波器等硬件抗干扰措施，以及数字滤波、冗余技术等微机软件抗干扰措施。

一、屏蔽技术

屏蔽技术主要是抑制电磁感应对检测装置的干扰，它是利用铜或铝等低阻材料或磁性材料把元件、电路、组合件或传输线等包围起来以隔离内外电磁的相互干扰，屏蔽包括静电屏蔽、电磁屏蔽、低频磁屏蔽和驱动屏蔽。

1. 静电屏蔽

在静电场作用下，导体内部无电力线，即各点等电位。因此采用导电性能良好的金属作屏蔽盒，并将它接地，使其内部的电力线不外传，同时也不使外部的电力线影响其内部。

静电屏蔽能防止静电场的影响，用它可以消除或削弱两电路之间由于寄生分布电容耦合而产生的干扰。

2. 电磁屏蔽

电磁屏蔽是采用导电良好的金属材料做成屏蔽层，利用高频干扰电磁场在屏蔽体内产生涡流，再利用涡流消耗高频干扰磁场的能量，从而削弱高频电磁场的影响。

若将电磁屏蔽层接地，同时兼有静电屏蔽的作用。也就是说，用导电良好的金属材料做成的接地电磁屏蔽层，可同时起到电磁屏蔽和静电屏蔽两种作用。

3. 低频磁屏蔽

电磁屏蔽的措施对低频磁场干扰的屏蔽效果是很差的，因此对低频磁场的屏蔽，要用高导磁材料作屏蔽层，以便将干扰磁通限制在磁阻很小的磁屏蔽体的内部，防止其干扰。

通常采用坡莫合金等对低频磁通有高磁导率的材料。同时要有一定厚度，以减小磁阻。

某些高导磁材料，如坡莫合金，经机械加工后，其磁性能会降低。因此用这些材料制成的屏蔽体，在加工后应进行热处理。

4. 驱动屏蔽

驱动屏蔽就是使被屏蔽导体的电位与屏蔽导体的电位相等，其原理如图 13-11 所示。若 1∶1 电压跟随器是理想的，即在工作中导体 B 与屏蔽层 D 之间的绝缘电阻为无穷大，并且等电位，那么，在导体 B 与屏蔽层 D 之间的空间无电力线，各点等电位。这说明，导体 A 噪声源的电场 E_n 影响不到导体 B。这时尽管导体 B 与屏蔽层 D 之间有寄生电容 C_{s2} 存在，但是，因 B 与 D 是等电位，故此寄生电容也不起作用。因此驱动屏蔽能有效抑制通过寄生电容的耦合干扰。

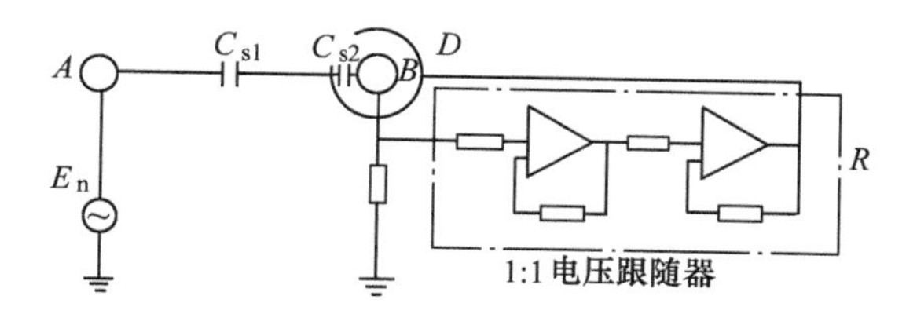

图 13-11　驱动屏蔽示意图

二、接地技术

正确接地是检测系统抑制干扰所必须注意的问题。在设计中若能把接地和屏蔽正确地结合，就能很好地消除外界干扰的影响。

接地技术的基本目的是消除各电路电流流经公共地线时所产生的噪声电压，以及免受电磁场和地电位差的影响，即不使其形成地环路。

在检测装置中，有以下几种“地”线。

1）屏蔽接地线及机壳接地线。这类地线是对电磁场的屏蔽，也能达到安全防护的目的，一般是接大地。

2）信号接地线。它只是电子装置的输入与输出的零信号电位公共线（基准电位线），它本身可能与大地是隔绝的。信号地线又分两种：模拟信号地线及数字信号地线。因模拟信号一般较弱，容易受干扰，故对地线要求较高，而数字信号一般较强，对地线要求可降低些。为了避免两者之间相互干扰，两种地线应分别设置。

3）功率地线。这种地线是大电流网络部件（如中间继电器的驱动电路等）的零电平。这种大电流网络部件电路的电流在地线中产生的干扰作用大，因此，对功率地线也应有一定的要求，有时在电路上功率地线与信号地是互相绝缘的。

4）交流电源地线（即交流50Hz地线）。它是噪声源，必须与直流地线相互绝缘，在布线上也应使两种地线远离。

接地设计应注意以下几点：

1）一点接地和多点接地的使用原则是，一般高频电路应就近多点接地，低频电路应一点接地。因为在低频电路中，布线和元件间的电感影响很小，而公共阻抗影响很大，因此应一点接地。在高频时，地线具有电感，因而增加了地线阻抗，而且地线变成了天线，向外辐射噪声信号，因此要多点接地。通常频率在1MHz以下用一点接地，频率在10MHz以上用多点接地。

2）交流地线、功率地线同信号地线不能共用，流过交流地线和功率地线的电流较大，会产生数毫伏甚至几伏电压，这会严重地干扰低电平信号电路。因此信号地线应与交流地线、功率地线分开。

3）屏蔽层与公共端连接时，当一个接地的放大器与一个不接地的信号源连接，则连接电缆的屏蔽层应接到放大器公共端，反之应接到信号源公共端。高增益放大器的屏蔽层应接到放大器的公共端。

4）屏蔽（或机壳）的接地方式随屏蔽目的不同而异。电场屏蔽是为了解决分布电容问题，一般接大地；电磁屏蔽主要避免雷达、短波电台等高频电磁场的辐射干扰，地线用低阻金属材料做成，可接大地，也可不接。低频磁屏蔽是防止磁铁、电机、变压器等的磁感应和磁耦合的，一般接大地。

5）电缆和接插件屏蔽时，高电平线和低电平线不应走同一条电缆；高电平线和低电平线不应使用同一接插件；设备上进出电缆的屏蔽应保持完整。电缆和屏蔽线也要经插件连接。两条以上屏蔽电缆共用一个插件时，每条电缆的屏蔽层都要用一个单独接线端子，以免电流在各屏蔽层流动。

常见电路及用电设备的接地方式

（1）印制电路板内的接地方式　在印制电路板内接地的基本原则是低频电路需一点接地，高频电路应就近多点接地。一点接地又分单级电路一点接地和多级电路一点接地两种情况。

图13-12为单级电路的一点接地方式。图中单级选频放大器电路中有7个线端需要接地，如果只从原理图的要求进行接线，则这7个线端可以任意接在接地母线的各个点上，如图13-12a所示。由于母线本身存在电阻，不同点间的电位差就有可能成为这级电路的干扰

信号，如果这种干扰信号来自后级，则可能由于内部寄生反馈而引起自激振荡，因此采用图 13-12b 的一点接地方式就会避免这种现象的发生。

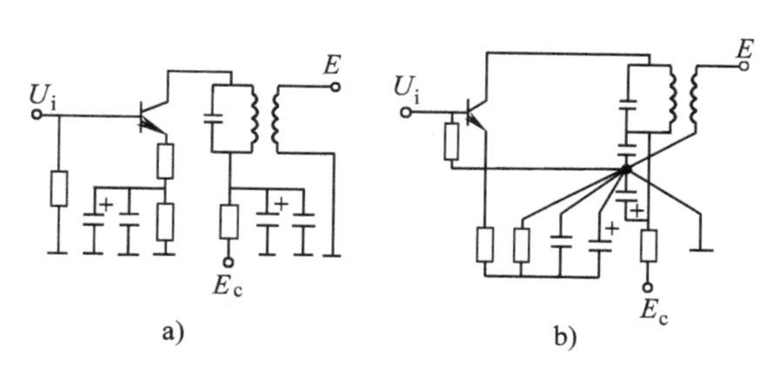

图 13-12　单级电路的一点接地方式
a）任意点接地　b）一点接地

图 13-13 为多级电路的一点接地方式。图 13-13a 为串联接地方式，即多级电路通过一段公用地线后再在一点接地，它虽然避免了多点接地可能产生的干扰，但是在这段公用地线上仍存在着 A、B、C 三点不同的对地电位差，由于这种接地方式布线简便，因此常用在级数不多、各种电平相差不大以及抗干扰能力较强的数字电路中。

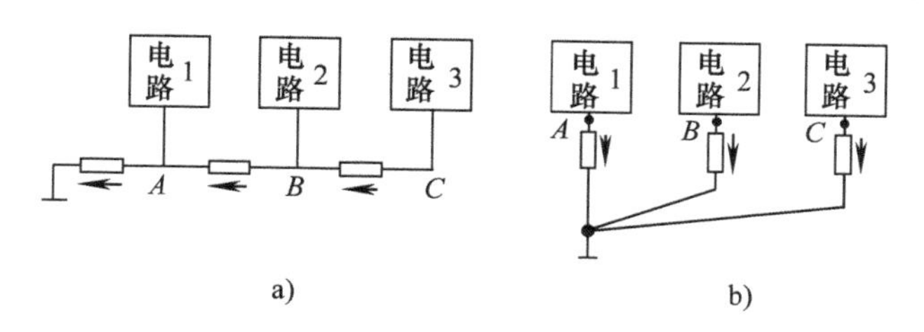

图 13-13　多级电路的一点接地方式
a）串联接地　b）并联接地

图 13-13b 是各电路地线并联一点接地。这种接地方法最适用于低频电路，因为各电路之间的地电流不致耦合。各点电位只与本电路的地电流、地线阻抗有关，它们之间互不相关。但是，这种接地方式不能用于高频。因为高频时地线电感增加了电路阻抗，同时造成各地线间的电感耦合，而且地线间的分布电容也会造成彼此耦合。

（2）传感器接口电路的接地方式　图 13-14 为传感器接口电路的接地方式，图 13-14a 为两点接地系统，传感器在现场接地，检测装置部分在主控室接地，把大地看作等电位体。实际上大地各处电位是不相同的，两点接地会产生较大的共模干扰电压 U_{cm}，它所产生的干扰电流流经信号线，转化为串模干扰，对检测装置带来很大的影响。

若将图 13-14a 改为一点接地，如图 13-14b 所示，则干扰情况会有较大的改善。从图中可以看出屏蔽层也在传感器处接地，这样共模干扰电流 i_{cm} 大大减小，而且也不再流经信号线，只流经电缆屏蔽层，因此对检测装置影响很小。

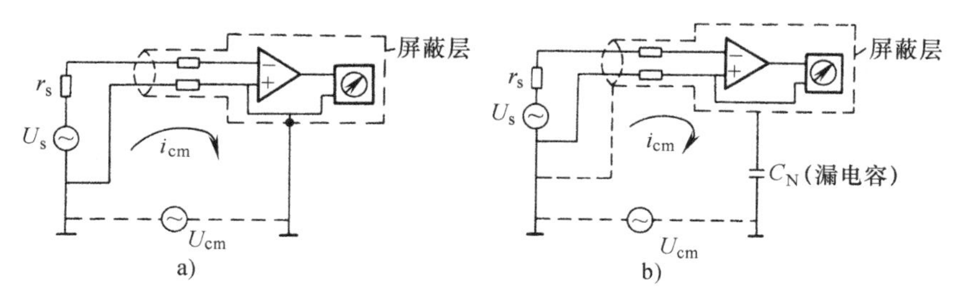

图 13-14　传感器接口电路的接地方式
a）两点接地系统的干扰　b）一点接地减少干扰

（3）检测装置与计算机系统的一点接地 检测装置与计算机系统中有多种地线，但归纳起来主要有三种性质的地线，即输入信号的低电平地线、会带来干扰的功率地线（亦称噪声地线）和机壳的金属件地线。这三种地线应分开设置，本身要遵循“一点接地”。此外这三种地线最后要汇集在一起，它们在一点上再通过专用地线和大地相连，这就构成了所谓系统地线，如图 13-15 所示。

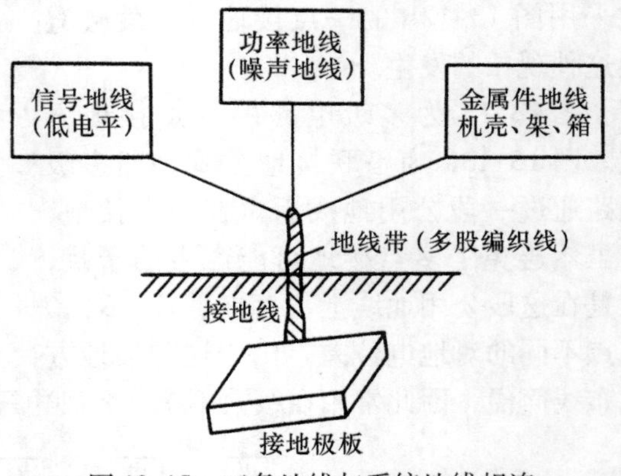

图 13-15 三条地线与系统地线相连

系统地线包括地线带、接地线及接地极板。系统地线使系统以大地某一点作为公共参考点。接地电阻越小，抗干扰效果就越显著，它是衡量接地装置与大地结合好坏的指标，计算机系统的接地电阻应在 10Ω 以下。

（4）电缆屏蔽层的接地方式 如果检测电路是一点接地，电缆的屏蔽层也应一点接地。下面通过具体例子说明接地点的选择准则。

如果信号源不接地，而测量电路（放大器）接地时，电缆屏蔽层应接到测量电路的接地端。

图 13-16 和图 13-17 中信号源不接地，而测量电路接地。若电缆屏蔽层 B 点接信号源 A 点，电缆通过绝缘层与地相连，U_{cm}为两接地点的电位差。分析图 13-16 显然可见，共模干扰电压 U_{cm}在检测电路输入端要产生差模干扰电压 U_{12}。图 13-17 中，电缆屏蔽层 C 点接地，由共模干扰电压 U_{cm}产生的差模干扰电压 $U_{12}\approx 0$。

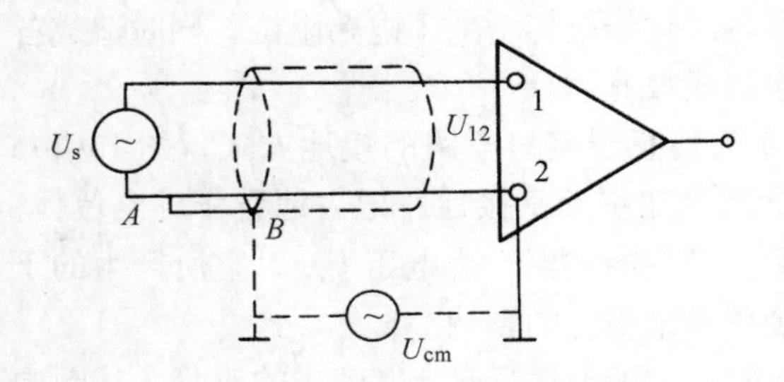

图 13-16 电缆屏蔽层不正确接地方式之一

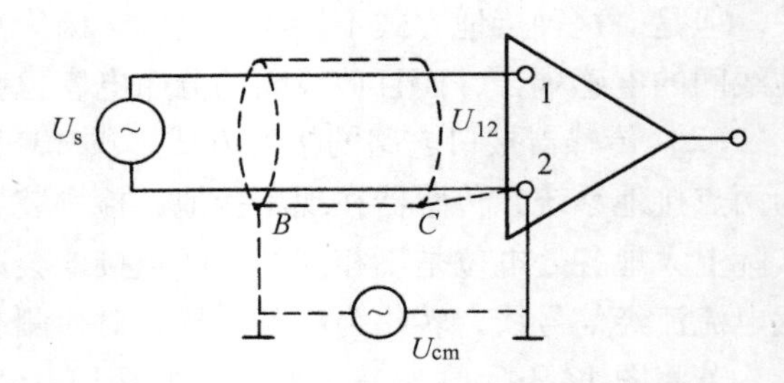

图 13-17 电缆屏蔽层正确接地方式之一

如果信号源接地，而检测装置不接地时电缆屏蔽层应接到信号源的接地端。图 13-18 和图 13-19 所示为信号端接地，而检测装置不接地的检测系统。在图 13-18 中，共模干扰电压 U_{cm}会在检测装置的输入端产生差模干扰电压 U_{12}，而在图 13-19 中，差模电压 $U_{12}\approx 0$，因而图 13-19 是正确的接地方式。

三、浮空技术

浮空又称浮置、浮接。如果检测装置的输入放大器的公共线，既不接机壳也不接大地，则称为浮空。被浮空的检测系统，其检测装置与机壳、大地没有任何导电性的直接联系。

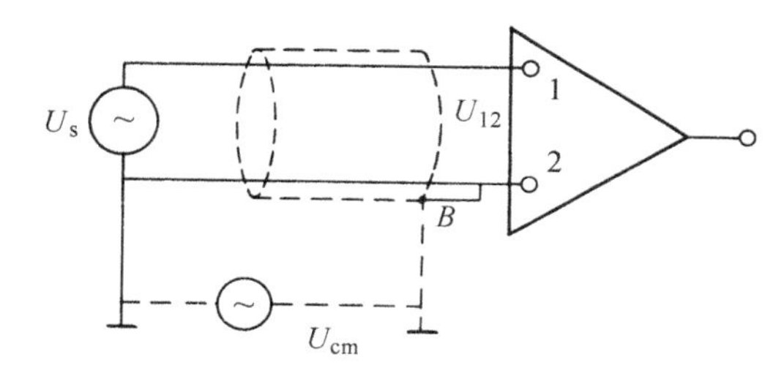

图 13-18　电缆屏蔽层不正确接地方式之二

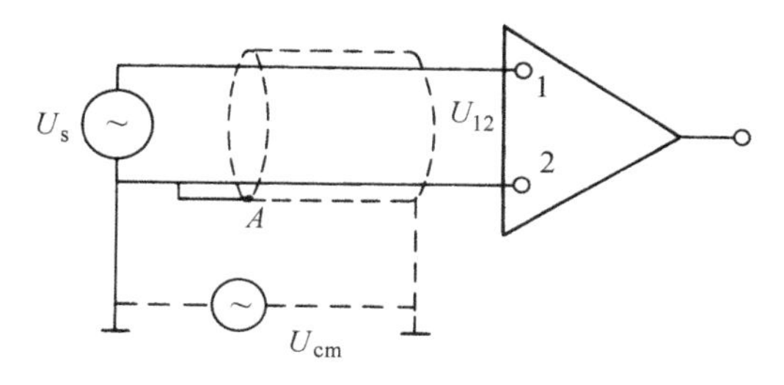

图 13-19　电缆屏蔽层正确接地方式之二

浮空的目的是要阻断干扰电流的通路。浮空后，检测电路的公共线与大地（或机壳）之间的阻抗很大，因此，浮空与接地相比能更强的抑制共模干扰电流。

图 13-20 为目前较流行的浮空加保护屏蔽方式。在图中，检测电路有两层屏蔽，因检测电路与内层保护屏蔽层不相连接，因此属于浮置输入。信号屏蔽线外皮 A 点接保护屏蔽层 G 点，r_3 为双芯屏蔽线外皮电阻，Z_3 为保护屏蔽层相对机壳的绝缘阻抗，机壳 B 点接地。

共模电压 U_{cm} 先经 r_3、Z_3 分压，再由 r_1、r_2、Z_1、Z_2 分压后才形成 U_{nm}，其关系式为

$$U_{nm}=\frac{r_3}{r_3+Z_3}\frac{(r_1Z_2-r_2Z_1)}{(r_1+Z_1)(r_2+Z_2)}U_{cm}$$

$$\approx\frac{r_3(r_1Z_2-r_2Z_1)}{Z_3(r_1+Z_1)(r_2+Z_2)}U_{cm} \quad (13\text{-}10)$$

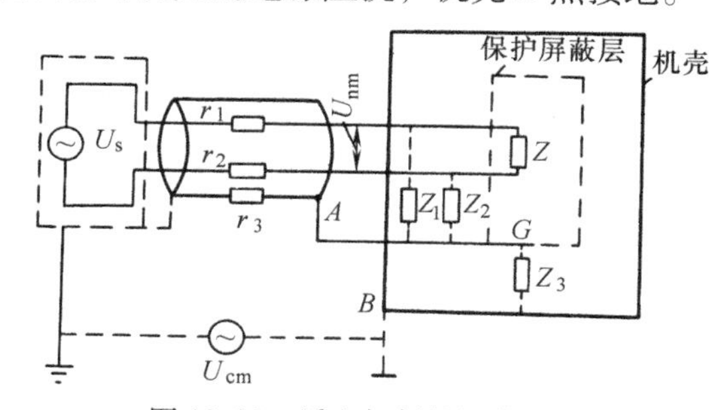

图 13-20　浮空加保护屏蔽方式

很显然，只要增加屏蔽层对机壳的绝缘电阻，减少相应的分布电容，使得

$$\frac{r_3}{Z_3}\ll 1$$

成立，则由 U_{cm} 引起的差模噪声 U_{nm} 有显著的减少，说明浮空加屏蔽的方法是从阻抗上截断了共模噪声电压 U_{cm} 与信号回路的通路。

四、隔离技术

当检测装置的信号测量电路及信号源在两端接地时，很容易形成环路电流，引起干扰，这时就需要采用隔离的方法。特别当测量系统含有模拟与数字、低压与高压混合电路时，必须对电路各环节进行隔离，这样还可以同时起到抑制漂移和安全保护的作用。隔离的方法主要是采用变压器隔离或光电耦合。

在两个电路间加入隔离变压器以切断地回路，可实现前后电路的隔离，两个电路接地点就不会产生共模干扰。但由于变压器不能用于直流信号（直流信号经调制后也可以使用，但使系统复杂程度和成本提高），因此这种隔离方法在测量直流或低频信号时受很大限制。

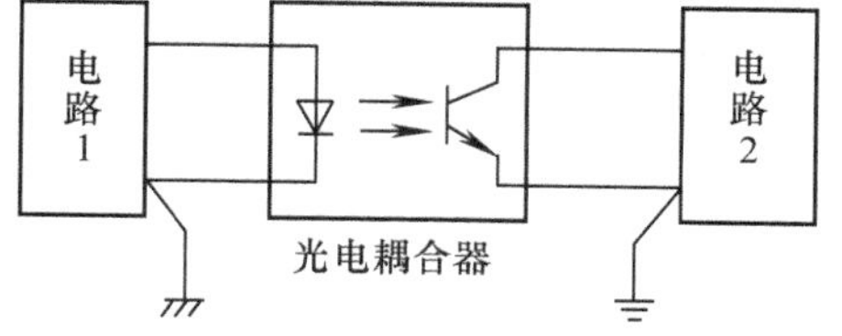

图 13-21　光电耦合原理框图

在直流或低频测量系统中，多采用光电耦合的方法来隔离，如图 13-21 所示。光电耦合器是由发光二极管和光敏晶体管组成，若发光二极管有

信号输入，它就输出与电流大小成正比的光通量，光敏晶体管把光通量变成相应的电流。由于采用了光的耦合，因此完全隔离了两个电路上的电气联系。

五、滤波器

有时尽管采用了良好的电、磁屏蔽措施，但在传感器输出到下一环节的过程中仍不可避免地含有各种噪声信号，而这些无用的信号将同有用信号一起被与传感器配用的电路放大。为了获得被测量的真实值，必须有效地抑制无用信号的影响，滤波器就可以起到这种作用。滤波器是一种允许某一频带信号通过，而阻止某些频带通过的网络，是抑制干扰的最有效的手段之一，特别是对抑制经导线耦合到电路中的噪声干扰效果更显著。

实践表明，通过电源窜入的干扰噪声，往往占有很宽的频带，可以近似从直流到1000MHz，要想完全抑制这样宽的频率范围的干扰，只采取单一的滤波措施是很难办到的，必须在交流侧和直流侧同时采取滤波措施，而且还要与隔离变压器配合使用，才能收到良好的效果。下面介绍在数据采集系统中广泛使用的各种滤波器。

1. 交流电源进线对称滤波器

一般说来，通过交流电源窜入的干扰信号中，频率在100MHz以上的干扰，对工业数据采集装置没有多大影响，而主要的是100MHz以下的干扰信号。这些干扰信号是如何产生的呢？众所周知，工业电网中，有多种电器和设备接入同一供电网络中，因此，瞬变过程是经常发生的，而瞬变过程常会产生大的电压及电流的变化，这不仅使电网波形产生一定程度的畸变，而且还通过电源线耦合到各种电路中去，对检测系统形成干扰。为了抑制这种高频噪声干扰，可在交流电源进线端串联一个电源滤波器。如图13-22所示，图a为线间电压滤波器，图b为线间电压和对地电压滤波器，图c为简化的线间电压和对地电压滤波器。这种高频干扰电压对称滤波器，可以较有效地抑制频率为中波段的高频噪声干扰的入侵。图13-23所示为低频干扰电压滤波电路。其主要的作用是允许50Hz的基波通过，而滤除其他高次谐波。此电路对抑制因电源波形失真而引起的较多高次谐波的干扰很有效。

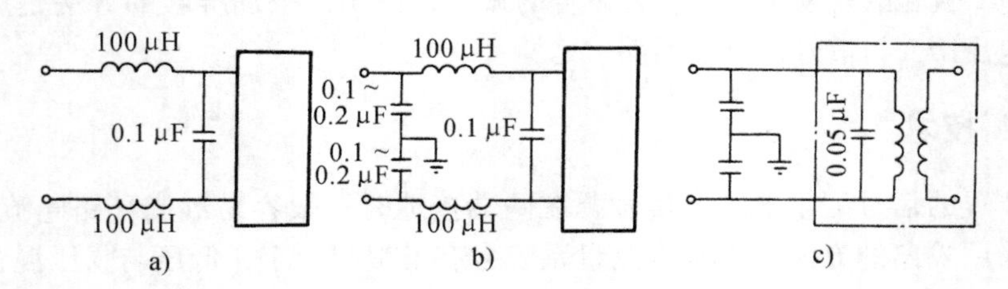

图13-22 高频干扰电压对称滤波器

2. 直流输出滤波器

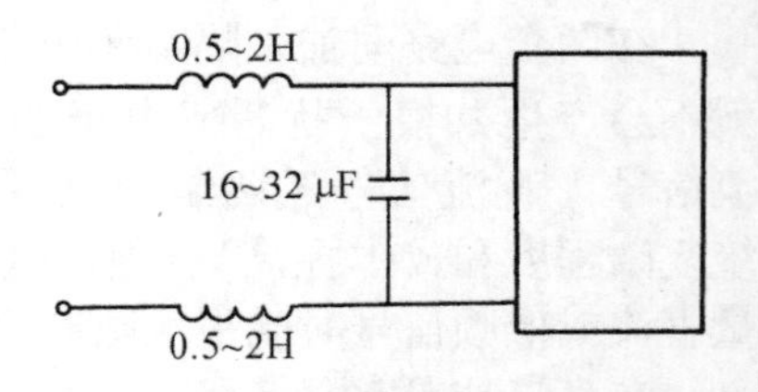

图13-23 低频干扰电压滤波电路

在检测装置中常需要直流电源，一般都采用直流稳压电源。它不仅可以进一步抑制来自交流电网的干扰，而且还可以抑制由于负载变化造成的直流电压的波动。由于直流电源往往是几个电路共用的，因此为了减弱公用电源内阻在电路之间形成的噪声耦合，对直流电源的输出需加高低频成分的滤波器，如图13-24所示。图中，C_1为高频滤波电容，C_2 为低频滤波电容。

3. 退耦滤波器

当一个直流电源对几个电路同时供电时，为了避免通过电源内阻造成几个电路之间互相干扰，应在每个电路电源进线与地线之间加装退耦滤波器，如图 13-25 所示。

例如，一个多级放大器，每个放大器之间会通过电源内阻产生耦合干扰，故各级放大电路供电必须加入 RC 去耦滤波器。

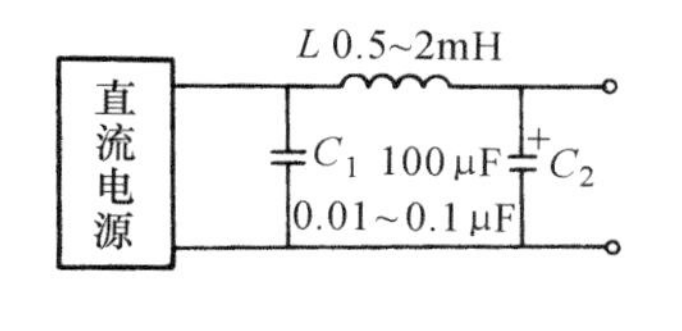

图 13-24　高、低频干扰电压滤波器

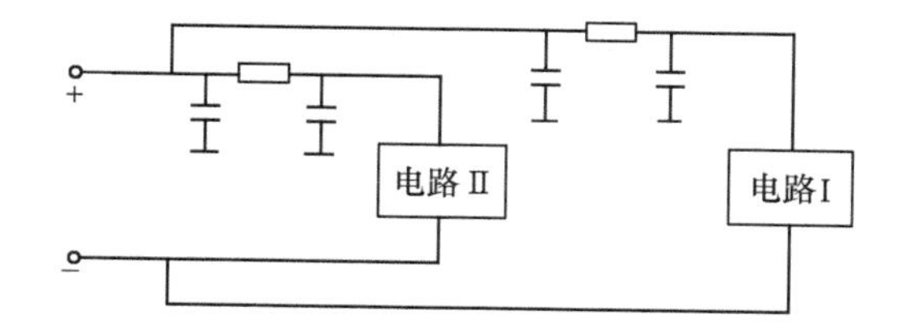

图 13-25　电源退耦滤波器

滤波器的安装和使用应注意以下几点：

1）为了防止由于滤波器输入线路和输出线路的感应而导致性能下降，滤波器的输入及输出线必须采用屏蔽电缆或将导线置于金属管中，电缆外壳或金属管应与滤波器外壳连接，并要接地。

2）在浮地系统中，滤波器外壳应与设备机架或机箱绝缘，以防止设备带电。

3）滤波器接地不仅是为了安全，主要还在于可提高滤波器抑制共模干扰的能力。因此，在可能的情况下，设备和滤波器均应有可靠的接地装置。在浮地系统中，滤波器和电网之间应接入 1:1 的隔离变压器，然后将滤波器外壳与系统的地可靠连接。

六、软件干扰抑制技术

前面介绍的干扰抑制技术是采用硬件的方法阻断干扰进入检测装置的耦合通道和传输途径，这是十分必要的，但是由于干扰存在的随机性，尤其是在一些比较恶劣的外部环境下工作的检测装置，尽管采用了硬件抗干扰措施，但并不能把各种干扰完全拒之门外。因此将微机的软件干扰抑制技术与硬件干扰抑制技术相结合，可大大地提高检测装置工作的可靠性。常用的软件干扰抑制技术主要有数字滤波、冗余技术等。数字滤波主要解决来自检测装置输入通道的干扰信号；而冗余技术主要解决的是干扰信号已经通过某种途径作用到 CPU 上使 CPU 不能按正常状态执行程序，从而引起误动作的场合。

1. 数字滤波

数字滤波具有很多硬件滤波器没有的优点。它是由软件算法实现的，不需要增加硬件设备，只要在程序进入控制算法之前，附加一段数字滤波的程序。各个通道可以共用一个数字滤波器，而不像硬件滤波器那样存在阻抗匹配问题。它使用灵活，只要改变滤波程序或运算参数，就可实现不同的滤波效果，很容易解决较低频信号的滤波问题。常用的数字滤波方法有算术平均值法、中位值法、抑制脉冲算术平均法（复合滤波法）。

（1）算术平均值法　算术平均值法是对同一采样点连续采样 N 次，然后取其平均值，其算式为

$$y = \frac{1}{N}\sum_{k=1}^{N} x_k \tag{13-11}$$

式中，y 为 N 次测量的平均值；x_k 为第 k 次测量值；N 为测量次数。

算术平均值法是用得最多和最简单的方法，对周期性波动的信号有良好的平滑作用，其平滑滤波程度完全取决于 N。当 N 较大时，平滑度高，但灵敏度低，即外界信号的变化对测量计算结果 y 的影响小；当 N 较小时，平滑度低，但灵敏度高。因此应按具体情况选取 N。如对一般流量测量，可取 $N=8\sim16$，对压力测量可取 $N=4$。图 13-26 为 $N=8$ 的算术平均值法程序框图。

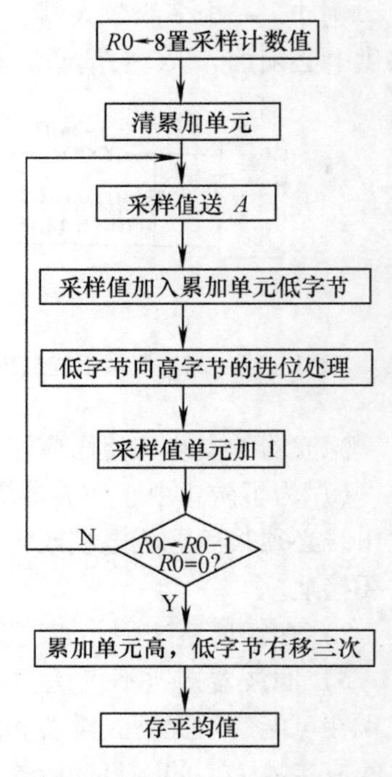

图 13-26 $N=8$ 的算术平均值法程序框图

（2）中位值法 中位值滤波法是对某一被测参数连续采样 n 次（一般取 n 为奇数），然后把 n 次采样值按大小排列取中间值为本次采样值。中位值滤波能有效地克服偶然因素引起的波动和脉冲干扰。对温度、液位等缓慢变化的被测参数采用此法能收到良好的滤波效果，但对于流量、压力等快速变化的参数一般不易采用中位值滤波。图 13-27 是对某点连续采样三次中位值法的程序流程图。

（3）抑制脉冲算术平均法 从以上的讨论分析可知，算术平均值对周期性波动信号有良好的平滑作用，但对脉冲干扰的抑制能力较差。而中位值法有良好的去脉冲干扰能力，然而，由于它又受各采样点连续采样次数的限制，阻碍了其性能的提高。因此，在实际应用中往往把前面介绍的两种方法结合起来使用，形成复合滤波算法，其特点是先用中位值法滤掉采样值中的脉冲干扰，然后把剩下的各采样值进行平滑滤波。其基本算法如下：

如果 $x_1 \leqslant x_2 \leqslant \cdots \leqslant x_n$，其中 $3 \leqslant n \leqslant 14$，$x_1$ 和 x_n 分别是所有采样值中的最小值和最大值，则

$$y = \frac{x_2 + x_3 \cdots x_{n-1}}{n-2} \tag{13-12}$$

由于这种滤波方法兼容了算术平均值法和中位值法的优点，所以无论是对缓慢变化的过程信号还是对快速变化的过程信号，都能起到很好的滤波效果。

2. 冗余技术

当干扰信号通过某种途径作用到 CPU 上时，使 CPU 不能按正常状态执行程序，从而引起混乱，这就是所说的程序“跑飞”。对程序“跑飞”后使其恢复正常的一个最简单的方法是通过人工复位，使 CPU 重新执行程序。采用这种方法虽然简单，但需要人的参与，而且复位不及时。人工复位一般是在整个系统已经瘫痪，无计可施的情况下才不得已而为之的，因此在进行软件设计时就要考虑到万一程序“跑飞”，应让其能够自动恢复到正常状态下运行。冗余技术就是经常用到

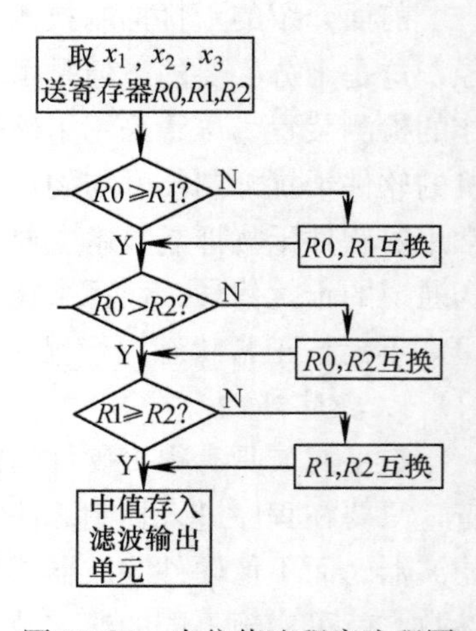

图 13-27 中位值法程序流程图

的方法。它包括指令的冗余设计和数据程序的冗余设计，所谓“指令冗余”，就是在一些关键的地方人为地插入一些单字节的空操作指令 NOP。当程序“跑飞”到某条单字节指令上时，不会发生将操作数当成指令来执行的错误。例如 MCS-51 系列单片机所有的指令都不会超过 3 个字节，因此在某条指令前面插入两条 NOP 指令，则该条指令就不会被前面冲下来的失控程序折散，而会得到完整的执行，从而使程序重新纳入正常轨道。应该注意的是，在一个程序中“指令冗余”不能使用过多，否则会降低程序的执行效率。数据和程序的冗余设计的基本方法是在 EPROM 的空白区域，再写入一些重要的数据表和程序作为备份，以便系统程序被破坏时仍有备份参数和程序维持系统的正常工作。

思考题与习题

1. 论述检测装置的干扰来源。
2. 硬件干扰抑制方法有哪些？
3. 软件干扰抑制方法有哪些？
4. 接地设计时应注意什么问题？

第十四章　微型计算机在检测技术中的应用

微型计算机在检测领域中的应用日益广泛，微机自动检测系统已成为检测技术发展的主要方向。对于工程技术人员而言，在掌握传感器及信号处理技术的基础上，运用工程设计的一些基本方法，可以方便地构建微机自动检测系统。本章第一节对现代检测技术作了综述，第二节分析微机自动检测系统的结构，第三节通过实例说明微机在检测技术中的应用。

第一节　现代检测技术综述

随着科学技术的高速发展，检测的领域在不断拓展，检测的参数范围在不断扩大，对检测提出的要求也越来越高。为满足多种层次的需求，许多集成多种信息技术并体现当代高科技的现代检测系统相继出现，它能更高速、更灵敏、更可靠、更简捷地获取被分析、检测、控制对象的全方位信息。现代检测系统的技术基础是总线技术、虚拟仪器技术和网络化测试技术，限于篇幅，下面仅对此作一综述。

一、总线技术

总线是一组互联信号线的集合，是计算机、测量仪器、测试系统内部以及相互之间信息传递的公共通路，也是微机自动检测系统的重要组成部分。微机自动检测系统的功能及形式与其总线标准有很大的关系。利用总线技术，能够大大简化系统结构，增加系统的兼容性、开放性、可靠性和可维护性，便于实行标准化以及组织规模化的生产，从而显著降低系统成本。

目前，计算机系统广泛采用标准化总线。采用标准化总线设计的系统，具有很强的兼容性和扩展能力，有利于系统的灵活组建。总线的标准化也促使了总线接口电路的集成化，既简化了硬件设计，又提高了系统的可靠性。

总线的类别很多，分类方式多样。根据总线上传输的信息不同，计算机系统总线分为地址总线、数据总线以及控制总线；根据信息传送方式，总线又可分为并行总线和串行总线；从系统结构层次上区分，总线分为片内总线、元件级总线、系统总线（内总线）及通信总线（外总线），如图 14-1 所示。

片内总线是集成电路芯片内部用以连接各功能单元的信息通路。例如微处理器芯片内部的总线，用于 ALU 与各寄存器等功能单元的相互连接。这类总线由芯片生产厂家设计，用户不必关心。

元件级总线是印制电路板上连接各芯片的信息通路。例如系统主板上 CPU 与接口芯片的连接，这类总线与芯片引脚关系密切，难以形成总线标准。

系统总线是微机机箱内的主板总线，用以连接微机系统的各插件板，一般为并行总线。有些系统总线与 CPU 芯片有关，也有不少系统总线并不依赖于某种型号的 CPU。

通信总线用于微机系统之间、微机与仪器或其他外设之间的连接，可以是并行总线，也

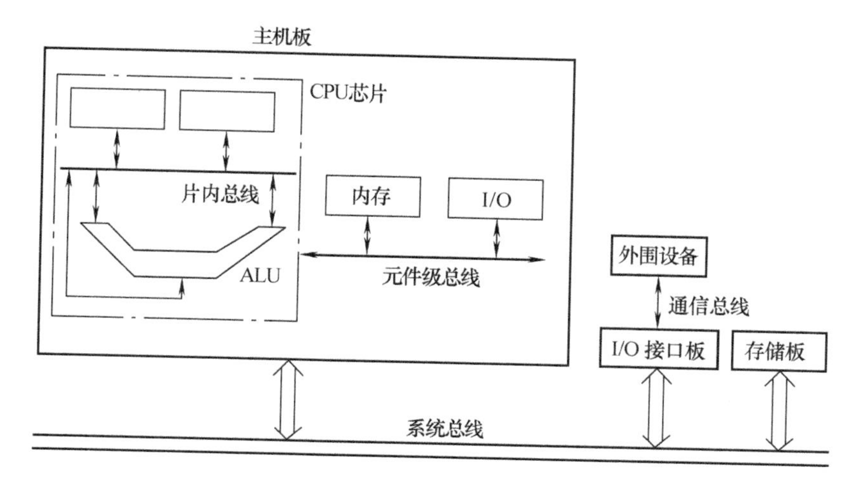

图 14-1　微机各级总线示意图

可以是串行总线。通信总线非微机专用，一般利用已有的总线标准。

由于本章的目的主要讨论微机自动检测系统，所以从构建系统的角度出发，仅就系统总线、通信总线及现场总线等相关内容作简单介绍。

1. 系统总线

除了许多计算机总线可用作系统总线外，还有不少专门为自动检测系统设计的总线。系统总线主要包括：

（1） VME/VXI 总线　VME（Versa Module Europe）总线在 1986 年成为 IEC 标准（IEC821），1987 年成为 IEEE 标准（IEEE1014）。VME 总线是一种非复用的 32 位异步总线，它的地址和数据分别有各自的信号线，总线上信号的定时关系由总线延迟和握手信号来确定。总线信号所表达的功能一旦被确认有效后，信号就立即被激活。无论器件的快或慢都可用于 VME 总线，总线的速度自动与器件的速度相适配是其最大的优点。

VXI（Vme bus Extension for Instrumentation）是在 VME 总线基础上制订的开放性仪器总线标准，1993 年被采纳为国际标准 IEEE1155。它兼备计算机和通用仪器总线的优点，可应用于不同厂家之间的行业标准，形成了 PC 仪器系统的统一规范，具有开放性强、标准化程度高、扩展性好、数据传输速度快等优点，宜于构成虚拟仪器。

（2） PCI 总线　PCI（Peripheral Component Interconnect）总线是 Intel 公司推出的一种局部总线，它定义了 32 位数据总线，且可扩展为 64 位。使用 33MHz 时钟频率，最大数据传输速率为 132 ~264MB/s，支持并发工作方式，即多组外围设备可与 CPU 并发工作。PCI 总线是当今微型机行业的主要标准。

（3） PXI 总线　PXI（PCI Extension for Instrumentation）由 NI 公司 1997 年发布，是 PCI 在仪器领域的扩展，也是一种高性能低价位的开放性、模块化仪器总线，它更适用于测控系统。目前众多厂商支持的 PCI 插卡、驱动程序、应用软件都适用于 PXI 系统，使 PXI 系统具有极好的兼容性和可扩充性。

2. 通信总线

为了组成微机自动检测系统，测量仪器与微机之间应该用相同的总线（或标准接口）

进行连接。一般而言，系统间可采用串行总线或并行总线两种方式进行连接。

（1）串行总线

串行总线是指按位传送数据的通路。由于它连接线少、接口简单、成本低、传送距离远，所以被广泛用于PC与外设的连接和计算机网络。常用的串行总线有RS-232C、RS-422A、RS-485、USB及IEEE-1394等。

RS-232C总线：RS-232C是美国电子工业协会EIA（Electronic Industry Association）制定的一种串行物理接口标准，用来实现计算机与计算机之间、计算机与外设之间的数据通信，最大传输距离不大于15m。RS-232C串行接口总线有22根信号线，采用标准的25芯插头座。在一般情况下，仅需三根信号线就可以实现双机通信。RS-232C传输的信号电平对地对称，与TTL、CMOS逻辑电平完全不同，其逻辑0电平规定为+3～+15V之间，逻辑1电平规定为-3～-15V之间，因此计算机系统采用RS-232C通信时需进行电平转换。

RS-232C的最大缺点是传输距离短，而且最大数据传输率也受到限制。因此，EIA又公布了适应于远距离传输的RS-422A标准。它通过传输线驱动器，把逻辑电平转换成电位差，完成始端的信息发送；通过传输线接收器，把电位差转换成逻辑电平，完成终端的信息接收。RS-422A总线标准最大传输距离可达1200m。

RS-485总线：RS-485扩展了RS-422A的性能，它与RS-422A的不同之处在于：RS-422A为全双工，RS-485为半双工；RS-422A采用两对平衡差分信号线，RS-485只需其中的一对。由于RS-485既能高速远距离传输数据，又能节省昂贵的信号线，所以在远程测控系统中获得了广泛的应用。

USB总线：USB（Universal Serial Bus）是由Intel等七家世界著名的计算机和通信公司共同推出的串行接口标准。1999年2月推出的USB2.0，其速度高达480Mbit/s。USB接口支持热插拔，连接的方式相当灵活，可以用HUB把多个设备连接在一起，然后再与PC的USB口相接。也可以采用“级联”方式，理论上可以连接多达127个外设，每个外设间距离（线缆长度）可达5m。在软件方面，为USB设计的驱动程序和应用软件可以自动启动，无需用户干预。USB设备单独使用自己的保留中断，不涉及中断冲突及争夺计算机的有限资源等问题。

IEEE-1394总线：IEEE-1394（FireWire）是由苹果公司于20世纪80年代提出的，1995年被IEEE接受，当时最高传输速率为400Mbit/s，传输距离72m，以后还要按800Mbit/s、1.6Gbit/s及3.2 Gbit/s分段提高。它有两对信号线和一对电缆线，在无HUB时可用任何方式连接63个装置，而且支持即插即用、带电插拔。这是一种应用前景非常广阔的串行总线。和USB总线工作于不同的频率范围，可相互配合使用，适用于动画等视频信号的传输，可用于连接计算机的高速外部设备，也可作为测试仪器的数据传输总线。在检测系统中，它可作为机箱底板总线的备份总线，以及作为计算机与高速数据采集系统互连总线。

（2）并行总线　在微机自动检测系统中，当测量通道与计算机比较靠近时，为提高数据传输速率，可采用并行总线进行连接。并行总线也分为标准和非标准两类。常用的标准并行总线有通用接口总线GPIB；非标准并行总线多为厂家自行设计的专用总线。

GPIB总线：GPIB（General Purpose Interface Bus）是一种并行总线，最初由美国HP公司制定。HP公司为了解决各种仪器仪表与各类计算机接口之间由于相互不兼容而带来的连接麻烦，于1970年研制了通用的HP接口总线标准，该标准简称HPIB。1975年由IEEE推荐为 IEEE—488 标准，1978 年 IEC（国际电工委员会）认可该总线，称为 IEC-IB。我国和其他一些国家也称此总线为 GPIB（通用接口总线）。

GPIB 最高传输速率为 1MB/s，最长传输距离为 20m。GPIB 使用 24 线的组合插头座，其中 8 根双向数据总线，8 根地线，其余为数据字节传输控制线及接口管理线。该总线没有专门的地址线和命令线，用数据总线传送数据、设备地址和命令。

GPIB 标准总线在仪器仪表及测控领域得到了广泛的应用。它可作为绘图仪、频谱分析仪、打印机等测量仪器的标准接口。在对数据传输速度要求不高的微机系统中，GPIB 可以作为 CPU 与输入/输出设备之间的接口。采用 GPIB 接口构成自动检测系统时，可以用机架层叠式智能仪器为构建单元，无需增加复杂的控制电路。典型的 GPIB 检测系统包括一台计算机、GPIB 接口卡和若干台 GPIB 仪器。仪器设备直接并联于总线上而无需中介单元。GPIB 总线上最多可连接 15 台设备，其数量可以增减、类型可以更换，只需对控制软件做相应改动。

3. 现场总线

现场总线（Fieldbus）是用于过程自动化和制造自动化最底层的现场设备或现场仪表互联的通信网络，是现场通信网络与控制系统的集成。根据 IEC 标准和现场总线基金会的定义：现场总线是连接智能现场设备和自动化系统的数字式、双向传输、多分支结构的通信网络。

现场总线是一种串行的数字数据通信总线，能实现最低层次的采集、控制、监测和各种信息传递（如智能仪表、控制器等现场设备间的数据通信，现场设备与高级测控系统间的信息传递）。它的突出优点是完全取代 4 ~ 20mA 模拟信号，实现信号传输数字化，大大降低电缆的安装配置和保养费用，提高了系统的可靠性。现场总线网络是开放式互联网络，通过网络对现场设备和功能块统一组态，可以把不同厂商的网络及设备有机地融合为一体，构成统一的 FCS（Fieldbus Control System），实现测控系统从封闭式向开放式的转换。

在测控领域，CAN 总线是极有前途的现场总线之一，CAN 总线最初由德国 Bosch 公司设计，1991 年 9 月 Philips Semiconductors 制定并发布了 CAN 技术规范，1993 年 ISO 颁布了有关 CAN 的国际标准 ISO 11898，使 CAN 成为规范化的标准。

CAN 总线上节点数的理论值为 2000 个，实际可达 110 个。CAN 可以以多主方式工作，网络上任意一个节点均可以在任意时刻主动向网络上的其他节点发送信息，而不分主从，通信方式相当灵活。CAN 的传输介质为双绞线、光纤等，直接通信距离可达 10km/（5Kbit/s），距离为 40m 时通信速率最高可达 1Mbit/s。

目前，CAN 总线的产品很多，如各种接口卡、各种采用 CAN 的智能仪器，利用这些产品可以很方便地构成分布式监测、控制系统，如图 14-2 所示。

二、虚拟仪器技术

虚拟仪器（Virtual Instruments，VI）是计算机技术与仪器技术深层次结合产生的全新概念的仪器，是基于计算机的自动化检测仪器系统。在过去的二十多年间，微处理器性能、存储容量和磁盘容量等指标提高了约 10000 倍，虚拟仪器技术与这些日新月异的高新技术一直保持着同步的发展。虚拟仪器由计算机、应用软件和仪器硬件三部分构成，计算机与仪器硬件又称为 VI 的通用仪器硬件平台。虚拟仪器将计算机强大的图形界面、数据处理能力与仪

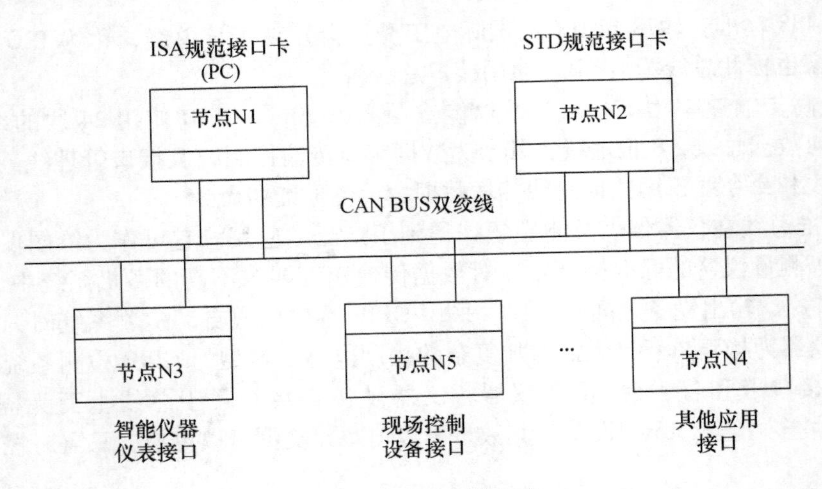

图 14-2　CAN 测控网络

器硬件的测量、控制能力结合在一起，实现对数据的显示、存储以及分析处理。

虚拟仪器由三大功能块构成：数据的采集与控制、数据的分析与处理、结果的表达与输出，如图 14-3 所示。

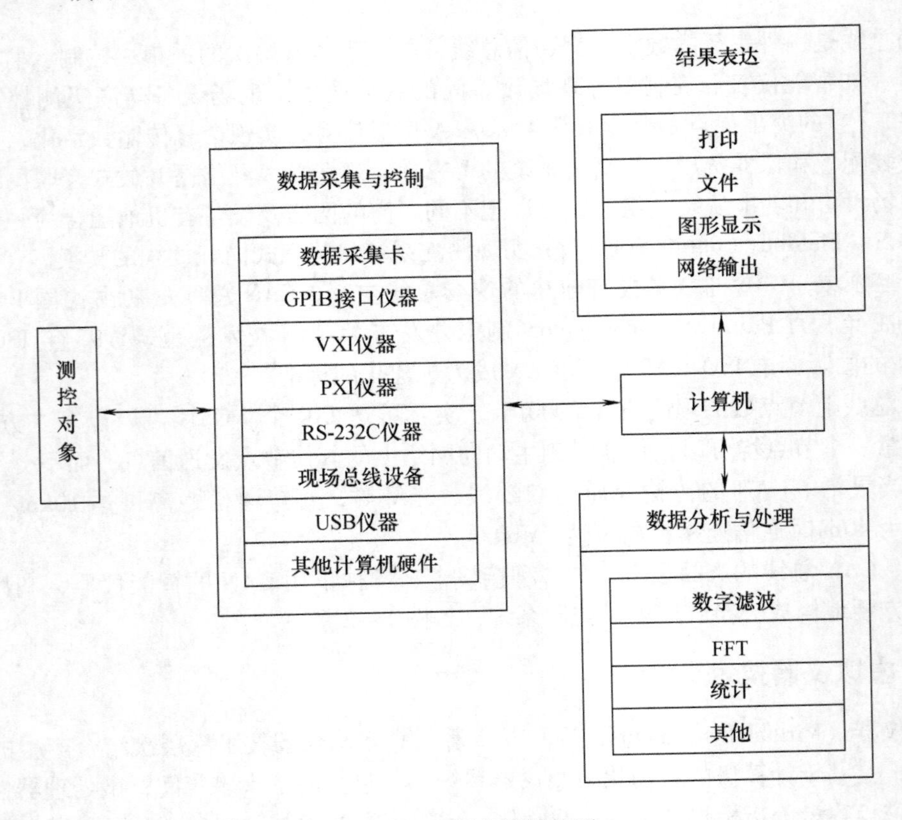

图 14-3　虚拟仪器结构图

虚拟仪器的硬件构成有多种方案，通常分为基于 GPIB、VXI、PXI 总线以及 PC 插卡式四种形式。硬件的目的仅仅是为了解决信号的输入输出，虚拟仪器的关键是软件，这是因为虚拟仪器技术最核心的思想，就是充分利用计算机的硬/软件资源，使本来需要硬件实现的技术软件化（虚拟化），最大限度地降低系统成本，增强系统的功能与灵活性。

虚拟仪器的软件框架由三部分构成：VISA 库、仪器驱动程序和应用软件。VISA（Virtual Instrumentation Software Architecture）实质就是标准的 I/O 函数库及其相关规范的总称，可供仪器驱动程序开发者调用。仪器驱动程序是完成对某一特定仪器控制与通信的软件程序集，不同的仪器模块都有自己的仪器驱动程序，由仪器厂商以源码的形式提供给用户。应用软件建立在仪器驱动程序之上，直接面对操作用户。虚拟仪器应用软件可以用通用语言开发，如 C、Visual C++、Visual Basic，也可以用专业图形化编程语言软件进行开发，如 HP 公司的 VEE 和 NI 公司的 LabVIEW。

LabVIEW 是 NI 的软件产品，自 1986 年 1.0 版本问世的 30 年来，LabVIEW 与虚拟仪器技术已成为测控领域关注的热点技术，从简单的仪器控制、数据采集到过程控制和工业自动化系统，LabVIEW 得到了极为广泛的应用。

LabVIEW 是一种可视化（图形化）开发平台，主要用于数据的采集、分析和处理。LabVIEW 内置了 PCI、PXI、GPIB、VXI、RS-232 和 RS-485 等各种仪器通信总线标准的功能函数库，它把复杂而繁琐的代码编写工作简化成菜单式图标提示和选择，通过软件可直接对数据采集卡、GPIB 仪器、串口设备、VXI 仪器、FPGA、工业现场总线以及用户特殊的硬件板卡等进行控制，用户可快速组建自己的测控系统。

三、网络化测试技术

网络化测试技术则是在计算机网络技术、通信技术高速发展，以及对大容量分布式测量的大量需求背景下，由单机仪器、局部的自动测试系统到全分布式的网络化测试系统而逐步发展起来的。

在测控领域，测量范围在不断扩大，测量任务日趋复杂，对测量的要求也越来越高。检测仪表已不再呈单个装置形式，控制系统也不再是一些简单的单回路控制系统。以大型水电站的测控系统为例，仅检测大坝安全性的传感器就达数千个，加上水位及各个发电机组状态的检测，测控点将超过万点。由于测量的数据量大、实时性强、可靠性要求高，加之因地域分散要求远距离协同操作，需要进行大量分布式综合测试和并行处理。要使系统正常运行，传统的测试系统已不能胜任，必须将各个测控点的测控装置组成网络化结构，形成分布式网络化测控系统。要实现这一目标，必须采用系统工程方法，对整个系统从体系结构、数据传输、数据处理、人机接口到系统的综合性能进行设计、评价和测试。

目前，以 Internet 为代表的计算机网络正在迅猛发展，随着网络信道容量的扩大，网络速度将不再成为网络应用的障碍。为了实现资源共享，许多企业都建立了自己的企业网（Intranet），并接入到 Internet，测试信息则通过企业网与外部 Internet 互联，从而产生了基于网络化的分布式测试系统。

网络化测试系统的体系结构如图 14-4 所示。多级分层的拓扑结构，即由最底层的现场级、工厂级、企业级至最顶层的 Internet 级。而各级之间则参照 ISO/OSI RM 模型，按照协议分层的原则，实现对等层通信。这样，便构成了纵向的分级拓扑和横向的分层协议体系结构。

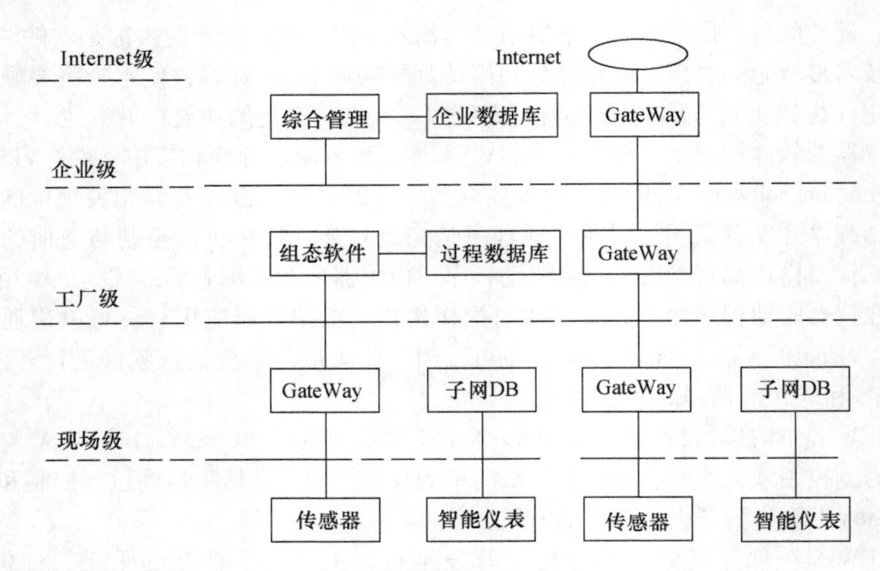

图14-4 网络化测试系统的体系结构

现场级总线用于连接现场的传感器和各种智能仪表，工厂级用于过程监控、任务调度和生产管理，企业级则将企业的办公自动化系统和测试系统集成而融为一体，实现综合管理。底层的现场数据进入过程数据库，供上层的过程监控和生产调度使用，以进行优化控制，数据处理后再提供给企业级数据库，以进行决策管理。

网络化测试系统可以认为由底层的现场单元和上层的通信网络构成。现场单元可以是多种形式的装置，如智能传感器、智能I/O模块、智能仪表、测试仪器、执行器等。为了能接入现场网络，它们都需要有相应的现场网络接口功能，一旦接入现场网络，它们即成为网络上的一个节点。

企业级和工厂级网络一般采用高速以太网（Fast Ethernet），而现场级网络则有多种选择方案，如传统的RS-485（简单测试任务情况下）、专用的现场总线（Fieldbus）以及通用的以太网（Ethernet）等，因而也就有基于不同现场级网络的测试系统。现场级网络在很大程度上决定了整个测试系统的性能，设计时应根据测试任务和要求、现场测控单元类型、性价比以及后续的技术支持和维护等综合考虑。

上述网络化测试系统的分级层次化体系结构是一种开放的全分布式结构，现场单元具有自治功能，可以直接相互通信，使得测控功能分散化，并缩短了信息通路，从而提高了系统的实时性和可靠性。各级之间也可运行不同的网络协议，通过Gateway（这里指通用的通信控制器）进行路由选择和协议转换。

分布式网络化测试技术是一项应用面非常广的综合技术，涉及网络化测量、网络化仪器、网络化控制、网络化制造、遥测、遥控等信息技术多方面的内容，有着广阔的应用前景。

第二节 微机自动检测系统设计

微机自动检测系统种类很多，按用途大体上可分为通用和专用两大类。通用检测系统

（如通用的大规模集成电路测试仪和逻辑分析仪等）具有功能多、性能好、接口种类多等优点，但其结构复杂，研制成本高，应用范围有限。专用检测系统是针对具体的检测任务而设计的，系统结构较为简单，所需的器件少，研制成本也较低，是本节讨论的重点内容。

一、微机自动检测系统组成结构

如前所述，现代检测技术涉及众多的知识领域和先进技术，微机自动检测系统是传感器、数据采集、计算机（包括软件、硬件）、通信等现代检测技术的综合应用和体现。在微机自动检测系统的设计过程中，综合了系统组合设计和集成技术。不同的功能要求，不同的总线结构，有不同的系统结构方案。图 14-5 是微机自动检测系统的基本结构框图。

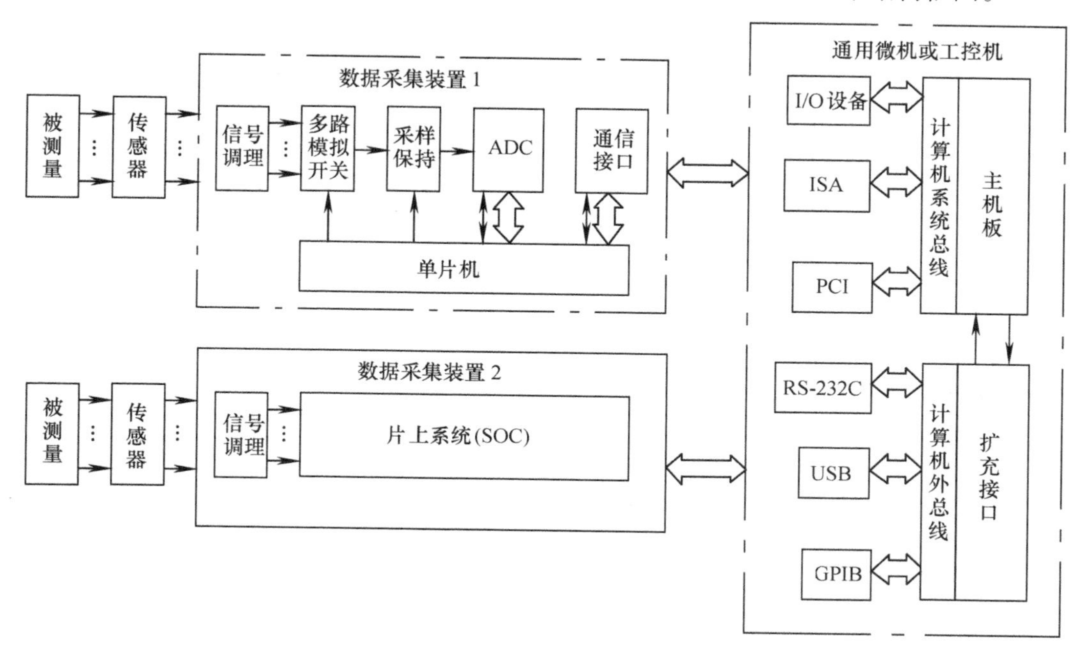

图 14-5　微机自动检测系统基本结构框图

图 14-5 中，微机自动检测系统由现场传感器、数据采集装置及微机三部分组成。数据采集装置的基本任务是：采集传感器输出的模拟信号并将它转换成计算机能识别的数字信号，通过标准总线接口送至计算机进行数据处理。数据采集要实现信号采集、选路控制、零点校正、量程切换、A－D 转换、接口通信等功能。

采集装置可以基于单片机或其他微处理器设计，如数据采集装置 1；也可以基于各种片上系统设计，如数据采集装置 2。数据采集装置可以做成板卡的形式，插在微机主机板的标准接口扩充槽内（如 PCI）；也可以做成单独的装置，通过外总线与微机通信（如 RS-232C、USB、GPIB 等）。数据采集装置可以根据不同功能要求购买成熟的产品（包括硬件、驱动程序、各种库函数）；也可以自行设计开发。

在微机自动检测系统的集成过程中，传感器的选用是前提，总线构成了系统的框架，数据采集装置则是系统的关键。在数据采集装置的设计过程中，微处理器是采集装置的核心，A－D 芯片决定了系统的精度和速度，监控程序的开发是重点。

二、数据采集装置的硬件设计

（一）微控制器选择

微控制器性能差异对系统实时能力和数据处理能力产生直接影响，选择时一般考虑如下几方面的因素：CPU 性能、存储器、指令系统、中断系统功能。

目前自动检测系统中广泛采用了以单片微型计算机（Single Chip Microcomputer，简称单片机）为核心构成数据采集系统。在这类系统中，单片机已将 CPU、系统总线、部分存储器及 I/O 电路都集成在一块芯片内，用户只需在此基础上根据要求进行系统扩展部分的设计（包括存储器扩展和接口扩展）。在各种类型的单片机中，Intel 公司的 MCS-51 系列单片机控制功能强、系列齐全、成本低廉，应用最为广泛。

最近十年来，以 MCS-51 技术核心为主导的微控制器技术已被 Atmel、PHILIPS 等公司所继承。Atmel 公司把自身的先进 Flash 存储器技术和 8031 核相结合，生产出了与 MCS-51 兼容而功能更强的 ATMEL89 系列单片机。其最大的特点是内部含 Flash 存储器，在系统的开发过程中可以十分容易地进行程序修改，使开发周期大为缩短。

ATMEL89 系列单片机有 AT89C 系列的标准型及低档型，以及 AT89S 系列的高档型。

图 14-6 是 AT89C 单片机的结构框图，主要由下面几部分组成：一个 8 位中央处理单元（CPU）、片内 Flash 存储器、片内 RAM、四个 8 位的双向可寻址 I/O 口、一个全双工 UART（通用异步接收发送器）的串行接口、两个 16 位的定时器/计数器、多个优先级的嵌套中断结构，以及一个片内振荡器和时钟电路。

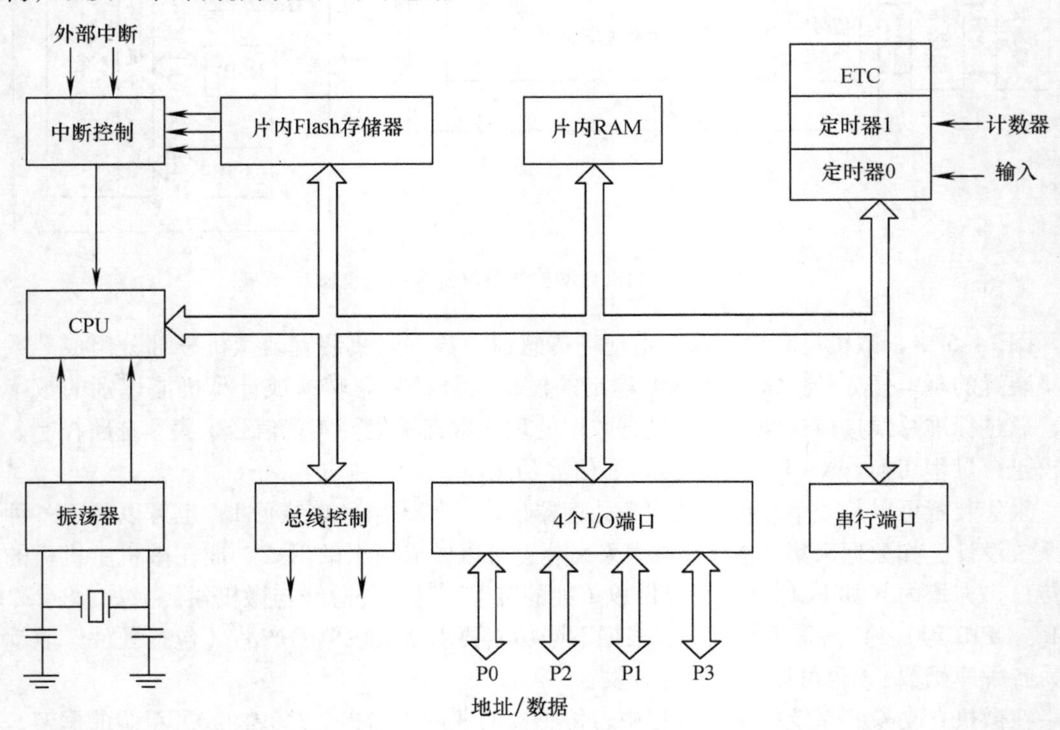

图 14-6 AT89C 单片机的结构框图

AT89S 型单片机的功能比 AT89C 要强，其结构框图如图 14-7 所示。与 AT89C 相比，它多了片内 EEPROM、SPI 串行总线接口和 Watchdog 定时器。Watchdog 定时器的存在，对提高单片机的工作可靠性有很重要的作用。

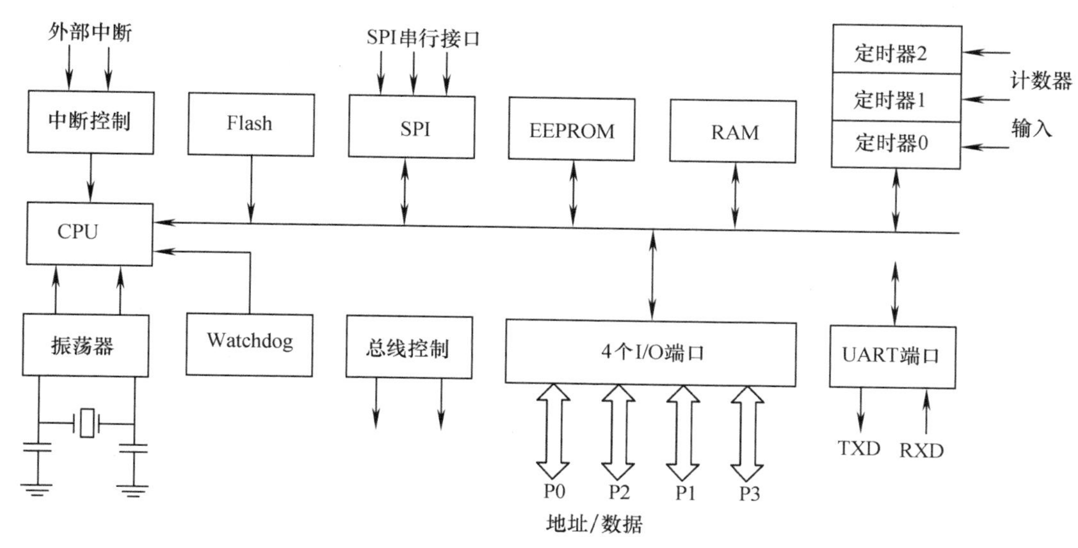

图 14-7　AT89S 单片机的结构框图

片上系统 SoC(System on Chip)的出现，为微机自动检测系统的设计提供了全新的方案。SoC 是指以嵌入式系统为核心，集软、硬件于一体，并追求产品系统最大包容的集成器件。SoC 将电路设计的可靠性、低功耗性等都解决在 IC 设计之中，把过去许多需要系统设计解决的问题集中在 IC 设计中解决。以美国 Cygnal 公司生产的 C8051F005 片上系统为例，面积尺寸仅为 $1cm^2$ 左右的芯片内，除了 CPU 核外，还具有 32KB 的 Flash 存储器、2304 字节的 RAM、串行外设总线（SPI）、1 个 UART、4 个 16 位定时器、32 个数字 I/O 口、8 路 12 位 ADC 及 2 路 12 位 DAC。

SoC 的出现极大地简化了检测系统硬件部分的设计，使得原先单片机应用系统设计中软、硬件并重的局面发生了变化，软件设计的比重将会加大。目前，许多可编程的 SoC 芯片及其开发平台都提供了较理想的 SoC 技术应用开发套件，这些套件具有编译、仿真、调试及验证功能。借助于这些工具和芯片所提供的技术和方法，工程技术人员可以较快地进入 SoC 应用设计领域。

（二）信号调理电路

信号调理单元是传感器输出与 A-D 转换之间的一个重要环节，其主要作用有三点：第一是为 A-D 转换器提供适合其输入量程的输入信号；第二是运用隔离技术抑制共模干扰电压；第三是信号滤波及线性化处理。

当前集成电路 A-D 转换器的输入信号范围大多为 0～5V 或 ±10V。但是，各种工业传感器的输入/输出特性相差悬殊，能提供的输出信号（电流或电压）也强弱不等。为此，先要把它们转换成标准化工业仪表通常采用的统一规格的电流信号（0～10mA、4～20mA）或电压信号（0～5V、1～5V），从而使传感器的测量范围与 A-D 转换器的输入信号量程范围一致，以保证 A-D 转换的精度，控制检测系统的误差。

有些被测量如温度、压力、差压、流量、液位等过程参数，可以通过变送器输出0～10mA或4～20mA的标准信号，但相当部分的传感器输出信号，必须在检测系统中进行信号调理。若传感器的输出信号是由电阻、电感、电容等电路器件的参数的变化量提供的，则通常采用测量电桥电路将它变换成统一的标准信号。在不宜采用变送器时，可采用集成仪表放大器，也可采用一些价格低、体积小、频带宽的光电耦合线性隔离放大器。

（三）多路模拟开关

微机自动检测系统往往需要同时采集多个传感器的输出信号，然后进行A－D转换。如果每一路信号都采用独立的输入回路，则系统成本将成倍增加。为此，通常采用微机分时采样的方法，使用多路模拟开关来实现信号测量通道的切换。

选择多路模拟开关一般要考虑下列技术指标：

（1）通道数量　通道数量对切换开关传输被测信号的精度和切换速度有直接的影响，通道数目越多，寄生电容和泄露电流也越大，尤其是在使用集成模拟开关时，虽然只有其中一路导通，但其他几路断开时处于高阻状态，仍然存在漏电流，从而对导通的回路产生影响。通道越多，漏电流越大，通道间的干扰也越多。

（2）泄漏电流　如果信号源内阻很大，传输的是电流量，此时就更要考虑多路开关的泄漏电流，一般希望泄漏电流越小越好。

（3）切换速度　对于快速变化的被测信号，希望切换速度越快越好。

（4）开关电阻　理想状态的多路开关其导通电阻为零，断开电阻为无穷大，而实际上无法达到这个要求，一般导通电阻小于100Ω，断开电阻约为$10^9\Omega$。

目前，使用最普遍的是集成模拟开关，其中CMOS工艺的多路模拟开关应用最为广泛。常用的集成模拟开关有AD7501（AD7503）、AD7502、AD7506、CD4051、CD4052等。

（四）A－D转换

A－D转换的功能是将模拟量信号转换成数字量。A－D转换器（ADC）芯片性能各异，种类繁多。目前使用较多的A－D转换器有两大类，一类是并行A－D转换，另一类是串行A－D转换。传统的A－D转换器都是并行的，由于I/O的引脚较多，这类芯片的体积都较大。在串行A－D转换器中，转换结果以串行二进制编码的形式输出，只有一根数据输出线，加上一根时钟输入线、片选或其他形式的控制信号线，引脚大为减少，体积也大为减小，接口电路的设计更为简单。

就转换原理而言，串行A－D转换与并行A－D转换并无本质区别，因而两者的技术特性参数也基本相同。下面就A－D转换的基本原理、主要技术指标以及A－D转换器的选择方法等内容做简要介绍。

1. A－D转换的基本原理

尽管A－D转换器的种类很多，但目前应用较为广泛的主要有逐次逼近、双积分和V/F变换三种类型。

图14-8是逐次逼近型A－D转换器的原理图，其主要工作原理如下：

图中U_i为模拟输入电压，U_f为推测信号，A－D转换器将U_i与U_f相比较，根据比较结果调节U_f向U_i逼近。推测信号U_f由D－A转换器的输出获得，转换开始时，输出锁存器最高位置“1”，经D－A转换器后的U_f，进入比较器与U_i相比较，若$U_i < U_f$，说明数字量过大，将最高位的“1”除去，而将次高位置“1”；若$U_i > U_f$，说明数字量还不够大，应

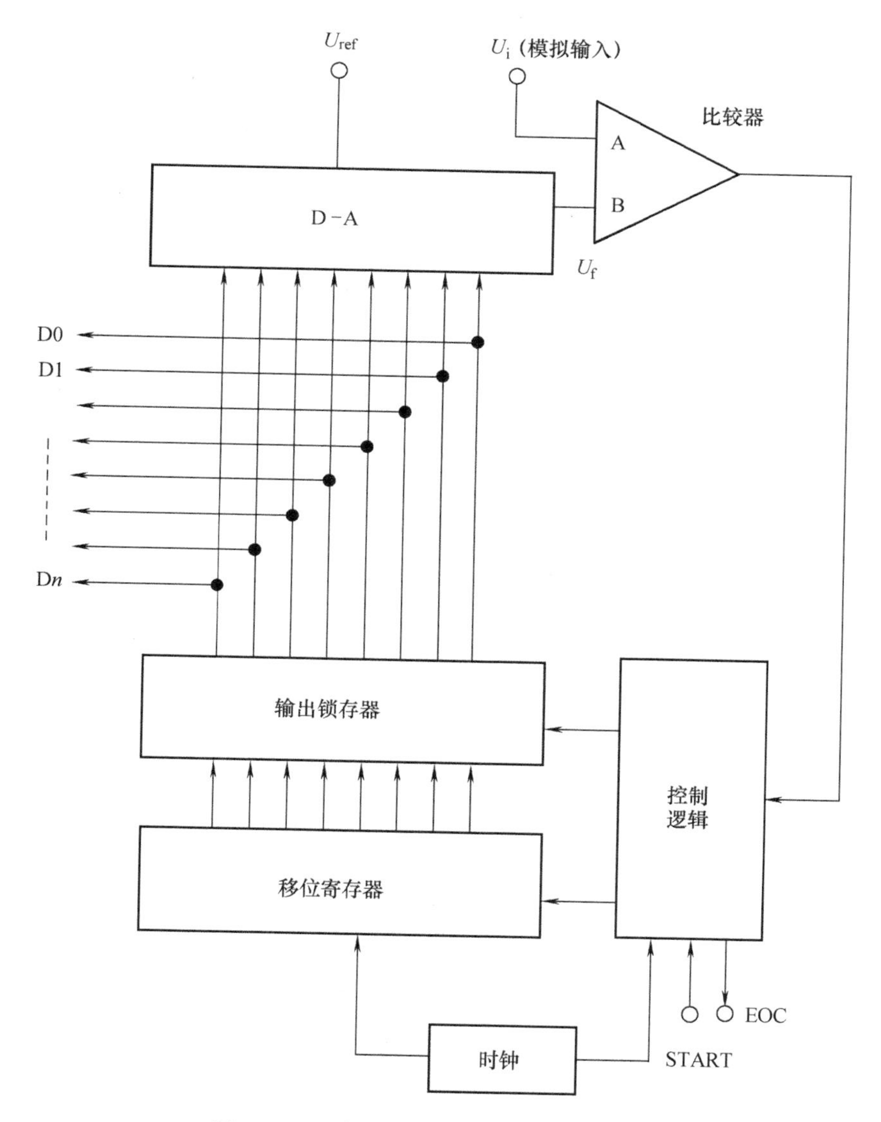

图 14-8　逐次逼近型 A－D 转换器原理图

使该位保持“1”，还需将下一个次高位置“1”，逐次比较直到最末位结束。这时，D－A 转换器的输入数字量即为对应模拟输入电压的数字量，最后将此数字量输出，完成了一次 A－D 转换的过程。

图 14-9 是双积分型 A－D 转换器的原理图。其主要工作原理如下：

转换开始，模拟输入电压 U_i 在固定时间内向电容充电，充电时间为 T。时间一到，控制逻辑就把模拟开关切换到基准电源 U_{ref}，U_{ref}的极性与 U_i 相反，电容开始放电。放电期间计数器计数脉冲的多少反映了放电时间的长短，从而决定模拟输入电压 U_i 的大小。U_i 大则放电时间长，反之则短。当比较器判定电容放电完毕时，控制逻辑使计数器停止计数并发出转换结束信号，数字量输出即为 A－D 转换结果。

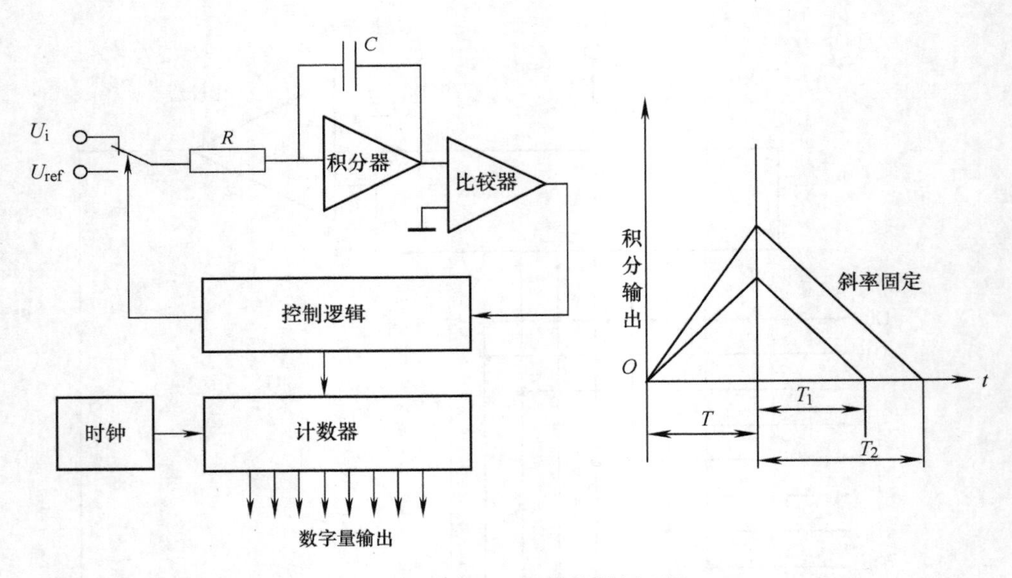

图 14-9　双积分型 A－D 转换器原理图

2. A－D 转换器的主要技术指标

A－D 转换器按输出代码的有效位数分为 8 位、10 位、12 位、16 位、24 位和 BCD 码输出的 $3\frac{1}{2}$位、$4\frac{1}{2}$位、$5\frac{1}{2}$位等多种；按转换速率可以分为超高速（转换时间≤1ns）、高速（转换时间≤1μs）、中速（转换时间≤1ms）、低速（转换时间≤1s）等不同转换速率的芯片。ADC 芯片主要技术指标如下：

1）分辨率：表示输出数字量变化一个相邻数码所需输入模拟电压的变化量。定义为满刻度电压与 2^n 之比值，其中 n 为 ADC 的位数。例如，具有 12 位分辨率的 ADC，当满刻度电压为 10V 时，能够分辨出输入模拟电压变化的最小值为 $10V \times 1000 \times 1/2^{12} = 2.4mV$。

2）量化误差：由 ADC 有限的分辨率而引起的误差。

3）偏移误差：指输入信号为零时，输出信号不为零的值，所以有时称为零值误差。

4）满刻度误差：指满刻度输出数码所对应的实际输入电压与理想输入电压之差。

5）非线性度：指 ADC 实际的转换函数与理想直线的最大偏移。

6）转换速率：指 ADC 每秒转换的次数，完成一次 A－D 转换所需的时间则为转换速率的倒数。

3. A－D 转换器选择要点

在系统设计时，A－D 转换器的选择一般要考虑以下几个方面。

首先要考虑 A－D 转换器的位数，它与整个检测系统的测量范围及精度有关，当然这不是决定系统精度的唯一因素，因为系统还涉及传感器、测量电路等其他环节，每个环节或多或少总会有误差，影响系统总的精度。设计时，在满足系统总精度的前提下，A－D 转换器的位数应与其他环节所能达到的精度相适应。

其次要考虑 A－D 转换器的转换速率。并行 ADC 将转换的结果数据通过总线一次输出，所以一般不考虑传输延迟或传输速率问题。串行 ADC 则不同，它要将转换结果经移位寄存器移位后一位一位地输出，因此，串行 ADC 总的速率相对于并行 ADC 要低。另外，不同原理实现的 A－D 转换器，其速度相差很大。双积分型 A－D 转换器速度较慢，一般适用于温度、压力、流量、液位等过程参数的信号转换。逐次逼近型 A－D 转换器的转换时间可从几微秒到 100 微秒左右，常用于单片机系统及音频数字转换系统。高速 A－D 转换器适用于数字通信、实时瞬态记录等系统。

再次要考虑的问题是工作电压和基准电压。此外，还要考虑模拟量输入的范围和极性、性能价格比、可替换性等诸多因素。

4. 采样及保持

A－D 转换器完成一次完整的转换过程所需的时间称为转换时间。在转换时间内，假如输入信号频率较高，并且信号变化幅度大于量化误差时，将会引起转换误差。为了在满足转换精度的条件下提高信号允许的工作频率，可采用采样/保持器（Sample /Hold）。它在 A－D 转换开始时使信号电平保持不变，而在 A－D 转换结束后又能跟踪输入信号的变化。

选择采样/保持器时，主要考虑：输入信号范围，输入信号变化率和多路开关的切换速度，采样时间应为多少才不会超过误差要求等。当输入的模拟信号变化很缓慢，A－D 转换速度相对而言足够快时，可以不用采样/保持器。

三、数据采集系统的软件设计

微机化检测系统的软件设计应该采用软件工程的方法来组织和规范。设计过程要经历总体设计、详细设计和编码、软件测试、软件调试与运行维护等阶段。一般采用模块化和结构化程序设计方法，即自顶向下逐步求精的设计方法，适当划分模块可提高设计与调试的效率。

微机自动检测系统的软件运行在不同的平台下，设计中可能用到不同层次的程序设计语言。

数据采集装置通常基于单片机或片上系统，一般用汇编语言或 C 语言编写监控程序。监控程序的主要作用是及时响应来自系统或外部的各种服务请求，有效地管理系统软硬件资源，并在系统一旦发生故障时，能及时发现和做出相应的处理。监控程序最基本的要求是实时性及可靠性。由于硬件资源有限，所以要合理进行分配，包括 ROM、RAM、定时/计数器、中断源等。程序设计时要注意结构清晰、模块分解合理、应用软件间的程序接口规范、便于衔接和调试，也便于系统功能扩充。为了提高系统的可靠性，监控程序应具有自诊断及系统容错功能。

系统的数据处理功能通常在微机上实现，一般用高级语言开发应用软件。首先要确定软件的运行环境。一般应选择通用、流行、能向上兼容的操作系统（如 Windows）作为应用软件的运行平台；其次是选择程序设计语言，这要视系统规模及功能要求而定，同时也要兼顾软件设计者对该语言熟练掌握的程度。软件设计的重点是系统的各功能要求及用户界面。开发过程中，往往要用到系统资源，这时要注意正确使用系统软件接口，如合理调用 Windows 的 API 函数。

第三节 微机自动检测系统应用实例

作为微机自动检测系统的应用，本节介绍了三个实例。实例一为基于单片机的数据采集系统。就控制系统结构而言，数据采集装置本身就是微机控制系统的前向通道，而且在许多应用场合，测量与控制密不可分，所以在实例二及实例三中介绍了两种不同形式的测控系统。

一、基于单片机的数据采集系统

设计微机自动检测系统，测量通道为一路模拟量输入，被测量为双极性周期信号，频率为10～1000Hz，转换误差小于0.1%。要求能在微机上实时显示测量数据及信号的波形曲线，具有数据分析及处理等功能。

1. 方案制定

根据设计要求，微机自动检测系统硬件由传感器及测量电路、数据采集装置和通用微机三部分组成，系统结构框图如图14-10所示。

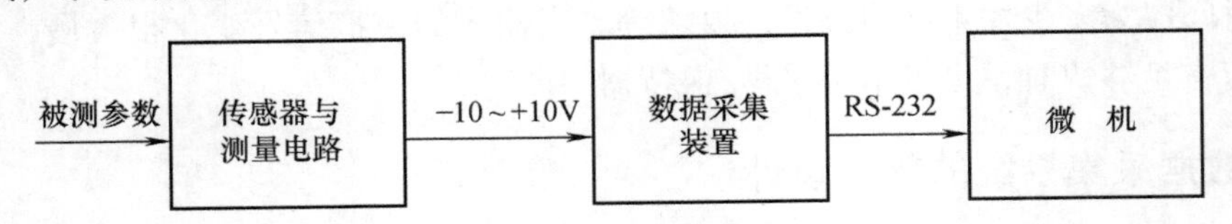

图14-10 微机自动检测系统结构框图

传感器及测量电路是检测系统的前置部分，它将被测参数转换成 -10～+10V 双极性电平信号。在本系统中被测量只有一路，所以没有用多路开关。测量电路前面几章已做过介绍，这里不再重复。

数据采集装置是一个单片机系统。其主要功能为采样及A-D转换、通信状态显示、故障报警以及与微机的通信。

微机的主要任务是对信号进行分析处理。它向单片机发送各种命令；接收单片机送过来的实时数据；根据一定的算法进行分析处理；保存当前以及历史数据；根据用户要求，将处理结果以图形、曲线、表格的形式显示或打印。

2. 数据采集装置

图14-11为数据采集装置的电路原理图。整个电路由单片机、模-数转换器AD574、RS-232通信芯片以及部分逻辑电路组成。

（1）单片机 单片机采用AT89S52，其CPU为8031，指令系统与MCS-51兼容。内部有8KB可重复编程的Flash存储器，256字节的RAM，有32条可编程的I/O线，3个16位定时/计数器，8个中断源，3级程序存储器锁定（加密），可编程串行接口及片内时钟振荡器，一个全双工的UART串行通道以及看门狗电路。

（2）A-D转换器 ADC芯片采用美国模拟器件公司的12位逐次逼近型快速A-D转换器AD574，转换时间为25μs，转换误差为±1LSB。AD574内部有三态输出缓冲电路，因而可直接与各种典型的8位或16位微处理器相连，而无需附加逻辑接口电路，且与TTL电

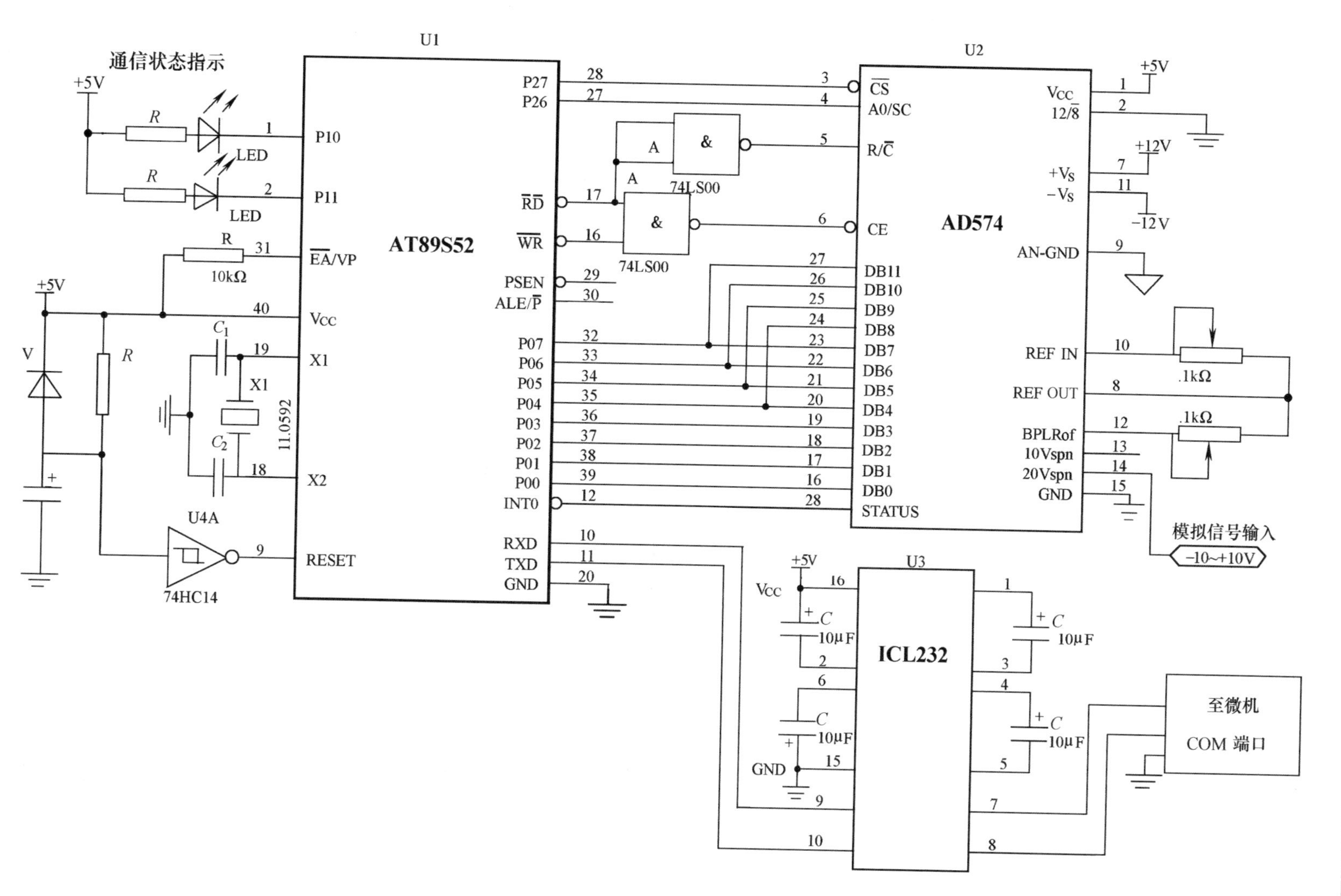

图 14-11　数据采集装置电路原理图

平兼容。由于在片内有高精度的参考电压源和时钟电路，这使它能在不需要任何外部电路和时钟信号的情况下完成一切 A－D 转换功能，应用非常方便。

AD574 模拟量输入信号范围为 0～＋10V 或 0～＋20V，也可以为双极性输入 ±5V 或 ±10V。工作时需要三组电源，分别是 V_{CC}（＋5V）、＋V_S（＋12～＋15V）及－V_S（－12～－15V）。

AD574 为 28 引脚双列直插式封装，各引脚功能如下：

V_{CC}（引脚1）：数字逻辑部分电源＋5V。

$12/\overline{8}$(2)：数据格式输出选择，当 $12/\overline{8}=1$(＋5V)时，为双字节输出，即 12 条数据线同时有效输出；当 $12/\overline{8}=0$(0V)时，为单字节输出，即只有高 8 位或低 4 位有效。

$\overline{CS}$（3）：片选信号，低电平有效。

A_0（4）：字节选择控制。在转换期间，$A_0=0$，AD574 进行全 12 位转换。在读出期间，当 $A_0=0$，高 8 位数据有效；当 $A_0=1$，低 4 位数据有效。中间 4 位为"0"，高 4 位为三态。

$R/\overline{C}$(5)：读数据/转换控制信号。当 $R/\overline{C}=1$，允许读取 ADC 转换结果数据；当 $R/\overline{C}=0$，则允许启动 A－D 转换。

CE(6)：启动转换信号，高电平有效。

＋V_S、－V_S(7、11)：模拟部分供电的正电源和负电源。

REF OUT(8)：10V 内部参考电压输出端。

REF IN(10)：内部解码网络所需参考电压输入端。

BPLRof(12)：补偿调整，接至正负可调的分压网络，以调整 ADC 输出的零点。

$10V_{spn}$、$20V_{spn}$(13、14)：模拟量 10V 及 20V 量程输入端，信号的另一端接至 AN-GND 引脚。

GND(15)：数字地。

AN-GND(9)：模拟地，它是 AD574 的内部参考点，必须与系统的模拟参考点相连。

DB0～DB11(16～27)：数字量输出。

STATUS(28)：输出状态信号。转换开始时，STATUS 达到高电平，转换过程中保持高电平，转换完成时返回到低电平。STATUS 可以作为 A－D 转换的状态信息被 CPU 查询，也可以用它的下降沿向 CPU 发出中断申请，通知 A－D 转换已完成，CPU 可以读取结果。

可以看出，AD574 的工作状态由 CE、$\overline{CS}$、$R/\overline{C}$、$12/\overline{8}$、A_0 五个控制信号组成，这些信号的组合控制功能见表 14-1。表中，启动 A－D 转换的条件是使 CE＝1，$\overline{CS}=0$，$R/\overline{C}=0$，$A_0=0$。在图 14-11 中，由于 $12/\overline{8}$ 接地，单片机读取 ADC 转换结果的数据时，要分两次进行，先高 8 位，后低 4 位，由 $A_0=0$ 或 $A_0=1$ 来控制。当 CE＝1，$\overline{CS}=0$，$R/\overline{C}=1$，$A_0=0$ 时，读取高 8 位；当 CE＝1，$\overline{CS}=0$，$R/\overline{C}=1$，$A_0=1$ 时，读取低 4 位。

表 14-1 AD574 控制信号功能组合表

CE	$\overline{CS}$	$R/\overline{C}$	$12/\overline{8}$	A_0	工作状态
0	×	×	×	×	禁止
×	1	×	×	×	禁止
1	0	0	×	0	启动 12 位转换
1	0	0	×	1	启动 8 位转换
1	0	1	接 1 脚(＋5V)	×	12 位并行输出有效

（续）

CE	$\overline{CS}$	$R/\overline{C}$	$12/\overline{8}$	A_0	工作状态
1	0	1	接地	0	高 8 位并行输出有效
1	0	1	接地	1	低 4 位加上尾随 4 个 0 有效

（3）工作原理分析　图 14-11 中使用了上电复位电路，通过一个斯密特触发器与复位引脚 RESET 相连。由于 89S52 的 31 脚$\overline{EA}$通过一个 10kΩ 电阻接高电平，CPU 访问片内程序存储器。图中 P1.0 和 P1.1 分别接了两个发光二极管，用作系统通信过程中接收和发送状态显示。

为了减小因波特率计算造成的通信误差，外部晶振的频率为 11.0592MHz。图中，89S52 的 RXD 和 TXD 两个引脚接芯片 ISL232，它将 TTL 电平转换成 RS-232C 的电平后，与 PC 的串行通信口进行通信。在本例中，通信速率为 9600bit/s。

单片机系统用了两个定时器，T0 为方式 0，用于控制采样速度；T1 为方式 2，用作串行口的波特率发生器。单片机系统还用到了三个中断源，分别是 T0、外部中断和串行口中断。

监控主程序用 MCS-51 汇编语言编写，其程序流程如图 14-12 所示。

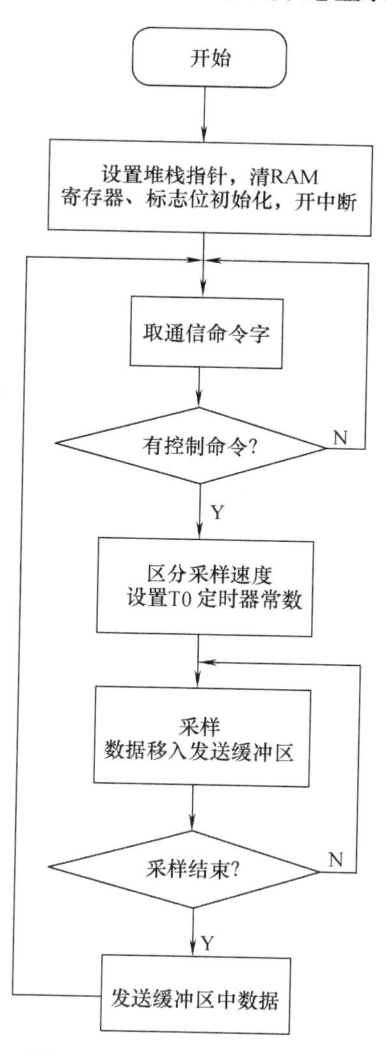

图 14-12　监控主程序流程图

系统上电后先进行初始化工作，包括清 RAM、设置堆栈指针、设置相关的寄存器及标志位，然后立即进入监控程序。监控程序的主要任务是接收解释微机发来的命令控制字，对被测量的信号按规定的速度采样，经处理后通过串行口将数据发送到微机。

当发生串行口中断时，进入相应的中断服务程序，接收微机发来的命令控制字。本系统中制定了一个简单的通信协议：命令字为 C0 ~ C9，分别代表 10 档采样速度，数据块发送方式；命令字为 CA 表示以最高速度采样并单点发送。

在监控程序的每一次主循环中，CPU 都要从命令控制字单元取出命令并加以分析判断，当控制字的内容发生变化，则改变定时器 T0 的时间常数，从而达到改变采样速度的目的。

定时器 T0 中断的主要任务是启动 AD574 的模 - 数转换。进入中断服务程序后，CPU 执行指令 MOV DPTR, #3FFFH 和 MOVX @DPTR, A，这时，$\overline{WR}$有效，与非门 74LS00 输出高电平，使得 CE = 1；另外，由于 P2.7、P2.6 均为低电平，即$\overline{CS}=0$，$A_0=0$，而此时 $R/\overline{C}=0$，则完成一次启动 A - D 的过程。当 A - D 转换开始时，AD574 的输出状态信号引脚 STS 达到高电平，转换过程中始终保持高电平，转换结束时返回到低电平。由于系统中 AD574 的 STATUS 引脚与 89S52 的外部中断引脚$\overline{INT0}$相连，用它的下沿向 CPU 发出中断申请，通知 CPU 转换已经结束，可以读取转换结果。在紧跟其后的外部中断服务程序中，CPU 分两次读取 AD574 的转换结果并将其放入数据区。

3. 微机应用程序

应用程序在 Windows 平台下用 VB6.0 开发。VB 提供了面向对象程序设计的强大功能，程序的核心是对象，编程的机制是事件驱动。在 VB 中提供了大量的控件对象，为开发应用程序带来了方便。应用程序的主要任务是对检测系统进行监控管理及数据处理，功能包括：通信设置、发送命令控制字、接收现场数据、数字滤波、检测信号的标定、必要的非线性补偿、检测结果分析、频谱分析、实时及历史数据存取、图形界面的信息输出等。图 14-13 为数据采集系统运行时的界面。

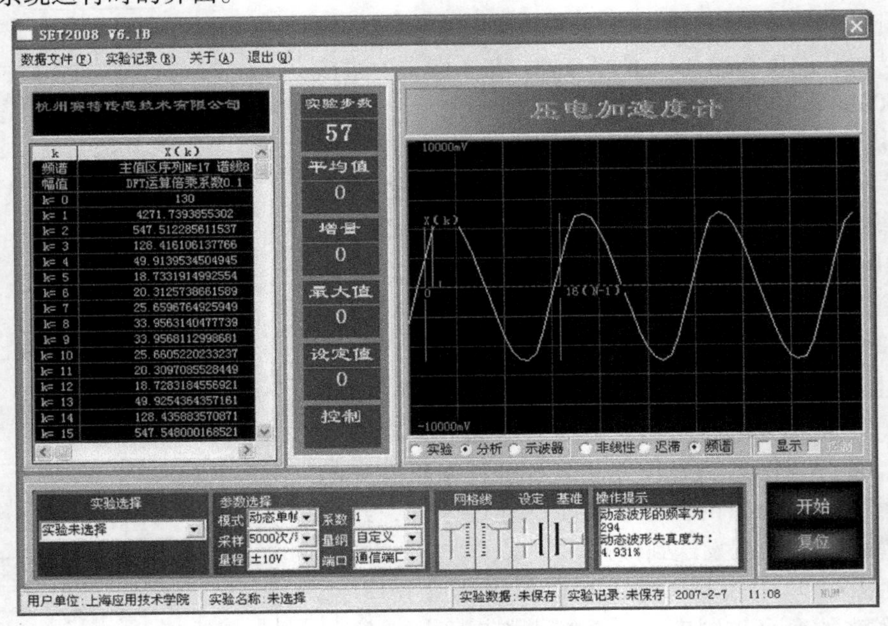

图 14-13 数据采集系统运行界面

二、基于单片机的测控系统

设计微机自动测控系统，要求系统能实现自动检测及控制。输入通道有 8 路模拟量输入、8 路数字量输入及 1 路脉冲计数（或频率）输入，输出通道有 4 路模拟量输出及 4 路数字量输出。

1. 方案制定

根据设计要求，微机自动测控系统由过程装置、测控通道及上位监控微机三部分组成。过程装置内可以是单独的对象，也可以是综合了液位、温度和流量等参数的复杂对象。测控通道是一个以 89C52 微处理器为核心的单片机系统。上位监控微机为工控机，如现场工作环境要求不高，也可用通用微机。用户通过微机进行系统组态和设定，对控制参数进行整定，实现多种常规控制，并能观察记录各种实时曲线及历史曲线。

2. 测控通道

图 14-14 为测控通道的电路原理图。

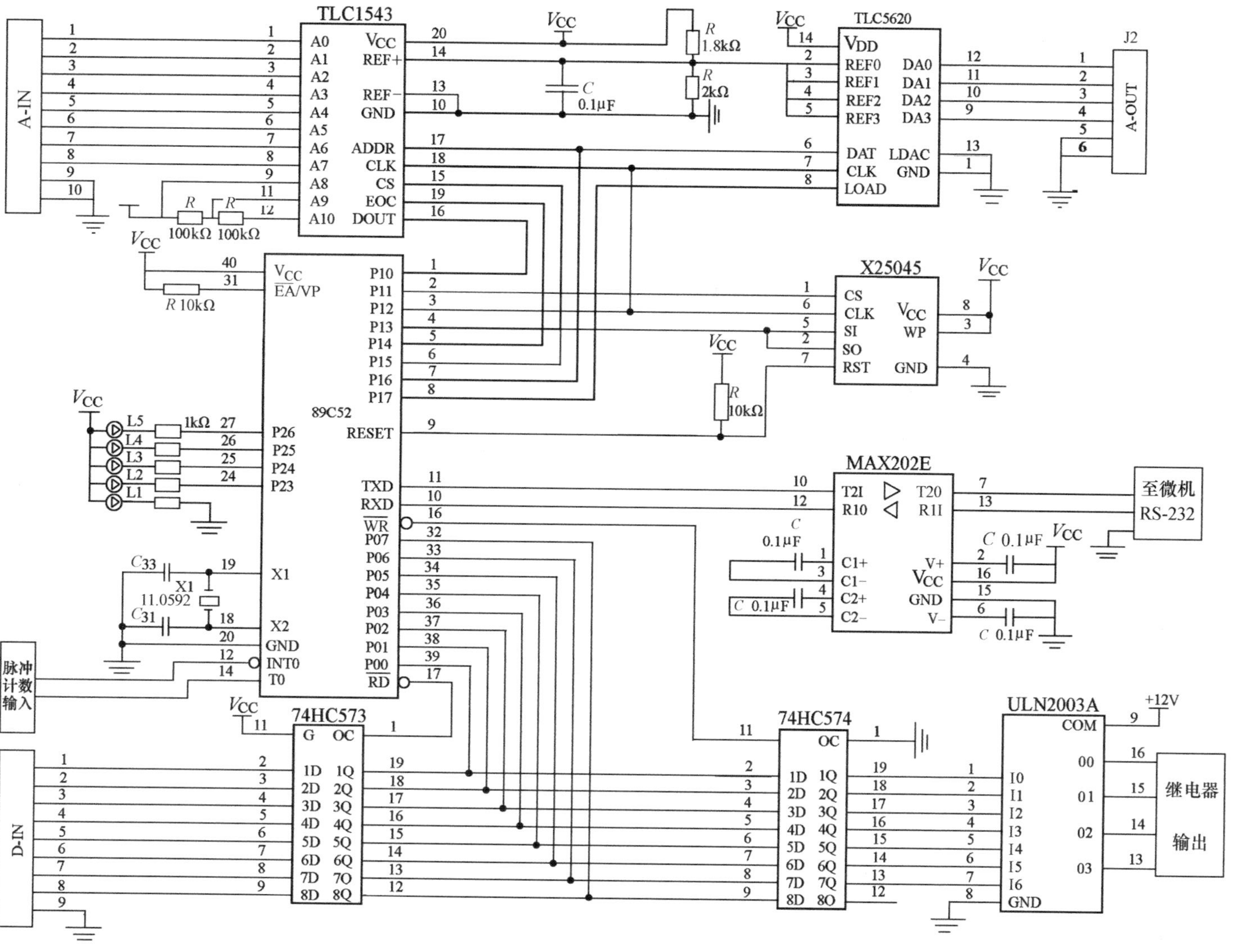

图14-14　测控通道电路原理图

图中，0～5V 的标准信号接到芯片 TLC1543 的输入端，经 A－D 转换后送到单片机，单片机将实时信号通过串行口送至上位监控微机，同时也接收上位机发出的控制信号，并将控制量输出到 D－A 芯片 TLC5620，经 D－A 转换、放大后再驱动执行机构（如调节阀、变频器、可控调压装置等）。

ADC 芯片为 TLC1543，它是具有串行控制及 11 路模拟量输入的 10 位 A－D 转换器。TLC1543 有 3 个输入，一个 3 态片选输出（CS），输入/输出时钟，地址输入和数据输出，它提供了一个与主机串行口直接的 4 线接口，允许与主机间进行高速数据传输。此外，它还有一个片内多路复用器，它能选择 11 路模拟输入或 3 个内部自检电压。采样保持功能是自动的。A－D 转换结束，EOC 变高表示转换已经完成。

D－A 芯片为 TLC5620，它是电压输出型 D－A 转换器。

系统复位及监控电路采用可编程 X25045 芯片来实现，它具有看门狗定时器、电压监控和 EEPROM 三种功能，这种组合降低了系统的成本并节省了电路板空间。芯片内部状态寄存器的 WD1、WD0 是看门狗定时设置位，通过状态寄存器写指令 WRSR 修改这两个标志位，就能在 200ms、600ms 或 1.4s 中选择一个作为超时时间（Timeout Interval）。当系统故障时，在选定的超时时间之后，X25045 的看门狗将以 RESET 信号做出响应。同时，利用 X25045 对低 V_{CC} 检测电路，可以保护系统使之免受低压的影响。当 V_{CC} 降到最小 V_{CC} 转换点以下时，系统复位，复位一直到 V_{CC} 返回规定值稳定为止。

由于过程控制系统面向多种对象，为适应不同的量程并尽可能减小非线性误差，上位机应用软件可对各通道进行标定，标定结束后将标定值送至下位机并存放在 X25045。X25045 芯片内含 512 字节存储单元，它设计了多种保护方式防止误写。通过对状态寄存器的 BL1、BL0 位的设置，可以选择对不同的存储区域进行写保护，从而确保测控通道的精度和数据安全。

主机和通道间通信基于 RS-232C 串行通信实现数据传输。图 14-14 中，单片机串口引脚 TXD、RXD 与芯片 MAX202E 相连接，MAX202E 是 RS-232C 收发器，它内部有电荷泵电压变换器，可将 +5V 电源变换成 RS-232 所需的 ±10V 电压，因而只需用单一的 +5V 电源。

数字量输入输出用 74HC573 和 74HC574 芯片作为数据锁存器。输出锁存的信号加在 ULN2003A 的输入端。ULN2003A 芯片由 7 组达林顿晶体管阵列和相应的电阻网络以及钳位二极管网络构成，具有同时驱动 7 组负载的能力，带负载能力强（输出电流大于 500mA），这里用了 4 组，用来为输出继电器线圈提供驱动电流。

通道监控程序用 C51 编写，系统上电先进行初始化工作，包括清 RAM、设置堆栈指针、设置相关的寄存器及标志位，然后立即进入监控主程序。主程序的任务是定时采集通道数据并循环检测通信标志位，若有串行口中断，则解释微机发来的命令控制字、接收并输出控制信号。

3. 微机应用程序

微机应用程序也是在 Windows 操作系统平台下用 VB 开发，软件设计的重点是系统的通用性、实时性、可靠性和可操作性。

从通用性考虑，希望能在测控通道及串行通信的基础上，不改动硬件，对不同的对象，能实现具有多种调节规律的过程控制系统组态。为了实现这一功能，软件提供了一个灵活的操作界面，用户可以根据需要自行设置对象、调节规律及参数，可以选择输入输出通道。由于不同的对象有不同的静态及动态特性，而同一对象采用不同的调节规律有不同的整定参数，为此，系统内置一个数据库，并建立了一张对象参数表，事先存放了多种过程对象（如水槽、加热炉、压力容器），在不同特性下采用多种调节规律（如 P、PI、PID）时系统的参考整定值，供用户在设置时作为参考初值。

要提高系统可靠性，除了硬件外，通信也非常关键。微机与通道单片机之间的通信方式为 RS-232C 串行通信。微机是主机，工作在查询方式；单片机是从机，工作在中断方式。对于实时控制系统而言，要保证两个不同机种微机之间通信的可靠和有条不紊，必须有严格的通信协议。一般通信协议较为复杂，在本实例中，根据系统实际规模以可靠为原则，通信协议自行制订，波特率为 9600。通信格式是 1 位起始位，8 位数据位，无奇偶校验位。

图 14-15 为微机测控系统运行时的界面。

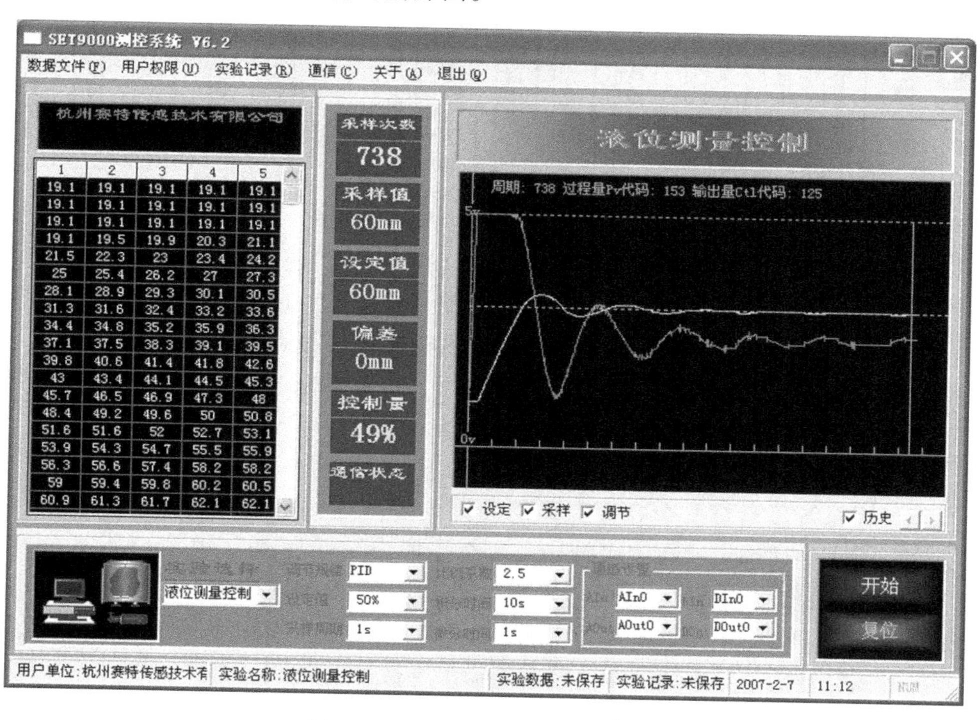

图 14-15　微机测控系统运行界面

三、基于 PC 的分布式测控系统

某些规模较大、要求恒温、恒湿的标准仓库（如卷烟成品仓库），由于仓库距离分散，无法采用总的中央空调系统，一般采用就地温湿度单独控制的方案。要求设计一个分布式测控系统，既能实现对 8 个独立分隔的仓库对象进行温湿度控制，又能实现远程集中监控。

1. *方案制定*

系统结构框图如图 14-16 所示。监控微机（上位机）位于远程中央控制室，测控微机（下位机）位于每个仓库的操作室，上、下位机均使用工控机（IPC）。一台上位机与 8 台下位机相连接，采用 RS-485 通信方式，构成二级分布式测控系统。

上位机的主要任务是系统集中监控和管理，有参数设定、集中控制、数据处理、文件管

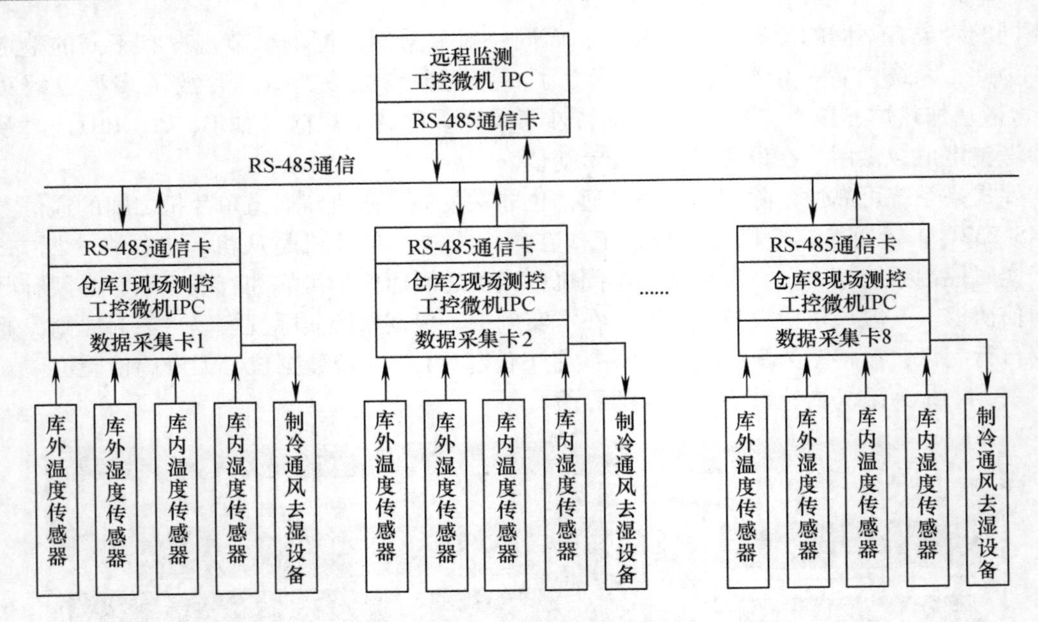

图 14-16 分布式测控系统结构框图

理、图表输出及分析等常规功能。运行时，采用 CRT 技术，将 8 个仓库的温湿度参数设定值及实时值、设备工作状态集中显示在屏幕上，使得操作员对现场工况一目了然。还能以曲线图、直方图的形式显示历史数据，并能打印温湿度测试日报表及月报表。

下位机通过数据采集装置采集现场温湿度数据，按照事先设置的控制模式，输出控制信号，实现对仓库对象的温湿度参数进行定值控制。

2. 测量及控制

一台下位机系统负责对一个仓库对象的温湿度参数进行定值控制。采样点数为 8 ~ 16 点，视仓库规模大小而确定。在本系统中，每个仓库内采样点数为 14 点（温度和湿度各 7 点），库外 2 点（温度和湿度各 1 点）。采样周期为 10s，控制周期为 1min。

现场每一个采样点挂一个温湿度测量变送器。温度检测用电流型集成温度传感器 AD590。它是一个温度－电流转换器，若在其输出串接恒值电阻，电阻上流过的电流与被测量的绝对温度成正比。它的工作温度范围为 －55 ~ ＋150℃，在 ＋25℃时的输出为 298. 2μA，标定系数为 1μA/K，即环境温度每变化 1K，传感器输出 1μA 电流。湿度检测用的是湿敏电容。这种敏感元件是一个具有吸湿性电介质材料的电容器，其电容量随相对湿度而变化。测量电路用脉冲调宽电路，输出电压的平均值与电容变化呈线性关系。

每一台下位机的 ISA 总线插槽内插了一块研华公司生产的 PCL-812PG 多功能数据采集卡。PCL-812PG 是一种通用型数据采集卡，它提供了五种测量与控制功能，包括：16 路 12 位单端模拟输入通道、2 路 12 位模拟量输出、16 路数字输入、16 路数字输出和一个可编程计数器/定时器。

PCL-812PG 的 A－D 转换有 3 种触发方式：软件触发、可编程序步测触发、外部脉冲触发。模拟量输入范围：±10V、±5V、±2. 5V、±1. 25V、±0. 625V、±0. 3125V。模拟量输出范围可以通过数据卡上的 －5V 或 －10V 参考电压来实现 0 ~ ＋5V 或者 0 ~ ＋10V 的选择。

由于大多数PC的外围设备和接口板都是由输入/输出（I/O）口控制的，这些端口是由I/O口的地址空间来寻址的。PCL-812PG卡上有一个DIP转换开关和9个跳线器，用户可以通过8位DIP开关设置I/O口的基准地址。

不同的系统目标，控制模型也不同。以卷烟仓库为例，为适应江南地区气候条件，它有特殊的防霉保质要求。每年5月~11月，要求系统每天24h连续运行进行温湿度控制。其他月份，根据具体情况非连续运行。控制后温度的绝对误差小于1℃，相对湿度误差小于3%。控制系统模型的输入参数主要有：温湿度设定值及上下限值、设备选用情况、当前仓库内外温度和相对湿度、上一个处理周期各控制设备的工况、设备起动和停止的最小时间间隔、手动及自动状态、联机和脱机状态等。输出参数为各设备的起动、维持及关闭信号。控制模型能区分高温、闷湿、湿冷等多种天气情况，并综合历史数据作出判断，驱动空调机、去湿机和通风机进行相应的制冷、去湿和通风操作。

3. 通信

通信设计是一个很关键的环节。在本系统中，上位机与下位机之间最大的通信距离约为1000m，系统设计时采用RS-485标准通过串行口进行数据通信。RS-485通信采用平衡发送和差分接收的方式，具有抑制共模干扰的能力，传输距离可达千米以上。

实现RS-485标准通信的方式很多，这里，我们选用了一块基于微机ISA总线的研华PCL-745B的RS-485通信卡。它提供两个RS-485串行口，每个串行口有一个带16位FIFO缓冲器的UART。将串行口的两根数据线与下位机的通信线直接连接，便可传送实时数据。

4. 微机应用程序

传统的构成系统方案配置是工控机+数据采集控制卡+VB/VC编程。研华公司为该卡提供了一种基于Windows的标准动态链接库，使PCL-812PG有着完善的软件支持功能。用户可以在Windows平台下，使用Visual C++，Visuall Basic，Delphi等语言开发应用软件，可以通过调用动态链接库中的库函数，方便地实现对数据采集卡底层进行操作。

随着计算机技术的不断发展，为了使用户能更快、更方便地构建系统，研华公司还提供了其数据采集卡的LabVIEW驱动程序，用户可以从数据采集卡附带的光盘或者公司网站获得这些程序，然后在LabVIEW的集成环境下开发应用软件。这样不但提高了整个系统的可靠性，而且缩短了工程应用开发的研究周期，提高了工作效率。

思考题与习题

1. 一个12位ADC，模拟量输入范围为0~10V，它能分辨输入电压的最小值是多少？

2. 本章第三节图14-11中，若模拟量范围为0~10V，输入信号如何连接？

3. 本章第三节图14-14中，芯片X25045的作用是什么？

4. 设计基于单片机的数据采集装置，实现信号的采集以及与微机的数据通信。MCU为89C52，1路A-D转换，A-D用AD1674芯片，通信标准为RS-232。

5. 设计数据采集系统，实现与微机进行远程数据通信。要求能采集现场实时数据并将数据以一定的格式发送给上位微机，能接受上位微机的测控指令并输出控制信号。MCU为89C52（或用SOC），8路开关量输入，8路8位模拟量输入；A-D转换用0809芯片，通信芯片为MAX485E，通信标准为RS-485。

第十五章　传感器实验

本章根据自动检测技术课程的主要教学内容，参考了 SET－2000 型传感器实验装置提供的技术资料，共设计编写了 12 个实验项目。本章内容也可以作为该课程的实验指导书。

第一节　概　　述

一、传感器实验装置简介

目前国内用于传感器实验的仪器设备按结构功能区分主要有两大类：一类是综合型，另一类是单元模块型。

综合型传感器实验装置主要由试验台、显示及激励源、传感器实验接线面板、测量及处理电路四部分组成。这类实验装置的特点体现在它的综合性上，将各类传感器及常用测量电路集成在一台仪器上，结构紧凑。它提供了多种常规实验，既可以单独进行实验，也可以与示波器和微机一起组成传感器实验系统。目前国内众多厂家生产的 998 型传感器实验仪（实验箱），都是属于这一系列。这类仪器的优点是性价比高，缺点是占用实验台（桌）的面积大，使用及维护不方便。

单元模块型传感器实验装置由主控台、测控对象、传感器/实验模块、数据采集卡及处理软件、实验桌六部分组成。它最主要的设计理念是按照不同类型、不同层次的实验需求开发产品。根据自动检测技术及传感器类课程的专业教学和实训要求，并结合生产实际和职业岗位的技能需求，将传感器实验分解成若干个相互独立的实验单元。用户可以按照课程教学大纲要求选用实验项目，针对不同类型的实验，使用不同的实验模块。目前这类实验装置已成为国内传感器教学实验的主流设备。

二、SET－2000 型传感器实验装置的特点

（1）SET－2000 型传感器实验装置是国内传感器教学的主流实验设备，生产过程严格按照 ISO9001：2000 国际质量管理体系标准执行。

（2）可根据实验项目选择具体的实验传感器和相应的模块，并留有充分的扩展余地。

（3）设备主控台设计具有较强的兼容性。工业基础电路采用模块化设计，工业传感器与全透明制作的教学传感器相结合，使传感器更为直观。学生更容易在实验过程中了解其工作原理。

（4）除了常规的验证性实验以外，增加了工业传感器控制实验和外设 I/O 端口，扩展了传感器与测控技术方面的实训内容。

三、性能和技术参数

SET－2000 型传感器实验装置各部分的主要性能参数如下：

（1）主控台 主控台提供高稳定的±15V、+5V、±2～±10V（可调）、+2～+24V（可调）四种直流稳压电源；0.4～10kHz可调音频信号源；1～30Hz可调低频信号源。面板上装有数显电压表，频率、转速、压力表以及高精度温度控制仪表。主控台还安装了计算机数据采集卡及测控系统接口。

（2）测控对象 振动源1～30Hz（可调），转动源0～2400转/分（可调），温度源<200℃（可调）。

（3）传感器/实验模块 除了电阻应变式、电容式、差动变压器、电涡流、压电式、磁电式、热电偶、光电式和霍尔式等17种基础型传感器及相应的实验模块外，还可以根据需要配置热释电远红外、光栅位移、CCD图像等27种增强型传感器及实验模块。

（4）数据采集卡及处理软件 传感器实验专用数据采集卡采用12位A-D转换芯片，采样速度为100000点/秒。根据不同类型的实验可选择单步、连续、定时等不同的采样方式。数据采集卡还具有输出控制端口，为其他类型的实验拓展预留了硬件空间。数据采集卡与微机有两种连接方式，一种是RS-232串行方式，另一种是USB总线方式。

传感器实验实时处理软件具有良好的计算机显示界面。用户可以进行实验项目的选择与编辑、数据采集、特性曲线的分析比较。用户还可以进行实验数据文件的存取，必要时还可以打印实验报告。

此外，SET-2000型传感器实验装置还提供用于传感器实验的虚拟仪器专用数据采集卡及软件，以及用于测控实验的专用数据采集控制卡及配套的测控软件。有关内容可参见本书第十四章的第三节，这里不再另行介绍。

第二节 电阻式传感器应变测量实验

一、实验目的

1. 了解电阻应变式传感器的基本原理、结构、特性和使用方法。
2. 掌握电阻应变式传感器的全桥测量电路。

二、实验原理

1. 电阻应变片工作原理

电阻应变片有丝式、箔式及薄膜式等结构形式。箔式应变片的敏感栅是通过光刻、腐蚀等工艺制成。由于它的厚度薄，因此具有较好的可挠性，灵敏度系数较高。

导体或半导体材料在外力作用下产生机械形变时，其电阻值也相应发生变化的物理现象称为电阻应变效应。电阻应变效应可以表示为

$$\frac{\Delta R}{R}=K\varepsilon \tag{15-1}$$

式中，$\frac{\Delta R}{R}$为应变片的电阻相对变化值，$\varepsilon=\frac{\Delta L}{L}$为应变片的长度相对变化，$K$为应变片的灵敏系数。

2. 测量电路

电阻应变片将机械应变转化为电阻变化后，为了显示和记录，通常使用电桥电路，将应

变片电阻变化转换为电压或电流的变化。如果电桥一臂接入应变片，则称为单臂工作电桥。如果两个臂接入应变片，则称为双臂工作电桥。如果电桥四个桥臂都接应变片则称为全桥形式。

设电桥为等臂电桥，桥路工作电压为 U。若下一级电路的输入阻抗很大，则桥路的输出电压 U_o 为

单臂工作时：
$$U_o = \frac{U}{4}\frac{\Delta R}{R} = \frac{U}{4}K\varepsilon \tag{15-2}$$

双臂工作时：
$$U_o = 2\frac{U}{4}K\varepsilon = \frac{U}{2}K\varepsilon \tag{15-3}$$

全桥工作时：
$$U_o = 4\frac{U}{4}K\varepsilon = UK\varepsilon \tag{15-4}$$

三、实验仪器

应变传感器实验模块（含应变式传感器）、砝码（每只约 20g）共 10 只、数显表、±15V电源、±4V电源、4 位半数字万用表。

四、实验步骤

1）应变式传感器示意图如图 15-1 所示，安装于应变传感器模块上。实验模块如图15-2所示，各应变片传感器上的引出线接入模块左上方的 R1、R2、R3、R4 标志端。“⟵⟶”“⟶⟵”分别表示应变片的受力状态。应变片阻值 R1 = R2 = R3 = R4 = 350Ω，可用万用表进行测量判别。

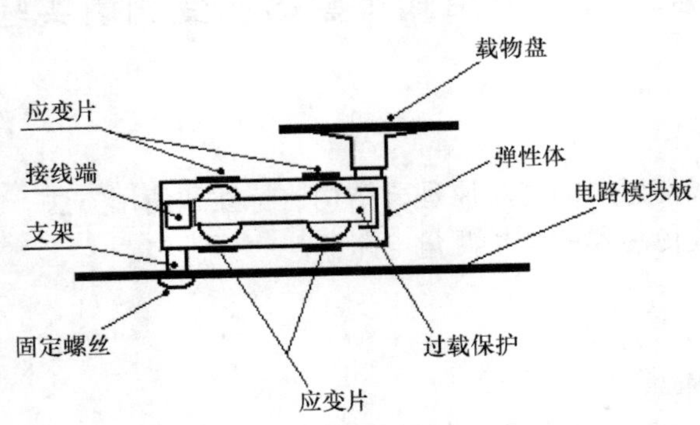

图 15-1 应变式传感器示意图

2）根据图 15-2 接线，需要注意的是，组成全桥测量电路时电桥对臂是两片受力状态相同的应变片，而邻臂是受力状态不同的两片应变片，接线错误将会导致桥路工作不正常。

3）接好电桥调零电位器 Rw1，仪表放大器增益电位器 Rw3 适中。从主控箱引入模块电源及桥路电源 ±4V，数字电压表置 20V 档。检查接线无误后，合上主控箱电源开关。先粗调 Rw1，再细调 RW4 使数显表显示为零，并将数字电压表转换到 2V 档再调零。如数字显示不稳，可适当减小放大器增益。

4）将 10 只砝码全部置于托盘上，调节增益电位器 Rw3（即满量程调整），使数显表读数显示为 0.200V 或 -0.200V。

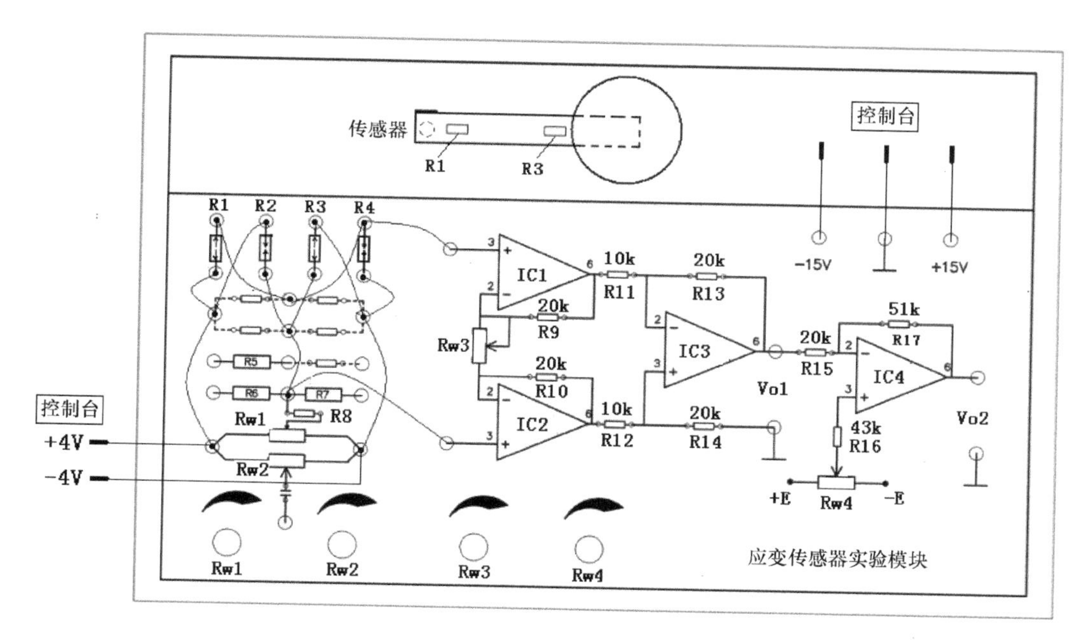

图 15-2　应变传感器实验模块

5）拿去所有砝码，再次调整 Rw1 或 Rw4 使数显表读数显示为零。

6）重复 4）、5）步骤，一直到满量程显示 0.200V，空载时显示 0.000V 为止。

7）把砝码依次放在托盘上，将电压表相应的读数填入表 15-1。

表 15-1　全桥测量时，输出电压与负载重量的关系

重量/g	20	40	60	80	100	120	140	160	180	200
电压/mV										

8）根据表 15-1 的实验结果，计算系统灵敏度 $S = \Delta V/\Delta g$ 和非线性误差 δ。

9）在托盘上放上一个小于 200g 的未知重量的物体，根据电压表指示值，计算它的重量。

五、思考题

全桥测量中，当两组对边（R_1、R_3）电阻值相同时，即 $R_1 = R_3$，$R_2 = R_4$，而 $R_1 \neq R_2$ 时，是否可以组成全桥？

第三节　电容式传感器位移测量实验

一、实验目的

了解差动电容式位移传感器的结构及信号处理电路原理。

二、实验原理

电容式传感器以静电场的有关定律作为其理论基础。对于平板电容器，其电容量与真空介电常数 ε_0、极板间介质的相对介电常数 ε_r、极板的有效面积 A 以及两极板间的距离 δ 有关。当忽略边缘效应影响时，电容器的电容 C 为

$$C = \frac{\varepsilon A}{d} \tag{15-5}$$

可以看出，ε、A、d 三个参数都直接影响着电容 C 的大小。如果保持其中两个参数不变，而使另外一个参数改变，则电容就将产生变化。如果变化的参数与被测量之间存在一定函数关系，那被测量的变化就可以直接由电容的变化反映出来。所以电容式传感器可以分成三种类型：改变极板面积的变面积式；改变极板距离的变间隙式；改变介电常数的变介电常数式。本实验为变面积式电容传感器，采用差动式圆筒形结构，可以较好地消除极距变化对测量精度的影响，减小非线性误差并且增加传感器的灵敏度。

三、实验仪器

电容式传感器、电容式传感器实验模板、测微头、数显单元、直流稳压电源。

四、实验步骤

1）按图15-3将电容传感器装于实验模板上，用专用电容连接线连接电容传感器与实验模块，并安装好测微头。

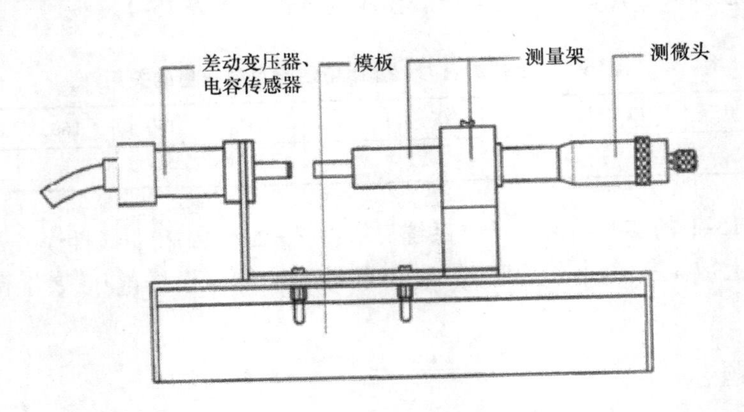

图15-3　电容式传感器/差动变压器安装示意图

2）实验接线如图15-4所示。首先将电容传感器实验模板的输出端Vo与数显电压表Vi相接，电压表量程置2V档，Rw2调节到中间位置。

3）接入±15V电源。将测微头旋至10mm处并与传感器相吸合，调整测微头的左右位置，使电压表指示最小，将测量支架顶部螺钉拧紧。旋动测微头改变电容传感器动极板的位置，每间隔0.2mm或0.5mm记下输出电压值，填入表15-2。

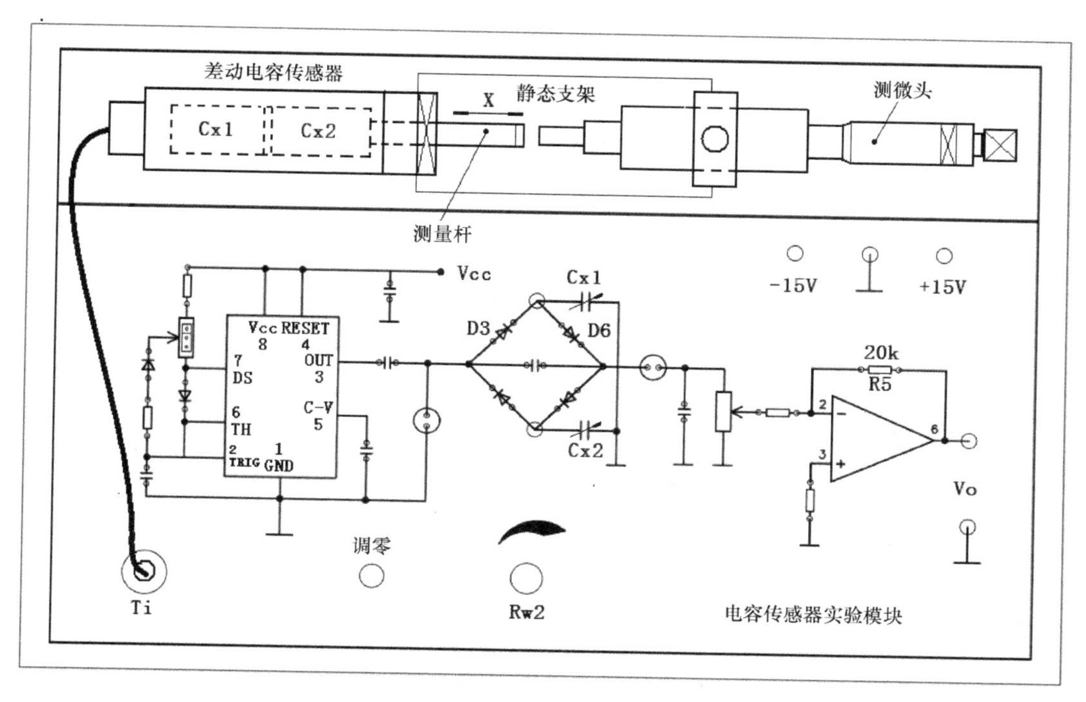

图 15-4　电容传感器实验模块

表 15-2　电容式传感器位移与输出电压的关系

位移 X/mm	……	-2.0	-1.5	-1.0	-0.5	$-\Delta X$	0	$+\Delta X$	0.5	1.0	1.5	2.0	…
电压 V/mV						←	V_{min}	→					

4）将测微头旋回到 10mm 处，反向旋动测微头，重复实验过程填入同一表内。

5）根据表 15-2 数据计算电容传感器的灵敏度 S 和非线性误差 δ，分析误差来源。

五、思考题

1. 简述什么是传感器的边缘效应，它会对传感器的性能带来哪些不利影响。

2. 根据实验结果，分析引起传感器特性曲线非线性的原因，并说明如何提高传感器的线性度。

第四节　差动变压器位移测量实验

一、实验目的

了解差动变压器的工作原理和特性。

二、实验原理

差动变压器如图 15-5 所示，它由一个一次绕组、二个二次绕组以及一个铁心组成。根据内外层排列不同，有二段式和三段式之分。本实验采用三段式结构。在传感器的一次线圈上接入高频交流信号。当一、二绕组中间的铁心随着被测体移动时，由于一次绕组和二次绕组之间的互感磁通量发生变化，使得两个二次绕组感应电动势产生变化。一个二次绕组感应电动势增加，另一只则减小。将两个二次绕组反向串接（同名端连接），在另两端就能输出差动电动势。差动电动势的大小能反映出被测物体的移动量。

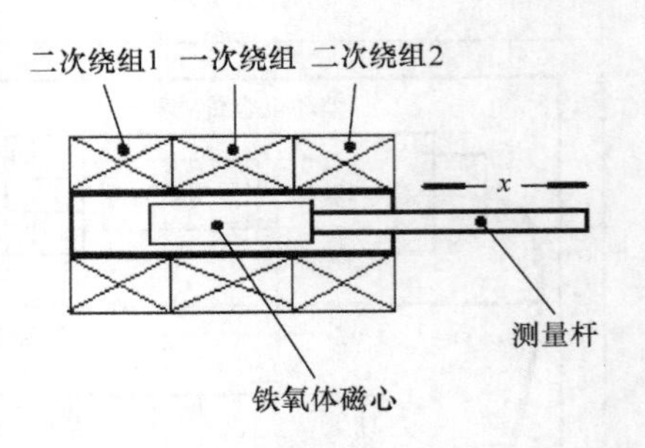

图 15-5 差动变压器示意图

三、实验仪器

差动变压器、差动变压器实验模块、测微头、双踪示波器、音频振荡器、直流稳压电源、数字电压表。

四、实验步骤

1）参照图 15-3，将差动变压器装在差动变压器实验模块上，并安装好测微头。

2）根据图 15-6 接线，首先将音频振荡器信号接入差动变压器一次绕组，两个二次绕组分别接入双踪示波器的 Y1、Y2 通道。

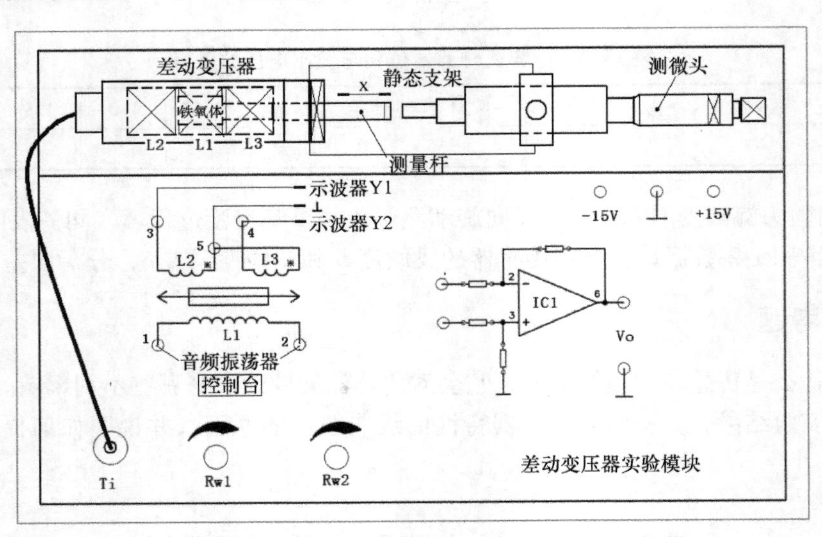

图 15-6 差动变压器实验模块

3）打开主控台电源，调节音频振荡器的频率旋钮，使输出频率为 4 ~ 5kHz（可用主控箱的数显频率表来监测）。调节幅度旋钮，使输出幅度为峰 - 峰值 V_{p-p} = 2 ~ 5V（可用示波器监测）。模块上 L1 表示一次绕组，L2、L3 表示两个同名端相连的二次绕组。

4）将测微头旋至 10mm 处，调整测微头的左右位置，使之与差动变压器活动杆吸合并且使示波器第二通道显示的波形峰 - 峰值 V_{p-p} 为最小。然后将测量支架顶部的螺钉拧紧，固定住测微头。这时就可以进行位移性能实验了。假设其中一个方向为正位移，则另一方向为负位移。

5）从 V_{p-p}最小处开始旋动测微头，每隔 0.2mm 或 0.5mm 从示波器上读出输出电压 V_{p-p}值并填入表 15-3，直到测微头旋至 20mm 处。

6）测微头旋回到 V_{p-p}最小处并反向旋转测微头，每隔 0.2mm 或 0.5mm 从示波器上读出电压 V_{p-p}值并填入表 15-3。在实验过程中注意观察两个不同方向位移时一、二次侧波形的相位关系。

表 15-3 差动变压器位移 *X* 值与输出电压 V_{p-p}关系

位移 X/mm	……	-2.0	-1.5	-1.0	-0.5	$-\Delta X$	0	$+\Delta X$	0.5	1.0	1.5	2.0	…
电压 V_{p-p}/V						←		→					

7）实验过程中差动变压器输出的最小值即为差动变压器的零点残余电压。根据表 15-3，画出 $V_{p-p}-X$ 曲线（注意：$-\Delta X$ 与 $+\Delta X$ 时 V_{p-p}与一次侧信号的相位）。

8）计算 ±1mm、±3mm 测量范围时的灵敏度。

五、思考题

1. 差动变压器的零点残余电压能彻底消除吗？
2. 为什么两个二次绕组要反向串接？如果仅用一个二次绕组，传感器能否正常工作？对测试结果有何影响？

第五节 电涡流传感器位移测量实验

一、实验目的

了解电涡流传感器的特性以及测量位移的工作原理。

二、实验原理

电涡流传感器是一种建立在涡流效应基础上的传感器，一般由传感器线圈和被测物体组成。线圈通过高频电流时会产生高频磁场。当有导体接近该磁场时，会在导体表面产生涡流效应。由于涡流效应的强弱与该导体与线圈的距离有关，因此可以通过检测涡流效应的强弱进行位移测量。

三、实验仪器

电涡流传感器实验模块、电涡流传感器、直流电源、数显单元、测微头、铁圆片。

四、实验步骤

1）首先安装电涡流传感器，并安装好测微头。

2）观察传感器结构，这是一个扁平的多层线圈，两端用单芯屏蔽线引出。

3）按图 15-7，将电涡流传感器输出插头接入实验模块上相应的传感器输入插口。图

15-7 电路中传感器是作为由晶体管 T1 组成振荡器的一个电感元件。

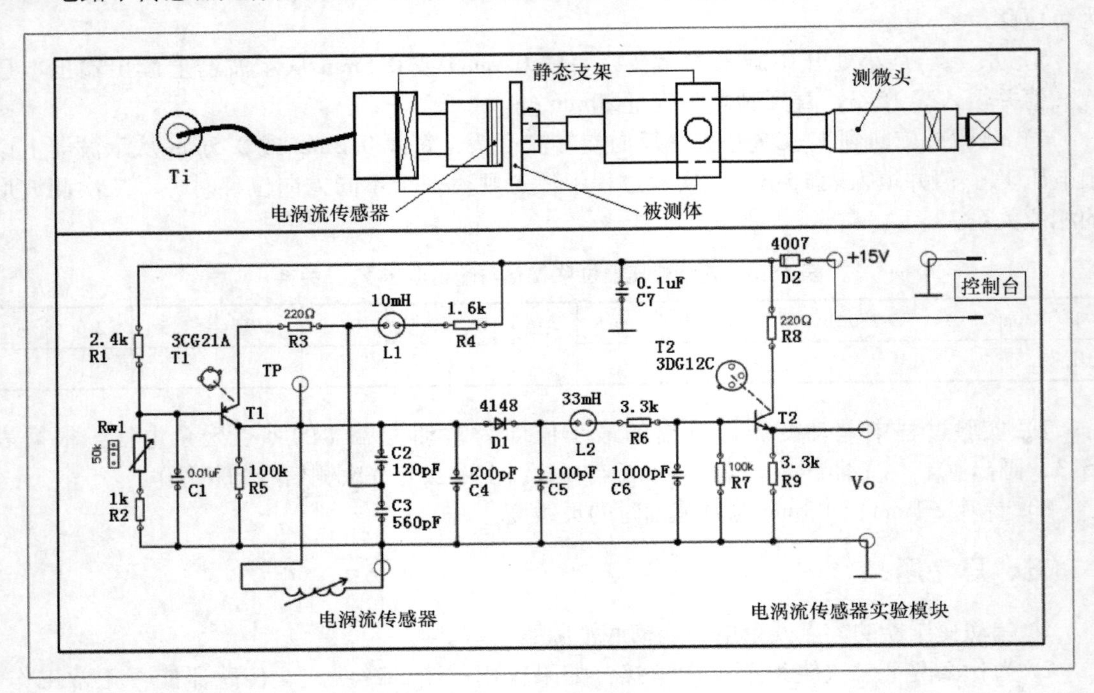

图 15-7 电涡流传感器实验模块

4）在测微头端部装上铁质金属圆片，作为电涡流传感器的被测体。

5）将实验模块输出端 Vo 与数显单元输入端 Vi 相接。数显电压表量程置 20V 档。

6）使用连接导线，从主控箱将 +15V 直流电源接入到模块上标有 +15V 的插孔中。

7）移动测微头与传感器线圈端部接触。开启主控箱电源开关，记下数显表读数。旋转测微头，每隔 0.2mm 读一个数，直到输出几乎不变为止，将结果填入表 15-4。

表 15-4 电涡流传感器位移与输出电压关系

位移 X/mm	0	0.2	0.4	0.6	0.8	1.0				……
电压 V/V										

8）根据表 15-4 数据，画出 $V-X$ 曲线。根据曲线找出线性区域及选择位移测量时的最佳工作点。计算量程为 1mm、3mm 及 5mm 时的灵敏度和非线性误差（可以用端基法或其他拟合直线）。

五、思考题

1. 电涡流传感器的量程与哪些因素有关？如需要测量 ±3mm 的量程应如何设计传感器处理电路？

2. 用电涡流传感器进行非接触位移测量时，如何根据量程选用传感器？

3. 定性分析本实验模块中测量电路的工作原理。

第六节　压电式传感器加速度测量实验

一、实验目的

了解压电式传感器测量振动的原理和方法。

二、实验原理

压电式传感器由惯性质量块和压电陶瓷片组成。工作时传感器感受与试件相同频率的振动。质量块振动时，将正比于加速度的交变力作用在压电陶瓷片上。根据压电效应，压电陶瓷片上会产生正比于运动加速度的表面电荷。然后通过电荷放大器，将电荷转换成电压，从而测量出物体的运动加速度。

三、实验仪器

振动台（2000 型）、压电传感器、低通滤波器模块、电荷放大器模块、双踪示波器。

四、实验步骤

1）将压电式传感器安装在振动台面上。根据图 15-8 连接实验电路。

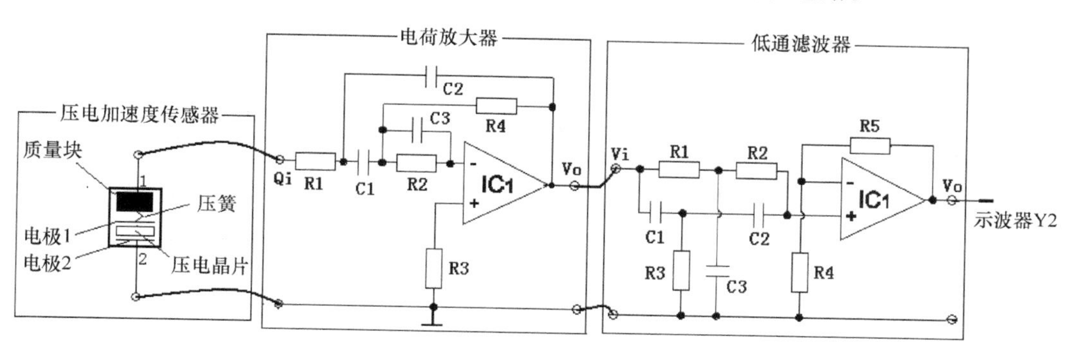

图 15-8　压电加速度传感器实验模块

2）将低频振荡器信号接入到振动源的低频输入插孔（2000 型）。

3）将压电式传感器的两个输出端连接到实验模块的两个输入端，屏蔽层接地。

4）合上主控箱电源开关，调节低频振荡器频率及幅度旋钮使振动台振动，观察示波器波形。

5）改变低频振荡器频率，观察输出波形变化，比较不同频率时的输出变化。

6）同时使用示波器的两个通道，观察低通滤波器输入端和输出端，分析两者波形上的差别。

五、思考题

1. 低通滤波器的作用是什么？

2. 比较低通滤波器的输出信号与低频振荡器的输出信号的相位有什么不同？这个相位差说明了什么？

3. 根据实验结果，估计振动台的固有频率。

第七节 磁电式传感器转速测量实验

一、实验目的

了解磁电式传感器测量转速的原理。

二、实验原理

磁电式传感器的基本工作原理是电磁感应原理。根据法拉第电磁感应定律：无论任何原因使通过回路面积的磁通量发生变化时，回路中产生的感应电动势与磁通量对时间的变化率的负值成正比。

若具有 N 匝的线圈相对磁场做旋转运动切割磁力线时，则线圈两端的感应电动势为

$$e = NBA\frac{\mathrm{d}\theta}{\mathrm{d}t}\sin\theta = NBA\omega\sin\theta \tag{15-6}$$

式中，ω 为旋转运动角速度；A 为线圈的截面积；θ 为线圈平面的法线方向与磁场方向间的夹角。

当 $\theta=90°$时，上式可写成

$$e = NBA\omega \tag{15-7}$$

当 N、B、A 为定值时，感应电动势 e 与线圈和磁场的相对运动速度 v（或 ω）成正比。由于速度和位移、加速度之间是积分、微分的关系，因此只要适当加入积分、微分电路，便能通过测量感应电动势得到位移和加速度。本实验中，在电动机转盘上嵌入 N 个磁钢，并在磁钢上方放置一个磁电式转速传感器（线圈），电动机转盘每转一周，线圈中的磁通量就发生了 N 次变化，从而产生 N 次感应电动势 e。该电动势通过放大、整形和计数等电路后即可测量转速。

三、实验仪器

磁电传感器、转速电动机（2000 型）或转速测量控制仪（9000 型）。

四、实验步骤

1）参照图 15-9 安装磁电式转速传感器，传感器端面离转动盘面约 2mm 左右，并且对准转盘内的磁钢。将磁电式传感器输出线插入主控台 fi 输入端，并将转速/频率表置转速档。

2）将主控台上的 +2 ~ +24V 可调直流电源接入转动电动机的 +2 ~ +24V 插口。调节电动机转速电位器改变转速，观察数显表指示的变化。

五、思考题

1. 磁电式转速传感器测量很低的转速时会降低精度，甚至不能测量，如何创造条件保

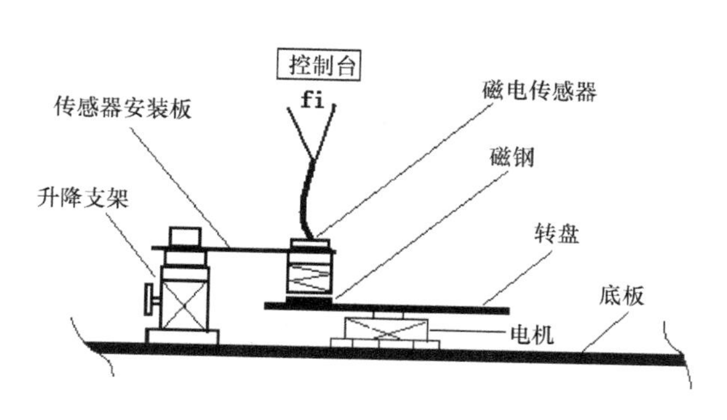

图 15-9　磁电式转速传感器

证磁电式转速传感器测量很低的转速？能说明理由吗？

2. 磁电式传感器需要供电吗？

第八节　热电偶传感器温度测量实验

一、实验目的

了解热电偶测量温度的原理及应用。

二、实验原理

将两种不同成分的导体组成一个闭合回路。当闭合回路的两个接点分别置于不同的温度场中时，回路中将产生一个电动势。该电动势的方向和大小与导体的材料及两接点的温度有关。这种现象称为“热电效应”，两种导体组成的回路称为“热电偶”，这两种导体称为“热电极”，产生的电动势则称为“热电动势”。热电偶的两个接点，置于被测温度场的接点称为工作端或热端，另一个称为自由端或冷端。冷端可以是室温值，也可以是经过补偿后的0℃、25℃的模拟温度场。

热电偶回路中热电动势的大小，只与组成热电偶的导体材料和两接点的温度有关，而与热电偶的形状尺寸无关。当热电偶两电极材料固定后，热电动势便是两接点温度为 t 和 t_0 时的函数差。即

$$E_{AB}(t,t_0) = f(t) - f(t_0) \tag{15-8}$$

如果使冷端温度 t_0 保持不变，则热电动势便成为热端温度 t 的单一函数。即

$$E_{AB}(t,t_0) = f(t) - C = \varphi(t) \tag{15-9}$$

三、实验仪器

K/E 型复合热电偶、温度源、温度控制仪表、数显单元（2000 型）或温度控制测量仪（9000 型）。

四、实验步骤

1）按图 15-10 连接传感器和实验电路，将 K/E 复合热电偶插到温度源加热器两个传感

器插孔中的任意一个。注意关闭主控箱上的温度开关。“加热方式”开关置“内”端。

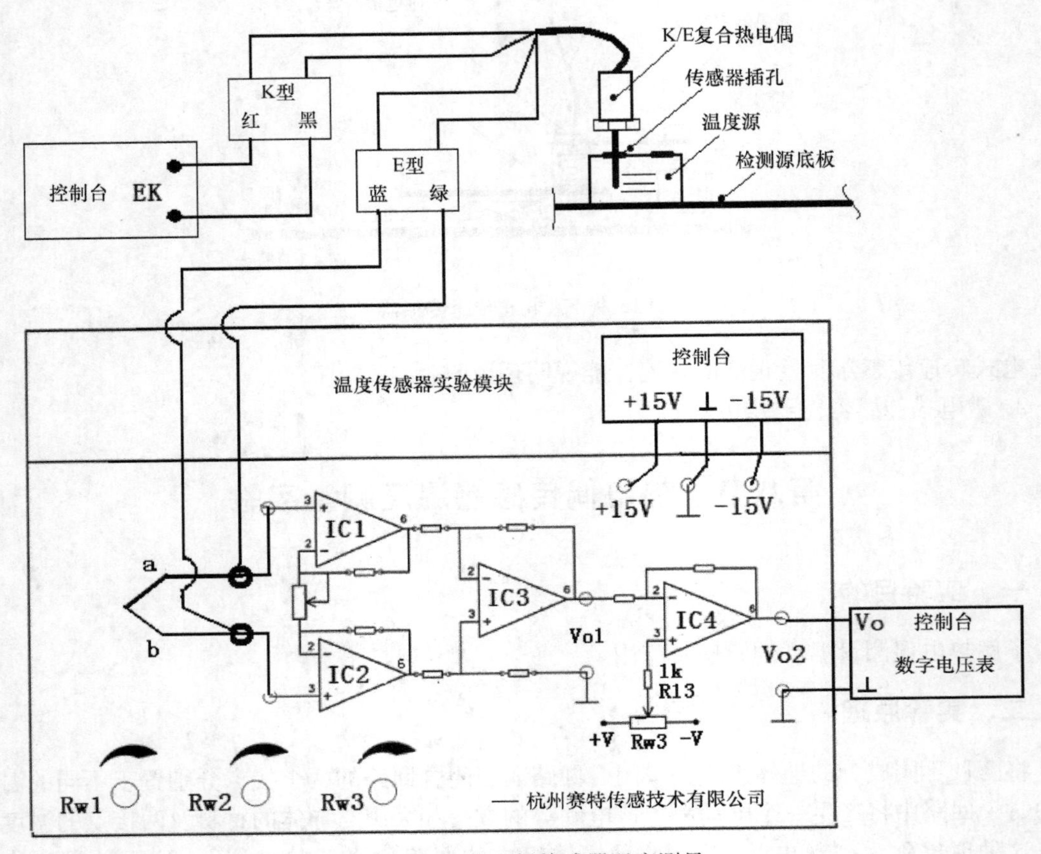

图 15-10 热电偶传感器温度测量

2）K型热电偶用作温控仪表的测量传感器，用于对加热器进行恒温控制。将它的自由端（红+、黑-）接入主控箱温控部分“EK”端。注意识别引线标记，K型、E型及正极、负极不要接错。

3）E型热电偶用作实验传感器。将它的自由端（蓝+、绿-）接入温度传感器实验模块上标有热电偶符号a、b孔内。

4）调节实验模块放大器增益，使Rw2电位器置中间位置。打开主控箱电源开关，调节Rw3使数显表显示为零（电压表置200mV档）。打开主控箱温度开关，设定温控仪控制温度值 $T=50℃$。

5）观察温控仪指示的温度值，当温度稳定在50℃时，记录下数字电压表读数值。

6）重新设定温度值为 $50℃+n\Delta t$，建议 $\Delta t=5℃$，$n=1$，…，10，分别读出数显电压表指示值与温控仪指示的温度值，并将结果填入表15-5。

表 15-5 放大后的热电动势与温度之间的关系

温度 T_0/℃	50										
电压 V/mV											

7）根据表15-5绘制热电偶测量温度的特性曲线，利用端基法求拟合直线。计算灵敏度S及非线性误差δ。

8）设定温控仪表温度值$T=100℃$，将E型热电偶自由端连线从实验模块上拆去，然后接到数显电压表的输入端（Vi），直接读取热电动势值（电压表置200mV档）。根据E型热电偶分度表查出相应温度值（加热器温度与室温之间的温差值）。

9）计算出加热源的实际摄氏温度并与温控仪的显示值进行比较，分析误差来源。

五、思考题

1. 热电偶测量的是温差值还是摄氏温度值？
2. 定性分析本实验模块中测量电路的工作原理。

第九节 热电偶冷端温度补偿实验

一、实验目的

掌握热电偶冷端温度补偿的原理与方法。

二、实验原理

热电偶是一种温差测量传感器，为直接反映温度场的摄氏温度值，需对其自由端进行温度补偿。热电偶冷端温度补偿的方法有：冰水法、恒温槽法、自动补偿法、电桥法。常用的是电桥法，如图15-11所示。它是在热电偶和测温仪表之间接入一个直流电桥，称为冷端温度补偿器。补偿器电桥在0℃时达到平衡（亦有20℃平衡）。当热电偶自由端（a、b）温度升高时（>0℃），热电偶回路的电动势U_{ab}下降。由于补偿器中的PN结呈负温度系数，其正向压降随温度升高而下降，使得U_{ab}上升，其值正好补偿热电偶因自由端温度升高而降低的电动势，从而达到补偿目的。

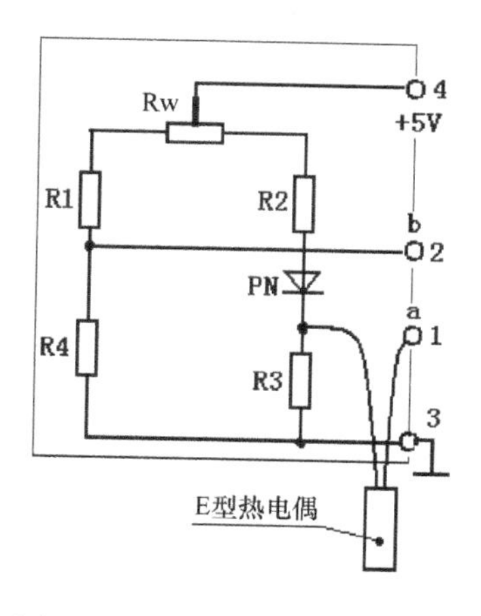

图15-11 E型热电偶冷端温度补偿器原理图

三、实验仪器

温度传感器实验模块、K型热电偶、E型热电偶冷端温度补偿器、直流±15V、外接+5V电源适配器。

四、实验步骤

1）按图15-12连接传感器和实验电路，将K/E复合热电偶插到温度源加热器两个传感器插孔中的任意一个。注意关闭主控箱上的温度开关。“加热方式”开关置“内”端。

2）K型热电偶用作温控仪表的测量传感器，用于对加热器进行恒温控制。将它的自由端（红+、黑-）接入主控箱温控部分“EK”端。注意识别引线标记，K型、E型及正极、

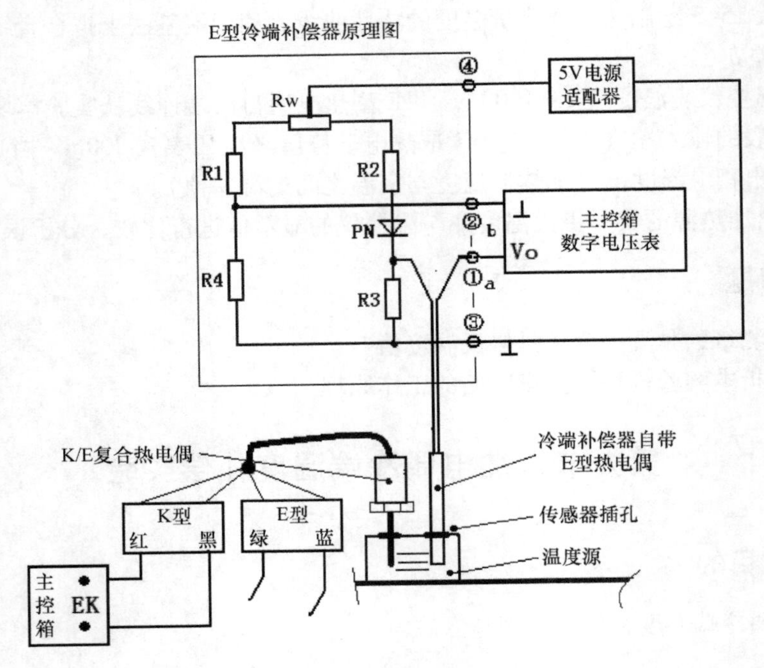

图 15-12 热电偶冷端温度补偿实验

负极不要接错。

3）将冷端温度补偿器（0℃）上的E型热电偶插入温度源另一插孔中，然后在补偿器④、③端加上 +5V 补偿器电源（注意：必须使用外接适配器）。接下来将冷端补偿器的①、②端接入数字电压表。重复 50℃ $+ n \cdot \Delta t$ 的加温过程，记录下数字电压表上的数据，并将结果填入表 15-6。

表 15-6 冷端补偿器输出与温度之间的关系

温度 T_0/℃	50									
电压 V/mV										

4）将上述数据与不用冷端补偿器的结果进行比较，分析补偿前后的两组数据，参照E型热电偶分度表，计算因补偿后使自由端温度下降而产生的温差值。

五、思考题

1. 试分析冷端温度补偿器的补偿原理。
2. 表 15-6 中的数据是否是温度源真实温度所对应的毫伏值?

第十节 光电传感器实验

一、实验目的

了解光敏电阻、光电池、光敏二极管、光敏晶体管的光电特性：即供电电压一定时，电流一亮度之间的关系。

二、实验原理

光敏电阻是一种利用半导体光导效应制成的特殊电阻器，其原理和符号如图 15-13 所示。光敏电阻由一块涂在绝缘基底上的光电导体薄膜和两个电极构成。它对光线十分敏感，其电阻值能随外界光照强弱（明暗）而变化。无光照时，光敏电阻值（暗电阻）很大，电路中电流（暗电流）很小。当光敏电阻受到一定波长范围的光照时，它的电阻值（亮电阻）急剧减小，电路中电流迅速增大。一般希望暗电阻越大越好，亮电阻越小越好，此时的光敏电阻灵敏度高。实际光敏电阻的暗电阻值一般在兆欧数量级，亮电阻值在几千欧以下。

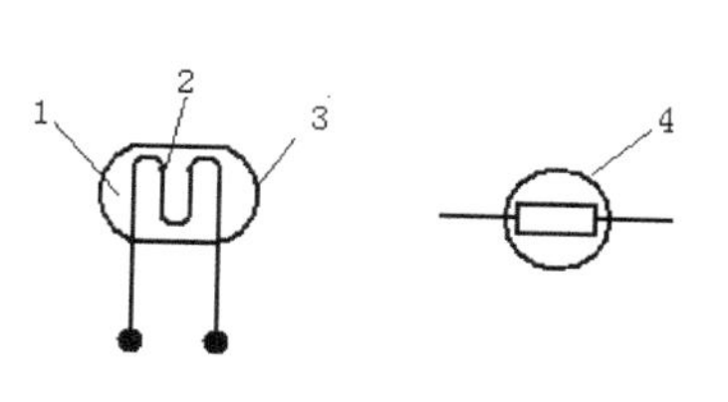

图 15-13　光敏电阻
1—光电导体膜　2—电极
3—绝缘基底　4—电路符号

光敏晶体管通常指光敏二极管和光敏晶体管，它们的工作原理也是基于内光电效应。光敏晶体管与光敏电阻的差别仅在于光线照射在半导体 PN 结上，即 PN 结参与了光电转换过程。

光敏二极管的结构和普通二极管相似，只是它的 PN 结装在管壳顶部，光线通过透镜制成的窗口，可以集中照射在 PN 结上。光敏二极管在电路中通常处于反向偏置状态。光敏晶体管有两个 PN 结，因而可以获得电流增益，它比光敏二极管具有更高的灵敏度。

光电池是一种自发电式的光电元件，它受到光照时自身能产生一定方向的电动势，在不加电源的情况下，只要接通外电路，便有电流通过。硅光电池结构上与光敏二极管相似。光敏部分的面积大则接收辐射能量多，输出光电流大。

三、实验仪器

光电传感器特性/应用模块、数显电压表、+15V 电压。

四、实验步骤

1）首先将 +15V 电源接入到实验模块上。然后将光源插头插入到实验模块的光源输出孔。接下来将跟随器输出接数显表，并将光源调节旋至最小。

2）参考图 15-14，根据实验内容将光敏电阻（光敏二极管、光敏晶体管）分别接入“传感器接入”处（注意光电池则需接入跟随器的 Vi 端）。将 Rw1 至最大，Vo 端接跟随器的 Vi 端。

3）将光源探头（红色 LED）对准当前实验所使用的传感器，拉下光源外套，使光电传感器无日光干扰。

4）打开主控台电源，记录数显表读数，每转光源调节电位器一圈记录数显表电压值。

5）逐步调节光电调制系统“手动调节”旋钮，观察数显电压表的读数并记录。

6）作出实验曲线，分析各种光电传感器的区别。

7）光控电路（暗光亮灯）实验：将跟随器的 Vo 端接入比较器的 Vi 端，调节光源电位器至最大（最强光），调节 Rw3 使右边红色 LED 刚好熄灭，缓慢调节光源电位器，观察红

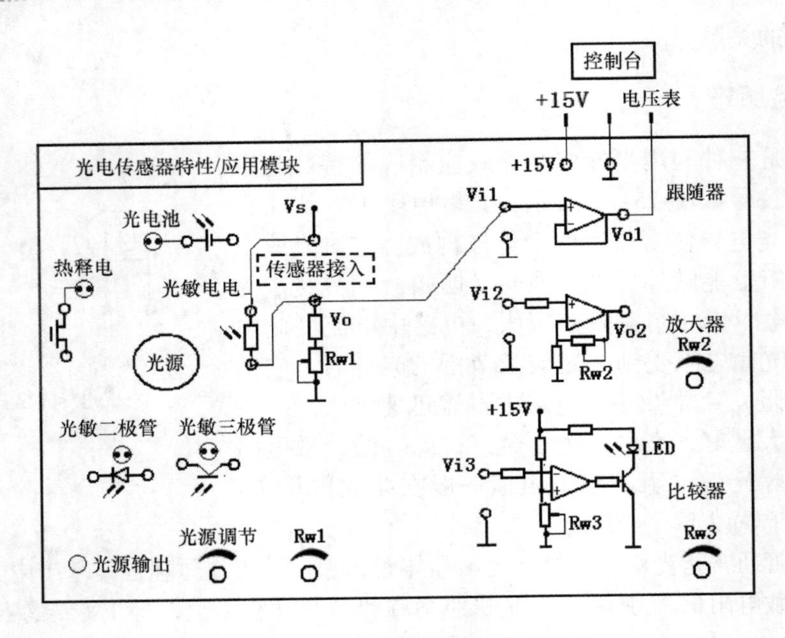

图 15-14 光电传感器特性/应用模块

色 LED 的变化。

8）调节光源电位器至最小（暗光），此时红色 LED 发光。

五、注意事项

1. 本实验仅对光电传感器光电特性做初步定性了解，不做定量分析。
2. 注意传感器接入端的极性。

第十一节 光纤位移传感器特性实验

一、实验目的

了解光纤位移传感器的工作原理和性能。

二、实验原理

本实验采用的是导光型多模光纤，它由两束光纤组成半圆分布的 Y 型传感探头。一束光纤端部与光源相接用来传递发射光，另一束端部与光电转换器相接用来传递接收光。两光纤束混合后的端部是工作端也即探头。当它与被测体相距 x 时，由光源发出的光通过一束光纤射出后，经被测体反射由另一束光纤接收，并通过光电转换器转换成电压。该电压的大小与间距 x 有关，因此光纤传感器可用于位移测量。

三、实验仪器

光纤传感器及实验模块、数显单元、测微头、直流电源 ±15V、铁测片。

四、实验步骤

1）根据图15-15安装光纤位移传感器。将二束光纤分别插入实验板上光电变换座内，其内部装有发光管及光电转换管。

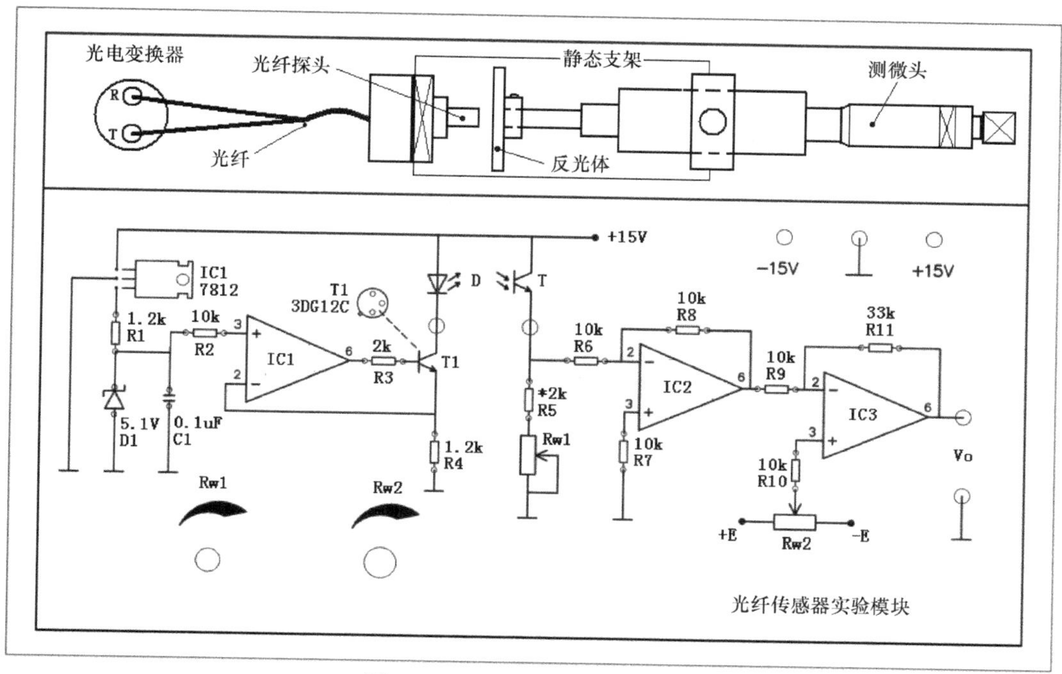

图15-15 光纤传感器实验模块

2）安装好测微头。在测微头顶端装上铁质圆片作为反射面，调节测微头使探头与反射面轻微接触。

3）将光纤实验模块输出端Vo与数显单元相连，数字电压表置20V档。

4）实验模块接入±15V电源。合上主控箱电源开关，调节Rw2使数字电压表显示为零。

5）旋转测微头，使被测体离开探头。每隔0.1mm读出数显表显示值，将其填入表15-7。

表15-7 光纤位移传感器输出电压与位移数据

位移 X/mm										
电压 V/V										

注：电压变化范围从最小→最大→最小必须记录完整。

6）根据表15-7数据，作出光纤位移传感器的位移特性图并加以分析。计算出前坡和后坡的灵敏度及两坡段的非线性误差。

五、思考题

1. 光纤传感器的结构原理是什么？

2. 光纤位移传感器测量位移时，对被测体的表面有哪些要求？

3. 说明光纤传感器的主要应用。

第十二节 霍耳传感器实验

一、实验目的

了解霍耳转速传感器的原理及应用。

二、实验原理

在置于磁场中的导体或半导体内通入电流，若电流与磁场垂直，则在与磁场和电流都垂直的方向上会出现一个电势差，这种现象称为霍耳效应。霍耳效应表达式为

$$U_H = K_H IB \tag{15-10}$$

利用霍耳效应制成的元件称为霍耳传感器。霍耳转速传感器在转速圆盘上装上 N 块磁性体，并在磁钢上方安装一霍耳元件。圆盘每转一周，经过霍耳元件表面的磁场 B 从无到有就变化 N 次，霍耳电势也相应变化 N 次。霍耳电势通过放大、整形和计数电路就可以测量被测旋转体的转速。

三、实验仪器

霍耳转速传感器、转动源（2000 型）或转速测量控制仪（9000 型）。

四、实验步骤

1）根据图 15-16，将霍耳转速传感器安装于转动源的传感器调节支架上，探头对准转盘内的磁钢。

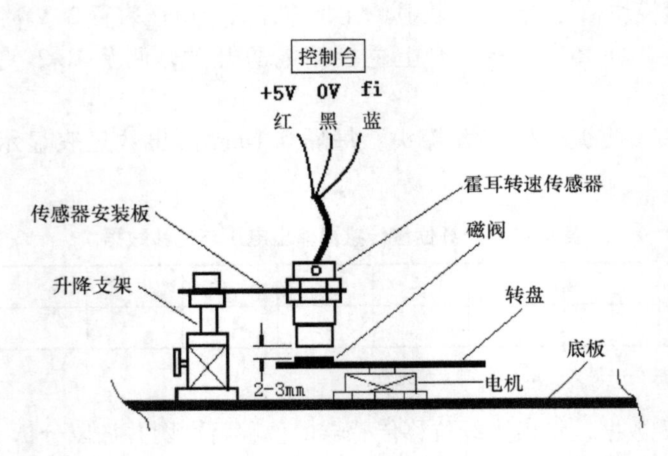

图 15-16 霍耳转速传感器

2）将主控箱上 +5V 直流电源加到霍耳转速传感器的电源输入端上，红（+）、黑（⊥），不能接错。

3）将霍耳转速传感器输出端（蓝线）插入数显单元fi端，转速/频率表置转速档。

4）将主控台上的+2～+24V可调直流电源接入转动电动机的+2～+24V输入插口（2000型）。调节电动机转速电位器使转速变化，观察数显表指示的变化。

5）当转速稳定后，根据数显表指示及转盘内的磁钢数，计算出传感器输出脉冲信号的频率。

五、思考题

1. 利用霍耳元件测转速，在测量上是否有限制？
2. 本实验装置上用了12块磁钢，能否只用一块磁钢？对测量有无影响？

第十三节　光栅传感器原理实验

一、实验目的

了解光栅传感器的原理及其在位移测量中的应用。

二、实验原理

光栅传感器由标尺光栅和指示光栅组成。光栅在本质上是指在光学玻璃上平行均匀地刻出的直线条纹。标尺光栅和指示光栅的线纹密度相同，一般为10～100线/mm。标尺光栅是一个固定的长条光栅，指示光栅是一个可以在标尺光栅上移动的短形光栅，它们结构如图15-17所示。

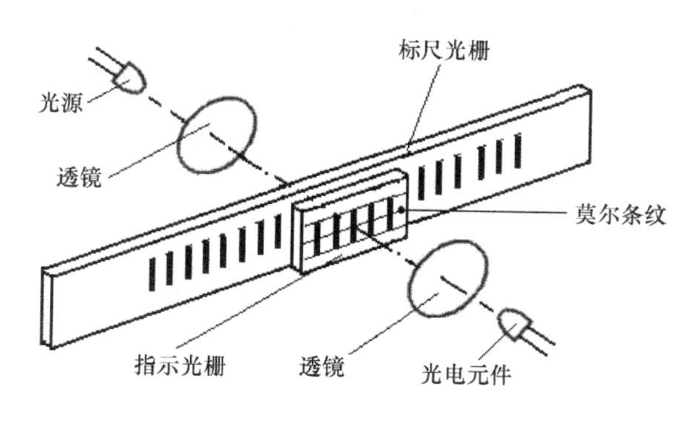

图15-17　光栅传感器结构

将指示光栅平行放在标尺光栅上面，使它们线纹之间形成一个很小的夹角。当光线照过光栅时，在指示光栅上就会产生若干条粗的明暗条纹，称为莫尔条纹。若指示光栅和标尺光栅相对做左右移动时，莫尔条纹也做相应的移动。

三、实验仪器

本实验装置的光栅数为50线，所以栅距为0.02mm（1/50）。也就是说，当莫尔条纹形成时，可观察到的粗暗条纹间距所对应的距离量纲为0.02mm。需要注意的是，莫尔条纹由最暗条纹到最明条纹，再由明条纹到暗条纹是逐渐递变的。实验装置使用外供电源为直流5V，光源为红色LED。

四、实验步骤

1）实验接线图如图15-18所示。

2）实验时点亮传感器装置内的发光二极管，逆时针（或顺时针）旋转X方向游标卡。透过莫尔条纹视窗，可看见明暗相间的莫尔条纹移动，其亮度将逐渐由最明渐变到最暗，再由最暗渐变到最明，如此循环。当观察到第一次最暗渐变到第二次最暗时，相当于传感器装置位移了一个周期，即相当于一个栅距0.02mm。如图15-19所示为观察莫尔条纹视窗。

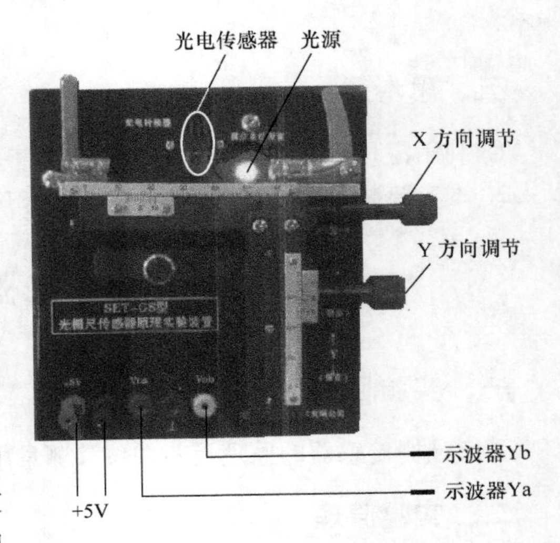

图15-18 光栅传感器实验

3）莫尔条纹信号转换。可以看到当指示光栅和标尺光栅相对做左右移动时，莫尔条纹的移动方向和光栅移动方向是接近垂直的，如图15-20所示。

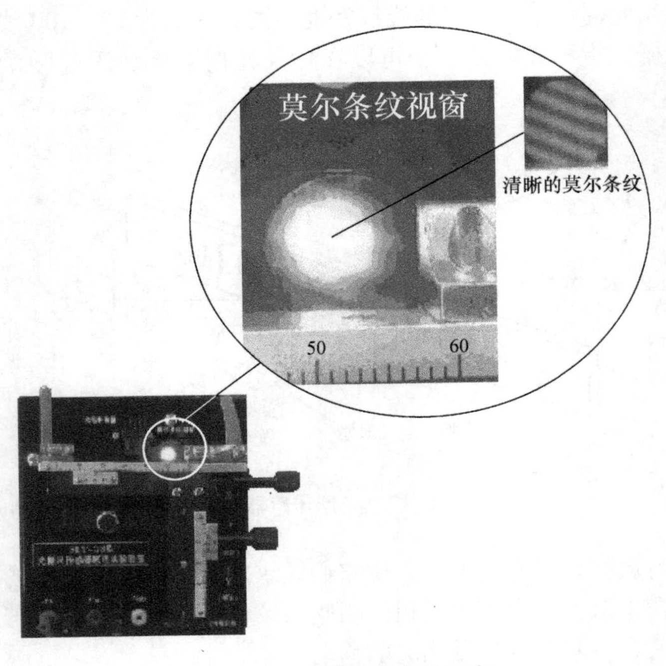

图15-19 观察莫尔条纹视窗

如果莫尔条纹的宽度是W，在指示光栅上以四分之一的莫尔条纹宽度为距离安置两个光敏晶体管（Ta、Tb）。随着指示光栅左右移动，莫尔条纹上下移动。当光线暗时光敏晶体管中电流小，光线亮时电流变大。由于莫尔条纹是渐变的，所以电流呈正弦波。因为两个光敏晶体管所处的位置关系，二者电流在相位上相差 90°。

Ta、Tb 所检出的电流信号如图 15-21 所示。当指示光栅向左移动时，莫尔条纹向上移动，形成的电流波形如图 15-21a 所示。当指示光栅向右移动时，莫尔条纹向下移动，形成的电流波形如图 15-21b 所示。

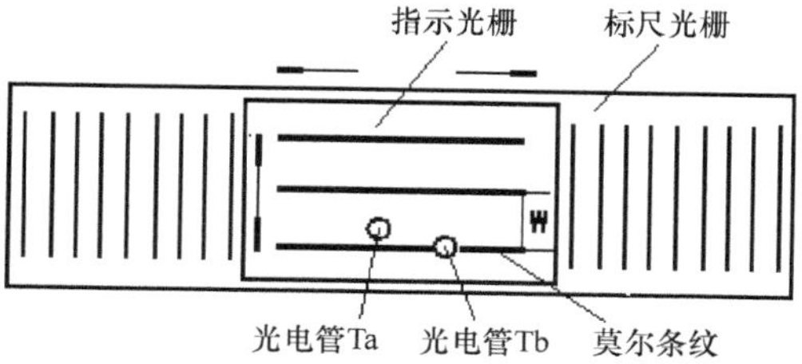

图 15-20　莫尔条纹

通过图 15-21 可以看出：当指示光栅左移时，I_b 的相位超前 I_a90°；而当指示光栅右移时，则 I_a 的相位要超前 I_b90°。据此可以判别出指示光栅移动方向。

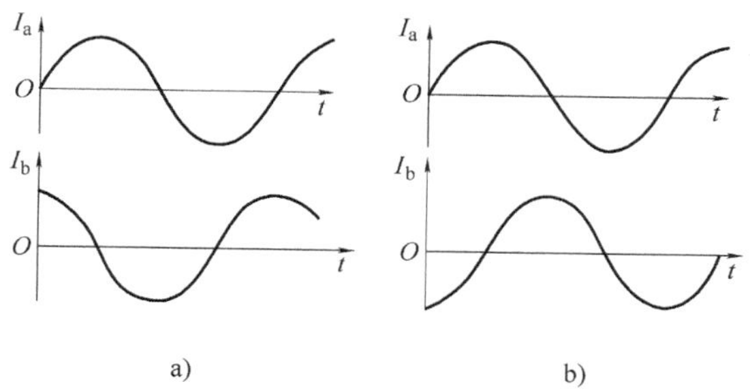

a)　　b)

图 15-21　两个光敏晶体管检出的电流信号波形

a）左移　b）右移

参 考 文 献

[1] 严钟豪，谭祖根．非电量电测技术［M］．北京：机械工业出版社，2004.
[2] 常健生．检测与转换技术［M］．北京：机械工业出版社，2001.
[3] 袁希光．传感器技术手册［M］．北京：国防工业出版社，1989.
[4] 王绍纯．自动检测技术［M］．北京：冶金工业出版社，1995.
[5] 周培森．自动检测与仪表［M］．北京：清华大学出版社，1996.
[6] 郭振芹．非电量电测量［M］．北京：中国计量出版社，1990.
[7] 强锡富．传感器［M］．北京：机械工业出版社，2002.
[8] 徐科军．传感器与检测技术［M］．北京：电子工业出版社，2004.
[9] 郁文，常健，程继红．传感器原理及工程应用［M］．西安：西安电子科技大学出版社，2003.
[10] 杜维．过程检测技术及仪表［M］．北京：化学工业出版社，2001.
[11] 费业泰．误差处理与数据处理［M］．北京：机械工业出版社，2002.
[12] 白恩远．现代数控机床伺服及检测技术［M］．北京：国防工业出版社，2002.
[13] 陈杰，黄鸿．传感器与检测技术［M］．北京：高等教育出版社，2002.
[14] 松井邦彦．传感器实用电路设计与制作［M］．梁瑞林，译．北京：科学出版社，2005.
[15] 郑华耀．检测技术［M］．北京：机械工业出版社，2004.
[16] 赖申江．基于串行口通信的微机过程控制系统设计［J］．上海应用技术学院学报，2005（1）.
[17] 何衍庆，俞金寿．集散控制系统原理及应用［M］．北京：化学工业出版社，2002.
[18] 余永权．ATMEL89 系列单片机应用技术［M］．北京：北京航空航天大学出版社，2002.
[19] 谢瑞和．串行技术大全［M］．北京：清华大学出版社，2003.
[20] 刘迎春，叶湘滨．现代新型传感器原理与应用［M］．北京：国防工业出版社，1998.
[21] 鲍敏杭，吴宪平，等．集成传感器［M］．北京：国防工业出版社，1994.
[22] 徐爱钧．智能化测量控制仪表原理与设计［M］．北京：北京航空航天大学出版社，1995.
[23] 陈润泰，许琨．检测技术与智能仪表［M］．长沙：中南工业大学出版社，1995.